JN451589

# 신편 기계재료

## MACHINE MATERIALS

구민사

저자약력 | **신동명**
가톨릭상지대학교 자동차모터스포츠과 교수
**박재우**
경남정보대학교 기계계열 교수

# 신편 기계재료

**초판 인쇄** | 2023년 2월 21일
**초판 발행** | 2023년 2월 28일
**초판 2쇄 발행** | 2024년 2월 28일

**저 자** | 신동명 · 박재우
**발행인** | 조규백
**발행처** | 도서출판 구민사
(07293) 서울특별시 영등포구 문래북로 116, 604호(문래동3가 46, 트리플렉스)
**전화** | (02) 701-7421(~2)
**팩스** | (02) 3273-9642
**홈페이지** | www.kuhminsa.co.kr

**신고번호** | 제2012-000055호 (1980년 2월 4일)
**I S B N** | 979-11-6875-200-9 93550

값 22,000원

※ 낙장 및 파본은 구입하신 서점에서 바꿔드립니다.
※ 본서를 허락없이 부분 또는 전부를 무단복제, 게재행위는 저작권법에 저촉됩니다.

## PREFACE

# 머리말

기계공업은 산업용에서부터 가정용까지 모든 기계와 그 부품을 만드는 공업 부문으로, 모든 산업에서 기계가 중요한 역할을 하고 있기 때문에 기간산업에 속한다. 기계공업의 수요처는 산업의 전 분야에 걸쳐 있으며, 기계공업에 원료를 공급하는 철강업 · 비철금속공업 등과도 강한 유대를 가지며, 기계공업 자체 사이에도 서로 긴밀하게 결속되어 있다. 이와 같은 기계공업은 한 나라의 경제 내부순환에 있어서 큰 비중을 차지한다.

이러한 기계공업에서 기계관련 부품을 구성하는 기계재료는 금속재료와 유·무기의 비금속재료로 이루어져 있으며, 산업 구조의 고도화에 따라 사용 환경도 더욱 가속화하여 기계들에 대한 요구특성도 고효율, 고기능, 경량화 등 다양하다. 이들의 요구에 대해 재료에 부과된 역할은 아주 중요하다. 따라서 설계, 생산 공작분야 등 기계분야의 기술자들은 기계재료의 중요성을 충분히 인식하여야 한다.

이 책은 기계공업 종사자와 특히 기계공업 중에서 최대 조립산업이면서 가장 많은 부품과 재료가 사용되는 자동차 산업에 종사하는 설계 및 생산기술자에게도 많이 참고할 수 있도록 중점을 두었다. 또한 4년제 대학과 전문대학에서 기계공학과 자동차공학을 처음 공부하는 학생들에게 교재로 활용되도록 구성하였다.

이 책은 제1편에서는 기계재료의 선정방법과 금속재료의 성질과 시험법 등으로 구성하는 총론 편으로 하였고, 제2편은 금속재료 중에서 철강재료에 대한 제조법, 종류, 열처리 및 표면경화처리법 등에 대하여 다루었고, 제3편은 비철금속재료, 제4편에서는 플라스틱 및 신소재에 대하여 기술하였다.

그리고 각 단원마다 한국산업인력공단에서 실시하는 일반기계기사, 기계설계기사, 기계설계산업기사, 컴퓨터응용가공산업기사, 자동차정비산업기사 시험에 출제(2007년~2013년)되어진 문제를 수록하여 기계관련 국가기술자격시험을 대비하는데 도움을 주고자 하였다.

저자는 그간의 강의 경험을 토대로 기존의 책들과 다르게 엮어 보려고 하였으나 미흡한 부분이 많을 것으로 생각되어 여러분의 애정 어린 질정을 바라며, 또한 수정이 요구될 때에는 수정·보완해 나갈 것을 약속드립니다.

끝으로 이 책의 출판을 위해 적극적으로 도움주신 도서출판 구민사 조규백 대표님과 직원 여러분께 깊은 감사를 드립니다.

저자 씀

# 차 례

## 01 PART 총 론 Machine Materials

### 01 CHAPTER 기계재료의 선정방법



### 02 CHAPTER 금속의 결정구조와 변태



### 03 CHAPTER 평형상태도

## 04 CHAPTER 탄성·소성변형과 가공경화



## 05 CHAPTER 금속재료의 중요한 성질



## 06 CHAPTER 금속재료의 시험·검사법

# 02 PART 철강재료 Machine Materials

## 01 CHAPTER 철강의 제조법



## 02 CHAPTER 순 철



## 03 CHAPTER 탄소강

## 04 탄소강의 열처리
CHAPTER



## 05 강의 표면강화
CHAPTER

## 06 탄소강의 용도

CHAPTER



## 07 특수강

CHAPTER

## 08 CHAPTER 주 철

# PART 03 비철금속 재료 Machine Materials

## CHAPTER 01 알루미늄과 그 합금



## CHAPTER 02 마그네슘과 그 합금

## 03 구리와 그 합금
CHAPTER



## 04 아연, 납, 주석, 니켈 등과 그 합금
CHAPTER

## 05 소결재료
CHAPTER



# PART 04 비철금속재료 및 신소재 Machine Materials

## 01 플라스틱 재료
CHAPTER

# 02 신소재 재료
CHAPTER

# 01 총 론

MACHINE MATERIALS

- 기계재료의 선정방법
- 금속의 결정구조와 변태
- 평형 상태도
- 탄성·소성변형과 가공경화
- 금속재료의 중요한 성질 및 시험법
- 금속재료의 비파괴탐상법

01 CHAPTER

# 기계재료의 선정방법

기계재료는 각 부품을 조립하여 목적으로 하는 기능을 발휘시키고, 각 부품마다에 고유의 강도, 인성, 내마모성, 윤활성, 전기적 특성, 미관 등 다방면의 특성을 가지도록 하고 있다. 이 목적을 달성하기 위해서 필요한 형상을 가지게 할 뿐만 아니라 그 부품을 구성하는 재료를 확실히 선택하지 않으면 안 된다. 본 장은 경제성을 포함한 기계재료의 선정방법에 대하여 설명한다.

## 1. 기계재료의 역할

교통기관으로서의 자동차, 2륜 자동차, 철도차량, 항공기, 선박 등과 이들을 움직이도록 하는 내연기관, 공기기계, 유압기기, 발전기, 변압기, 전동기와 산업에서 게을리 할 수 없는 운반기계, 필요로 하는 형상과 제품을 만드는 공작기계와 산업기계 등 기계가 산업에 점하는 비율은 아주 크다.

또한 새로운 기술 분야로서의 원자력 이용, 로켓트, 신에너지 원용(源用)장치와 자동화, 기계화를 위한 자동제어장치, 로봇 등도 있으며 그 밖에 공주기계와 넓게는 건축물 관련설비에까지 확대된다. 이같이 기계 산업이 우리 사회에 차지하고 있는 역할이 큰 만큼 그것에 사용 기계재료의 역할은 더없이 크고 또한 다양화하고 있다.

## 2. 기계재료의 선정기준

### 2-1. 특성

예를 들면 도전체로 하는 용도에 동과 알루미늄과 같이 도전율이 높은 것을 사용하지 않고 도전율을 낮은 철을 사용한 경우에는 에너지 손실이 크고 더구나 반대의 물성을 가진 플라스틱은 사용할 수 없다.

또한 동(銅)은 가격이 높기 때문에 전면적으로 알루미늄으로 교체하는 것은 전력케이블에서는 선경(線經)이 크게 되고 피복선에서는 절연재료의 사용량이 많게 되어 경제적으로 분리하게 되어 통신선에서는 표면특성의 영향도 고려하지 않으면 안 된다. 이같이 재료 고유의 특성을 살려 사용해야 한다.

### 2-2. 기계적 성질

기계부품에서 재료를 사용하는 경우 대부분은 강도부품이기 때문에 그 부품의 강도, 즉 부품을 구성하는 기계적 성질이 문제로 된다. 기계설계에서는 우선 하중 조건을 고려하여 기계요소 또는 부재에 과도의 응력이 작용하는 것이 없도록 요소를 선정하고 부재의 치수를 결정한다. 이 부재에 작용하는 사용응력은 허용응력 $\sigma_2 = \frac{\text{기준강도}\,\sigma_{st}}{\text{안전율}\,S}$ 로 표시되는 허용응력을 초가해서는 안 된다. 여기서 문제로 되는 것은 기준강도를 어떻게 취하는가 즉 재료의 강도를 무엇에 의해서 결정하는가, 안전율을 어떻게 결정하는가이다. 이 재료의 강도 평가로서는 보통 간단한 정(靜)인장시험으로 얻어지는 인장강도를 그 재료의 대표적인 강도로 가정하여 이것을 기준강도로 채용하고 이것을 안전율로 나누어 허용응력을 결정한다. 안전율로서는 Unwin, Cardullo 등의 값이 있기 때문에 이들의 수치를 이용하면 좋다.

기계구조물의 파손 원인의 80%는 피로파괴에 의한 것이다. 피로파괴는 정적으로는 파괴하지 않는 응력의 크기에서도 이것을 반복 작용시키는 것에 의해 파괴에 이르는 현상을 말 한다. 이 피로를 고려한 피로설계는 피로한도 또는 시간강도를 기준강도로 하는 설계수법을 말하지만 데이터집에 기재되어 있는 피로강도를 그대로 이용하는 것은 불가능하다. 이것은 특정의 표면 가공을 실시한 직경 10mm 정도의 평활한 표준시험편에 불과하기 때문이다.

한편 부재의 피로강도는 단면의 불연속 개소 즉 균열, 치수변화, 표면상태 등에 현저하게 영향을 받기 때문이다. 이들의 영향을 고려하여 피로강도 $\sigma_W$가 구해지고 피로설계에 있어서 허용응력 $\sigma_a$는 $\sigma_a = \dfrac{\sigma_W}{S_f}$($S_f$는 안전율)로 구해진다. $S_f$는 $S_f = S_m S_s$로 정의되고 $S_m$은 재료강도의 편차에 대한 안전율, $S_s$는 작용응력의 평가에 관계되는 안전율이다.

인장강도와 관련하여 부재가 하중을 받을 때 소성변형해서는 유용하지 않기 때문에 탄성변형 이하의 하중에서 사용된다. 따라서 종탄성계수, 횡탄성계수 외에 탄성한도, 항복점 혹은 내력이 설계에 있어서 사용하중의 기준으로 된다. 또한 재료에 하중이 걸린 경우에 바로 파괴하지만 다소 변형하고 나서 파괴하는가를 나타낸 것으로 하여 신율, 단면 수축율 등이 있다.

그 밖에 내마모부재로 사용되는 경우에는 적당한 경도가 필요로 하고 앞에서 서술한 반복 하중 외에 연속 일정 부하라든가, 급격한 하중을 받는다든가 등 동적 하중으로도 여러 가지가 있어 이것에 대응하는 피로강도, 크리프 강도, 충격치 등이 필요로 된다. 또한 이들의 기계적 성질은 상온에서의 값만이 아니고 고온 · 저온에서의 값도 알지 않으면 안 된다. 공기 중 뿐만 아니라 연소가스 중이라든가, 그 사용조건에 적합한 상태에서의 값을 측정하여 두지 않으면 안 된다.

## 2-3. 경제성

기계부품에 있어서도 부품점수가 적은 것에서부터 1만점 이상의 부품으로 구성되어 있는 것까지 다양하지만 모두 재료에 적당한 가공을 가하여 그 형상을 변경하여 목적으로 하는 부품을 만들고 그리고 각 부품을 조립하면 목적으로 하는 기계부품으로 된다. 각 부품마다에 부품의 기능을 충분히 발휘하는 재료이면서 부품으로 가공이 용이해야 하고 또한 수량, 완성될 때까지의 시간 등을 고려함과 동시에 가장 경제적으로 될 수 있는 재료, 가공법으로 되지 않으면 안 된다.

## 2-4. 재료의 가공성

절삭성, 주조성, 프레스 가공성, 용접성, 단조성 또는 열처리성 등 재료에는 각각의 특성이 있기 때문에 목적에 적합한 특성을 가진 것을 이용해야 한다.

예를 들면 특히 우수한 내마모 재료든가, 내열재료든가, 강인재료 등에는 절삭가공이 어려운 것이 있다. 이 같은 재료를 사용한 경우에는 그것에 적합한 가공방법을 이용하지 않으면 치수 정도가 나오지 않든가, 가격이 높게 되든가의 문제가 생긴다. 또한 열처리에 의해 강도를 나오게 하는 경우 직경이 작은 환봉이라면 탄소강으로도 좋지만 직경이 큰 경우에는 환봉으로 되면 합금강으로 하지 않으면 중심부까지 충분한 강도가 얻어지지 않는다.

### 2-5. 사용 환경

기계제품이 사용되는 환경이 농업기계·건설기계와 같이 흙이던가, 선박과 같이 해수 또는 담수든가, 엔진과 같이 가솔린·경유·중유 등의 연소가스이던가, 화학기계와 같이 여러 가지 약품, 기름은 각각 다르다. 그 상황에 대하여 부식하기 어려운 재료를 선정하는 것은 물론이지만 경우에 따라서는 표면에 도료를 도포하기도 하고 도금을 하기도 하여 내부의 재료를 보호하는 것이 필요하다.

### 2-6. 정도

정밀한 기계부품의 가공에는 정도(精度)가 나오기 쉬운 재료를 선정해야 한다. 강도가 큰 문제가 되지 않는 경우에는 절삭합금을 이용하면 절삭도 용이하고 정도도 나오기 쉽다. 그러나 강도가 요구되는 것에는 열처리를 필요로 하기에 거친 가공 후에 열처리에 의해 변형을 일으키는 것도 있고 또한 열처리 후의 가공은 연삭 등에 의한 것으로 절삭량이 많게 하는 것은 좋지 않다.

### 2-7. 제조 수량

예를 들면 1개밖에 만들지 않은 경우와 양산하는 경우는 재료가 달라지고 가공방법도 다르게 된다. 일반적으로 1개 혹은 극히 소수 제작하는 부품은 용이하게 구입할 수 있는 재료로 만드는 것이 많지만 양산한다면 경제성, 품질관리 등의 점에서 재료와 그 가공방법에 대하여 충분한 검토를 할 필요가 있다.

## 2-8. 수명

기계제품은 사용 중에 과부하 혹은 마모에 의해 치수가 변경되는 등과 부식에 의한 깎여짐, 또한 재료 자신의 특성에 의해 시간과 함께 성질이 변화하는 것 등에 의해서도 수명에 도달한다. 이 수명을 연장하는 것은 사용 중의 주의에 의해 달성이 가능하다.

## 2-9. 시간

양산 기계부품이라면 조립라인 속도에 연동하여 납입되지 않으면 안 된다. 따라서 많은 재고를 가진 것은 경제적으로 손실이다. 또한 응급처리의 기계부품이라든가, 시작품 등 수량은 많지 않지만 단시간에 제작이 요구되는 것이 적지 않다. 급한 경우에는 목형을 주문하고 주물소재를 만들고, 그것을 절삭하는 경우에는 그리 간단하지는 않다. 판금가공하고 용접하여 그것을 절삭가공하는 경우도 있다.

기계공장에서는 이러한 시간이 금액으로써 견적되어 짐과 동시에 필요한 시간에 시장에 나가게 하고 또한 납입하는 것에 의해 기계공업으로 이루어진다.

## 2-10. 중량

철도차량과 선박, 자동차는 경량화하여 사용전력 또는 연료를 감소시키려 하고 있다. 기타 기계부품에 대해서도 경량화가 요구되는 것이 적지 않다. 따라서 설계에 있어서도 경량화를 위해 어떤 재료를 사용하는가를 고려하지 않으면 안 된다.

# 02 CHAPTER 금속의 결정구조와 변태

## 1. 금속의 특성

금속이라는 것은 단일 원소로 된 순금속을 말하며, 고체상태이고, 결정질이다. 순금속을 형성하는 원소가 금속원소이다. 지구상에는 92종의 원소가 존재하는 것으로 알려져 있지만 이들 중에서 금속은 다음과 같은 특성을 가지고 있다.

① 상온에 있어서 고체이고, 결정을 형성하고 있다(단, 수은은 예외),

② 전성 및 연성이 좋다.

③ 비중과 강도가 비교적 크다.

④ 전기 및 열의 양도체이다.

⑤ 금속 특유의 광택을 가지고 있다.

금속은 이러한 특성을 이용하여 여러 가지 기계의 구성재료로서 사용되어지고 있다.

금속의 종류는 대단히 많으며 표 2-1의 주기율표에서 굵은 선의 좌측원소는 모두 금속원소이고 점선의 우측원소는 비금속원소로 취급되고 있으며 점선과 굵은선 사이의 원소는 금속적 성질과 비금속적 성질을 같이 나타내므로 준금속 또는 아금속이라 불린다. 원자번호 93번의 Np 이하의 방사성원소는 인공에 의해 만들어진 초우라늄 원소로서 자연에는 존재하지 않는다. 자연에 존재하는 92종의 원소 중 금속원소는 68종, 아금속원소 7종, 비금속원소 17종이므로 대부분이 금속원소이다.

[표 2-1] 주 기 율 표

| 족<br>주기 | I A | II A | III A | IV A | V A | VI A | VII A | VIII A | | | I B | II B | III B | IV B | V B | VI B | VII B | 0 |
|---|---|---|---|---|---|---|---|---|---|---|---|---|---|---|---|---|---|---|
| 1 | 1H<br>Hydrogen<br>1.0080 | | | | | | | | | | | | | | | | | 2He<br>Helium<br>4.003 |
| 2 | 3Li<br>Lithium<br>6.940 | 4Be<br>Beryllium<br>9.013 | | | | | | | | | | | 5B<br>Boron<br>10.82 | 6C<br>Carbon<br>12.011 | 7N<br>Nirrogen<br>14.008 | 8O<br>Oxygen<br>16.0000 | 9F<br>Fluorine<br>19.00 | 10Ne<br>Neon<br>20.183 |
| 3 | 11Na<br>Sodium<br>22.991 | 12Mg<br>Magnesium<br>24.32 | | | | | | | | | | | 13Al<br>Aluminum<br>26.98 | 14Si<br>Silicon<br>28.09 | 15P<br>Phosphorus<br>30.975 | 16S<br>Sulfur<br>32.006 | 17Cl<br>Chlorine<br>34.457 | 18A<br>Argon<br>39.994 |
| 4 | 19K<br>Potassium<br>39.100 | 20Ca<br>Calcium<br>40.08 | 21Sc<br>Scandium<br>44.96 | 22Ti<br>Titanium<br>47.90 | 23V<br>Vanadium<br>50.95 | 24Cr<br>Chromium<br>52.01 | 25Mn<br>Manganese<br>54.94 | 26Fe<br>Iron<br>55.85 | 27Co<br>Cobalt<br>58.94 | 28Ni<br>Nickel<br>58.71 | 29Cu<br>Copper<br>63.54 | 30Zn<br>Zinc<br>65.38 | 31Ga<br>Gallium<br>69.72 | 32Ge<br>Germanium<br>72.60 | 33As<br>Arsenic<br>74.91 | 34Se<br>Selenium<br>78.96 | 35Br<br>Bromine<br>79.916 | 36Kr<br>Krypton<br>83.80 |
| 5 | 37Rb<br>Rubidium<br>85.48 | 38Sr<br>Strontium<br>87.63 | 39Y<br>Yttrium<br>88.92 | 40Zr<br>Zirconium<br>91.22 | 41Nb<br>Niobium<br>92.91 | 42Mo<br>Molybdenum<br>95.95 | 43Tc<br>Technetium<br>98 | 44Ru<br>Ruthenium<br>101.1 | 45Rh<br>Rhodium<br>102.91 | 46Pd<br>Palladium<br>106.7 | 47Ag<br>Silver<br>107.880 | 48Cd<br>Cadmium<br>112.41 | 49In<br>Indium<br>112.41 | 50Sn<br>Tin<br>118.70 | 51Sb<br>Antimony<br>121.76 | 52Te<br>Tellurium<br>127.61 | 53I<br>Iodine<br>126.91 | 54Xe<br>Xenon<br>131.30 |
| 6 | 55Cs<br>Cesium<br>132.91 | 56Ba<br>Barium<br>137.36 | 57~71<br>Rare earth | 72Hf<br>Hafnium<br>178.58 | 73Ta<br>Tantalum<br>180.95 | 74W<br>Wolfram<br>183.86 | 75Re<br>Rhenium<br>186.22 | 76Os<br>Osmium<br>190.2 | 77Ir<br>Iridium<br>192.2 | 78Pt<br>Platinum<br>195.05 | 79Au<br>Gold<br>197.0 | 80Hg<br>Mercury<br>200.61 | 81Ti<br>Thallium<br>204.39 | 82Pb<br>Lead<br>207.21 | 83Bi<br>Bismoth<br>209.00 | 84Po<br>Polonium<br>[210] | 85At<br>Astatine<br>[211] | 86Rn<br>Radon<br>[222] |
| 7 | 87Fr<br>Francium<br>[223] | 88Ra<br>Radium<br>226.05 | 89~103<br>Actinide | | | | | | | | | | | | | | | |

| 57~71<br>Rare earth | 57La<br>Lanthanum<br>138.92 | 58Ce<br>Cerium<br>140.13 | 59Pr<br>Praseodymium<br>140.92 | 60Nd<br>Neodymium<br>144.27 | 61Pm<br>Promethium<br>[145] | 62Sm<br>Samarium<br>150.35 | 63Eu<br>Europium<br>152.0 | 64Gd<br>Gadolinium<br>157.26 | 65Tb<br>Terbium<br>158.93 | 66Dy<br>Dysprosium<br>162.51 | 67Ho<br>Holmium<br>161.91 | 68Er<br>Erbium<br>167.27 | 69Tm<br>Thulium<br>168.94 | 70Yb<br>Ytterbium<br>173.04 | 71Lu<br>Lutetium<br>174.99 |
|---|---|---|---|---|---|---|---|---|---|---|---|---|---|---|---|
| 89~103<br>Actinide | 89Ac<br>Actinium<br>[227] | 90Th<br>Thorium<br>232.05 | 91Pa<br>Protactinium<br>231.1 | 92U<br>Uranium<br>238.07 | 93Np<br>Neptunium<br>[237] | 94Pu<br>Plutonium<br>[242] | 95Am<br>Americium<br>[243] | 96Cm<br>Curium<br>[243] | 97Bk<br>Burkelium<br>[247] | 98Cf<br>Californium<br>[251] | 99Es<br>Einsteinium<br>[254] | 100Fm<br>Fermium<br>[253] | 101Md<br>Mendelevium<br>[256] | 102No<br>Novelium<br>[254] | 103Lr<br>Lawrencium<br>[257] |

[ ]내의 숫자는 반감기가 가장 긴 동위원소의 질량수, 원소명 아래의 숫자는 원자량.

표 2-2는 주요한 금속원소의 물리적 특성을 나타내고 있다. 금속의 비중은 어떤 물체의 무게와 4℃에 있어서 이와 같은 부피의 물의 무게와의 비를 말하며, 물보다 가벼운 Na, Li 등이 있는가 하면 백금, 금 등과 같이 무거운 것도 있고 최소는 Li의 0.53이고 최대는 Ir의 22.5이다. 편의상 비중 5이하의 금속을 경금속, 이보다 무거운 금속을 중금속이라 한다. Al, Mg, Na, Be 등은 경금속이며, Fe, Ni, Cu, Cr 등은 중금속이다.

금속의 융점은 금속이 열에 의해 녹아서 액체가 되는 점을 말하며, 최저는 상온에서 액체상태를 갖는 수은(Hg)의 -38.8℃로 부터 최고는 텅스텐(W)으로서 3410℃에 이르고 있다.

[표 2-2] 주요 금속원소의 물리적 성질

| 원소명 | 기호 | 비중 | 융점(℃) | 원소명 | 기호 | 비중 | 융점(℃) |
|---|---|---|---|---|---|---|---|
| 은 | Ag | 10.5 | 961 | 몰리브덴 | Mo | 10.2 | 2610 |
| 알루미늄 | Al | 2.7 | 660 | 나트륨 | Na | 0.97 | 98 |
| 금 | Au | 19.3 | 1063 | 니오브움 | Nb | 8.6 | 2468 |
| 붕소 | B | 2.3 | 2030 | 니켈 | Ni | 8.9 | 1453 |
| 베릴륨 | Be | 1.8 | 1277 | 인 | P | 1.8 | 44 |
| 비스무스 | Bi | 9.8 | 271 | 납 | Pb | 11.3 | 327 |
| 탄소 | C | 2.3 | 3727 | 백금 | Pt | 21.5 | 1769 |
| 칼슘 | Ca | 1.6 | 631 | 황 | S | 2.1 | 119 |
| 카드늄 | Cd | 8.7 | 321 | 안티몬 | Sb | 6.6 | 631 |
| 코발트 | Co | 8.9 | 1495 | 실리콘 | Si | 2.3 | 1410 |
| 크롬 | Cr | 7.2 | 1875 | 주석 | Sn | 7.3 | 232 |
| 동 | Cu | 9.0 | 1083 | 탄탈 | Ta | 16.6 | 2996 |
| 철 | Fe | 7.9 | 1530 | 티탄 | Ti | 4.5 | 1668 |
| 수은 | Hg | 13.6 | -38.8 | 바나듐 | V | 6.1 | 1900 |
| 칼륨 | K | 0.9 | 64 | 텅스텐 | W | 19.3 | 3410 |
| 마그네슘 | Mg | 1.7 | 650 | 아연 | Zn | 7.1 | 420 |
| 망간 | Mn | 7.4 | 1245 | 지르코늄 | Zr | 6.5 | 1852 |

## 2. 금속의 응고와 결정구조

### 2-1. 순금속의 응고

순금속을 용융 온도보다 높은 용융상태로 부터 상온까지 서서히 냉각하여 응고점에 달하면 일정한 온도에서 고체로 된다. 만약 이 때에 금속의 온도를 일정한 간격을 두고 시간을 기록하면 냉각곡선(cooling curve)이 얻어진다. 금속이 냉각하여 응고 온도로 되면 수많은 원자들이 규칙적인 배열을 형성하여 작은 결정핵을 만든다. 그리고 형성된 결정핵(seed crystal)을 중심으로 원자가 금속고유의 결정격자를 갖는 나무 가지와 같이 가지에 가지가 생기면서 성장한 것을 수지상정(dendrite)이라 한다.

그림 2-1은 수지상정을 나타낸 것으로 이것이 점차 발달하여 결정이 성장하게 된다. 결정계에서는 결정끼리 충돌되면서 결정 경계선이 그림 2-2처럼 생긴다. 용융된 금속이 냉각되어 결정을 만들 때 금속 결정입자의 크기는 금속의 종류와 불순물의 영향에 따라 다르다. 이것들이 같은 경우라도 냉각속도의 영향을 받는다. 일반적으로 냉각속도가 빠르면 결정핵의 수가 많아지므로 결정입자는 미세하게 되고 냉각속도가 느리면 형성되는 핵의 수가 적으므로 결정입자가 커진다.

용융된 금속 중에서 발생하는 결정핵의 수는 각 결정핵간의 간극, 결정축의 방향 등이 장소에 따라 각각 상이하므로 주조된 결정입자의 크기가 각각 상이하다. 용융되어 있는 금속을 보통 쇳물이라고 한다. 쇳물을 금속주형에 부어 넣으면 주형에 접촉하는 부분은 급속히 냉각되므로 결정핵의 발생이 거의 없다.

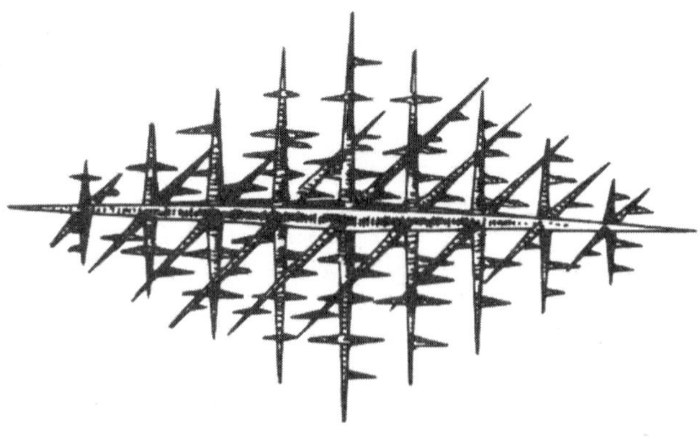

[그림 2-1] 수지상정

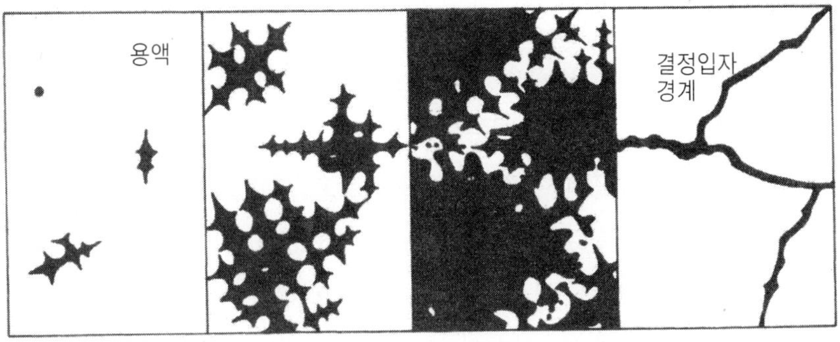


[그림 2-2] 결정핵에서 결정이 이루어지기까지의 설명도

그러므로 쇳물은 온도가 높은 중심부분보다 낮은 금속주형 표면에서부터 응고하기 시작하여 중심방향으로 각 결정이 성장하게 되므로 금속주형면에서 중심부로 향하여 방사상의 주상정(柱狀晶)이 된다.

주형 내면의 형상에 따라 결정 성장이 생긴다. 주형이 직각이 되면 직각의 2등분면에 약점이 생기기 쉽다. 또 이 부분에 불순물이 모이기 쉬우므로 편석이 생기는 일이 많다. 이와 같은 결함을 방지하기 위하여 그림 2-3과 같이 모서리를 둥글게 한다. 이것을 라운딩이라 한다. 모래 주형에서는 냉각속도가 느리므로 결정 성장에 대한 냉각속도의 영향이 그렇게 크지 않다.

[그림 2-3] 주괴의 주상정

## 2-2. 금속의 결정구조

### 2-2-1. 금속의 결정

금속의 표면을 매끈하게 연마하여 각종 금속에 대한 전해액에 부식시켜, 이것을 현미경으로 보면 그림 2-4와 같이 무수히 많은 작은 결정체가 무질서한 상태로 집합되어 있다. 이와 같은 것을 다결정체라고 부르고 있다. 그 각각의 결정을 결정립, 결정립과 결정립과의 경계를 결정립계(grain boundary)라 한다. 결정립의 크기는 동일 금속에서도 성형, 가공할 때의 가열과 냉각의 방법에 따라 변하고 일반적으로 결정립이 미세하면 강한 성질을 가지게 된다.

하나의 결정립을 *X*선(線)으로 조사해 보면 그 결정립 내에는 원자가 규칙적으로 배열되어 있다. 이 같은 원자의 규칙적인 배열을 결정격자(crystal lattice)라 한다. 금속은 각각 고유의 결정격자를 갖는다.

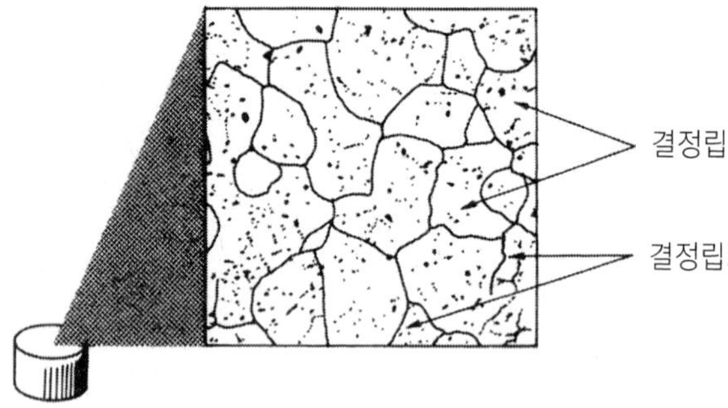


[그림 2-4] 순철의 현미경 사진(×150)

### 2-2-2. 금속의 결정구조

금속은 그 특성의 하나로 고체 상태에서 결정을 이루고 있는데 결정이라 함은 규칙정연하게 배열한 원자의 집합체를 말하며 공간적인 원자의 배열을 생각할 경우 먼저 3차원의 좌표계를 생각하면 편리하다. 또한 규칙적인 배열이므로 공간에 있어서 원자의 배치는 각각의 좌표계에 따른 단위길이의 평행이동의 조합으로 나타낼 수 있다. 3개의 각 축상의 단위길이 $a$, $b$, $c$와 각(角)사이에는 표 2-3과 같은 7종류의 조합이 생긴다. 이것을 결정계(crystal system)라 부른다. 이들 결정계의 기본이 되는 최소단위의 공간형은 14가지의 Bravais격자로 나타낼 수 있다(그림 2-5).

[표 2-3] 결정계와 결정격자

| 결 정 계 | 축 길이와 사이각 | 결정격자 |
|---|---|---|
| 입방격자<br>(cubic system) | $a = b = c$<br>$\alpha = \beta = \gamma = 90°$ | ① 단순입방격자<br>② 체심입방격자<br>③ 면심입방격자 |
| 육방격자<br>(hexagonal system) | $a = b \neq c$<br>$\alpha = \beta = 90°, \gamma = 120°$ | ④ 단순육방격자 |
| 삼방정계<br>(trigonal system) | $a = b = c$<br>$\alpha = \beta = \gamma \neq 90°$ | ⑤ 단순삼방격자 |
| 정방정계<br>(tetragonal system) | $a = b \neq c$<br>$\alpha = \beta = \gamma = 90°$ | ⑥ 단순정방격자<br>⑦ 체심정방격자 |
| 사방정계<br>(rhombic system) | $a \neq b \neq c$<br>$\alpha = \beta = \gamma = 90°$ | ⑧ 단순사방격자<br>⑨ 저심사방격자<br>⑩ 체심사방격자<br>⑪ 면심사방격자 |
| 삼사정계<br>(triclinic system) | $a \neq b \neq c$<br>$\alpha \neq \beta \neq \gamma \neq 90°$ | ⑫ 단순삼사격자 |
| 단사정계<br>(mon0clinic system) | $a \neq b \neq c$<br>$\alpha = \beta = 90°, \gamma \neq 90°$ | ⑬ 단순단사격자<br>⑭ 저심단사격자 |

금속의 결정격자는 단위공간의 쌓임으로서 공간에 규칙적으로 배열된 점으로 나타낼 수 있다. 이와 같이 생각할 때 전체의 점의 배열을 공간격자(space lattice), 각 점을 격자점(lattice point), 단위공간을 단위격자 또는 단위포(unit cell), 그 각 변의 길이를 격자상수(lattice constant)라고 부른다.

금속의 대부분은 다음과 같은 결정구조에 속하며 결정구조에 있어서 서로 접촉하고 있는 원자를 최근접 원자, 그 중심간 거리를 근접원자간 거리, 1개의 원자를 중심으로 생각할 때 그 원자 주위에 있는 최근접 원자의 수를 배위수(coordination number)라 부른다.

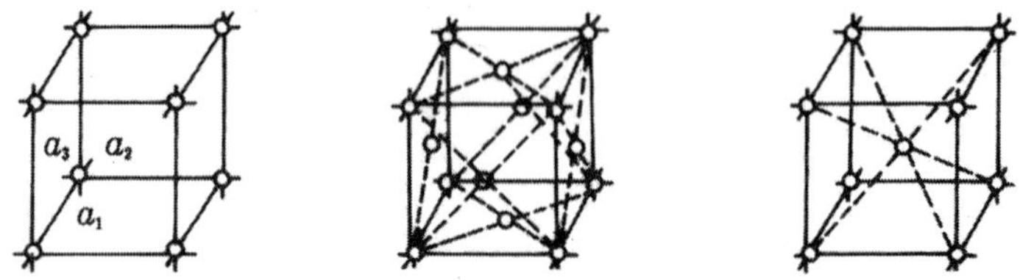

단순입방(S.C) 면심입방(F.C.C) 체심입방(B.B.B)

(a) 입방정계

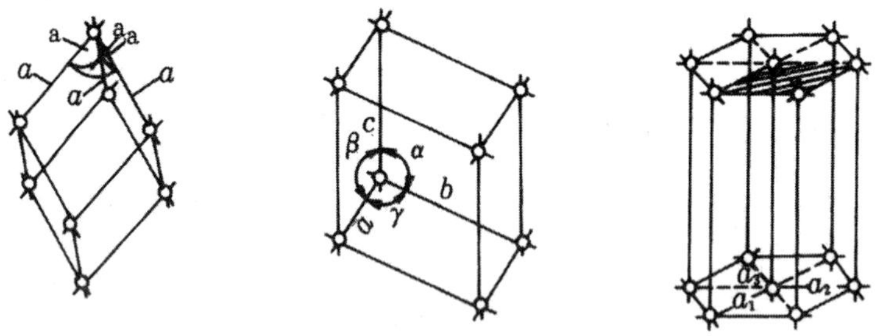

단순삼방 단순삼사 단순육방

(b) 삼방정계 (c) 삼사정계 (d) 육방정계

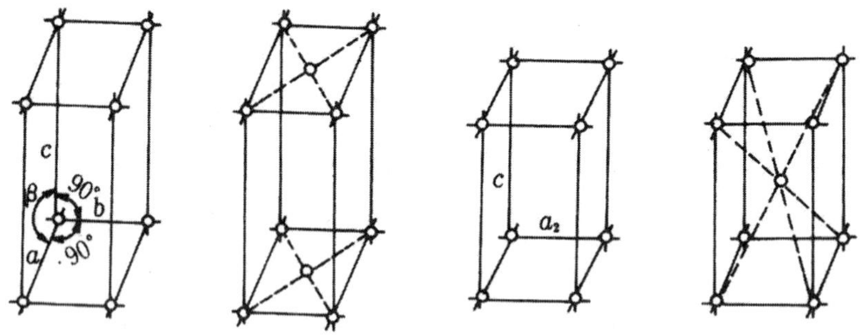

단순단사 저심단사 단순정방 체심정방

(e) 단사정계 (f) 정방정계

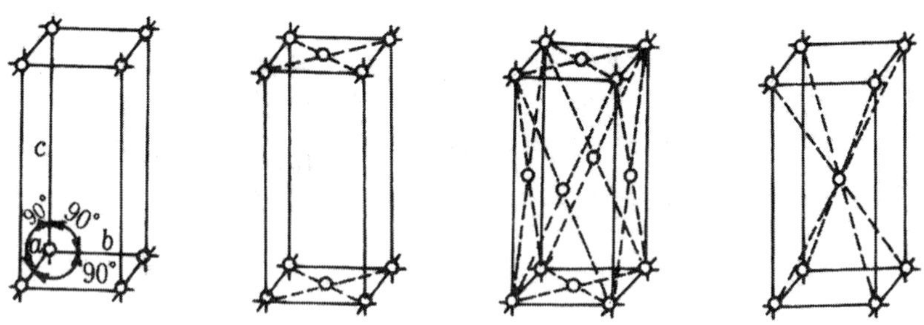

단순사방 저심사방 면심사방 체심사방

(g) 사방정계

[그림 2-5] 14종의 Bravais 격자

[1] 결정에 있어서 면과 방향

결정 중에서 그림 2-6에 표시한 것과 같이 원자가 정열한 3개의 선 $x$, $y$, $z$을 좌표축으로 잡고 원자가 정열한 1개의 면을 생각하면 이 면이 $x$, $y$, $z$축을 자른 선의 길이 $OA$, $OB$, $OC$는 $x$, $y$, $z$의 원자간 거리 $a$, $b$, $c$의 정수배로 되지 않으면 안 된다($\alpha$ , $\beta$ , $\gamma$ 는 축각). 즉

$$OA : OB : OC = ra : sb : tc$$

여기에서 $r$, $s$, $t$가 정수로 표시되면 $ABC$의 평면이 정하여진다. 이 $r$, $s$, $t$와 역비를 이루는 수 $h : k : l = 1/r : 1/s : 1/t$를 생각하면

$$OA : OB : OC = a/h : b/k : c/l$$

로 된다. 이때의 $h : k : l$를 밀러지수(Miller ′ s index)라고 부른다.

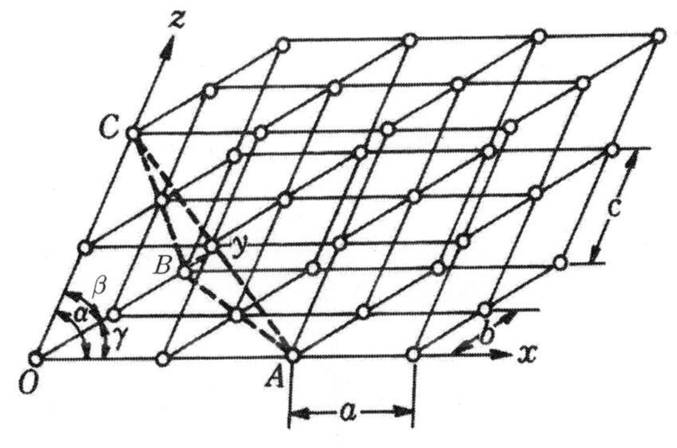


[그림 2-6] 결정축과 축각

원자의 정렬된 면을 격자면이라고 하고 모두 밀러지수($hkl$)로 표현하는 것이 가능하다. 격자면은 좌표축에 대한 기울기만이 중요하고 그 위치는 중요하지 않은 것이 많다. 이와 같은 경우에는 (111)이라는 면과 (222)라는 면과는 동일면이라고 생각하면 좋다. 그러니까 면의 기울기만을 고려할 때는 $h : k : l$를 가장 간단하게 한 최소정수비를 이용하는 것이 보통이다. 좌표축을 자른 점이 負의 것은 그 좌표축의 부호에 -를 붙인다.

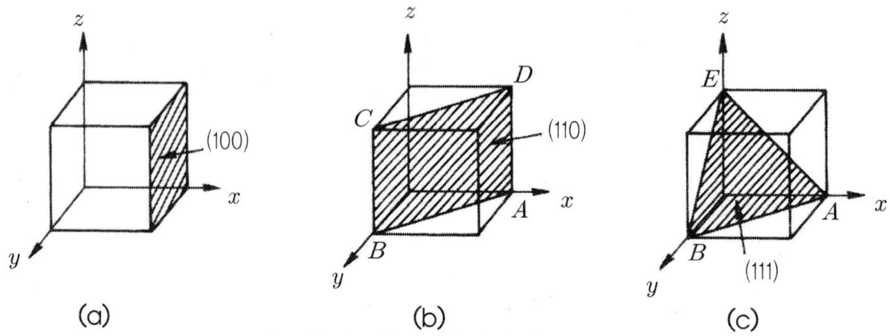


[그림 2-7] 입방격자의 면

예를 들면 $(11\bar{1})$과 같이 하면 된다. 그림 2-7에서 입방체의 표면은 (100)면으로, 면 $ABCD$는 (110)면이고 면 $ABE$는 (111)면이다.

육방격자는 동일평면상에 서로 120° 의 각도로 교차하는 3개의 $a$축(그림 2-8)과 이것에 수직인 $c$축으로 표현된다. 이 경우 밀러지수는 3개의 a축에 대한 $h$, $k$, $i$와 $c$축에 대한 $l$을 이용하여 $(hkil)$과 같이 표시한다. 그러나 $h+k+l=0$로 되어야 하는 관계가 있기 때문에 $i$는 $h$와 $k$로부터 자연히 결정된다. 그러니까 $i$를 생략하여 $(hk{\cdot}l)$로 쓰기도 한다. 육방격자에 있어서 육방주의 저면은 (0001)이다. 1개의 $a$축과 평행한 면은 $(10\bar{1}0)$이다. 또한 1개의 a축에 수직이고 $c$축에 평행한 면은 $(11\bar{2}0)$이다.

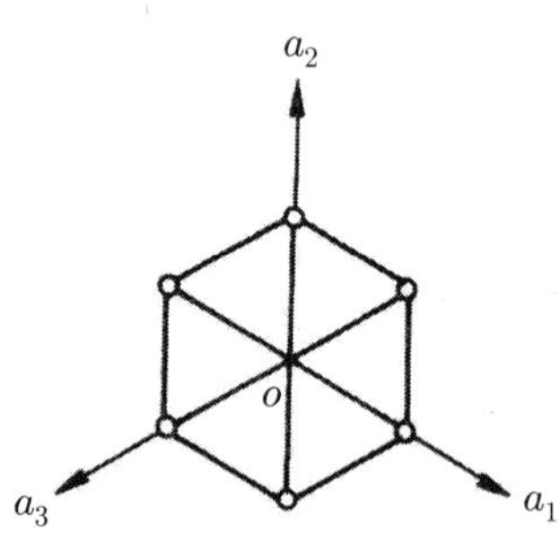


[그림 2-8] 육방격자의 저면의 3축

결정 중의 방향을 표시하기 위하여 좌표의 원점을 통하는 벡터의 선단을 간단한 정수비로 고친 것을 이용하여 $[uvw]$로 되는 부호에 의해 표시한다. 육방격자의 경우는 $[uvtw]$로 표시한다.

입방격자의 경우에는 $u$, $v$, $w$ 그 방향에 수직인 면의 $h$, $k$, $l$과 같은 수이다. 예를 들면 [111]로 되는 방향은 (111)면에 수직이다. 육방격자의 경우에도 이 수직성이 성립하는 경우도 있지만 일반적으로 성립하지 않는다. 입방체의 표면은 (100) 외에 (010), (001) 등이 있지만 좌표축에 대해 상대적인 대칭성은 동일하다.

이와 같은 면과 방향은 '등가이다' 라고 말한다. 등가면과 방향을 통합하여 나타내고 싶을 때는 등가면은 $\{hkl\}$, 등가인 방향은 $\langle uvw \rangle$와 같이 표시한다. 이들의 부호로 나타낼 수 있는 등가면과 방향은 지수의 교체와 부호의 교환에 의해 도출되어 진다.

예를 들면 {100}는 (100), (010), (001), $(\bar{1}00)$, $(0\bar{1}0)$, $(00\bar{1})$의 6개면을 포함한다. 그러나 지수가 같고 부호가 전부 반대인 면은 평행이기 때문에 결국 3개의 면을 포함한 것으로 된다. 따라서 {111}은 (111), $(\bar{1}11)$, $(1\bar{1}1)$, $(11\bar{1})$를 나타내고 ⟨101⟩는 [110], [101], [011], $[1\bar{1}0]$, $[10\bar{1}]$, $[01\bar{1}]$를 표시하는 것으로 된다.

## [2] 결정구조의 종류

### (1) 체심입방격자(body-centered cubic lattice)

철(Fe)은 입방구조를 갖는다. 상온에서 철의 단위포는 입방체 각 모서리에 원자 1개를 가지며 입방체 중심에 또 하나의 원자를 가진다. 이러한 결정구조를 체심입방격자라고 하며 그림 2-9에서 보여주는 것과 같이 체심입방격자에서 각 원자는 원자가 단위포의 중심이나 또는 모서리 어디에 위치하든 간에 8개의 인접한 원자들에 의해 둘러쌓여진다. 그러므로 각 원자는 동일한 기하학적 구조를 갖는다.

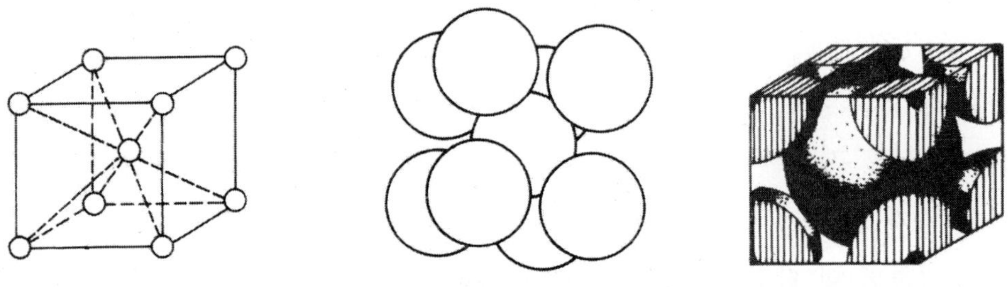
(a) (b) (c)

[그림 2-9] 체심입방격자

체심입방격자는 단위포(unit cell)당 2개의 원자를 갖는다. 1개는 입방체의 중심에 있으며 또 하나는 8개의 모서리에 위치한 원자는 각 모서리의 원자가 단위포에 1/8만이 속하므로 8개×1/8= 1개가 된다. 그리고 격자상수 $a$와 원자 반지름 $r$과의 관계 및 단위격자 내의 원자의 충진율(packing factor)을 표 2-4에 나타내고 있다. 체심입방격자를 갖는 주요금속은 Ba, Cr, Sc, Fe, K, Li, Mo, V 등이다.

### (2) 면심입방격자(face-centered cubic lattice)

각 단위포의 모서리에 1개의 원자를 가지며 각 면의 중심에 1개의 원자를 가지나 입방체의 중심에는 원자를 가지지 않는다. 이러한 격자를 면심입방격자라 부른다. 그림 2-10에서와 같이 단위포당 원자의 수는 8개의 모서리에 1/8원자씩 합계 1개와 6개의 면중심에 1/2원자씩 합해서 3개, 따라서 총 4개의 원자를 갖는다. 격자상수 $a$와 원자 반지름 $r$과의 관계 및 단위격자 내의 원자의 충진율은 표 2-4와 같다. 면심입방격자를 갖는 주요금속은 Al, Cu, Pb, Si, Ni, Au, Ag 등이다.

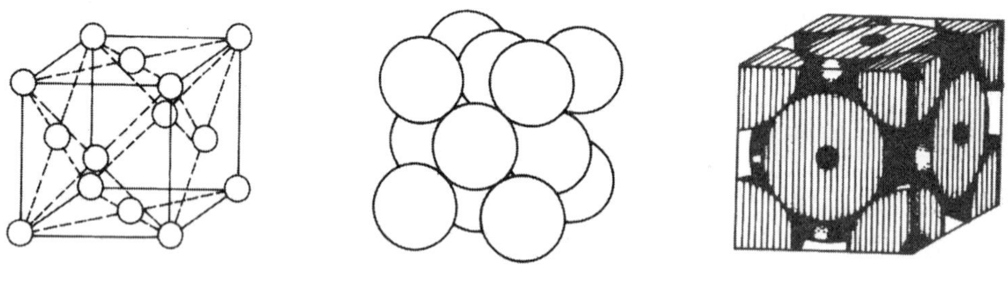

(a) (b) (c)

[그림 2-10] 면심입방격자

### (3) 조밀육방격자(hexagonal close-packed lattice)

그림 2-11과 같이 6각주 상하면의 각 모서리와 그 중심에 1개씩의 원자가 있고 또한 6각주를 구성하는 6개의 3각주 중 1개씩 띄어서 3각주의 중심에 1개의 원자가 배열된 격자를 조밀 육방격자라 부른다. 그림 2-11(b)에서 표시한 6면체를 최소단위로 생각하면 이 단위격자에서는 1/6씩 속하고 있는 원자가 4개, 1/12씩 속하는 원자가 4개, 내부에 1개의 원자가 있으므로 총2개의 원자를 갖는다.

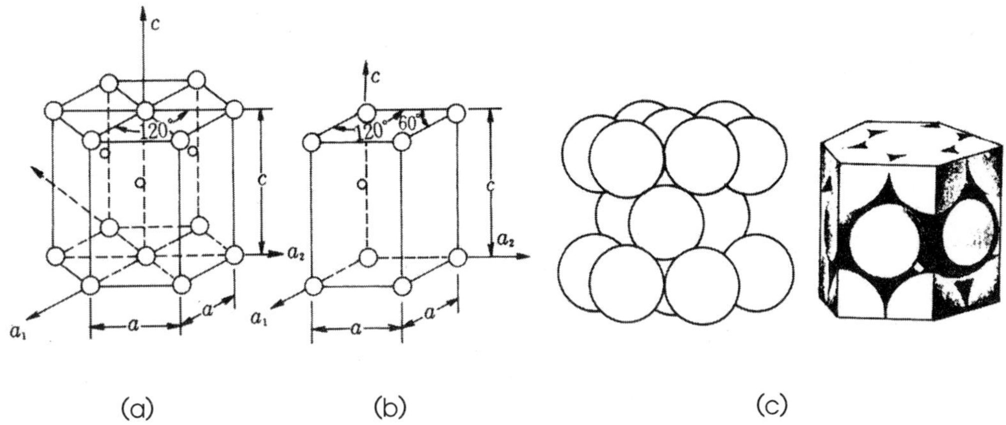


[그림 2-11] 조밀육방격자

조밀육방격자를 갖는 주요금속은 Be, Co, Mg, Ti, Zn 등이다.

금속의 특성은 결정격자의 형에 따라 좌우되어진다. 예를 들면 체심입방격자의 금속은 면심입방격자의 금속보다 융점이 높은 것이 많고, 가공에 의한 경화는 적지만 전연성에서는 뒤떨어진다. 면심입방격자의 금속은 전연성이 우수하여 가공성 좋지만 강도는 충분하지 않다. 조밀육방격자의 금속은 전연성도 뒤떨어지고 인성도 충분하지 않다.

[표 2-4] 주요 결정 구조의 비교

| | 체심입방격자(BCC) | 면심입방격자(FCC) | 조밀육방격자(HCP) |
|---|---|---|---|
| 원자의 반지름 | $\frac{\sqrt{3}}{4}a$ | $\frac{\sqrt{2}}{4}a$ | $\frac{a}{2}$ |
| 근접 원자간 거리 | $\frac{\sqrt{3}}{2}a$ | $\frac{\sqrt{2}}{2}a$ | 저면 : $a$<br>$c$축방향 : $\sqrt{\frac{a^2}{3}+\frac{c^2}{4}}$ |
| 최근접 원자수 (배위수) | 8개 | 12개 | 12개 |
| 단위 격자당 원자수 | 2개 | 4개 | 2개 |
| 단위 격자당 원자의 충진율 | 68% | 74% | 74% |

## 3. 금속의 변태

고체의 온도가 높아짐에 따라 액체, 기체로 변화하는 것 뿐만아니라 하나의 물질이 원자배열을 변화시켜 성질이 다른 것으로 변화하는 현상을 금속원소에서 볼 수 있는데 이를 변태(transformation)라고 한다. 이때 변태하는 온도를 변태점(變態點)이라 한다. 금속은 고체상태에서 변태가 일어나는 현상으로는 동소변태(allotropic transformation)와 자기변태(magnetic transformation)를 들 수 있다.

### 3-1. 동소변태(allotropic transformation)

금속이 고체 상태에서 원자 배열의 변화를 일으키는 것을 동소변태(同素變態)라 하며, 변태가 일어나는 온도를 동소 변태점이라 한다. 주요 금속의 동소 변태의 예를 표 2-5에서 보여 주고 있다.

[표 2-5] 주요 금속의 동소변태

| 원소 | 결정격자의 변태 | 변태온도(℃) |
|---|---|---|
| Co | $\alpha$-Co(조밀육방) ⇄ $\beta$-Co(면심입방) | 477 |
| Fe | $\alpha$-Fe(체심입방) ⇄ $\gamma$-Fe(면심입방)<br>$\gamma$-Fe(면심입방) ⇄ $\delta$-Fe(체심입방) | 910<br>1400 |
| Sn | $\alpha$-Sn(다이아몬드격자) ⇄ $\beta$-Sn(체심입방) | 18 |
| Ti | $\alpha$-Ti(조밀육방) ⇄ $\beta$-Ti(체심입방) | 833 |
| Tl | $\alpha$-Tl(조밀육방) ⇄ $\beta$-Tl(체심입방) | 232 |
| Zr | $\alpha$-Zr(조밀육방) ⇄ $\beta$-Zr(체심입방) | 865 |
| Ce | $\alpha$-Ce(조밀육방) ⇄ $\beta$-Ce(면심입방) | - |

### 3-2. 자기변태(magnetic transformation)

원자 배열의 변화는 일으키지 않고 원자 내부의 어떤 변화로 금속의 자기의 크기가 상온에서부터 온도를 상승시킴에 따라 서서히 변화하는데 어느 온도에서는 급격히 변화할 때가 있다. 이와 같이 자기의 크기가 변화할 때를 자기변태(磁氣變態)라 하며, 이때의 온도를 자기 변태점이라 한다. 주요 금속의 자기변태의 예를 표 2-6에서 보여주고 있다.

[표 2-6] 주요 금속의 자기변태

| 원소 | 결정 격자의 변태 | 변태온도(℃) |
|---|---|---|
| Fe | $\alpha$-Fe(체심입방) | 768 |
| Ni | Ni(면심입방) | 358 |
| Co | Co(면심입방) | 1160 |

# 실 • 력 • 평 • 가

**01.** 금속의 일반적인 특성이 아닌 것은 ?[2003-4회 컴퓨터 응용가공산업기사]

가 고체상태에서 결정 도구를 갖는다.
나 열과 전기의 부도체이다.
다 연성 및 전성이 좋다.
라 금속적 광택을 지니고 있다.

**02.** 다음 중 경금속이 아닌 것은 ?[2003-2회 컴퓨터 응용가공산업기사]

가 알루미늄 나 마그네슘
다 백금 라 티타늄

**03.** 용융 금속이 응고할 때 불순물이 가장 많이 모이는 곳으로 최후에 응고하게 되는 곳은 ?[2010-2회 컴퓨터 응용가공산업기사/기계설계산업기사]

가 결정입계 나 결정입내의 중심부
다 결정입내의 입계 라 결정입내

**04.** 다음 중 결정격자가 면심입방격자(FCC)인 금속은 ?[2009-4회 컴퓨터 응용가공산업기사/기계설계산업기사]

가 Al 나 Cr
다 Mo 라 Zn

**05.** 다음 금속 중 결정 구조가 면심입방격자 구조인 것은 ?[2008-4회 컴퓨터 응용가공산업기사/기계설계산업기사]

가 코발트(Co) 나 크롬(Cr)
다 몰리브덴(Mo) 라 알루미늄(Al)

**06.** 일반적인 금속의 공통적 특성을 설명한 것으로 틀린 것은 ?[2008-2회 기계설계산업기사/일반기계기사]

㉮ 상온에서 고체이며 결정체이다(단, 수은 제외).
㉯ 비중이 작고 광택을 갖는다.
㉰ 열과 전기의 양도체이다.
㉱ 소성변형성이 있어 가공하기 쉽다.

**07.** 일반적으로 금속의 가공성이 가장 좋은 격자는 ?[2012-4회 일반기계기사]

㉮ 체심입방격자 ㉯ 조밀육방격자
㉰ 면심입방격자 ㉱ 정방격자

**08.** 다음 중 가공성이 가장 우수한 결정격자는 ?[2011-4회 일반기계기사]

㉮ 면심입방격자 ㉯ 체심입방격자
㉰ 정방격자 ㉱ 조밀육방격자

**09.** 일반적으로 순금속의 결정구조를 이루는 결정격자가 아닌 것은 ?[2011-1회 일반기계기사]

㉮ 단순입방격자 ㉯ 체심입방격자
㉰ 면심입방격자 ㉱ 조밀육방격자

**10.** 다음 중 경금속이 아닌 것은 ?[2013-2회 기계설계산업기사]

㉮ 알루미늄 ㉯ 마그네슘
㉰ 백금 ㉱ 티타늄

**11.** 다음 금속 중 자기변태점이 없는 것은 ?[2009-1회, 2011-2회 기계설계산업기사]

㉮ Fe ㉯ Ni
㉰ Co ㉱ Zn

**12.** 다음 원소 중 중금속이 아닌 것은 ?[2007-2회, 2011-2회 기계설계산업기사]

㉮ Fe ㉯ Ni
㉰ Mg ㉱ Cr

*13.* 실제로 액체금속이 응고할 때에는 반드시 융점의 온도에서 응고가 시작되는 일이 적고, 용융점보다 낮은 온도에서 응고가 시작된다. 이 현상을 무엇이라 하는가 ?[2009-2회 기계설계산업기사]

㉮ 서냉　　　㉯ 급냉
㉰ 과냉　　　㉱ 급냉과 과냉의 겹침

*14.* 금속의 공통적인 특성을 설명한 것으로 틀린 것은 ?[2009-1회 기계설계산업기사]

㉮ 연성 및 전성이 좋다.　　　㉯ 금속 고유의 광택을 갖는다.
㉰ 열과 전기의 부도체이다.　　　㉱ 고체 상태에서 결정구조를 갖는다.

*15.* 온도변화에 의해 금속의 결정격자가 다른 결정격자로 변하는 현상은 ?[2003-3회 자동차검사산업기사]

㉮ 동형변태　　　㉯ 동소변태
㉰ 자기변태　　　㉱ 소성변형

*16.* 금속원자의 결정면은 밀러지수(Miller index)의 기호를 사용하여 표시할 수 있다. 다음 그림에서 빗금으로 표시한 입방격자면의 밀러지수는 ?[2013-4회 일반기계기사]

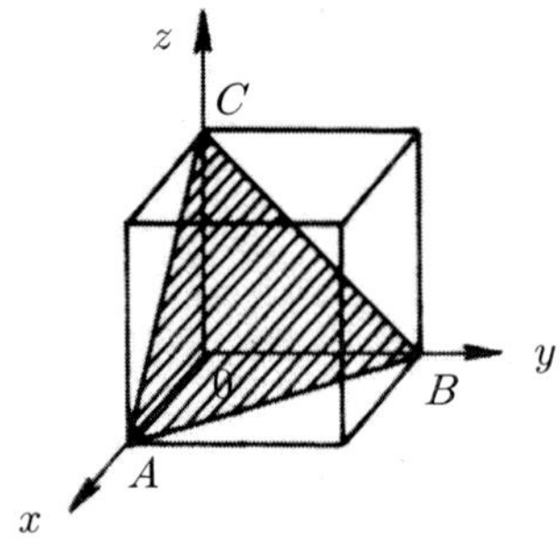


㉮ (100)　　　㉯ (010)
㉰ (110)　　　㉱ (111)

정답
01. ㉯ 02. ㉰ 03. ㉮ 04. ㉮ 05. ㉱ 06. ㉯ 07. ㉰ 08. ㉮ 09. ㉮
10. ㉰ 11. ㉱ 12. ㉰ 13. ㉰ 14. ㉰ 15. ㉯ 16. ㉱

CHAPTER 03

# 평형상태도

## 1. 평형상태도의 개요

한 물질 또는 몇 개의 물질의 집합이 독립하여 한 상태를 이룰 때 이것을 물질계(system)라고 한다. 물질계에는 균일계(homogeneous system)와 불균일계(heterogeneous system)가 있다. 하나의 계에 있어서 다른 부분과 명백한 경계로서 구분되어 있으나 그 자신 속에서 균질인 부분을 상(phase)이라고 한다. 즉 물질계에서 상(phase)은 미시조직(microstructure)에 의하여 조성(composition)이든 조직(structure)이 서로 다르거나, 둘 다 다른 구역으로 정의되어 진다. 예를 들면 금속원소는 고체와 기체에서 각각 그 성질 및 상태가 다르다. 액체에서 기체로 또 액체에서 고체로 변한다. 이 때 고체, 액체, 기체 등은 서로 다른 상(phase)이 된다. 또한 이것을 고상, 액상, 기상이라고도 한다. 금속의 고체원소, 화합물 또는 합금은 결정구조가 다른 몇 개의 상이 존재할 수도 있다.

물질의 조직을 완전히 묘사하기 위해 일반적으로 상(phases)들이 존재하는 것과 그리고 온도, 압력 그리고 모든 조성의 상대량으로 나타내는 그림을 그린다. 한 물질에 대하여 어떤 농도와 온도에서 평행상태에 있을 때 이의 조성, 온도, 압력과 존재하는 상의 관계를 나타낸 것이 상태도(phase diagram) 또는 평형상태도(equilibrium diagram)라고 한다. 평형상태도는 그 종류가 많고 그 형상이 각각 다르다.

물질계를 성립시키고 있는 성분 수에 따라서 1성분계(1원계, one component system), 2성분계(2원계, binary system), 3성분계(3원계, ternary system), 다성분계라고 말한다.

### 1-1. 상률(phase rule)

주어진 계(system)에서 평형일 때 공존할 수 있는 상(phase)의 수, 성분(component)의 수, 자유도(degree of freedom)의 수 사이의 관계를 설명하는데 Gibbs의 상률(phase rule)이 이용되어 진다. 한 물질계에서 상태를 결정하는 변수는 온도, 압력 및 성분의 종류와 그 조성이다. 불균일계의 자유도를 계산하는 방정식은 다음과 같다.

$$F = C - P + 2 \qquad \cdots\cdots (3-1)$$

여기서, $F$ : 자유도(degree of freedom)
$C$ : 성분의 수(number of component)
$P$ : 상의 수(number of phase)

자유도 $F$는 주어진 계의 평형상태에서 상의 수를 변화시키지 않고 독립적으로 변화시킬 수 있는 변수(예를 들면, 압력, 온도, 조성)를 말한다.

그러나 금속재료에서는 압력에 대한 영향이 대단히 적어서 압력의 변수를 제외하기에 이 경우의 상률은

$$F = C - P + 1 \qquad \cdots\cdots (3-2)$$

로서 나타난다. 이러한 계를 응축계(condensed system)라고 한다.

### 1-2. 농도 표시법

금속계의 상태는 온도와 성분과 그 양비(量比)인 조성에 따라 달라진다. 금속계가 아닌 경우는 압력도 문제가 된다. 예로서 2원합금계를 들면 상태변수는 온도와 농도의 2가지밖에 없다.

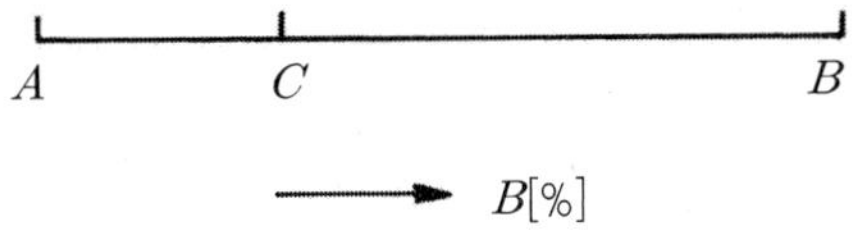


[그림 3-1] 성분의 농도 표시법

그러므로 그 상태도의 형식은 온도를 종축에 취하고 횡축에 조성인 농도를 취하면 된다. 즉 그림 3-1과 같이 횡축의 좌단(左端)을 순수한 $A$금속, 우단(右端)을 순수한 $B$금속으로 하고 좌에서부터 우로 금속의 퍼센트를 취한다. 퍼센트는 이론적 연구에서는 원자를 취하는 것이 많지만 대개는 중량 를 이용하고 있다. 이 그림에서 $C$점은 $B$의 농도= $\dfrac{AC}{AB}\times 100\%$, $A$의 농도= $\dfrac{CB}{AB}\times 100\%$인 점이다. 게다가 횡축에 중량 %를 취하면 $C$점에서 표현되는 합금 중에 있어서 $A$금속과 $B$금속의 중량비는

$$\frac{A\text{의 중량}}{B\text{의 중량}} = \frac{CB}{AC} \qquad \cdots\cdots (3-3)$$

이다. 즉 성분금속의 중량비는 $C$점에서 양끝까지의 길이에 역비례하고 있다. 이것은 마치 $C$점을 지점으로 하는 천칭에 있어서 $A$단에 $A$금속의 중량을 걸고 $B$단에 $B$금속을 걸었을 때에 균형을 이루는 것과 유사하기 때문에 이것을 천칭(天秤)의 관계라고 말한다.

또한 중량%에서 원자%를 구하는 것에는 다음 식에 의한다. $A$, $B$의 원자량을 각각 $W_A$, $W_B$, $B$의 중량%를 $x$로 한다.

$$A\text{의 원자\%} = \frac{(100-x)/W_A}{(100-x)/W_A + x/W_B} \times 100[\%] \qquad \cdots\cdots (3-4)$$

$$B\text{의 원자\%} = \frac{x/W_B}{(100-x)/W_A + x/W_B} \times 100[\%] \qquad \cdots\cdots (3-5)$$

3성분계의 경우는 조성표시가 평면을 필요로 하므로 온도축은 세워야 하며 그 상태는 공간표시가 된다. 즉, 3성분계의 조성은 정3각형 내의 1점으로 표시된다.

이것은 그림 3-2(a)에서와 같이 정3각형의 높이를 100으로 하고 P점에서 각 변에 그은 수선의 길이에 의하여도 좋고 또는 (b)와 같이 1변의 길이를 100으로 하여 $P$점에서 각 변에 평행하게 그은 선분의 길이에 의하여도 좋다. 전자는 Gibbs의 방법이고 후자는 Roozeboom의 방법이다. 그러나 후자의 표시법이 더욱 편리하고 일반적으로 쓰인다.

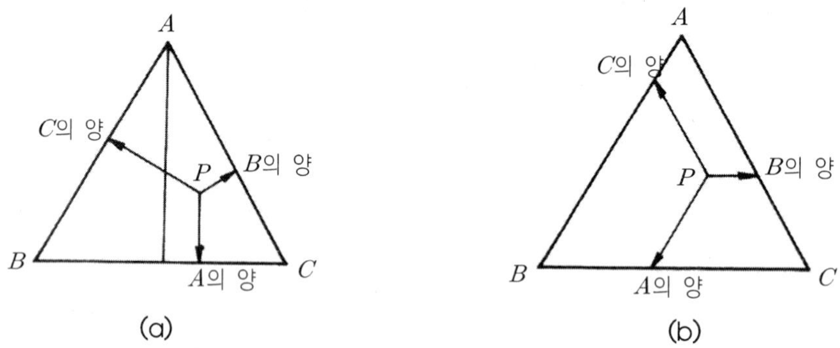


[그림 3-2] 3성분계의 농도 표시법

## 2. 평형상태도

평형상태도는 그 종류가 많고 그 형상이 각각 다르다. 그 중에서 기본이 되는 것은 고용체형, 공정형, 포정형, 편정형상태도로 분류할 수 있다.

### 2-1. 고용체형 상태도

성분 $A$, $B$가 액체상태에서나 고체상태에서나 완전히 서로 용해하는 것이 있다. 고체상태에서 성분이 서로 용해하는 합금 및 그 상태를 고용체(solid solution)라고 한다. 고용체는 합금을 형성하는 비율에 따라 전율(가용)고용체(all proportional solid solution)와 부분(가용)고용체(partially misible solid solution)가 있다. 고용체를 형성하는 결정격자는 그림 3-3(a)와 같이 어떤 성분 금속의 결정격자 중에 다른 원자가 침입한 것으로 침입형 고용체(interstitial solid solution)이라 하고 이 경우는 일반적으로 많은 금속의 결정격자의 빈자리를 차지할 수 있도록 용매원자(침입원자)보다 용질원자의 지름이 작아야 한다. 침입원자는 원자반경이 작은 H, B, C, N, O 등의 1Å 이하의 비금속원소가 주체이다.

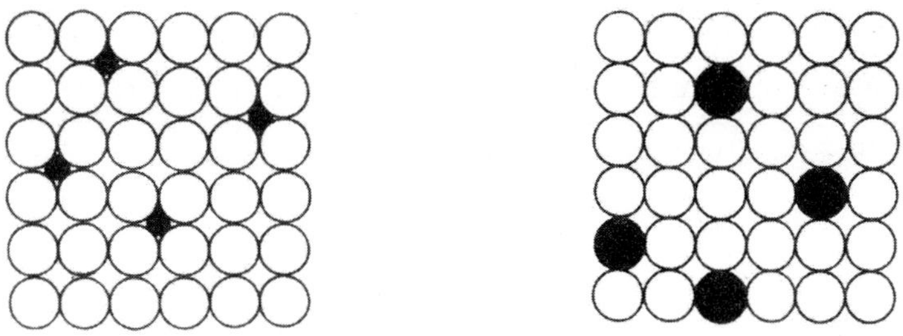

(a) 침입형 (b) 치환형

[그림 3-3] 침입형, 치환형 고용체

그림 3-3(b)와 같이 금속원자의 상호간에 고용체를 만드는 경우에는 원자반경의 차이가 작으므로 용매원자와 용질원자가 서로 위치가 바꾸어져서 만들어지는데 이 고용체를 치환형 고용체(substituti onal solid solution)라 한다. 이때에 용질원자와 용매원자의 크기가 다르므로 침입형 고용체와 마찬가지로 결정격자에 변형이 일어난다. 이 현상은 가공변형이 어렵게 되고 또 합금으로서 강도와 경도를 크게하는 중요한 역할을 한다.

그림 3-4는 성분 $A$, $B$가 전율고용체를 형성했을 때의 열분석 곡선과 상태도를 보여주고 있다. 여기서 $A'l_1l_2l_3B'$로 이루어지는 곡선은 균일한 액상에서 고상이 나오기 시작하는 온도 즉, 응고개시 온도를 나타내어 주는 액상선이다. 그리고 $A's_1s_2s_3B'$로 이루어지는 곡선은 액상이 소실되고 전부 고상이 될 때의 온도 즉, 응고완료 온도를 나타내어 주는 고상선이다.

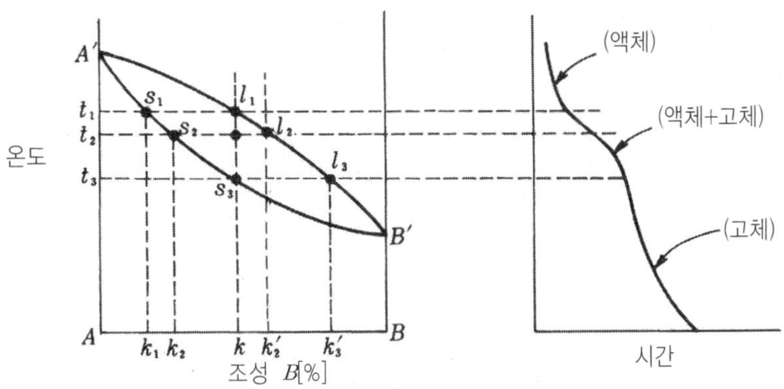


(a) (b)

[그림 3-4] 전율 고용체형 상태도와 냉각곡선

고용체가 형성될 때 구역을 보면 액상선보다 높은 온도에서는 균일한 용액이고 고상선보다 낮은 온도에서는 고체가 된다. 그리고 액상선과 고상선 사이에서는 액체와 고체가 공존된다.

조성 $k$의 합금을 용융상태로부터 냉각하는 경우를 생각해 보자. 온도가 내려가서 $t_1$에 이르면 고상이 나타나기 시작한다. 이와 같이 액상에서 고상이 나오는 것을 정출(晶出)이라 한다. 그러면 이 온도에서 액상 $l_1$과 고상 $s_1$이 평형상태로 공존하므로 최초로 나오는 고상의 조성은 $s_1$이다. 온도가 강하함에 따라서 정출하는 고용체는 $A$성분이 원조성 $k$보다 많으므로 잔액에는 $A$성분이 적고 $B$성분이 농후해 진다. 즉, 잔액의 조성은 $l_1, l_2, l_3$쪽으로 변화하고 정출하는 고용체의 조성은 $s_1, s_2, s_3$선상의 $s_3$쪽으로 변화한다. 그리고 임의의 온도 $t_2$에서는 고용체와 잔액의 양비(量比)는 $tl_1/ts_2$가 된다. 온도가 더욱 강하하면 잔액의 양은 작아지게 되고 $s_3$점에 도달하면 잔액은 완전히 없어진다. 이 합금의 열분석 곡선은 그림의 우측에서 보는 바와 같이 정출이 시작되는 $l_1$점과 끝나는 $s_3$점에서 절점이 생길 뿐이고 무변계가 나타나지 않으므로 수평인 부분은 없다. 즉, 자유도 $F=0$가 없기 때문이다.

전율고용체의 합금계의 대표적인 예는 Ag-Au, Cu-Ni, Au-Hg, Bi-Sb, Co-Ni, Ti-Zn 등 그 종류가 대단히 많다.

## 2-2. 고정형 상태도

액체상태에서 완전히 용해하는데 고체상태에서는 전혀 용해하지 않는 경우의 상태도와 고체상태에서 부분적으로 용해하는 경우의 상태도를 그림 3-5와 그림 3-7에서 보여준다. 2개의 금속이 고체상태에서 서로 용해하지 않을 때의 합금의 거동은 간단한 공정에 의해 표시된다.

대표적인 예는 Pb-Sb, Cd-Bi의 상태도이다. 그림 3-5에서 공정점 $E$를 지나는 조성 x의 합금이 냉각할 경우를 생각하면 온도 $T_1$에서 다음과 같은 공정반응이 생긴다.

$$(\text{액체})_E \rightleftarrows [A]_{100\% A} + [B]_{100\% B} \qquad \cdots\cdots (3\text{-}6)$$

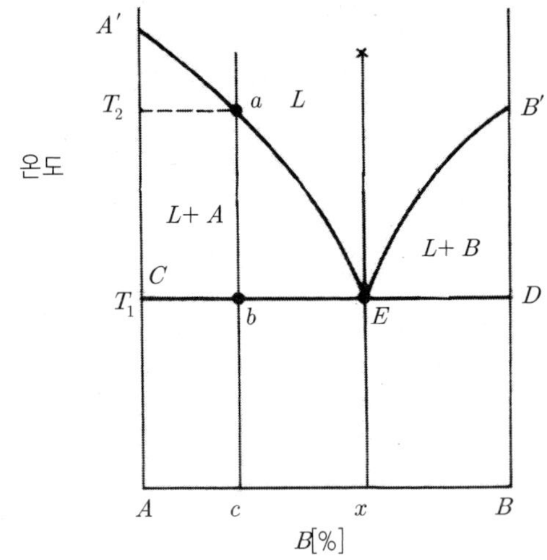


[그림 3-5] 공정형 상태도(a형)

즉, 응고 후에는 $A$, $B$ 2개의 성분 금속이 기계적으로 혼합되어 가는 결정이 조밀하게 섞여 있는 공정(共晶)이 된다. 그리고 $E$점은 공정점(eutectic point)이라 한다. 다음으로 조성 $c$의 합금을 냉각할 때를 생각하자. 온도 $T_2$에서 액상으로부터 초정의 $A$금속을 정출하기 시작한다. 그리고 액상은 $aE$에 따라서 그 조성이 변화되고 고상($A$금속)은 정출을 계속하고 온도 $T_1$이 되면 액상 E와 고상 $C$($A$금속)가 공존하게 된다. 이때의 양상(兩相)의 양비(量比)는 $bC : Eb$이다. 그리고 이 온도 $T_1$에서 액상 $E$가 공정반응을 일으켜서 공정이 되고 응고를 완료한다.

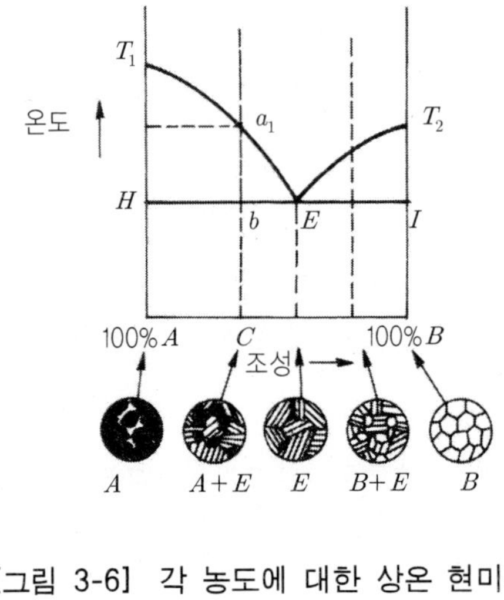


[그림 3-6] 각 농도에 대한 상온 현미경조직

그림 3-6은 각 농도에 대한 상온에서의 현미경 조직이다. 고체상태에서 부분적으로 용해하고 있을 때 즉, 그림 3-7과 같이 고용체 $\alpha$와 고용체 $\beta$가 공정을 만들 때의 상태도가 공정형 상태도의 일반화한 표현이다. 고용체형 상태도와 같이 공정형 상태도는 액상선보다 높은 온도영역에서의 액상영역과 고상선보다 낮은 온도영역에서의 고상영역($\alpha$상, $\beta$상), 액상선과 고상선 사이에 액상과 고상이 공존하는 영역 및 공정선 아래의 고상영역(공정 $\alpha+\beta$)이 나타난다.

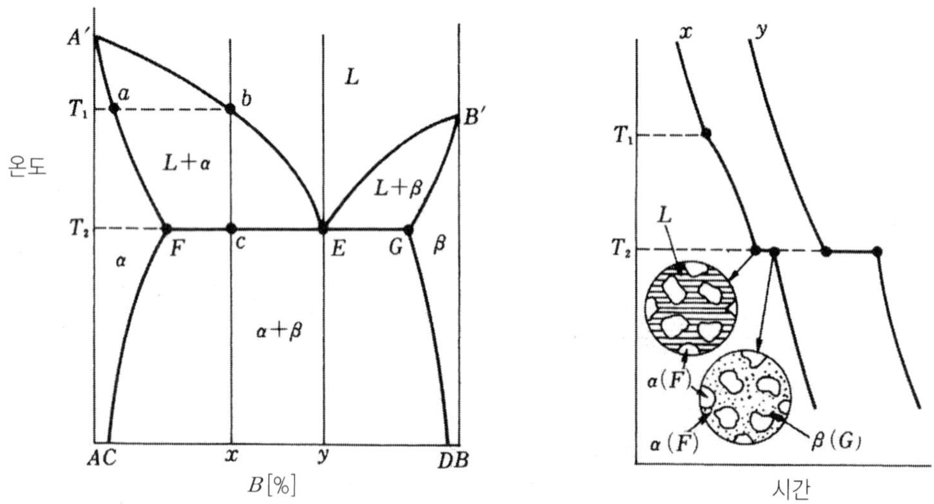


(a) (b)

[그림 3-7] 공정형 상태도(b형)

그림 3-7에서 각 실선 및 점은 다음과 같다.

$\widehat{A'E}$ : 용액에서 $\alpha$고용체를 정출하기 시작하는 온도를 나타내는 곡선($\alpha$고용체의 액상선)

$\widehat{B'E}$ : 용액에서 $\beta$고용체를 정출하기 시작하는 온도를 나타내는 곡선($\beta$고용체의 액상선)

$\widehat{A'F}$ : 용액에서의 $\alpha$고용체의 정출을 완료하는 온도를 나타내는 곡선($\alpha$고용체의 고상선)

$\widehat{B'F}$ : 용액에서의 $\beta$고용체의 정출을 완료하는 온도를 나타내는 곡선($\beta$고용체의 고상선)

$\overline{FEG}$ : 공정선이고 이 온도에서 다음과 같은 반응이 일어난다.

$$(\text{액상})_E \rightleftarrows [\alpha]_F + [\beta]_G$$

이 반응을 공정반응(eutectic reaction)이라고 한다.

$\widehat{FC}$ : $\alpha$고용체에서 $\beta$고용체가 석출하기 시작하는 온도를 나타내는 곡선($\alpha$고용체에 대한 $B$금속의 용해도 곡선)

$\widehat{GD}$ : $\beta$고용체에서 $\alpha$고용체가 석출하기 시작하는 온도를 나타내는 곡선($\alpha$고용체에 대한 $B$금속의 용해도 곡선)

지금 조성 $x$의 합금을 액체상태에서 냉각하였을 때의 상변화를 생각하자. 온도 $T_1$에 이르면 조성 $a$의 $\alpha$고용체가 정출하기 시작한다. $T_1$에서 $T_2$의 직전까지는 전율고용체의 경우와 마찬가지이다. 온도 $T_2$에 이를 때 존재하는 상은 고상 $F$와 액상 $E$이며 이들의 양의 비는 $cE : Fc$이다. 그리고 이 온도 $T_2$에서 액상 $E$가 위에 적은 공정반응을 일으켜서 응고를 완료한다. 공정반응에서는 $\alpha$고용체와 $\beta$고용체의 결정이 동시에 정출하므로 응고 결과 나타나는 조직은 두 고용체가 미세한 결정립이 되어서 조밀하게 혼재되어 있다. 이것을 공정(eutectic)이라고 한다. 또 $E$점을 공정점, 이 온도를 공정온도라고 한다. 공정반응이 일어나면 액상 $E$, 고상 $F$, 고상 $G$의 3상공존상태가 되므로 $F=2+1-3=0$ 이므로 자유도가 0이 된다. 따라서 응고가 완료되어서 액상이 없어질 때까지 온도는 일정하게 유지된다. 또 이 때 최초로 정출한 $\alpha$고용체를 초정이라고 한다.

다음으로 조성 $y$ 즉, 공정조성의 합금을 냉각했을 때를 생각하자. 이때는 온도가 $T_2$에 이르면 액상이 전부 이 온도에서 공정으로 응고한다. 그리고 공정 중의 $\alpha$고용체 및 $\beta$고용체의 조성은 각각 $F$ 및 $G$이며 두 고용체의 양의 비는 $EG : FE$이다. 온도가 $T_2$보다 내려가면 $\alpha$고용체와 $\beta$고용체의 조성은 각각 $FC$ 및 $GD$에 따라서 변화한다. 그림 3-7의 우측 그림은 조성 $x$ 및 $y$의 합금의 냉각곡선을 나타낸다.

합금계의 대표적인 예는 Cu-Au, Ag-Si, Al-Si, Bi-Sn, Ag- Cu, Au-Ni, Au-Co, Pb-Sn 등이 있다.

## 2-3. 포정형 상태도

그림 3-8은 포정반응을 하는 상태도를 표시한 것이다. 그림에서 각 선과 점은 다음과 같다.

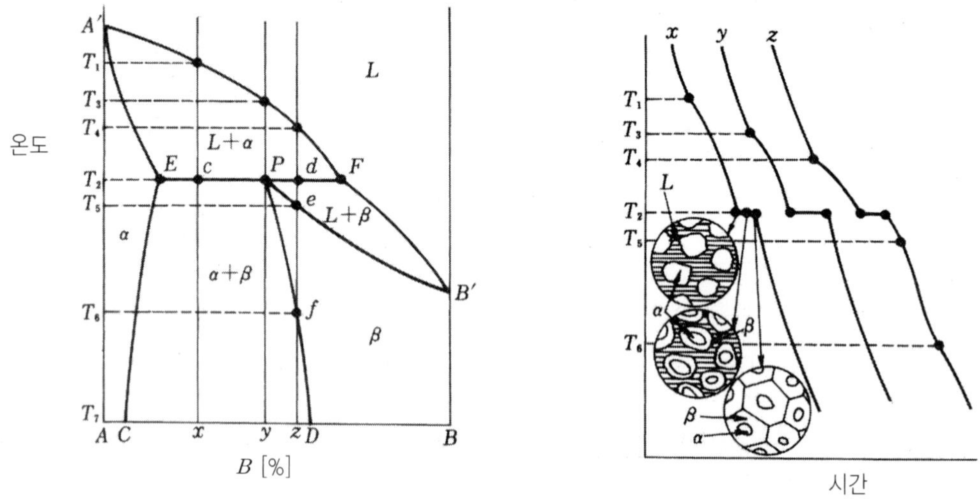


(a) (b)

[그림 3-8] 포정형 상태도

$\widehat{A'F}$ : 용액에서 $\alpha$고용체가 정출하기 시작하는 온도를 나타내는 선($\alpha$상의 초정선)

$\widehat{FB'}$ : 용액에서 $\beta$고용체가 정출하기 시작하는 온도를 나타내는 선($\beta$상의 초정선)

$\widehat{A'E}$ : 용액에서의 $\alpha$고용체의 정출이 완료되는 온도를 나타내는 곡선($\alpha$상의 고상선)

$\overline{EPF}$ : 포정 반응선으로서 다음과 같은 반응이 일어난다.

$$(\text{액상})_F + [\alpha]_E \rightleftarrows [\beta]_P$$

상기 식과 같이 고상과 액상이 작용하여 다른 고상이 생기는 반응을 포정반응이라 한다.

$\widehat{PB'}$ : 용액에서 $\beta$고용체의 정출이 완료되는 온도를 나타내는 선($\beta$상의 고상선)

$\widehat{EC}$ : $\alpha$고용체에서 $\beta$고용체를 석출하기 시작하는 온도를 나타내는 곡선($\alpha$상에 있어서 $\beta$ 상의 용해도 곡선)

$\widehat{PD}$ : $\beta$고용체에서 $\alpha$고용체를 석출하기 시작하는 온도를 나타내는 곡선($\beta$상에 있어서 $\alpha$상의 용해도 곡선)

$P$ : 포정점(peritectic point)

조성 $x$의 합금을 액체상태에서 냉각하였을 때의 상변화를 생각하자. 온도가 내려가서 $T_1$에 이르면 $\alpha$고용체가 정출하기 시작하고 $T_2$에 이르기까지는 전율고용체의 경우와 같다. $T_2$에서 존재하는 상은 액상 $F$와 고상 $E$이며 그 양의 비는 $Ec : cF$이다. 그리고 이 온도 $T_2$에서 이 액상 $F$가 이미 초정으로서 존재하고 있는 고상 $E$($\alpha$고용체)와 반응하여 고상 $P$($\beta$고용체)가 생긴다. 이 반응은 $\alpha$고용체와 그 주위에의 액체가 반응하여 생기는 $\beta$고용체가 $\alpha$고용체를 덮어 쌓은 것 같이 성장하므로 포정반응(peritectic reaction)이라고 한다. 또 이 반응이 일어나고 있을 때는 액상과 2개의 고상이 3상 공존상태가 되므로 자유도 $F$는 0이 되고 반응이 끝날 때까지 온도는 일정하게 유지된다.

포정반응이 끝나면 온도는 내려가기 시작하고 이 때 존재하는 것은 $\beta$고용체와 거기에 둘러싸인 잔류 $\alpha$고용체이며 그 양의 비는 $Ec : cP$이다. $T_2$ 이하로 온도가 내려가면 $\alpha$ 및 $\beta$고용체의 조성은 각각 용해도곡선 $EC$ 및 $PD$에 따라서 변화하고 온도 $T_7$에서는 조성 $C$의 $\alpha$고용체와 조성 $D$의 $\beta$고용체가 된다.

합금 $y$는 포정반응에 의하여 $\alpha$상과 $L$상이 동시에 없어진다. 합금 $z$의 경우 $\alpha$상이 먼저 없어진다고 생각할 수 있다. $F$점보다 우측의 합금은 포정반응은 없다. 조성 $x$, $y$, $z$의 합금의 냉각곡선은 그림 3-8(b)에 나타낸다. 포정반응을 하는 대표적인 합금은 Ag-Cd, Ag-Pt, Fe-Au, Ag-Sn, Al-Cu 등이 있다.

### 2-4. 편정형 상태도

이것에 속한 합금계는 그렇게 많지 않다. 우리가 사용하고 있는 것으로는 자동차 베어링재료로 사용 중인 켈밋(kelmet)인 Pb-Cu계의 합금이다. 지금까지 논한 고용체형, 공정형, 포정형의 경우는 합금이 액체상태에서는 균일한 상태로 되었으나 편정형의 경우는 합금이 액체상태에서도 2종의 액체로 분리된다는 것이다.

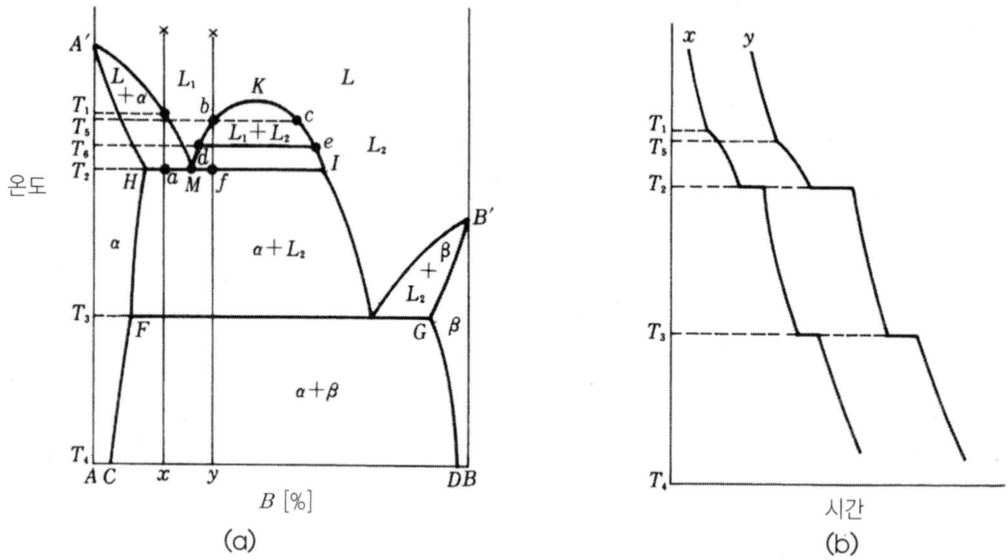


[그림 3-9] 편정형 상태도

그림 3-9는 편정형 상태도를 나타내고 있다. 그림 중의 곡선과 점은 다음과 같은 것을 나타내고 있다.

$\widehat{MKI}$ : 액체가 2상으로 나누어지는 온도를 나타내는 곡선으로 액체상태에서의 용해도 곡선

$\widehat{HMI}$ : 편정선이며 이 온도에서 다음의 반응이 일어난다.

$$(\text{액상})_M \rightleftarrows [\alpha]_H + [\text{액상}]_I$$

위의 반응식을 편정반응(偏晶反應 : monotectic reaction)이라고 한다.

$M$ : 편정점(monotectic point)

조성 $y$의 합금을 냉각할 경우를 생각한다. 온도 $T_5$에 이르면 액상은 2상으로 나누어지기 시작한다. 그리고 평형상태를 유지하면서 온도가 내려가고 온도 $T_6$에서는 조성이 $d$와 $e$인 2액상이 평형상태를 유지한다. 온도 $T_2$에 이르면 액상 $M$과 액상 $I$의 공존상태가 되고 그 양비(量比)는 $fI = Mf$이다. 그리고 이 온도에서 액상 $M$가 편정반응을 일으켜서 $\alpha$고용체 $H$와 액상 $I$로 나누어지고 편정반응 종료 후의 양상(兩相)의 양비는 $fI = Hf$가 된다. $T_2$ 이하로 온도가 내려감에 따라서 $\alpha$고용체 및 액상의 조성은 각각 $HF$ 및 $IE$에 따라 변화하고, 또 양상(兩相)의 양비로 변화한다.

온도가 $T_3$에 이르면 고용체 F와 액상 E의 공존상태로 되고, 이 온도에서 액상 E가 공정반응에 의하여 $\alpha$고용체 $F$와 $\beta$고용체 $G$의 공정으로 된다. 이때 먼저 정출한 $\alpha$고용체가 초정으로서 존재하므로 공정은 그 주위를 메꾸게 된다, $T_3$ 이하의 온도에서의 변화는 그림 3-7의 공정형의 경우와 같다. 조성 $x$와 $y$의 합금의 냉각곡선은 그림 3-9(b)에 나타낸다.

## 2-5. 금속간 화합물

결정구조가 다른 두 금속간에 $A$금속에 $B$금속이 고용될 때 $A$금속과 결정구조가 같지 않은 별개의 결정구조를 나타내는 범위가 양 금속 중간의 조성에 나타나는 경우가 있다.

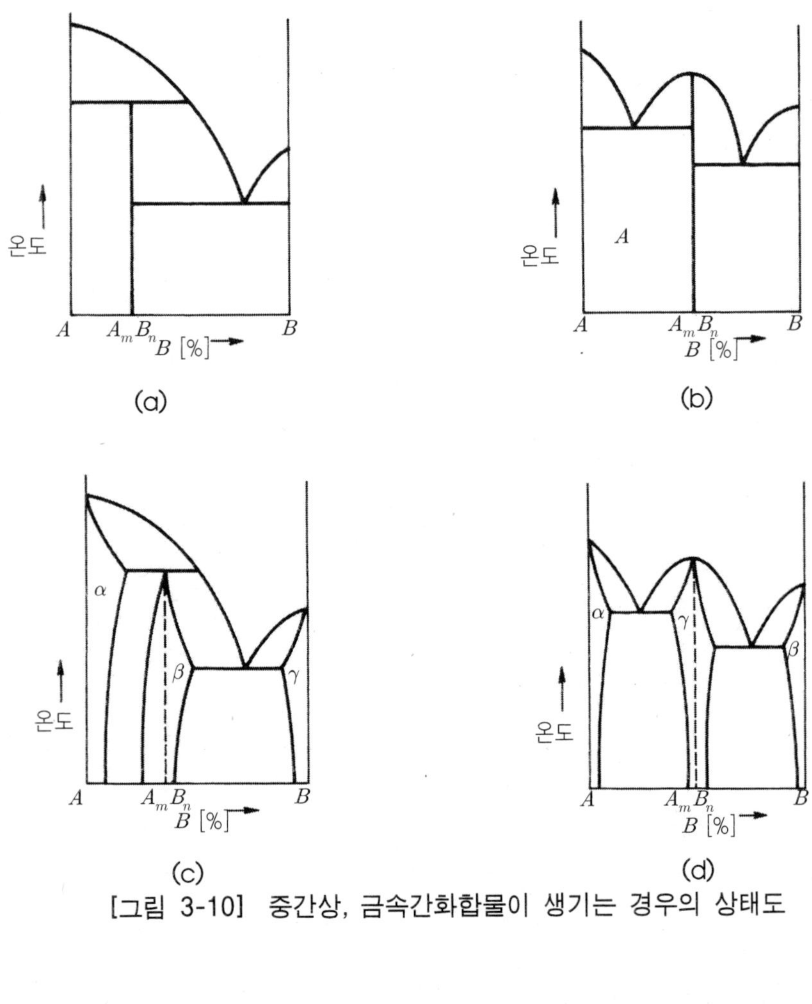


[그림 3-10] 중간상, 금속간화합물이 생기는 경우의 상태도

이러한 고용체를 중간상(中間相 : transition phase)이라고 하며, 이 중간상 중에 성분금속의 원자수의 비가 비교적 간단한 정수비로 되고 결정격자 내에서 성분금속의 원자의 상대적 관계가 항상 일정한 고용체를 금속간 화합물(intermetallic compound)이라고 하며 일반적으로 Am, Bn의 화학식으로 표시한다.

금속간 화합물에는 $Fe_3C$, $Cu_4Sn$, $Cu_2Sn$, $CuAl_2$, $Mg_2Si$, $MgZn_2$ 등이 있으며 이 상태도는 화합물이 특유한 용융점을 가지고 있으며 $A$성분이나 $B$성분과도 용체를 만들지 않을 때에는 그림 3-10(b)와 같다. 여기서 점 $c$는 AmBn의 용융점이고 AmBn을 하나의 성분으로 보면 AmBn를 경계로 해서 상태도를 두 개로 나눌 때 왼쪽은 $A$-AmBn, AmBn-$B$계로 생각하면 된다. 그림 3-10에서 중간상과 금속간화합물이 생기는 경우의 상태도를 보여준다.

# 실 • 력 • 평 • 가

**01.** 단일금속의 결정에 비해 고용체 상태에 있는 금속의 기계적 성질의 변화를 나타낸 것 중 틀린 것은 ?[2012-1회 컴퓨터 응용가공산업기사/기계설계산업기사]

가 변형증가
나 연성증가
다 강도증가
라 탄성계수증가

**02.** 공정이 있는 합금계에서 공정성분에 가까울수록 변화하는 성질을 설명한 것으로 틀린 것은 ?[2011-1회 컴퓨터 응용가공산업기사/기계설계산업기사]

가 전기 및 열전도율이 적어진다.
나 인장강도, 경도가 커진다.
다 용융점이 점차 상승한다.
라 연신율, 단면 수축율이 감소한다.

**03.** 하나의 액체에서 고체와 다른 종류의 액체를 동시에 형성하는 반응은 ?[2011-2회 일반기계기사/기계설계기사]

가 초정반응
나 포정반응
다 공정반응
라 편정반응

**04.** 다음 중 친화력이 큰 성분 금속이 화학적으로 결합하여 다른 성질을 가지는 독립된 화합물을 만드는 것은 ?[2009-4회 컴퓨터 응용가공산업기사/기계설계산업기사]

가 금속간 화합물
나 고용체
다 공정 합금
라 동소변태

정답

01. 나 02. 다 03. 라 04. 가

CHAPTER 04

# 탄성·소성변형과 가공경화

## 1. 개요

### 1-1. 응력과 변형 선도

금속재료의 강도를 알기 위한 인장시험에서는 금속시험편을 인장시험기에 의해 일정한 온도에서 규정된 속도로 시험편에 가한 인장하중과 그것으로 인한 신장(늘어난 량)의 관계를 구할 수 있다. 이것을 응력(stress)과 변형량(strain)으로 치환하여 응력을 세로축에, 변형량을 가로축에 표시하면 그림 4-1과 같이 나타낼 수 있다. 여기서 응력은 인장할 때 가한 힘 F에 시험편의 최초의 단면적으로 나눈 값이 되고, 변형량은 처음에 표준거리를 결정하여 놓고 그 늘어난 양을 처음 길이의 백분율로 표시한 것이다.

그림 4-1과 같은 곡선을 응력(stress)-변형량(strain) 선도(線圖)라 한다.

응력과 변형량은 다음 식으로 표시된다.

$$\text{응력 : } \sigma = \frac{F}{A_0} \quad \cdots\cdots (4-1)$$

$$\text{변형량 : } \varepsilon = \frac{L - L_0}{L_0} = \frac{\Delta L}{L_0} \quad \cdots\cdots (4-2)$$

여기서, $L_0$ : 시험 전의 시험편의 표점거리, $A_0$ : 시험편의 최초의 단면적
$L$ : 시험 후의 시험편의 표점거리, $A$ : 시험 후의 시험편의 단면적

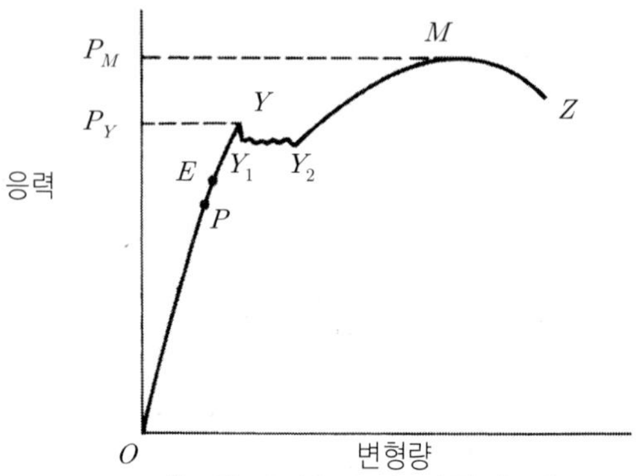


[그림 4-1] 응력-변형량 선도

그림 4-1은 연강(mild steel)의 경우 나타나는 곡선이다. 이 그림에서 보면 하중이 걸리는 초기에는 응력이 증가하면 변형량도 증가한다. 그리고 그 재료가 견딜 수 없는 응력에 도달하면 드디어 파단한다.

금속에 외력이 가해진 경우 일반적으로 나타나는 응력-변형량 선도에 대하여 서술하면 다음과 같다.

- $P$ : 비례한도(proportional limit), 응력과 변형량이 정비례의 관계를 유지하는 한계
- $E$ : 탄성한도(elastic limit), 하중을 제거했을 때 시험편이 최초의 상태로 돌아가는 한계
- $Y$ : 항복점(yield point), 하중을 제거한 후에 명백한 영구변형이 인정되기 시작하는 점
- $M$ : 최대하중점(poiny of maximum load), 곡선 위에서 최대의 응력에 해당하는 점
- $Z$ : 파단점(fracture point), 시험편이 절단하는 점

이 곡선에서 E점을 초월하여 $Y$점에 이르면 하중을 증가시키지 않아도 변형량은 계속 증가한다. 이러한 현상을 항복(降伏)이라 한다. 항복이 일어나면 가공경화(work hardening)가 일어나 길게 늘릴 경우는 큰 하중이 필요하고 $M$점에서 최대로 되어 $Z$점에서 파단한다.

이 곡선을 크게 구역을 나누면 2구역으로 나눌 수 있다. 즉 하중을 제거했을 때 시험편이 최초의 상태로 돌아가는 탄성변형(elastic deformation)의 구역과 하중을 제거하여도 영구변형이 남는 소성변형(plastic deformation)의 구역이다.

## 1-2. 탄성변형

대부분의 금속은 하중이 탄성한도를 초과하지 않으면 응력은 변형량에 비례하며 이 관계를 Hooke의 법칙이라 한다. 이 관계를 수식으로 나타내면

$$\sigma = E\varepsilon \quad \cdots\cdots (4-3)$$

$$E = \frac{\sigma}{\varepsilon} \quad \cdots\cdots (4-4)$$

여기서 비례상수 $E$를 탄성계수(Elastic modulus) 또는 Young율(Young's modulus)이라 한다.

탄성계수에 영향을 미치는 요소는 다음과 같다.

① 탄성계수는 온도가 증가함에 따라 감소한다. 일반적으로 용융온도의 약 1/2까지는 거의 직선적으로 감소되나 그 이상의 온도에서는 급격히 변화한다(그림 4-2).

② 원자간 결합이 강하면 강할수록 탄성계수가 커진다.

③ 결정방향에 따라 상이하다.

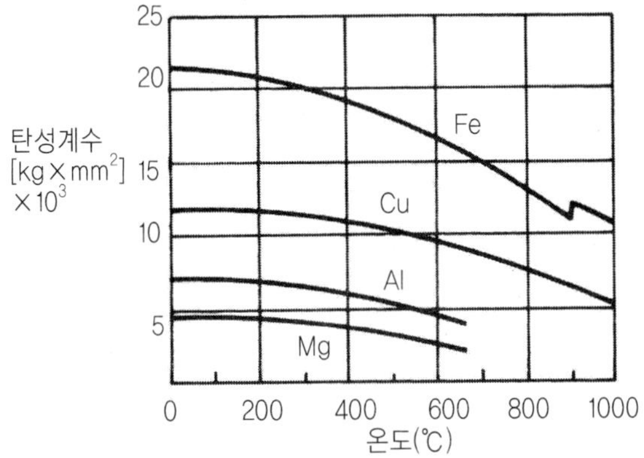


[그림 4-2] 탄성계수의 온도에 따른 변화

응력은 어떤 물체에 작용하는 힘의 세기(force intensity)를 의미한다. 그림 4-3과 같이 평행육면체의 면 A에 대하여 하중이 수직으로 작용하면 인장응력(tensile stress, $+\sigma$) 또는 압축응력(compressive stress, $-\sigma$)으로 되고, 응력이 면A에서 작용했다면 전단응력(shear stress, $\tau$ )으로 된다.

탄성 전단 변형량(elastic shear strain) $\gamma$는 전단량 $x$를 전단력이 작용한 거리 $h$로 나눈 값으로 순수한 탄성 전단의 경우 후크의 법칙이 적용되어 응력과 변형량(변형률)의 관계를 수식으로 나타내면

$$\tau = G\gamma \quad \cdots\cdots (4-5)$$

$$\gamma = \frac{x}{h} \quad \cdots\cdots (4-6)$$

여기서 $G$는 탄성 전단계수(elastic shear modulus)이다. 순수전단은 물체의 체적 변화는 일어나지 않으나 모양의 변화는 일어난다.

그림 4-3(b)와 같이 육면체의 6면에 정수압력 $-\sigma$(압축응력)이 작용했을 때 육면체의 부피 $V$는 $\varDelta V$만큼 감소하나 모양은 변화하지 않는다. 이때에 체적 변형량 $\triangle$와 정수 압력과의 관계도 탄성변형에 대한 후크의 법칙이 적용되어 수식으로 나타내면

$$\sigma = B\varDelta \quad \cdots\cdots (4-7)$$

여기서 $B$는 체적 탄성계수(bulk modulus of elasticity)라 하고, 체적 변형량 $\varDelta$는 $\varDelta V/V$와 같다.

그림 4-3(c)와 같이 단축인장(uniaxial tensile)의 인장응력 $\sigma$가 길이 $L_0$인 봉의 방향으로 작용되었을 때 길이 $\varDelta L$만큼 늘어났다면 변형량 $\varepsilon_z$는 $\varDelta L/L_0$가 되어 응력과 변형량의 관계는 앞에서 다루었던 것과 같이 다음 식으로 나타난다.

$$\sigma = E\varepsilon_z = E\varDelta L/L_0 \quad \cdots\cdots (4-8)$$

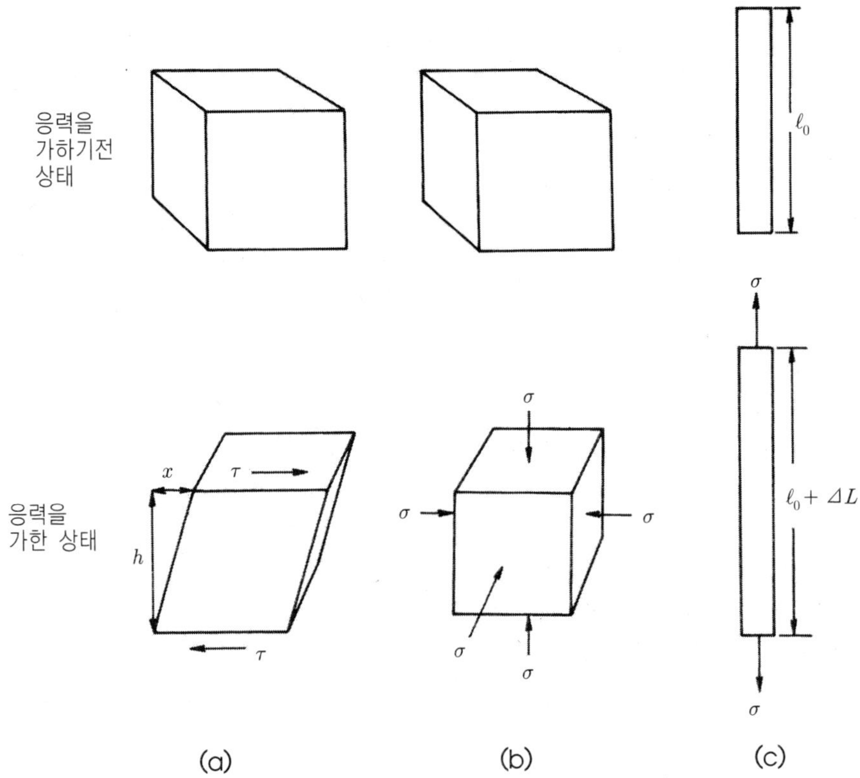


[그림 4-3] 간단한 응력상태의 예

봉에 인장하중 또는 압축하중을 가하면 봉은 하중방향으로 신축함과 동시에 수직방향으로도 신축이 일어난다. 이 때 길이방향의 변형량과 가로방향의 변형량의 比를 포아송비(Poisson's ratio)라 한다.

포아송비를 $\nu$ 라 하면 다음의 수식으로 나타난다.

$$\nu = -\frac{\varepsilon_x}{\varepsilon_z} = -\frac{\varepsilon_y}{\varepsilon_z} \quad \cdots\cdots (4-9)$$

여기서 -의 표시는 가로방향의 변형량 $x$와 $y$가 -이기 때문이다. 포아송비는 일반적으로 완전한 등방성인 탄성물질의 경우 0.25이나 대부분의 금속은 0.25~0.35이다. 표 4-1은 다결정금속의 체적탄성계수, 탄성계수, 전단탄성계수 및 포아송비를 나타낸다.

[표 4-1] 20℃의 순수한 다결정금속의 체적탄성계수($B$), 탄성계수($E$), 전단탄성계수($G$), 포아송비($\upsilon$)

| 금 속 | $B$(kg/mm²) | $E$(kg/mm²) | $G$(kg/mm²) | $\nu$ |
|---|---|---|---|---|
| Mg | $3.39\times10^3$ | $4.52\times10^3$ | $1.77\times10^3$ | 0.28 |
| Al | 7.46 | 7.19 | 2.72 | 0.34 |
| Ti | 12.6 | 10.8 | 4.06 | 0.34 |
| W | 31.9 | 39.6 | 15.1 | 0.20 |
| Fe | 17.2 | 21.7 | 8.47 | 0.28 |
| Ni | 18.7 | 20.5 | 7.85 | 0.31 |
| Cu | 14.0 | 12.5 | 4.64 | 0.34 |
| Zn | 6.17 | 9.40 | 3.79 | 0.29 |
| Ti | 3.71 | 0.81 | 0.28 | 0.46 |
| Si | 32.2 | 11.5 | 4.04 | 0.44 |

3차원 응력상태에서 응력과 변형량의 관계를 이용하여 탄성계수, 전단 탄성계수, 포아송비의 사이에는 다음과 같은 관계가 있다.

$$G=\frac{E}{2(1+\nu)} \qquad (4-10)$$

$$E=3B(1-2\nu) \qquad (4-11)$$

## 1-3. 소성변형

재료에 하중을 가하여서 소성변형이 일어난 상태에서 하중을 제거하면 응력-변형량 선도는 그림 4-4(a)와 같이 탄성변형의 부분에 평행하게 내려가서 하중이 완전히 제거된 상태에서 약간의 영구변형량이 남는다. 이때에 회복하는 변형량은 탄성적인 변형량이다.

그림 4-1 에서 P점을 초과한 하중이 작용하면 응력과 변형량의 관계는 정비례하지 않고, $Y$점(상항복점, upper yield point)에서 돌연 하중이 감소하면서 $Y_1$점(하항복점, low yield point)으로 되고 하중을 증가시키지 않아도 변형량은 증가한다.

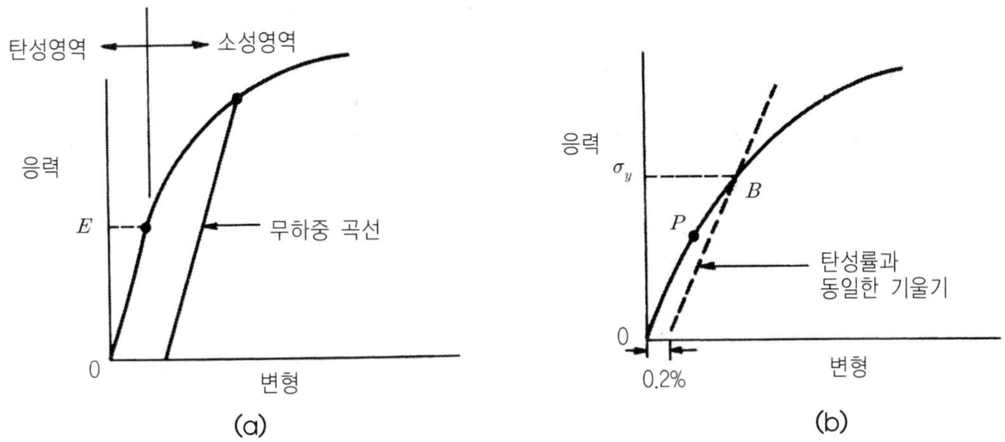


[그림 4-4] Al 합금의 인장응력-변형량 선도의 예

항복점은 이론상으로는 탄성한도와 일치할 것이나 Al과 같이 항복현상이 명백히 나타나지 않는 경우에는 그림 4-4(b)와 같이 0.2%의 변형량이 되는 점에서 탄성적으로 변하는 *OP*에 평행선을 그어 *B*점의 하중을 그 시험편의 최초의 단면적으로 나눈 값을 항복강도(yield strength)라 하고 이것을 항복점으로 취급한다. 이러한 항복강도를 0.2% 오프셋 항복강도(0.2% offset yield strength) 또는 0.2% 내력(0.2% proof stress)이라고도 한다.

항복강도는 금속 또는 합금이 소성변형을 시작하는 강도이므로 공업적 구조물 설계에서 아주 중요한 값이다. 응력-변형량 선도에서 탄성 변형량과 소성 변형량의 경계점이 명확하지 않기 때문에 항복강도는 정해진 양의 소성 변형량에 해당하는 강도를 택한다.

최대 하중점은 이 재료가 견딜 수 있는 최대응력의 점이며 이때의 응력이 항장력 또는 인장강도(tensile strength)이다. 또는 극한 인장강도(ultimate tensile strength)라고도 하고 약자로 해서 UTS라고 쓰기도 한다. 파단점은 실제로 시험편이 끊어지는 점이고 이때의 변형량의 크기를 연신율(elongation)이라 부르며 재료의 연성(ductility)을 표시하는 양으로서 중요하다.

### 1-3-1. 진응력(眞應力)과 진변형량(眞變形量)

이제까지 응력과 변형량에 대하여 설명한 것은 공칭응력(engineering stress)과 공칭 변형량(engineering strain)으로 나타낸 것으로 편의상 다시 적으면

$$\sigma = \frac{P}{A_0} \quad \cdots\cdots (4-12)$$

$$\varepsilon = \frac{L - L_0}{L_0} = \frac{\varDelta L}{L_0} \quad \cdots\cdots (4-13)$$

여기서 $L_0$는 초기의 표점거리이고 $L$은 변형 후의 표점거리이다.

이러한 경우의 응력-변형량 선도는 최대 하중점을 지나면 변형량이 증가함에도 응력은 감소하게 된다. 그 이유는 하중을 변형전의 단면적으로 나눈 응력치를 사용했기 때문이다. 그러나 실제로는 변형이 증가함에 따라 시편의 단면적이 점차 감소한다. 하중 P를 받고 있을 때의 시험편의 단면적을 A라고 하면 그 시험편의 실제 응력은 다음과 같다.

$$\sigma_t = \frac{P}{A} \quad \cdots\cdots (4-14)$$

이때 응력 $\sigma_t$를 진응력(true stress)이라 한다. 탄성영역 내에서는 $A_0$와 $A$는 거의 같지만 소성변형이 심할 경우에는 $A_0$와 $A$는 차이가 생기게 된다.

공칭 변형량으로 정의된 변형량은 $\varDelta L$이 매우 작은 탄성변형일 경우는 만족스러우나 변형이 심한 소성변형시에는 진변형량이 더 편리하다. 진변형량(眞變形量) $\varepsilon_t$는 다음과 같이 정의 한다.

$$\varepsilon_t = \frac{L_1 - L_0}{L_0} + \frac{L_2 - L_1}{L_1} + \frac{L_3 - L_2}{L_2} + \cdots\cdots$$

$$= \int_{L_0}^{L} \frac{dL}{L} = \ln \frac{L}{L_0} \quad \cdots\cdots (4-15)$$

공칭 변형량의 식에서 $\frac{L}{L_0} = \varepsilon + 1$ 로 표현되므로 진변형량은

$$\varepsilon_t = \ln\frac{L}{L_0} = \ln(\varepsilon + 1) \quad \cdots\cdots (4-16)$$

변형량이 약 0.1까지는 ε 과 $\varepsilon_t$의 값은 거의 같다.

그러나 변형량이 증가함에 따라 표 4-2에서 보는 바와 같이 값의 차이가 점차 커진다. 변형이 큰 경우 진변형량 $\varepsilon_t$로 나타내어야 한다. 그 이유로는 다음과 같다.

[표 4-2] 인장시 공칭변형량과 진변형량의 비교

| 공칭 변형량 ε | 0.01 | 0.05 | 0.1 | 0.2 | 0.5 | 1 | 2 | 5 | 10 |
|---|---|---|---|---|---|---|---|---|---|
| 진변형량 $\varepsilon_t$ | 0.01 | 0.049 | 0.095 | 0.18 | 0.4 | 0.69 | 1.1 | 1.8 | 2.4 |

진변형량은 가산할 수 있으나 공칭 변형량은 가산이 되지 않는다. 예를 통해서 알 수 있다. 길이 $L_0$의 봉재를 하루에 변형량이 20%씩 되도록 인장한 경우 공칭 변형량의 합은 44%이고 진변형량의 합이 40%가 됨을 그림 4-5에서 나타내고 있다.

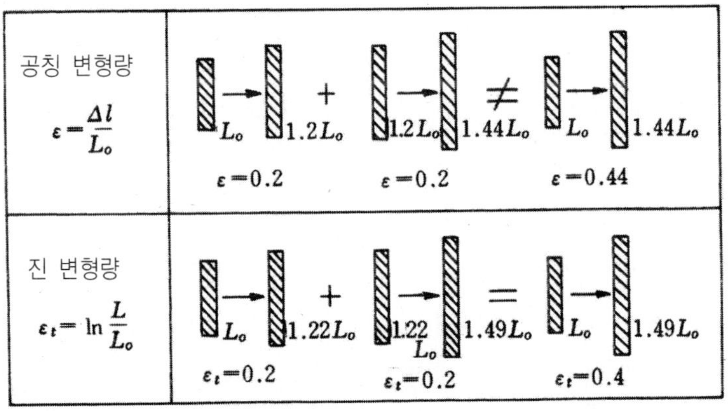


[그림 4-5] 진변형량의 가산의 성질

그림 4-6에서 Al합금의 진응력-진변형량 곡선과 공칭응력-공칭 변형량 곡선을 비교하고 있다. 공칭응력-공칭 변형량 곡선에서는 최대 하중점이 시험편의 넥킹(necking)이 일어나는 점이 된다. 그리고 진응력-진변형량 곡선에서는 최대 하중점이 나타나지 않는다. 탄성변형 후에 소성변형을 거의 일으키지 않거나 또는 소성변형을 일으켜도 오목부가 생기지 않는 균일한 변형구역에서 파단하는 재료가 있다.

이와 같은 재료의 성질을 취성(brittle)이라 하고 그 파괴방식을 취성파괴(brittle fracture)라 한다. 한편 지금까지의 예에서 말한 바와 같이 소성변형구역을 가진 후에 파괴하는 재료의 성질을 연성(ductile)이라 하고 그 파괴방식을 연성파괴(ductile fracture)라 한다. 금속에 항복점을 넘는 소성변형을 주는 작업을 소성가공(plastic working) 또는 단지 가공(working)이라 한다. 소성변형이 일어나면 금속은 경화한다. 이 현상을 가공경화(work hardening)라 한다.

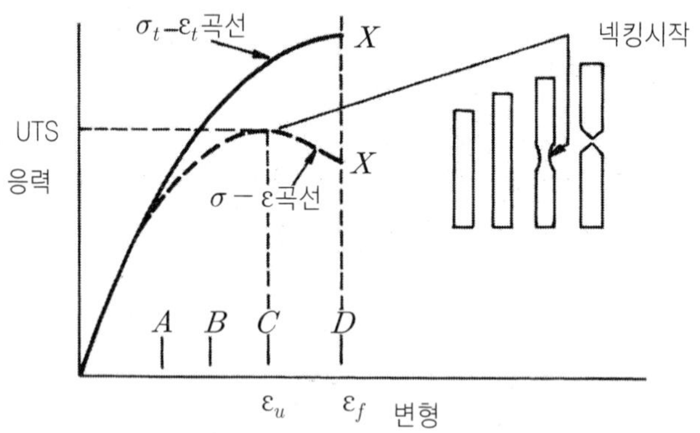


[그림 4-6] Al 합금의 응력-변형량 곡선

## 2. 금속의 가공경화

금속은 어떤 온도 이하에서 가공을 하면 경도가 증가하고, 강하게 되는 동시에 신율, 충격치는 저하된다. 이것은 그림 4-7과 같이 가공에 의해 어느 정도의 변형이 진행되면 결정 내에서 찌그러짐이 발생하고 슬립변형이 일어나기 어렵게 되어 경하게 된다. 이러한 현상을 가공경화라 부른다. 가공경화한 금속을 더욱 가공하기 위해서는 더욱 큰 힘이 필요로 하고 가공을 계속하면 결국 파괴되어 버린다.

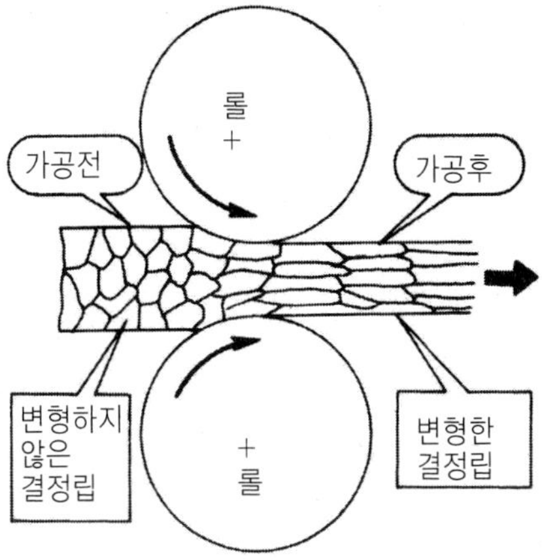


[그림 4-7] 가공에 의한 결정립의 변화

그래서 가공경화한 금속을 가열하여 결정의 찌그러짐을 해소시키면 가공하기 전의 성질로 돌아온다. 이 같은 현상을 회복(recovery)이라 한다. 더욱 온도를 상승시키면 결정의 슬립이 해소되어 새로운 결정의 핵(核)이 생겨서 이것이 점차로 성장하여 구결정립은 신결정립으로 바뀌져 가는 변화과정이 생기는데 이것을 재결정(recrystallization)이라 하고 재결정을 일으키는 온도를 재결정온도라 한다.

재결정온도는 가공도에 따라 다르고 일반적으로 가공도가 높은 것은 재결정온도가 낮고 가공도가 낮은 것은 재결정온도가 높게 된다. 표 4-3은 주요 금속 재료의 가공도가 높을 때의 재결정 온도를 표시한 것이다.

[표 4-3] 주요 금속의 재결정온도

| 금 속 | 재결정온도(℃) |
|---|---|
| Fe | 450 |
| Ni | 600 |
| Cu, Au, Ag | 200 |
| Al | 180 |
| W | 1200 |
| Mo | 900 |
| Pt | 450 |
| Zn | 18 |
| Pb | −30 |

강의 재결정 온도는 일반적으로 350~500℃의 범위로 알려져 있다. 따라서 이 이상의 온도에서 가공하는 것을 열간가공(hot working), 이 이하의 온도에서 가공하는 것을 냉간가공 또는 상온가공(cold working)이라고 한다. 열간가공 및 냉간가공은 금속의 소성변형을 이용하여 가공하는 것으로 모두 소성가공(plastic deformation)에 포함된다. 강봉, 강판 등은 강괴를 열간압연함으로써 만들어진다.

그러나 치수 정밀도나 표면의 미려함이 요구되는 것은 다시 냉간가공되어 박강판이나 선이 된다. 소성가공법을 분류하면 주괴에서 판, 봉, 관을 만드는 제 1차 가공(그대로 사용할 수도 있고 다음 가공의 소재로도 쓰인다.) 즉 단조가공(forging), 압출가공(extruding), 압연가공(rolling), 인발가공(drawing)과 제 1차 가공에 의한 소재를 2차적으로 가공하여 각종 기계부품 제품을 만드는 제 2차 가공, 즉 전조가공(roll forming), press가공 및 냉간에서의 여러 가지 압축가공 등으로 분류할 수 있다.

제품의 종류는 선박, 건축구조물에 사용되는 강재를 위시하여 고속으로 압연되는 자동차용 박강판 또는 일상생활용품으로 쓰이는 스테인리스, 알루미늄제품까지 다양하다. 소성가공의 목적은 단지 형태를 만드는 것만이 아니라 열간가공에서는 단련의 효과를 꾀할 수 있고, 냉간가공에서는 가공에 의한 강도를 높일 수 있다는 점이다.

냉간가공의 장점은 다음과 같다.

① 제품의 치수가 정확하다

② 표면이 깨끗하다

③ 결정립자의 미세화가 일어나 기계적 성질이 우수하며 입자의 조질로 인하여 어느 정도기계적 성질을 개선시킬 수 있다.

냉간가공의 가공도에 따라 기계적 성질의 변화는 그림 4-8에서 보는 것과 같이 가공도가 증가함에 따라 인장강도, 항복점 등이 현저히 증가하고 피로강도, 전기저항도 증가한다. 그러나 신율, 단면 수축율은 감소한다.

냉간가공에서는 가공경화가 일어나지만 열간가공에서는 일어나지 않는다. 열간가공에서는 가열한 것에 따라 원자의 운동이 활발하게 되기 때문에 결정의 변형에 대한 저항이 작고 또한 변형을 위해 가해진 외력이 크면 금속의 조대한 결정조직이 붕괴되어 균질한 조직으로 되기 때문에 안정된 재질이 얻어진다.

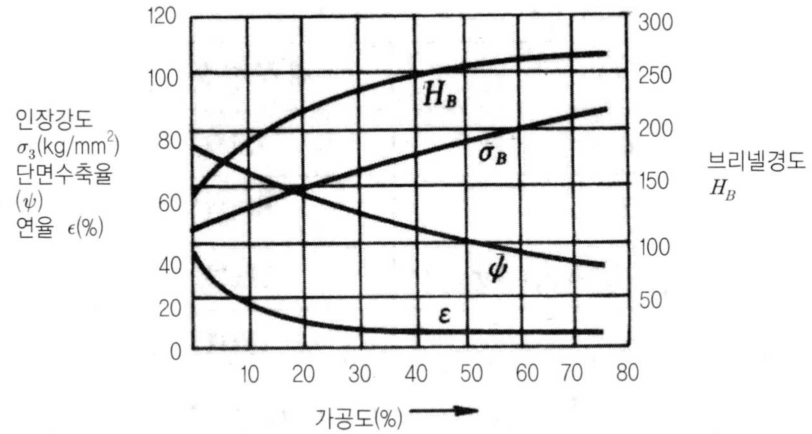


[그림 4-8] 가공도에 의한 기계적 성질의 변화

열간가공의 효과로는 결정립자의 미세화, 방향성 있는 주조조직의 제거, 합금원소의 확산(diffusion)으로 재질의 균일화를 촉진시키며 경한 조직과 불순물 등으로 형성된 막을 파괴하는 것 등을 들 수 있다. 열간가공에 의한 기계적 성질은 신율, 단면 수축율 및 충격치 등은 개선된다.

## 2-1. 냉간 압연강판의 프레스 가공성

냉간 압연강판은 프레스 가공용으로 널리 이용되므로 프레스 가공성, 즉 두께가 균일하고 평면성이 우수하고 또 굽힘 가공성, 딥드로잉(deep drawing)성, 장출성형(stretch forming)성 등의 성질이 우수한 것이 요구된다.

### 2-1-1. 프레스성형성

#### [1] 딥드로잉(deep drawing) 성형

딥드로잉 성형은 면내에서의 재료의 이동에 의해 평판으로부터 용기 모양의 것을 성형하는 방법이다. 딥드로잉 성형의 본질(本質)은 그림 4-9와 같이 플랜지(flange)A가 원주방향으로 줄어드는 변형과 드로잉 방향으로 늘어나는 변형의 결과, 다이(die)공(孔)으로 유입 성형되는 플랜지(flange)에서의 변형과 플랜지의 일부분을 고려하면 재료는 쇄기모양의 좁은 쪽으로 원주방향으로 오물어 들면서 이동하는 수축 플랜지에서의 변형이다. 불량현상으로는 균열(crack) 및 주름 등이 발생한다.

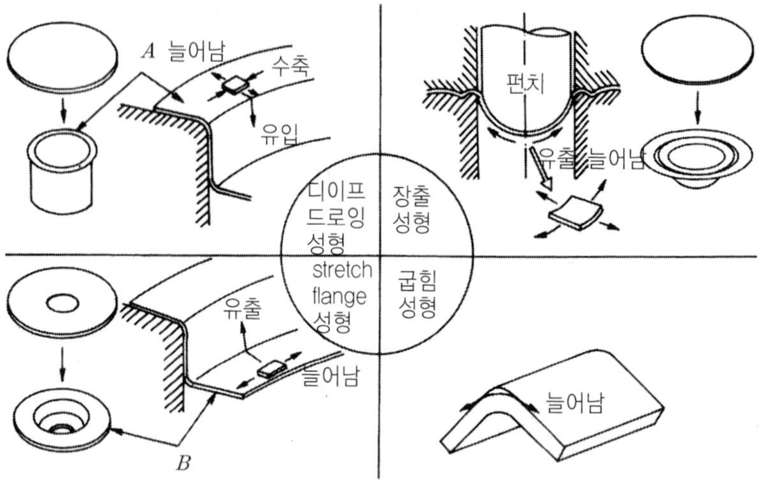


[그림 4-9] 프레스성형의 기본적인 분류

### [2] 장출성형(stretch forming)

펀치(punch) 저부(低部)의 재료가 2축 인장하에서 늘어남에 의해 성형성의 깊이가 구성되어진다. 불량현상으로는 균열이 발생한다.

### [3] stretch flange 성형

딥드로잉 성형에서 수축되는 플랜지와는 반대로 원주방향에서 플랜지가 늘어나는 변형을 하면서 펀치저부로부터 유출하여 깊이를 구성하는 성형이다. 기본적으로는 장출성형과 같은 형태이지만 파단이 가장자리(etch)부에서 발생하는 점이 상이하여 달리 분류되어진다. 불량현상으로는 가장자리부의 균열과 스프링 백(spring back)이 발생한다.

### [4] 굽힘 성형(bending)

보통 판두께 방향의 굽힘은 박강판에서는 우선 파단이 일어나지 않기 때문에 문제는 되지 않는다. 그러나 브레이크(brake)와 클러치(clutch)의 프레임에 사용되는 판면내 굽힘은 파단이 일어나기 쉽다.

실제의 프레스성형은 이들의 복합성형이고 그 정량적인 해석은 꽤 어렵다. 따라서 일반적으로 프레스부품의 성형성은 유사부품의 프레스 실적과 비교하여 판단하는 것이 많다.

### 2-1-2. 형상 동결성

프레스 가공한 제품은 가공 후 원래의 형상으로 돌아가려는 성질이 있으나 성형 후 형상을 잘 유지하는 성질을 형상동결성이라 한다. 항복점이 낮은 재료가 스프링백(spring back)이 적게 일어난다.

### 2-1-3. 시효성(stretcher strain)

딥 드로잉을 하는 경우 그 표면에 stretcher strain이라고 부르는 주름이 생기는 경우가 있다. 이 주름은 항복점 신장 때문에 생긴 것이다. 따라서 항복점 신장이 생기지 않는 재료를 입수할 수 있다면 stretcher strain도 생기지 않는다. 항복점 신장이 발생하는 재료라도 이것에 수 %의 상온가공을 실시하면 항복점 신장은 일어나지 않는다.

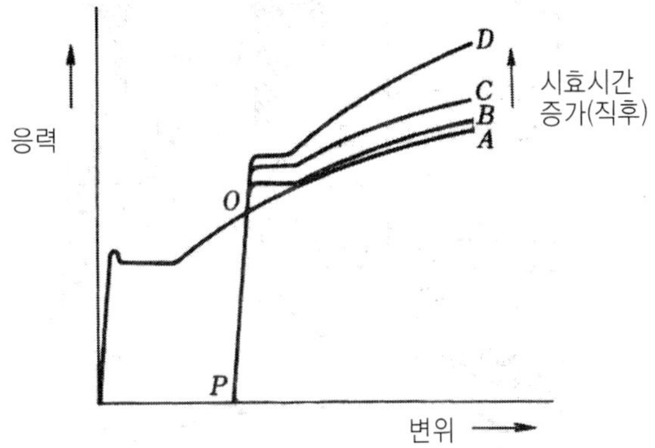


[그림 4-10] 연강의 변형시효

연강을 그림 4-10에 보인 바와 같이 항복점을 지나서 O점까지 인장변형시킨 후에 하중을 제거하여 즉시 다시 하중을 가하면 항복점은 나타나지 않고 본래 곡선의 거의 연장선과 일치한다.

그런데 하중을 제거한 후 장시간 실온에서 방치하든가 또는 약간 높은 온도에서 유지한 후 장시간 실온에서 방치하든가  또는 약간 높은 온도에서 유지한 후 다시 하중을 가하면 POB, POC 등과 같이 고응력측으로 이동하고 또한 항복점이 재현한다. 이 현상을 변형시효(strain aging)라 한다.

변형시효는 산소, 질소의 함유량이 많은 것일수록 현저하다. 따라서 림드강에서는 크고, 킬드강에서는 적다. 변형시효를 일으키는 강을 시효성강, 일으키지 않는 강을 비시효성강이라고 한다. 근년에는 비시효성 강(鋼)인 림드강이 개발되고 있다.

### 2-1-4. 성형성에 미치는 인자

#### [1] 인장시험에서 얻을 수 있는 것

응력-변형량 선도에서 얻을 수 있는 인장강도(Ts), 항복강도(Yp), 연신율(El), 단면수축률(RA) 및 가공경화지수(n)에 대해서는 chapter 04의 1과 chapter 05의 1에서 설명하고 있고, 여기서는 판의 이방성을 나타내는 값으로 Lankford가 소성변형비(plastic strain ratio)를 도입하여 재료의 딥 드로잉(deep drawing)성을 파악하는 데 사용되어지고 있다. 딥 드로잉성에 필요한 재료의 특성은 플랜지부에서 판 두께의 증가없이 판면내로 용이하게 소성변형이 일어나게 하는 것이다. 1축 인장시험에서 판폭 방향의 변형 $\varepsilon_\phi$와 판두께 방향의 변형 $\varepsilon_t$를 측정하여 Landford치를 구하여 딥 드로잉(deep drawing)성을 파악하는 데 사용한다.

$$\text{plastic strain ratio } r = \frac{\ln\left(\frac{b_0}{b}\right)}{\ln\left(\frac{t_0}{t}\right)} = \frac{\varepsilon_\phi}{\varepsilon_t} \text{ 또는 } r = \frac{\varepsilon_\phi}{\varepsilon_t + \varepsilon_\phi} \quad \cdots\cdots\cdots\cdots\cdots (4-22)$$

여기서 그림 4-11과 같이 시험전후의 시험편의 폭을 $b_0$, $b$로 하고, 두께를 $t_0$, $t$로 하여 인장시험한 경우로 보통은 신장변형이 20%일 때에 측정하여 $r$ 값을 잡는다. 일반적으로 냉간강판의 소성변형비 $r$의 값은 대개 1.3~1.8 정도이다. 간편하게 얻을 수 있는 폭 드로잉(drawing)값($\phi$값)으로도 소성 변형비 $r$을 파악할 수 있다.

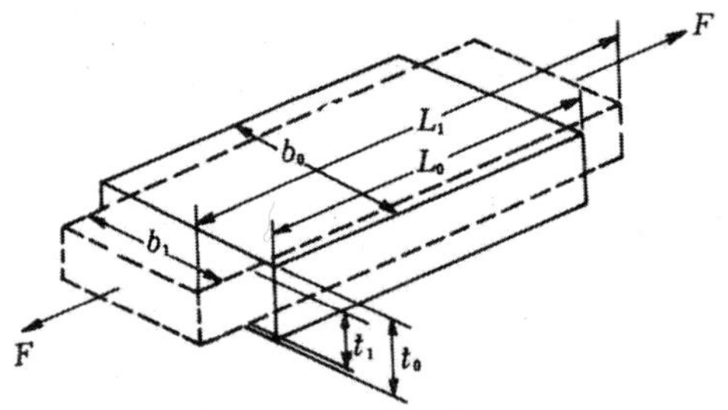


[그림 4-11] 소성변형비의 설명도

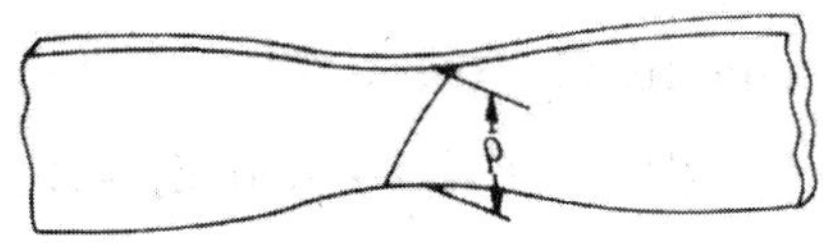


$b_0$ : 인장정의 폭

$b$ : 파단 후의 판폭

폭 $DR(\phi) = \dfrac{b_0 - b}{b_0}(\%)$

[그림 4-12] 폭 $DR$의 설명도

그림 4-12는 폭 drawing값을 구하는 설명도이고, 그림 4-13은 폭 드로잉값과 소성변형비 $r$와의 상관관계를 나타내고 있다. 소성 변형비는 측정방향에 따라 상이하므로 3방향에서 소성 변형비를 구하여 얻을 수 있는 평균소성 변형비는 딥 드로잉(deep drawing)성의 척도를 나타낸다.

$$\text{평균소성 변형비 } \bar{r} = \frac{\gamma_0 + 2\gamma_{45} + \gamma_{90}}{4} \quad \cdots\cdots \ (4\text{-}23)$$

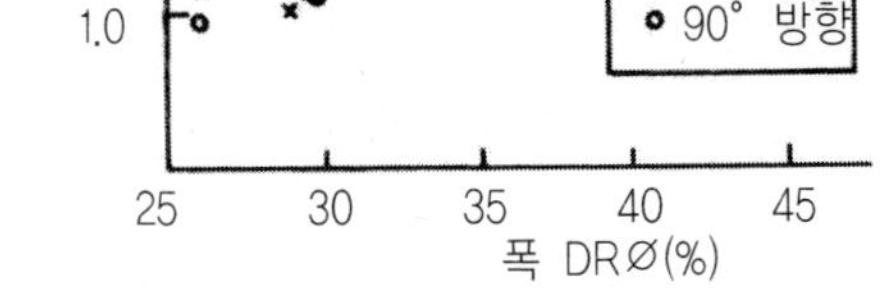


[그림 4-13] 폭 $DR$과 $r$ 값의 관계

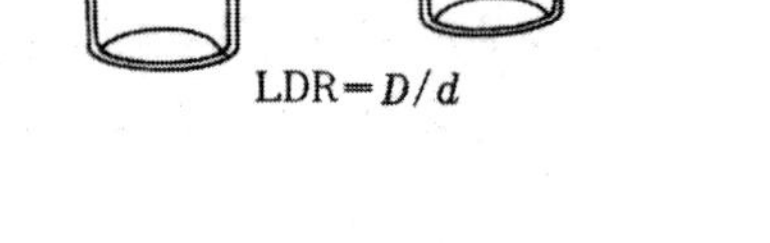


[그림 4-14] $LDR$의 설명도

## [2] 모형적 성형성 시험에서 얻을 수 있는 것

딥 드로잉(deep drawing) 테스트에서는 swift cup test와 conical cup test가, 장출성형(stretch forming) 테스트에서는 에릭슨(erichsen test)가 이용되어지고 있다.

swift cup test에서 얻어지는 것은 한계 드로잉비($LDR$, limit drawing ratio)로서 이것은 파단되지 않고 드로잉할 수 있는 최대의 소재반경 $D$와 이때의 펀치(punch)직경의 비로서 구할 수 있다. 즉 $LDR = D/d$ 로서 일반적으로 $LDR$이 크면 딥 드로잉(deep drawing)성이 좋다고 평가한다. 이러한 값을 얻기 위해서는 많은 량의 테스트를 해야 얻을 수 있다(그림 4-14, 15).

conical cup test(그림 4-16)는 간편하고 무엇보다도 드로잉성을 잘 반영시킬 수 있으므로 가장 많이 이용되는 방법이다. 60° 의 conical dies를 사용하여 동일한 $BL$경(徑)의 원판을 드로잉시켜 파단될 때의 $BL$경($CCV$ : conical cup value)을 구하는 것이다. $CCV$값이 작은 것이 딥 드로잉성이 좋다. $CCV$와 $r$값과의 상관관계를 그림 4-15에 나타내고 있다. 이론적으로는 $LDR$에 비하여 $CCV$는 $n$값에 영향이 강하다. 그러나 냉연강판의 $n$값의 차가 작기 때문에 $r$값만을 고려하는 것이 좋다.

장출성형성을 평가하기 위해 실시하는 테스트는 에릭슨 시험(erichsen test)이며, 은 재료의 연성을 알기 위한 것으로서 구리판, 알루미늄판 및 기타 연성 판재를 가압하여 변형 능력을 시험하는 것으로 구체적으로 설명하면 판 누루개로 소판을 고정하고 구두(球頭)펀치로 장출성형(stretch forming)을 하여 판이 파단할 때의 펀치의 장출 깊이를 mm로 나타내어 이것을 에릭슨값으로 한다.

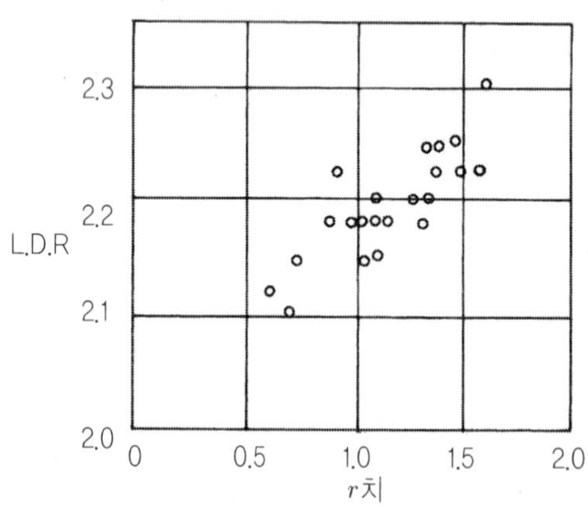


[그림 4-15] $LDR$과 $r$값과의 관계

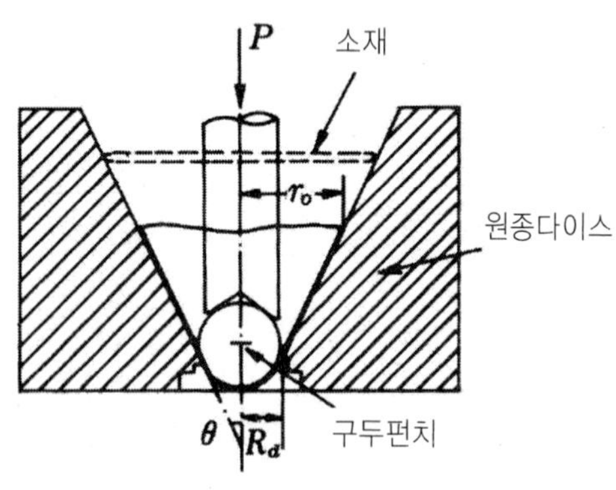


[그림 4-16] conical cup test

에릭슨값이 크면 국부적인 장출성형(stretch forming)성은 좋다. 그림 4-17에서 에릭슨 시험기를 표시하고, 그림 4-18에서는 $n$값과 에릭슨값과의 관계를 나타낸다.

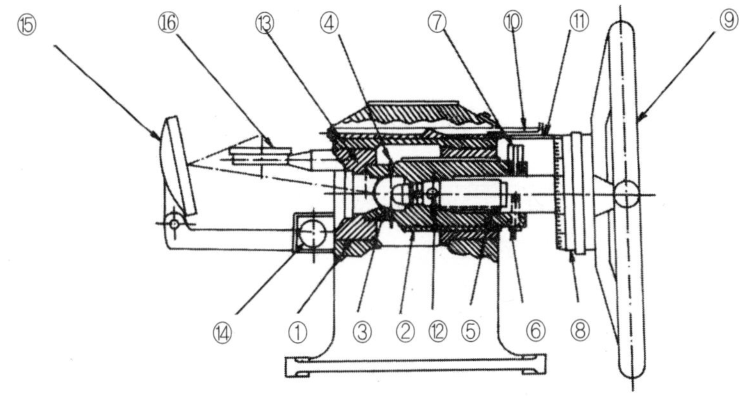


① 다이스 압판 ② 판 압판 ③ 다이스 ④ 소재판 ⑤ 펀치 홀더
⑥ 압판 정지 ⑦ 압판 리드 눈금 ⑧ 펀치 리드 눈금 ⑨ 펀치 이동핸들
⑩, ⑪, ⑬, ⑯ 펀치 힘 측정계 ⑮ 밀러

[그림 4-17] 에릭슨 시험기의 구조 설명도

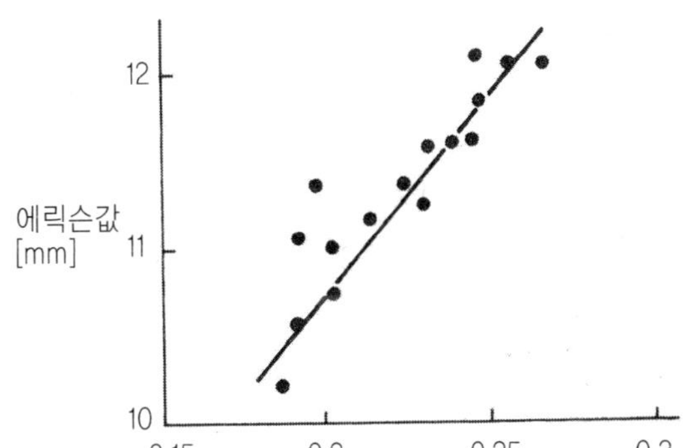


[그림 4-18] $n$값과 에릭슨값과의 관계

## [3] 냉연강판의 재료특성과 각종 성형성과의 관계

재료의 각종 특성이 성형성에 미치는 것을 표 4-4에 나타낸다.

[표 4-4] 재료특성과 프레스성형성의 관계

| 재료 특성 | 프레스 성형성과의 관계 |
|---|---|
| 항복점 $Y_P$ | $Y_P$가 적은 경우 성형품의 스프링백이 적다. |
| 인장강도 $T_S$ | $T_S$가 작을 경우 주름발생이 어렵다. |
| 항복비 $Y_P/T_S$ | $n$값과 대개 같다. |
| 항복점 신율 $Y_PE$ | $Y_PE$ 가 없는 경우는 stretcher strain 이 발생하지 않는다. |
| 가공경화지수 $n$값 | $n$ 값이 크면 장출성형에서 파단이 어렵고, 성형품의 스프링백이 작다. |
| 신율 $El$ | $El$ 가 크면 파단되기 어렵다. |
| LankFord값 $r$값 | $r$값이 크면 딥 드로잉성, strech flange 성형에서 파단이 어렵게 된다. |
| 폭 Drawing값 $\phi$ | $r$값과 대개 같다. |
| conical cup값 ccv | CCV가 작을 경우 딥 드로잉성이 좋다. $r$값과 상관관계에 있다. |
| 에릭슨값 $E_r$ | 에릭슨 값이 크면 장출성형에서 파단이 어렵게 된다. |

# 실 • 력 • 평 • 가

**01.** 냉간가공과 열간가공을 구분하는 것은 ?[2009-1회 자동차 정비·검사산업기사]

㉮ 가공경화 ㉯ 변형경화
㉰ 나선전위 ㉱ 재결정 온도

**02.** 다음 중 재결정온도가 가장 낮은 금속은 ?[2009-4회 자동차정비산업기사]

㉮ Fe ㉯ Ni
㉰ W ㉱ Al

**03.** 냉간 가공한 재료를 풀림 처리 시 나타나는 현상으로 틀린 것은 ?[2013-1회 컴퓨터 응용가공산업기사]

㉮ 회복 ㉯ 재결정
㉰ 결정립 성장 ㉱ 응고

**04.** 열간가공과 비교하여 냉간가공의 장점은 무엇인가 ?[2008-1회 컴퓨터 응용가공산업기사/기계설계산업기사]

㉮ 작업능률이 양호하다. ㉯ 가공에 필요한 동력이 적게 소모된다.
㉰ 제품 표면이 아름답다. ㉱ 단시간 내 완성이 가능하다.

**05.** 재결정온도보다 낮은 온도에서 가공하는 것을 무엇이라고 하는가 ?[2007-1회 컴퓨터 응용가공산업기사/기계설계산업기사]

㉮ 고온가공 ㉯ 열간가공
㉰ 냉간가공 ㉱ 성형가공

***06.*** 일반적으로 합금의 석출 경화와 관계가 없는 것은 ?[2011-2회 기계설계기사]

㉮ 냉각 속도 ㉯ 석출 온도
㉰ 과냉도 ㉱ 회복

***07.*** 재결정에 대한 일반적인 특징을 설명한 것으로 틀린 것은 ?[2009-2회 일반기계기사/기계설계기사]

㉮ 금속의 재결정온도는 그 종류에 따라 다르다.
㉯ 냉간 가공도가 낮을수록 높은 온도에서 일어난다.
㉰ 입자의 크기는 주로 가공도에 의하여 변화되고 가공도가 낮을수록 커진다.
㉱ 가열온도가 동일하면 가공도가 높을수록 오랜 시간이 걸린다.

***08.*** 다음 금속 중 재결정 온도가 가장 높은 것은 ?[2009-4회, 2012-1회 일반기계기사]

㉮ Zn ㉯ Sn
㉰ Au ㉱ Pb

***09.*** 금속의 소성변형에서 열간가공의 효과가 아닌 것은 ?[2010-1회 일반기계기사]

㉮ 조직의 치밀화
㉯ 성형이 쉽고 대량생산이 가능하다.
㉰ 조직의 균일화
㉱ 연신율 및 단면 수축률의 감소

***10.*** 금속을 소성가공할 때에 냉간가공과 열간가공을 구분하는 온도는 ?[2008-4회, 2013-2회 일반기계기사]

㉮ 담금질온도 ㉯ 변태온도
㉰ 재결정온도 ㉱ 단조온도

***11.*** 철, 구리, 황동 등의 금속 소성가공에서 냉간가공 중에 나타날 수 있는 현상은 ?[2004-4회 자동차정비산업기사]

㉮ 풀림 ㉯ 변태
㉰ 재결정 ㉱ 가공경화

*12.* 소성가공에서 열간가공과 냉간가공을 구분하는 기준은 ?[2005-1회 자동차 정비·검사산업기사]

㉮ 재결정온도 ㉯ 탄소함유량

㉰ 각 재료의 변형량 ㉱ 열팽창계수

*13.* 금속을 소성 가공할 때 열간 가공과 냉간 가공을 구별하는 기준 온도는 ?[2005-2회 자동차 정비·검사산업기사/2006-3회 자동차검사산업기사]

㉮ 재결정온도 ㉯ 담금질온도

㉰ 단조온도 ㉱ 변태온도

*14.* 다음 중 상온(냉간)가공에 비교되는 고온(열간)가공에 관련된 설명으로 올바른 것은 ?[2007-3회 자동차검사산업기사]

㉮ 미세결정의 형성이 끝나는 재결정 온도보다 다소 높은 온도에서 작업한다.

㉯ 강에서는 임계 범위보다 높은 온도에서 작업한다.

㉰ 가공경화를 일으켜 강도와 경도가 증가한다.

㉱ 강의 경우 보통 1040℃이며 최저 재결정온도보다 낮아야 한다.

**정답**

01. ㉱ 02. ㉱ 03. ㉱ 04. ㉰ 05. ㉰ 06. ㉱ 07. ㉱ 08. ㉰ 09. ㉱
10. ㉰ 11. ㉱ 12. ㉮ 13. ㉮ 14. ㉮

# 05 CHAPTER 금속재료의 중요한 성질 및 시험법

금속재료는 장식품을 제외하면 일반적으로 인장, 압축, 굽힘, 비틀림, 반복하중 등의 외력을 받기도 하고 열, 풍우(風雨), 산(酸) 등의 환경에서 사용되어진다. 이들 외부의 힘에 대한 금속재료의 성질로서 가장 중시되어지는 것이 강도, 경도 등의 기계적 성질이다. 금속재료의 기계적 성질은 금속재료에 일정 조건하에서 외력을 가해 어느 정도 견딜 수 있는가의 정도로 구해지기 때문에 이 값을 사용목적에 해당하는 금속재료를 선정하는데 필요한 자료가 된다. 또한 재료는 금속 고유의 물리적, 화학적 성질을 갖고 있다.

## 1. 기계적 성질

### 1-1. 강도

금속재료의 강도는 재료가 외력에 대해 저항하는 정도를 수치로 나타낸 것이기 때문에 인장강도, 압축강도, 굽힘강도, 전단강도, 비틀림강도가 있다.

#### 1-1-1. 인장강도

인장강도(tensile strength)는 그림 5-1과 같이 인장 시험편의 축방향으로 인장하중을 천천히 파단될 때 까지 가하여 이때의 인장하중과 인장 시험편의 변형을 측정하여 구한다.

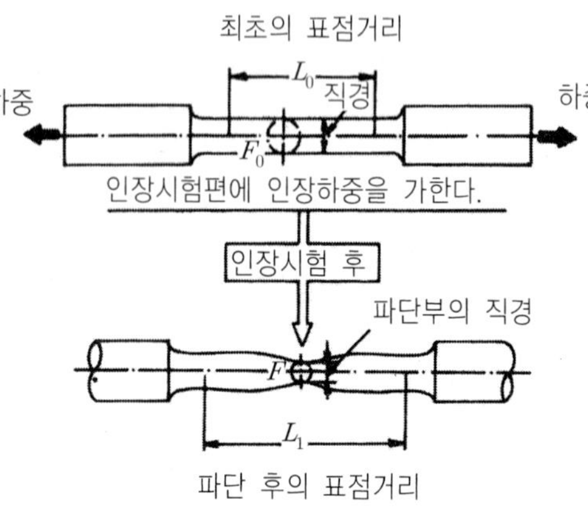


[그림 5-1] 봉상(棒狀) 인장시험

구하는 방법을 구체적으로 서술하면 그림 5-2에 표시한 인장 시험기(일반적으로 만능 시험기를 말함)에 시험편을 취부시켜 유압에 의해 시험편에 하중을 가했을 때 하중에 대한 시험편의 변형(늘어남) 관련도(응력-변형량선도)로 부터 수치적으로 구한다.

응력-변형량 선도는 종축에 인장하중, 횡축에 시험편의 변형을 취한 것으로 그림 5-3에 표시하고 있다. 그림 5-3에 표시한 응력-변형량 선도에서 $M$점의 하중을 최초의 단면적으로 나눈 값이 인장강도(tensile strength)이라 하고 금속재료의 강도는 인장강도로 표시하는 경우가 많다.

[그림 5-2] 인장 시험기

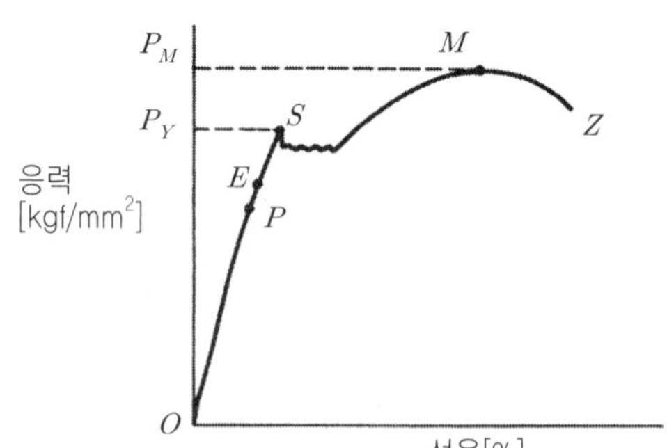


[그림 5-3] 응력-변형량 선도

그리고 시험편이 파단했을 때 길이방향의 변형을 연신율(elongation), 단면적의 변형을 단면 수축률로서 표시하여 금속재료의 변형할 수 있는 능력을 나타낸다.

$$비례한도 = \frac{P점의\ 하중}{A_0}\ [kgf/mm^2] \quad \cdots\cdots (5-1)$$

$$탄성한도 = \frac{E점의\ 하중}{A_0}\ [kgf/mm^2] \quad \cdots\cdots (5-2)$$

$$항복강도 = \frac{P_S}{A_0}\ [kgf/mm^2] \quad \cdots\cdots (5-3)$$

$$인장강도 = \frac{P_M}{A_0}\ [kgf/mm^2] \quad \cdots\cdots (5-4)$$

$$연신율 = \frac{L-L_0}{L_0} \times 100\% \quad \cdots\cdots (5-5)$$

$$단면수축율 = \frac{A-A_0}{A_0} \times 100\% \quad \cdots\cdots (5-6)$$

### 1-1-2. 압축강도

압축강도는 압축에 대한 저항력을 표시하고 압축시험에 의해 구한다. 압축강도는 인장강도에 비해 그다지 크지 않기 때문에 일반적으로는 시험은 대개 하지 않는다. 압축강도는 취성재료를 시험하면 잘 나타나고 연성재료는 파괴를 일으키지 않으므로 압축강도를 결정하기 곤란하다. 그래서 주철품의 시험에 주로 이용되어 진다. 주철과 같이 외력에 대해 부서지기 쉬운 금속재료에서는 약간의 변형만 일으키고 균열이 생겨서 파단하기 때문에 그 때의 최대하중에서 압축강도로 한다. 또한 연강같은 연성이 있는 금속재료는 압축 때의 항복점을 압축강도로 한다.

압축시험에 사용되는 시편의 길이 $h$와 단면경(斷面徑) $d$의 비는 $h=(1.5\sim2)d$이다. 그림 5-4는 압축 시편의 변형을 표시한다.

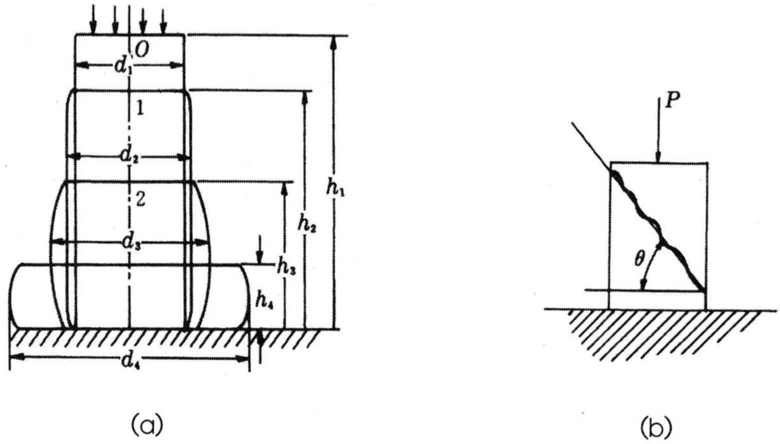


[그림 5-4] 압축 시편의 변형

### 1-1-3. 굽힘 강도

굽힘강도는 재료의 굽힘에 대한 저항력을 나타내고 재료의 탄성계수 및 탄성에너지를 결정하기 위한 굽힘저항시험과 그림 5-5에서 표시한 것과 같이 전성 및 변형의 유무를 시험하여 굽힘의 적성여부를 결정하기 위한 굴곡시험이 있다.

전자는 판재 또는 선재를 거듭 반복해서 그 점성을 조사하는 목적으로 시험편의 한쪽 끝을 고정하여 수직으로 세워서 다른 끝을 처음의 위치에서 좌우로 90° 만큼씩 반복하여 굽힌 후에 시료의 균열 등을 조사하든지 또는 파괴될 때까지의 반복수를 가지고 비교한다. 후자의 경우는 시험편을 규정의 각도가 될 때까지 굽혀 만곡부의 외측에 나타나는 균열을 비롯한 기타의 결점의 유무를 검사한다.

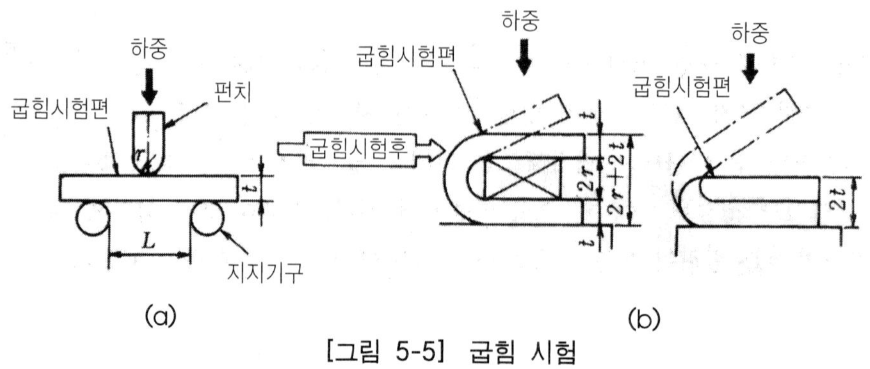


[그림 5-5] 굽힘 시험

### 1-1-4. 전단강도(shear strength)

전단응력은 전단하려고 생각하고 있는 면에 평행으로 작용하는 힘에 의하여 생긴다. 그리고 일부에서 타부(他部)에 슬라이딩이 생기게 하는 경향이 있는데 면에 대하여 수직으로 작용하는 인장 및 압축시험과 대조가 된다.

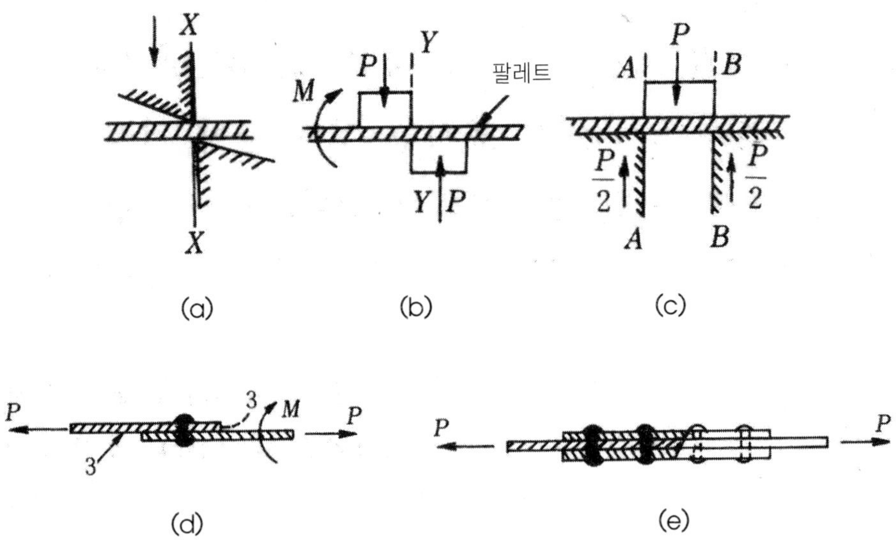


[그림 5-6] 전단하중의 작용

그림5-6(a)의 단면 $X-X'$와 (b)의 $Y-Y'$ 및 (c)의 $A-A'$와 $B-B'$에는 전단력이 작용하고 있다. (d)에 표시된 판재는 전단력이 리벳의 단면 (3-3)에 따라 작용하고 있는 것을 표시한다. (e)에서는 리벳이 2중으로 전단력에 저항하고 있는 것을 표시한다. 그림에서 여러 가지 실례에서 전단 파괴가 완전히 생기는 재료의 면적(A)으로부터 전단응력($\tau$)이 계산된다. 작용하는 하중을 P라고 하면 다음 식에서 전단응력이 계산된다.

$$\tau/\gamma = G \quad \cdots\cdots (5-7)$$

여기서, $\gamma$ 는 전단 스트레인(shear strain)

$G$ 는 전단탄성계수

### 1-1-5. 비틀림 강도

비틀림 강도는 비틀림 하중을 가한 상태에서 토-크에 대한 저항력을 말하며 비틀림 시험은 저항력($T$), 전단강도($\tau$ ), 비틀림($\theta$), 탄성계수($G$) 등을 구하는 시험이다. 한쪽 끝을 고정하고 다른 끝을 비틀어서 그림 5-7과 같은 토크-비틀림각 곡선을 그린다. 이 시험에 사용하는 기계를 비틀림 시험기라고 한다.

그림 5-7과 같은 곡선의 직선부분의 경사(경사, $T/\theta$)를 측정하면 다음 식에서 원형단면의 전단 탄성계수를 구할 수 있다.

$$G = \frac{32}{\pi} \times \frac{l}{d_4} \times \frac{T}{\theta} \quad \cdots\cdots (5-8)$$

여기서 $l$는 표점거리, $d$는 시편의 직경이다.

비틀림에서 생기는 전단응력 $\tau$ 는 다음 식으로 구한다.

$$\tau = \frac{16T}{\pi d^3} \quad \cdots\cdots (5-9)$$

강선에서는 비틀림 회수로 비틀림에 대한 성질을 시험한다. 이때 비틀림 시험기를 사용한다.

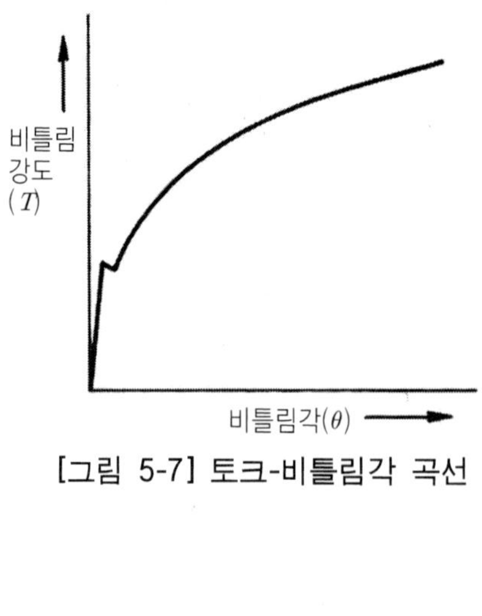


[그림 5-7] 토크-비틀림각 곡선

## 1-2. 경도(hardness)

경도(hardness)는 물체의 견고한 정도를 표시하는 것으로서 금속재료의 강도와 내마모성에 관계하는 중요한 기계적 성질이다. 일반적으로 경한 재료는 강하고 연신율과 단면 수축률이 작아 취성을 동반한다. 경도의 측정에는 측정 원리에 따라 3가지로 나눌 수 있다.

### [1] 압입에 의한 방법(indentation hardness)

일정한 모양의 딱딱한 물체를 피시험재에 압입에 의해서 경도 측정(소성 변형에 대한 저항)-브리넬(Brinell)경도, 비커스(Vickers)경도, 로크웰(Rockwell)경도

### [2] 스크래치에 의한 방법(scratch hardness)

딱딱한 물체로 피시험재의 표면을 긁어서 생기는 흠에 의하여 경도 측정(소성 변형에 대한 저항)-모스(Mohs)경도

### [3] 반발에 의한 방법(rebound hardess)

딱딱한 물체를 피시험재의 표면에 낙하시켜 튀어 오르는 높이에 의하여 경도 측정(탄성 변형에 대한 저항)-쇼어(Shore)경도

## 1-2-1. 브리넬 경도

브리넬 경도(Brinell hardess)는 그림 5-8에서 보는 바와 같이 규정된 하중 하에서 담금질된 고탄소강 강구(鋼球)를 금속 표면에 압입한 후 브리넬 경도용 확대경의 스케일로서 압입부 자국의 평균 직경을 측정하여 경도를 산출하는 방법이다.

브리넬 경도 $H_B$는 다음 식으로 산출한다.

$$H_B = \frac{\text{하중}}{\text{압자와 시험편의 접촉면적}} = \frac{P}{A} = \frac{2P}{\pi D(D-\sqrt{D^2-d^2})} = \frac{P}{\pi Dt} \quad (5\text{-}10)$$

여기서, $P$: 부하하중(Kgf) $D$: 압자의 지름(mm)
$d$: 압흔의 지름(mm) $t$: 압흔의 깊이(mm)

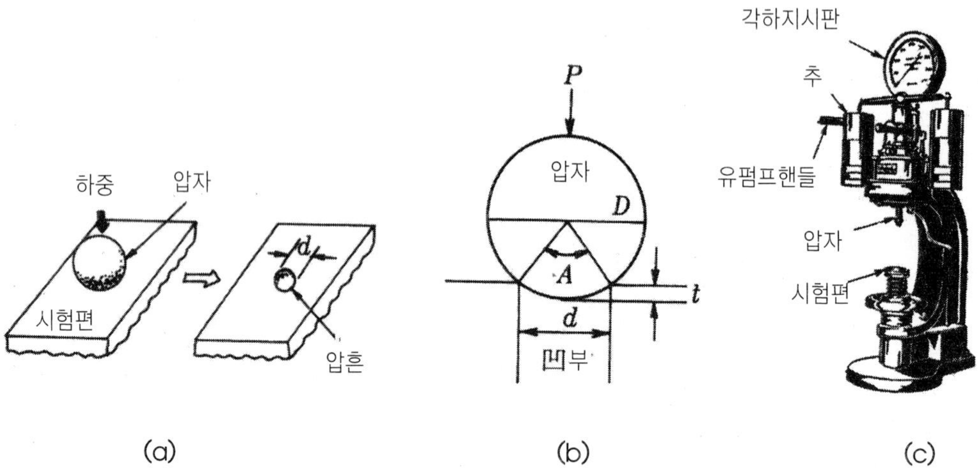


[그림 5-8] 브리넬 경도시험

동일시험편이라 할지라도 D와 P의 크기가 다르면 압흔의 소성변형의 정도가 변화하여 경도의 값이 다르게 되므로 d/D가 일정하게 되도록 시험편에 따라서 압자의 크기와 하중을 선택하여야 한다.

브리넬 경도는 압입에 의한 방법이기에 압흔의 면적이 크게 되어 정확한 경도의 측정이 가능하다. 그래서 소재(素材)의 시험에 적합하다. 브리넬 경도시험은 단단한 재질에 적용되었을 때 오차가 생긴다. 그 이유로는 강구의 경도의 영향, 강구(鋼球)의 변형, 압입 공경부(孔徑部)의 침하(沈下) 등으로 인하여 경도시험치가 저하되기 때문이다.

### 1-2-2. 비커스 경도

비커스 경도(Vickers hardness)는 그림 5-9와 같이 압입체로서 대면각이 $\theta = 136°$의 다이아몬드 피라밋을 사용한다.

비커스 경도 $H_V$는 시험편에 작용하는 하중을 $P(\mathrm{kg_f})$, 압흔의 표면적을 $F(\mathrm{mm^2})$라 하면

$$H_V = \frac{P}{F} = \frac{2P\sin(\theta/2)}{d^2} = \frac{1.8544P}{d^2} \quad \cdots\cdots (5-11)$$

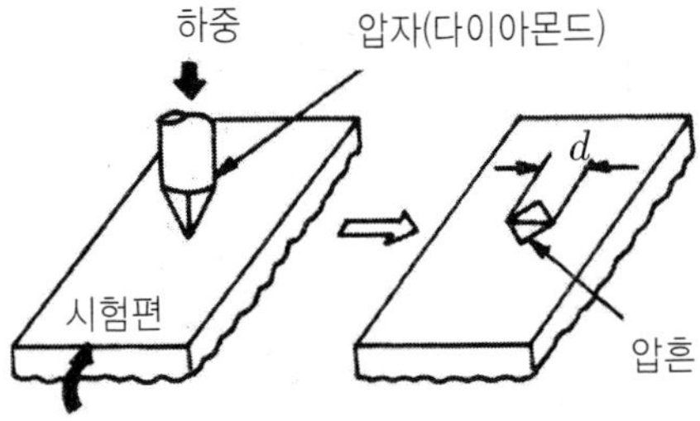


[그림 5-9] 비커스 경도 측정시의 압자와 압흔

비커스 경도는 압흔의 계측의 오차가 작고 유연한 재료에서부터 단단한 재료까지 하중을 변경하는 것으로 경도를 측정할 수 있다. 이 시험법은 소물 부품, 박판, 표면층의 시험에 적합하다.

### 1-2-3. 록크웰 경도

록크웰 경도(Rockwell hardness)는 브리넬 경도와 비커스 경도의 측정시와는 다르게 압흔의 깊이에 의해 측정한다. 록크웰 경도는 시험편의 표면에 지름 1/16 (1.588mm)in.의 담금질된 볼(hardened ball)을 압입하는 경우($B$스케일, $H_{RB}$)와 꼭지각 120° 의 다이아몬드 콘(diamond cone)을 사용하는 경우($C$스케일, $H_{RC}$)의 2 종류의 방법이 널리 사용된다.

그림 5-10은 록크웰 경도기의 다이얼 게이지를 보여주고 있고 그림 5-11은 록크웰 경도계 및 시험법의 원리를 보여주고 있다.

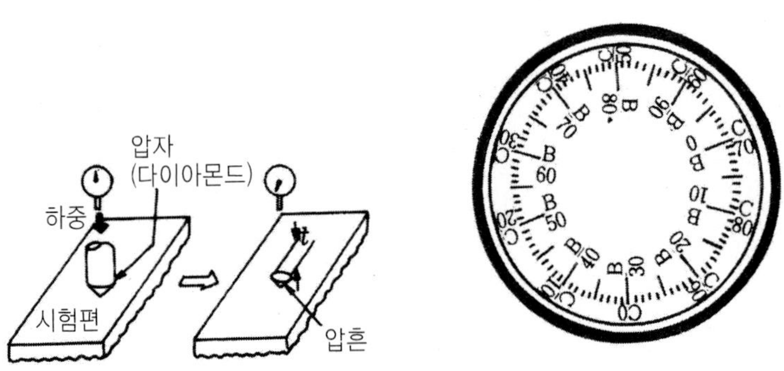


[그림 5-10] 다이얼 게이지

연한 재료의 경도시험은 $B$스케일 그리고 단단한 재료의 경도시험은 $C$스케일이 사용된다. $B$스케일은 기준하중인 $10kg_f$을 작용시키고 다시 $100kg_f$을 걸어 놓은 후에 기준하중으로 다시 만들었을 때의 압흔의 깊이를 다이얼 게이지로 표시한다. $C$스케일은 시험하중 $150kg_f$에서 시험한 후 다음 식으로 계산한다.

$$H_{RB} = 130 - 150h$$

$$H_{RC} = 100 - 150h$$

여기서, $h$는 압흔의 깊이이다.

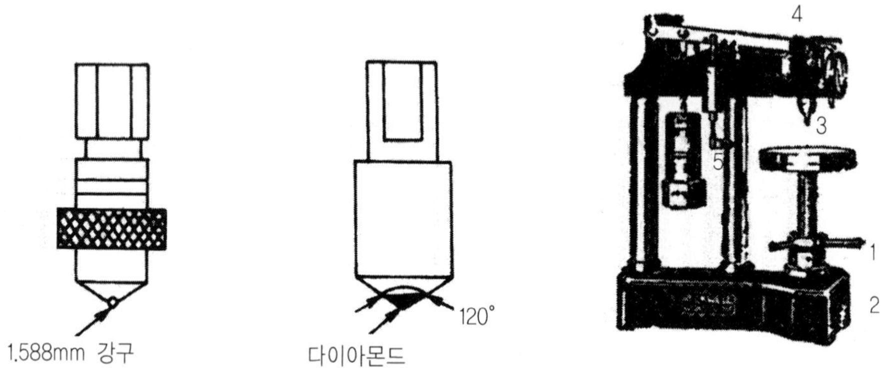


(a) B스케일의 압자 (b) C 스케일의 압자 (c)

[그림 5-11] 록크웰 경도계 및 시험법의 원리

## 1-2-4. 쇼어 경도

쇼어 경도(Shore hardness)는 강봉의 선단에 다이아몬드가 부착되어 있고, 이 봉을 시편 위에 낙하시켜 이의 반발한 높이를 읽는 방법이다. 낙하높이를 $h_0$(mm), 반발높이를 $h$(mm)로 하였을 때 경도 $H_S$는 다음 식으로 나타낸다.

$$H_S = \frac{10{,}000}{65} \times \frac{h}{h_0} \quad \cdots\cdots (5-12)$$

## 1-3. 충격 강도

기계재료는 급격한 하중이 가해지는 경우가 있고 이것이 대단히 크면 취성 금속 재료에서는 파괴되어진다. 이 같은 하중을 충격하중이라 한다. 충격 강도는 재료의 파괴에 대한 저항력의 크기를 말하며 그림 5-12에 나타낸 충격시험기에 의해 측정된다.

충격시험은 해머를 일정 각도로 들어 올린 상태에서 떨어뜨려 시편을 파괴시킨 후의 해머의 각도를 측정하여 남은 에너지를 알고 시험편을 파단하는데 소모된 에너지를 산출한다. 시험편 파괴에 필요한 에너지 E는 다음과 같다.

충격 에너지 : $E = Wl(\cos\beta - \cos\alpha)$[$kg_f \cdot m$] ······ (5-13)

충격치 : $E/A$ [$kgf \cdot m/cm^2$] ······ (5-14)

여기서, $W$ : 해머의 중량(Kgf)
$l$ : 회전축의 중심으로부터 해머의 중심까지의 거리(m)
$\alpha$ : 해머의 충격전의 각도
$\beta$ : 해머의 충격 후의 각도
$A$ : 파단부의 최초 단면적($cm^2$)

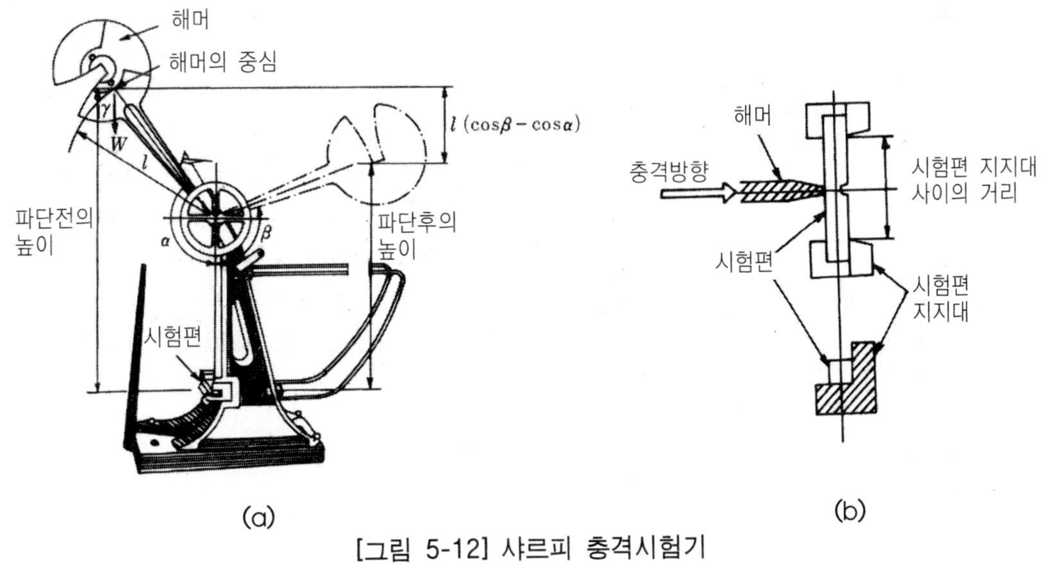


[그림 5-12] 샤르피 충격시험기

일반적으로 충격시험에서는 재료를 파괴할 때 재료의 인성(toughness) 또는 취성(brittleness)을 시험한다. 재료의 인성은 정적 인장시험에서 연신율 및 단면 수축률로 어느 정도까지 판단할 수 있으나 이것으로는 불충분하다. 특히 니켈-크롬강(Ni-Cr steel)의 템퍼 취성(temper brittleness)과 같은 성질은 인장시험에서는 알 수 없으나 충격시험에서는 그 내용을 잘 알 수 있다. 표 5-1에서는 인장시험과 충격시험을 비교한 예이다.

[표 5-1] 인장시험과 충격시험의 비교

| 시편 | 인장시험(정적) | | | | | 충격시험 |
|---|---|---|---|---|---|---|
| | 비례한도 (ton/in²) | 항복점 (ton/in²) | 인장강도 (ton/in²) | 연신율 (%) | 단면수축율 (%) | 충격치 ($ft-lb$) |
| (1) | 40.0 | 47 | 55.5 | 28.6 | 64.0 | ☆ 74 |
| (2) | 39.6 | 45.9 | 54.3 | 26.5 | 63.7 | ☆ 9.1 |

충격시험기에는 보통 시험편을 단순보(simple beam)의 상태에서 시험하는 샤르피 충격시험기(Charpy impact tester)와 내다지보(cantilever)의 상태에서 시험하는 아이조드 충격시험기(Izod impact tester)가 있다.

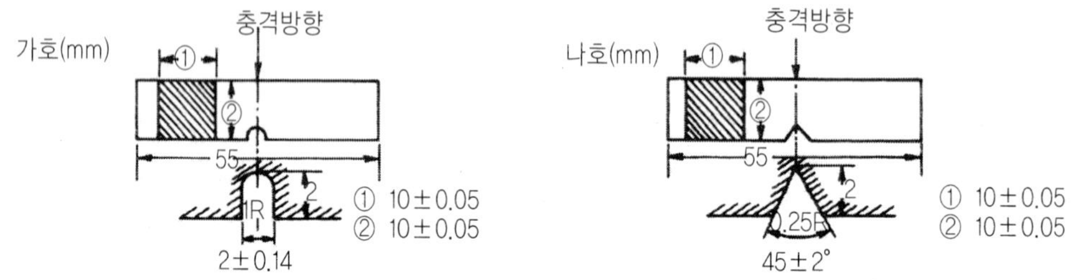


(a) 사르피 충격시험편

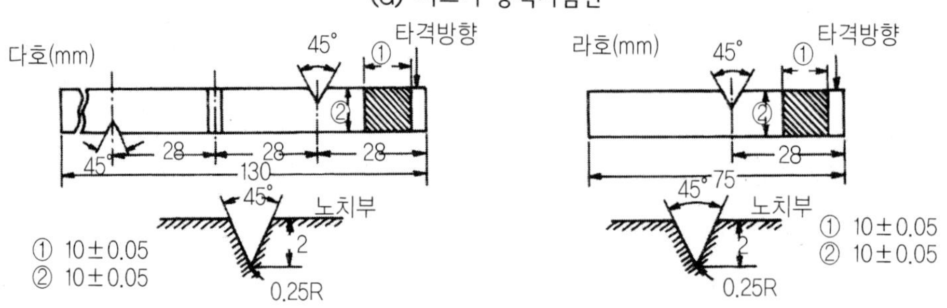


(b) 아이조드 충격시험편

[그림 5-13] 충격시험편의 KS규격

그림 5-13은 샤르피 충격시험편과 아이조드 충격시험편의 치수를 각각 표시한다. 그림에서 알 수 있는 것과 같이 충격시험편에는 홈의 형상을 한 노치(notch)가 있는 시험편을 사용하고 여기에서 파괴되도록 되어 있다.

## 1-4. 피로

조금 굵은 철사를 손으로 몇 번 반복하여 굽히면 절단되어 질 것이다. 이 같은 금속재료가 반복하중을 받으면 그 재료가 갖고 있는 인장강도로부터 계산한 하중보다도 작은 하중에서 파괴된다. 이러한 현상을 피로(fatique)라고 한다.

피로시험은 그림 5-14와 같이 시험편에 하중을 가하면서 회전시키기도 하고 인장, 압축력을 반복으로 가한다. 이 시험에 있어서 반복으로 가하는 하중(응력)을 S, 반복 회수를 N으로 하여 그림 5-15와 같은 S-N곡선을 구해 하중을 반복으로 가하여도 파괴되지 않는 상태에서는 곡선이 수평으로 되는데 이때의 하중을 그 재료의 피로한도(疲勞限度)라고 한다.

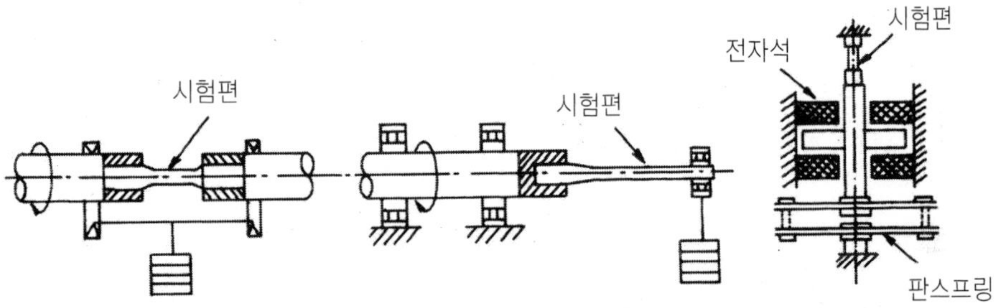


(a) 회전굽힘(균일 굽힘형) (b) 회전굽힘(편특형) (c) 인장압축(전자삭)

[그림 5-14] 피로 시험의 예

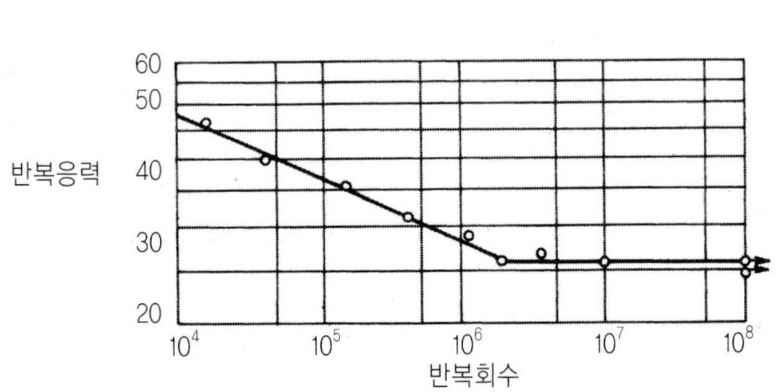


[그림 5-15] S-N 곡선

피스톤, 접합봉, 크랭크샤프트 등의 반복하중의 변동을 받고 있는 재료의 선택에는 중요한 성질이다.

### 1-5. 크리프

상온에서는 예를 들면, 강(鋼)에 탄성한도 이하의 하중이 장시간 작용하여도 변형(신율)이 일어나지 않지만 고온에서는 탄성한도보다 낮은 하중이 작용하여 장시간 경과시키면 서서히 변형의 증가가 일어난다. 이 같은 현상을 크리프(creep)라고 한다. 크리프의 강도는 고온하에서 사용되어지는 재료에 요구되는 중요한 성질이다.

크리프 강도는 그림 5-16과 같은 크리프시험기에서 행해진다. 시험편을 전기로에서 일정온도로 유지, 이것에 일정의 인장 하중을 가해 시간과 함께 변형량을 정밀히 측정한다. 이 일례로 그림 5-17과 같은 크리프 곡선도를 나타낸다. 그림에서 OA는 일정하중을 가한 직후의 순간적인 변형량을 나타낸다. 그 후 변형량은 시간과 함께 ABCD로 변하고 D에서 파단한다. 그림에서 BC는 일정의 비율로 변형량이 증가하기 때문에 정상 크리프라고 한다. 크리프의 강도는 어떤 온도에서 일정의 정상 크리프를 일으키는 하중으로 나타낸다.

증기 터빈, 제트 엔진, 가스 터빈 등의 날개, 내연기관, 기타 고온에서 사용되는 재료의 선택에는 극히 중요한 성질이다.

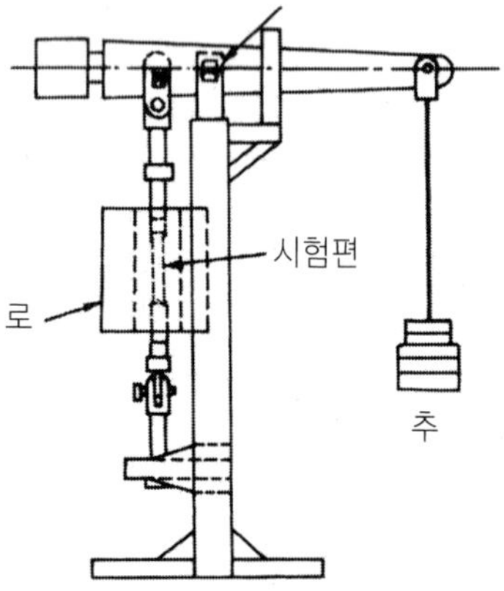

[그림 5-16] 크리프 시험기

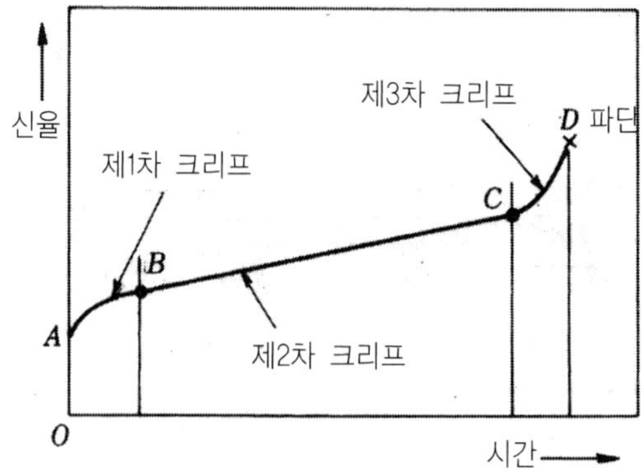

[그림 5-17] 크리프 곡선의 설명도

## 1-6. 마모시험

재료가 다른 물체와 마찰하여 그 표면이 소모되는 현상을 마모라고 한다. 금속의 마모 현상은 금속을 기계 또는 그 밖의 운동 부분에 사용할 때 대단히 중요한 문제이다.

그러나 이와 밀접한 관계를 갖는 인자가 많고 이것에 대한 이론도 복잡하며 시험 방법도 여러 가지 방식이 있다. 마모시험에는 금속재료의 사용 상태와 운동에 따라 다음 4가지로 분류되어지고 그림 5-18은 슬라이딩 마모시험기의 각종 형식을 보여주고 있다.

① 슬라이딩 마모 : 시편이 마찰하는 상대가 금속이 아닌 광질일 때(토목용, 농업용 기계)
② 슬라이딩 마모 : 시편이 마찰하는 상대가 금속일 때(베어링, 브레이크)
③ 회전마모 : 회전마찰이 생기는 경우(롤러, 베어링, 기어, 바퀴와 레일)
④ 왕복 슬라이딩 마모 : 왕복운동에 의한 마찰의 모든 경우(실린더와 피스톤, 펌프)

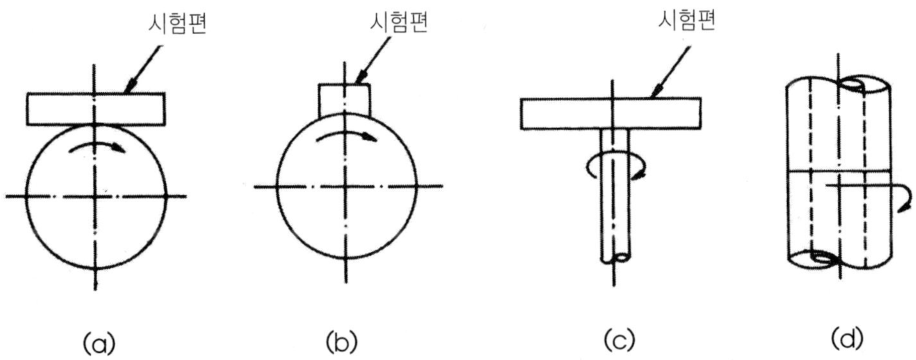

[그림 5-18] 슬라이딩 마모시험기의 각종 형식

## 1-7. 에릭슨 시험

이 시험은 재료의 연성을 알기 위한 것으로서 구리판, 알루미늄판 및 기타 연성판재를 가압 성형하여 변형능력을 시험하는 것이며 커핑시험(cupping test)라고도 한다.

시험방법은 직경 3인치의 원판시편을 4각형 단면을 갖는 2개의 강철을 사이에 넣고 시험기 프레임 속에서 원형선단을 갖는 펀치는 원판 시험면에 접촉시키고 작은 시험기의 압축장치로 가압하여 파단면이 보이기 시작할 때 컵형상의 깊이와 하중을 측정하여 시편의 연성을 측정한다. 에릭슨 시험기의 링 내경은 27mm이고 펀치의 선단반경은 10mm이며 실제 판재의 연성시험은 각국에 따라 다소 차이가 있다.

## 2. 물리적 성질

### 2-1. 비중(specific gravity)

순금속의 비중은 Li의 0.53에서 Ir과 Os의 22.5의 사이이다. 다만 온도 및 가공의 방법에 따라 다소 변한다. 단조, 압연, 인발 등을 가공한 것은 표준보다 크게 되고 주조가공을 한 것은 작게 된다. 또한 상온 가공한 것은 고온가공 후 풀림한 것보다 작다.

합금의 비중은 대부분이 성분금속의 중량비율에 의해 계산한 수치에 일치한다. 금속재료의 중량계산은 다음과 같다.

비중 × 체적($cm^3$) = 중량(g) ………………………………………………………… (5-15)

### 2-2. 용융점(melting point)

금속을 가열하면 용해하여 용체로 되는데 이때의 온도를 용융점이라고 한다. 또한 용체상태의 금속을 냉각하면 고체로 되는데 이때의 온도를 응고점이라고 부른다. 일반적으로 같은 금속에서는 용융점과 응고점이 같다. 금속 중에서 용융점이 가장 높은 것은 텅스텐이고 가장 낮은 것은 수은이다.

합금의 용융점은 일반적으로 금속의 높은 것보다 낮고 평균치보다도 낮은 경우가 많다. Bi를 베이스로 한 Cd, Pb, Sn, Hg 등을 포함한 것은 공정반응에 의해 Sn의 용융점보다 낮은 합금으로 38～85℃ 정도에서 용융하고 퓨즈, 자동소화기, 보일러 안전밸브 등에 사용되어지고 있다.

## 2-3. 비열(specific heat)

비열은 물체와 동량의 물을 1℃만큼 상승시키는 것에 필요한 열량의 비를 말한다. 즉 1g의 물질의 온도를 1℃ 상승시키는데 필요한 열량[cal]으로 그 단위는 cal/g이다. 따라서 중량 $M[g]$의 금속체의 온도를 t[℃]만큼 높이는 것에 필요한 열량 $H$는 $H = h \times M \times t\,[cal]$이다. 여기서 h는 비열이다.

합금의 비열은 성분금속의 중량비율로부터 산출한 평균치에 가깝다. 비열은 온도의 상승과 함께 크게 된다. 완전히 용융하는데 필요한 열량은 총합하면 다음과 같다.

용융점 × 비열 + 잠열 = 필요한 열량[cal/g] ······································ (5-16)

## 2-4. 열팽창계수(coefficiency of thermal expansion)

물체가 1℃ 상승에 대한 치수의 증가하는 비율을 열팽창계수라고 한다. 이 수치는 길이 및 체적의 2가지의 것이 있고 길이의 것을 선팽창계수, 체적의 경우를 체적팽창계수라고 한다. 체적 팽창계수는 선팽창계수의 3배로 되기 때문에 보통은 길이에 대한 선팽창계수를 취하고 일반적으로 열팽창계수라고 하고 있다.

온도에 의한 길이의 변화는 $l_t = l_0(1+\alpha t)$이고, 체적의 변화는 $V_t = V_0(1+3\alpha t)$로 표현된다. 여기서 $t$에 있어서 물체의 길이 $l_t$, 체적 $V_t$, 0℃때의 길이 $l_0$, 체적 $V_0$에서 $\alpha$는 선팽창계수이다.

일반금속 중에서 팽창계수가 큰 것은 Zn, Pb, Mg 등이고 W, Mo 등은 적다. 대개 용융점의 순서대로 일치하나 Sn은 예외이다. 용융점이 높은 것이 팽창이 적다. 특수한 것으로서 Sn은 냉각시에 팽창한다. 합금의 열팽창계수는 성분금속의 용적비율에 의해 산출한 수치에 일치한다.

특수한 것으로는 언바(36% Ni, 잔(殘) Fe)와 같이 대개 온도에 따라 변화하지 않는 것도 있다. 또한 2종의 금속의 팽창차를 이용한 바이메탈(황동-탄소강)도 있다.

### 2-5. 열전도율(thermal conductivity)

물체내의 한쪽에서 다른 쪽으로의 열의 이동을 열전도라 하고, 그 이동의 정도를 열전도도 또는 열전도율이라고 부른다. 즉 길이 1cm에 대하여 1℃의 온도차가 있을 때 $1cm^2$의 단면적을 통하여 1초 사이에 전달되는 열량을 열전도율이라고 한다.

순도가 높은 금속은 열전도율이 좋고 불순물이 함유될수록 나쁘게 된다. 열전도율이 가장 좋은 금속은 Ag이고 Cu, Au, Al 등의 순서로 작아진다. 공업용 금속 중에서 열전도율이 좋은 재료로 Cu와 Al이 가장 널리 사용되고 있다.

### 2-6. 전기전도도(electric conductivity)

금속체는 다른 일반재료에 없는 특유성질로서 전기의 전도가 있다. 전도의 정도를 전기전도도 또는 전기전도율이라고 한다. 순수한 것일수록 전도도가 좋고 불순물을 포함하면 나쁘게 된다. 합금은 성분금속보다도 좋지 않다. 일반적으로 전기전도도가 큰 것부터 작은 것을 순서대로 표시하면 다음과 같다.

Ag－Cu－Au－Al－Mg－Mo－W－Zn－Co－Ni－Fe－Pt－Sn－Cr－Pb－Hg－Sb

금속은 전기의 양도체이기 때문에 전기저항이 적다. 전기저항을 비교하는 것에는 단면적 $1cm^2$에서 길이 1cm의 시험편의 저항을 구하고 이것을 물질의 비저항(比抵抗)이라고 한다. 전기저항은 온도상승에 따라 증가하지만 온도가 낮을 때는 상승에 비례한다.

## 3. 자기적 성질(magnetic properties)

철은 자계에 두면 유도에 의해 자기(磁氣)를 띠어 자석으로 된다. 이것을 자화(磁化)된다고 말하는데 자계의 강도가 증가됨에 따라 자화되는 정도가 증가된다. 그리고 자계의 강도가 커지면 자화되는 강도는 어떤 포화점에 도달한다. Co 및 Ni에도 같은 성질이 있다.

금속은 자석에 대하여 감응상태에 따라 상자성체(常磁性體)와 반자성체(反磁性體)로 대별된다. 상자성체의 금속은 Fe, Ni, Co, Al, Cr, Sn, Pt, Mn, Rh 등이 있지만 Fe, Ni, Co외에는 자석에 의한 감응이 적기 때문에 잡아당기지 않는다.

이것을 분류하여, 강자성체 Fe, Ni, Co, Al 이하의 금속을 비자성체라 하고 있다. 반자성체 금속은 Zn, Sb, Au, As, Hg, Cu, Pb, Bi 등으로 반발적 성질이기에 잡아당길 수 없다.

일반적으로 자석재료로서 이용되는 것은 강자성체이다. 합금의 자성은 대개 평균적 성질로서 강자성체의 합금은 강자성, 반자성체의 합금은 반자성이지만 특수한 것은 다를 때가 있다. 20% Ni 이상의 Fe합금은 비자성이고 Mn, Cr을 함유하는 금속 중에는 강자성의 것도 있다.

# 실 • 력 • 평 • 가

**01.** 재료에 탄성한계를 넘어서 외력을 가하면 외력을 제거하여도 복원되지 않는 소성변형을 일으키는 성질로 소성가공에 이용되는 성질은 ?[2008-2회 자동차 정비·검사산업기사]

㉮ 가소성　　㉯ 취성
㉰ 역극성　　㉱ 절삭성

**02.** 스프링 재료가 갖추어야 할 가장 중요한 성질은 ?[2004-1회, 2007-1회 자동차 정비·검사산업기사]

㉮ 소성　　㉯ 탄성
㉰ 가단성　　㉱ 전성

**03.** 재료의 성질을 나타내는 세로 탄성계수(영률 E)의 단위가 맞는 것은 ?[2010-1회 자동차 정비·검사산업기사]

㉮ N　　㉯ $N/cm^2$
㉰ N · m　　㉱ N/cm

**04.** 재료의 성질에서 열응력과 가장 관계 깊은 인자는 ?[2003-4회 자동차 정비산업기사, 2010-3회 자동차 검사산업기사]

㉮ 경도　　㉯ 전단강도
㉰ 피로한도　　㉱ 선팽창계수

**05.** 연성이 큰 것으로부터 순서대로 되어 있는 것은 ?[2013-1회 컴퓨터 응용가공산업기사]

㉮ Al → Cu → Ag → Zn → Ni　　㉯ Fe → Pb → Cu → Ag → Pt
㉰ Au → Cu → Pb → Zn → Fe　　㉱ Al → Fe → Ni → Cu → Zn

*06.* 다음 중 선팽창계수가 큰 순서로 올바르게 나열된 것은 ?[2010-2회, 2012-2회 컴퓨터 응용가공산업기사/기계설계산업기사]

㉮ 알루미늄 〉 구리 〉 철 〉 크롬
㉯ 철 〉 크롬 〉 구리 〉 알루미늄
㉰ 크롬 〉 알루미늄 〉 철 〉 구리
㉱ 구리 〉 철 〉 알루미늄 〉 크롬

*07.* 금속재료가 일정한 온도 영역과 변형속도의 영역에서 유리질처럼 늘어나는 특수한 현상은 ?[2012-1회 컴퓨터 응용가공산업기사/기계설계산업기사]

㉮ 형상기억　　㉯ 초소성
㉰ 초탄성　　㉱ 초전도

*08.* 다음 금속 중 전기전도율이 가장 큰 것은 ?[2011-1회 컴퓨터 응용가공산업기사/기계설계산업기사]

㉮ 알루미늄　　㉯ 마그네슘
㉰ 구리　　㉱ 니켈

*09.* 초소성 재료에 대한 설명으로 틀린 것은 ?[2010-2회 컴퓨터 응용가공산업기사/기계설계산업기사]

㉮ 미세결정입자 초소성과, 변태 초소성으로 나누어진다.
㉯ 고온에서의 높은 강도가 특징이다.
㉰ 초소성 재료로서 Al-Zn 합금은 플라스틱 성형용 금형을 제작하는데 실용화되고 있다.
㉱ 결정입자가 보통 아주 미세하다.

*10.* 다음 중에서 금속의 비중이 큰 순서로 올바르게 나열된 것은 ?[2007-1회 컴퓨터 응용가공산업기사/기계설계산업기사]

㉮ 은 〉 금 〉 구리 〉 철　　㉯ 금 〉 은 〉 구리 〉 철
㉰ 철 〉 구리 〉 금 〉 은　　㉱ 철 〉 구리 〉 은 〉 금

*11.* 다음 금속 중에서 선팽창계수가 가장 큰 것은 ?[2009-2회 일반기계기사/기계설계기사]

㉮ W　　㉯ Mo
㉰ Zn　　㉱ V

**12.** 다음 금속 중 용융온도가 가장 높은 것은 ?[2009-2회 일반기계기사/기계설계기사]

| | |
|---|---|
| 가 Bi | 나 Sn |
| 다 Al | 라 Zn |

**13.** 다음 금속 중 비중이 가장 큰 것은 ?[2013-1회 일반기계기사]

| | |
|---|---|
| 가 Fe | 나 Al |
| 다 Pb | 라 Cu |

**14.** 다음 중 전기전도도가 좋은 순으로 나열된 것은 ?[2007-4회, 2012-1회 일반기계기사]

| | |
|---|---|
| 가 Cu 〉 Al 〉 Ag | 나 Al 〉 Cu 〉 Ag |
| 다 Fe 〉 Ag 〉 Al | 라 Ag 〉 Cu 〉 Al |

**15.** 지름 15mm의 연강 봉에 5000kgf의 인장하중이 작용할 때 생기는 응력은 약 몇 $kgf/mm^2$ 인가 ?[2010-1회 일반기계기사]

| | |
|---|---|
| 가 10 | 나 18 |
| 다 24 | 라 28 |

**16.** 금속이 열전도도나 전기전도도가 높은 이유는 ?[2009-4회 일반기계기사]

가 금속은 결정체이기 때문이다.
나 비중이 크기 때문이다.
다 금속으로서 연성이 크기 때문이다.
라 자유전자 때문이다.

**17.** 다음 금속 중에서 용융점이 가장 높은 것은 ?[2007-4회 일반기계기사]

| | |
|---|---|
| 가 V | 나 W |
| 다 Co | 라 Mo |

**18.** 다음 중 강자성체가 아닌 것은 ?[2010-4회 일반기계기사]

| | |
|---|---|
| 가 Ni | 나 Cr |
| 다 Co | 라 Fe |

**19.** 고온에서 다른 재료에 비해 비강도가 우수하기 때문에 항공기 외판 등에 사용하는 재료는 ?[2009-2회 기계설계산업기사]

가 Ni　　나 Cr
다 W　　라 Ti

**20.** 보기 중에서 재료의 물리적 성질들 만으로 짝지어진 것은 ?[2007-2회 기계설계산업기사]

[보기]
① 비열　② 전도도　③ 강도　④ 비중　⑤ 경도

가 ①, ②, ④　　나 ①, ②, ③
다 ②, ③, ④　　라 ①, ②, ⑤

**21.** 다음 중 질긴 성질, 즉 충격에 대한 재료의 저항을 나타내는 성질은 ?[2013-4회 자동차 정비산업기사]

가 인성　　나 전성
다 연성　　라 탄성

**22.** 다음 금속 중 열전도성이 가장 우수한 것은 ?[2005-2회 자동차 정비·검사산업기사]

가 주철　　나 알루미늄
다 구리　　라 연강

**23.** 금속재료의 물리적 성질이 아닌 것은 ?[2006-1회 자동차 정비·검사산업기사]

가 비중　　나 열전도율
다 취성　　라 선팽창계수

**24.** 재료의 경도시험에서 압입자를 이용한 경도시험 방법이 아닌 것은 ?[2008-2회 자동차 정비·검사산업기사]

가 마이어 경도시험　　나 브리넬 경도시험
다 비커스 경도시험　　라 쇼어 경도시험

**25.** 금속재료를 특정온도에서 장시간 하중을 가하면 변형이 증가하는 현상을 무엇이라 하는가 ?[2009-3회 자동차 검사산업기사]

㉮ 탄성변형 ㉯ 피로(fatigue)
㉰ 크리프(creep) ㉱ 관성변형

**26.** 커핑 시험(cupping test)이라고도 하며, 재료의 연성을 알기 위한 것으로서 구리관, 알루미늄판 및 그 밖의 연성 판재를 가입 형성하여 변형 능력을 시험하는 것은 ?[2009-2회 일반기계기사/기계설계기사]

㉮ 비틀림 시험 ㉯ 압축 시험
㉰ 굽힘시험 ㉱ 에릭센 시험

**27.** 표점거리가 100mm, 시험편의 평행부 지름14mm인 시험편을 최대하중 6400kgf로 인장한 후 표점거리가 120mm로 변화되었다. 이 때 인장강도는 약 몇 kgf/mm$^2$인가 ?[2011-1회 일반기계기사]

㉮ 10.4 ㉯ 32.7
㉰ 41.6 ㉱ 61.4

**28.** 시료의 시험면 위에 일정한 높이h0에서 낙하시킨 해머의 튀어 올라가는 높이 h에 비례하는 값으로서, 다음 [보기]의 식으로 표시되는 경도는 ?[2008-1회 일반기계기사]

[보기] $HS = k \times \frac{h}{h_0}$

㉮ 로크웰 경도 ㉯ 비커즈 경도
㉰ 브리넬 경도 ㉱ 쇼어 경도

**29.** 금속재료의 시험에서 인장시험에 의해서 산출하는 것이 아닌 것은 ?[2004-1회 자동차 정비·검사산업기사]

㉮ 항복강도 ㉯ 연신율
㉰ 단면 수축율 ㉱ 피로강도

***30.*** 인장 시험 편에서 변형량에 관한 설명으로 올바른 것은 ?[2004-2회 자동차 정비·검사산업기사]

가 하중에 반비례한다.

나 단면적에 비례한다.

다 길이의 제곱에 반비례한다.

라 탄성계수에 반비례한다.

**정답**

01. 가 02. 나 03. 나 04. 라 05. 다 06. 가 07. 나 08. 다 09. 다
10. 나 11. 다 12. 다 13. 다 14. 라 15. 라 16. 라 17. 나 18. 나
19. 라 20. 가 21. 가 22. 다 23. 다 24. 라 25. 다 26. 라 27. 다
28. 라 29. 라 30. 라

CHAPTER 06

# 금속재료의 비파괴 탐상법

금속재료의 시험 검사법에는 기계적시험, 조직시험, 비파괴탐상시험이 있다.

기계적시험에는 chapter 04에서 서술한 것 같이 인장시험, 압축시험, 경도시험, 충격시험, 피로시험, 크리프시험 등이 있고 그 방법에 대해서는 KS에서 규정하고 있다. 이 밖에 시험편에 비틀림 모멘트를 가해 비틀림에 대한 저항력, 전단강도, 횡탄성계수 등을 구하는 비틀림시험이 있다.

조직시험은 시료를 연마지로 거울면과 같이 곱게 연마한 후 적당한 부식액으로 부식한 후, 육안 또는 현미경에 의해 스케치하든가 사진을 찍어 조사한다.

비파괴탐상시험은 재료 또는 제품의 외부와 내부의 균열 등의 유무를 파괴하지않고 조사하는 방법으로 침투탐상법, 자기탐상법, 초음파탐상법, 방사선탐상법 등이 있다. 여기에서는 비파괴탐상시험의 개요를 설명한다.

## 1. 침투탐상법

재료의 표면에 있는 흠과 결함을 액의 침투에 의해 조사하는 방법으로서 그림 6-1과 같이 표면을 세정한 후, 침투액을 깊이 스며들게 하고 그 다음은 표면에 남은 침투액을 닦아내고 현상액(現像液)을 도포한다. 현상액에 의해서 스며들어간 침투액이 스며 나오기 때문에 결함이 검출되어진다.

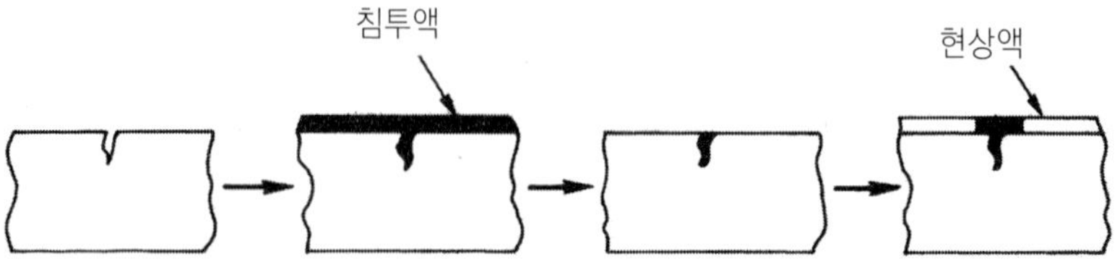


[그림 6-1] 침투탐상법

침투액은 기름을 사용하고 현상액으로는 호분을 이용하는 방법은 일찍부터 이용되어온 방법이고 이 보다 더 정밀한 방법으로 아직도 이용되고 있는 것은 유화(硫化)소다 용액을 묻힌 천으로 금속표면을 문지르고 다른 천으로 표면을 닦아서 건조시킨 후 황산을 묻힌 인화지를 표면에 붙이면 유화물이 베어든 균열은 인화지에 갈색선으로 나타난다.

요즈음 이 보다 효과적인 방법은 형광질 삼투제를 표면에 바르거나 또는 형광성 용액에 담근 후 꺼내어 씻어서 말린 다음 암실에서 자외광선하에 시편을 검사하는 방법인 형광체 삼투법(luorescent penetrant test)도 침투탐상법의 일종이다.

## 2. 자기탐상법

자석에 있어서 자력선이 나오고 있는 양극(兩極) 부근(附近)에서는 철편을 끌어 당기지만 자력선이 외부로 나오고 있지 않는 곳에는 철편은 끌어 당겨지지 않는다. 이 현상을 이용하여 자성재료의 표면과 내부의 균열을 조사하는 것이 자기탐상법이다.

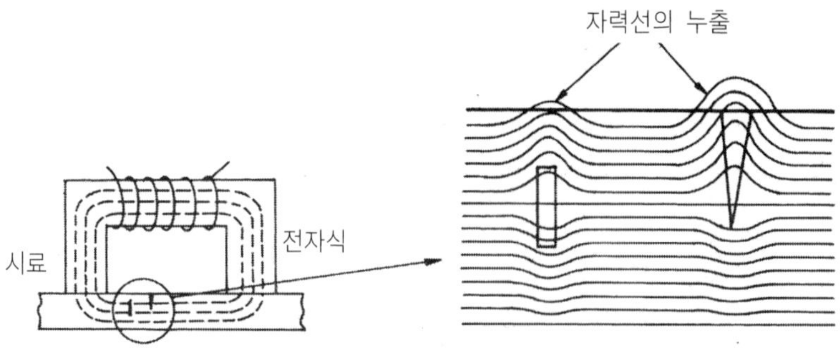


[그림 6-2] 자화(磁化)의 예

이 방법은 전자석이 만드는 환상자계(環狀磁界) 내에 결함이 있는 시료를 놓으면 그림 6-2와 같이 결함부분의 자력선이 밖으로 빠져 나오기 때문에 이 부분에 철분을 산포시키면 부착하여 결함부분을 검출하는 것이 가능하다. 철분을 사용하지 않는 것으로는 그림 6-3과 같은 탐상코일을 이용하는 방법도 있다. 이 방법은 탐상코일을 자력선이 빠지고 있는 부분에 가깝게 놓으면 탐상코일에 유도전류가 흐르기 때문에 이것을 미터(meter)를 이용, 감지하여 결함을 검출한다.

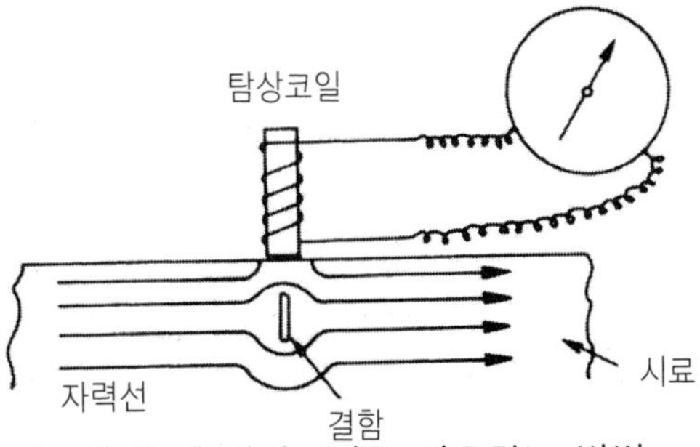

[그림 6-3] 탐상코일을 이용하는 방법

## 3. 초음파탐상법

초음파는 진동수가 매초 1600회 이상의 음파로서 전하는 방향에 지향성이 있다. 초음파를 재료 중에 투사하면 퍼지면서 투사한 방향으로 전해짐과 함께 재료 중의 극히 얇은 공기층에서는 잘 반사한다. 초음파탐상법에는 이 현상을 이용한 것으로서 탐상법에는 투과법(透過法), 반사법(反射法), 공진법(共振法) 등이 있다.

### 3-1. 투과법

그림 6-4와 같이 시료의 한 쪽에서 초음파를 발신하고 다른 쪽에서 수신하도록 되어 있고 결함이 없는 경우는 초음파의 강도가 변화하지 않고 수신되지만 결함이 있는 경우는 초음파가 산란하여 약하게 되어 수신되어지고 또한 큰 균열일 때에는 전반사하여 수신이 되지 않는다. 이 방법은 홈까지의 깊이를 측정할 수 없고 장치가 간단하여 편리하나 탐사자를 양쪽에 배치시켜야 하기에 보통의 탐사에는 반사법이 좋다.

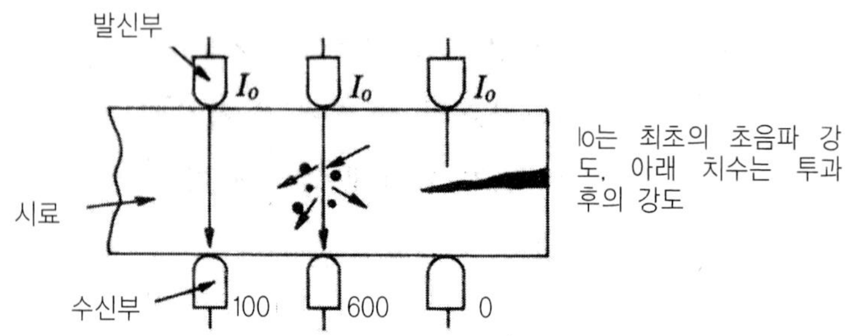


[그림 6-4] 투과법

## 3-2. 반사법

그림 6-5와 같이 탐상자에 의해 초음파를 시료에 보내, 재료로부터 반사하여 온 초음파를 다시 탐상자에 받도록 되어 있고 이것을 증폭하여 브라운관에 파형으로 나타나도록 한 것이다.

반사파를 이용하므로 반사의 발사시간이 문제이며, 너무 길면 낮은 곳의 흠이 발견되지 않고 가까운 2개의 흠을 발견할 수 없다. 검출가능한 최단거리는 흠의 크기, 종류, 사용파장에도 따르나 대략 1~3m 정도이다.

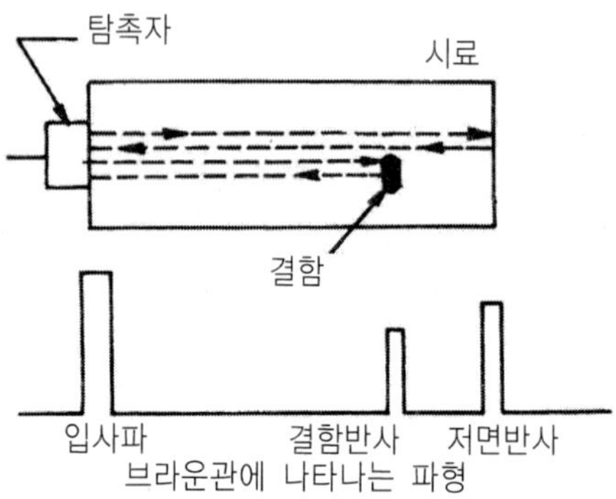


[그림 6-5] 반사법

## 3-3. 공진법

금속판 중에 복사하는 초음파의 파장을 연속적으로 변하여 반파장의 정수배가 두께와 같게 되면 공진을 일으키는 것을 이용하고 공진시의 파장과 판내에서의 음속에서 판의 두께를 구하는 방법이다.

## 4. 방사선투상법

방사선투상법은 $X$선 등의 방사선이 물질을 잘 투과하는 것을 이용한 것으로서 그림 6-6과 같이 시료에 $X$선을 조사(照射)하고 시료의 하부에 위치시킨 사진 필름을 감광시킨다. 결함부 등은 $X$선이 투과하기 쉽고 강하게 감광하기 때문에 필름에는 진한 음영으로 나타난다. 이것에 의해 결함을 산출한다.

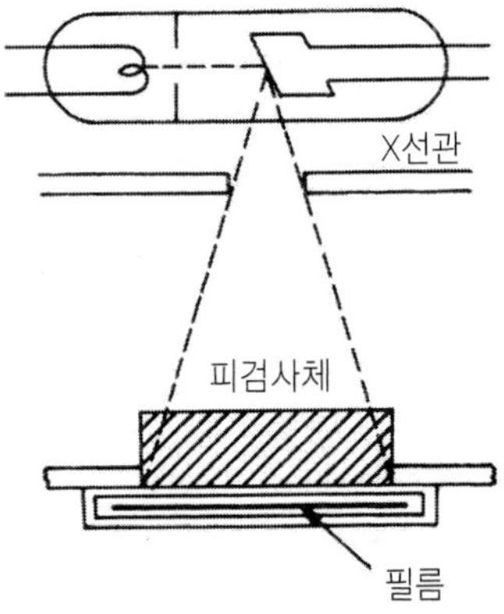


[그림 6-6] 방사선 탐상법

# 실 • 력 • 평 • 가

**01.** 주물에서 기공(blow hole)의 유무를 검사하는 일반적인 방법이 아닌 것은 ?[2009-2회 자동차 정비·산업기사]

㉮ 자기탐상법　　㉯ 현미경 탐상법
㉰ 초음파 탐상법　　㉱ 방사선 탐상법

**02.** 다음 중 주물에 기공(blow hole)의 유무를 검사하는 방법 이 아닌 것은 ?[2003-4회 자동차 정비산업기사]

㉮ 자기 탐상법　　㉯ 방사선 탐상법
㉰ 형광 탐상법　　㉱ 초음파 탐상법

**03.** 주물에서 기공(blow hole)의 유무를 검사하는 방법이 될 수 없는 것은 ?[2004-1회 자동차 정비·검사산업기사]

㉮ 자기 탐상법　　㉯ 형광 탐상법
㉰ 초음파 탐상법　　㉱ 방사선 탐상법

**04.** 다음 용접부의 검사 중 비파괴 검사법에 해당하는 것은 ?[2004-3회 자동차 검사산업기사/2007-2회 자동차 정비·검사산업기사]

㉮ 인장시험　　㉯ 피로시험
㉰ 화학분석　　㉱ 침투검사

**정답**

01. ㉯ 02. ㉰ 03. ㉯ 04. ㉱

# 02 철강재료

MACHINE MATERIALS

- 철강의 제조법
- 순철
- 탄소강
- 탄소강의 열처리
- 강의 표면강화
- 탄소강의 용도
- 특수강
- 주철

# 01 CHAPTER 철강의 제조법

## 1. 철강 재료의 분류

철강 재료는 철광석으로부터 직접 또는 간접으로 생산되나, 그 중에는 광석 중의 원소 또는 제조 중에 흡수된 각종 원소들이 함유되어 있다. 이것들 중에서 대표적인 원소는 C, Si, Mn, P, S 등의 5원소들이며, 항상 철강에 함유되어 그 성질에 많은 영향을 준다. 특히 공업상 유용한 성질을 주는 것은 탄소(C)이다. 그러므로 탄소함유량에 따라 철강을 분류하는 일이 많다. 철과 강을 분류하면 표 1-1과 같이 표시할 수 있다.

[표 1-1] 철과 강의 분류기준

| 구 분 | 순철 | 강 | 주철 |
|---|---|---|---|
| (1) 제조법 | 전기 분해법으로 제조 | 제강로에서 제조 | Cupola에서 제조 |
| (2) 화학 성분 | $C < 0.025\%$ | $C = 0.025 \sim 2.0\%$ | $C = 2.0 \sim 6.67\%$ |
| (3) 열처리 경화법 | 담금질 효과를 받지 않음 | 담금질 효과를 잘 받는다. | 일반적으로 담금질 하지 않는다. |
| (4) 가공성 및 용접성 | 연하고 우량하다 | 소성 및 절삭가공이 되고 용접가능 | 절삭가공이 가능하나 용접성 불량 |
| (5) 기계적 성질 | 연성이 크다 | 강도와 경도가 크다 | 연신율이 작고 취성 |

철강의 종류는 대단히 많고 분류법도 복잡하나 가장 기초적인 분류는 1879년 미국 필라델피아에서 개최된 세계 금속업자 대회에서 제정된 것으로 표 1-2와 같이 표시한다.

## 2. 제철법

그림 1-1에서 철강 재료의 제조공정을 나타내고 있다.

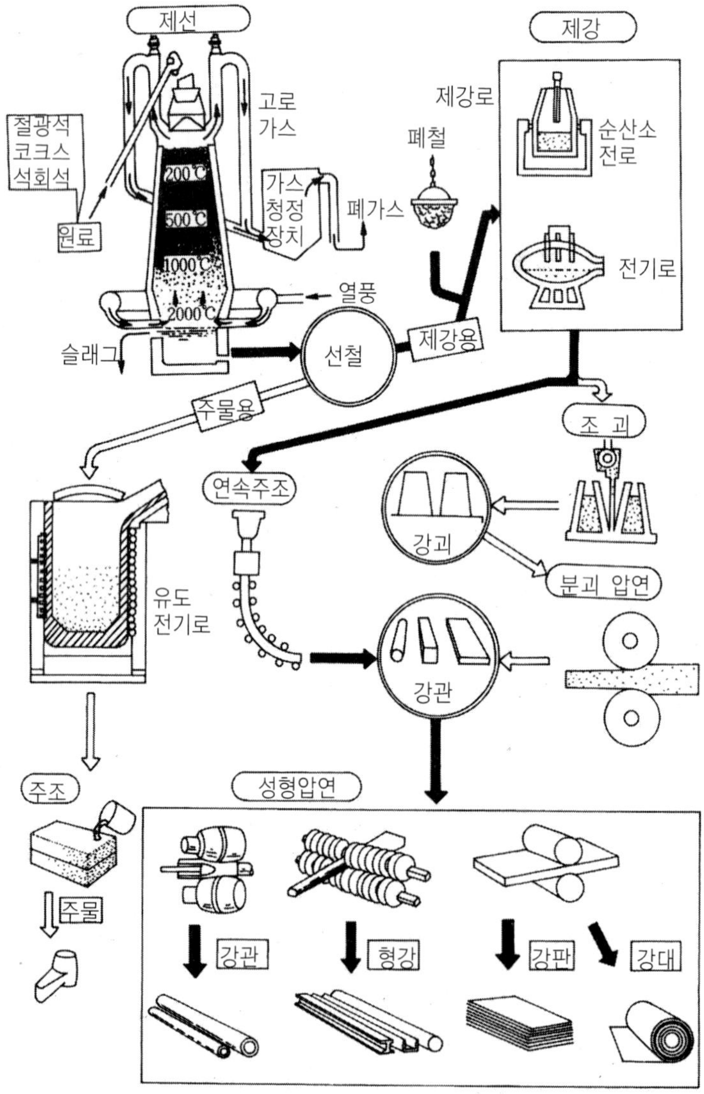


[그림 1-1] 철강 재료의 제조공정

## 2-1. 철광석

철은 지각(地殼) 중에 4.5%를 점유하고 Al, Si의 다음으로 많이 존재하는 원소이다. 철광석은 보통 40~60% 이상의 철을 함유하고 있는 것이 필요조건이다. 특수한 경우는 Fe가 30~40% 이상이 이용되는 때도 있다. 예를 들면 그 지방의 연료가 싸든지 인건비 및 운반비가 저렴할 경우, 또는 CaO, Mn 등의 필요한 성분이 함유되어 있는 경우가 그러하다.

보통 철광석으로 사용되는 것의 광석명과 주요성분을 표 1-2에 표시한다.

[표 1-2] 철광석의 종류와 성분

| 광석명 | 주성분 | *Fe* 성분(%) |
|---|---|---|
| 적철광(hematite) | $Fe_2O_3$ | 40~60% |
| 자철광(magnetite) | $Fe_3O_4$ | 50~70% |
| 갈철광(limonite) | $Fe_2O_3 \cdot 3H_2O$ | 30~40% |
| 능철광(siderite) | $FeCO_3$ | 30~40% |

## 2-2. 선철의 제조

선철은 전기로나 회전로 등의 특수 제철법에 의해서도 제조되나 현재 가장 널리 사용되고 있는 제선법은 코크스를 연료로 하는 용광로법(고로: Blast of furnace)이며, 대량생산에는 이보다 우수한 방법은 없다. 초기에는 철광석에서 직접 철(鐵)과 강(鋼)을 제조하였으나 현재는 용광로에서 철광석을 용해하며, 선철(pig iron)을 생산한다. 생산된 선철의 10~15%는 Cupola에서 용해하여 주철(cast iron)로 사용하고 85~90%는 제강로에서 강의 제조에 사용된다.

그림 1-2는 용광로의 구조 및 작업에 대한 설명도를 표시한다. 표 1-3은 철강제조의 계통도이다. 철광석은 일반적으로 산화물이므로 $O_2$를 제거하기 위하여 탄소를 사용하여 환원한다. 철광석에 연료인 코크스와 용제인 석회석(lime stone)의 적당량을 코크스, 광석, 석회석의 순서로 용광로(鎔鑛爐)에 장입하고 열풍로에서 가열한 공기를 로(爐)의 아래쪽의 송풍구로부터 불어 넣으면 고로(高爐) 속에서 코크스가 연소하여서 1500℃ 정도가 되고 CO가스가 로(爐) 속에서 철광석(鐵鑛石)을 환원시킨다.

$$3Fe_2O_3 + CO \rightarrow 2Fe_3O_4 + CO_2$$

$$Fe_3O_4 + CO \rightarrow 3FeO + CO_2$$

$$FeO + CO \rightarrow Fe + CO_2$$

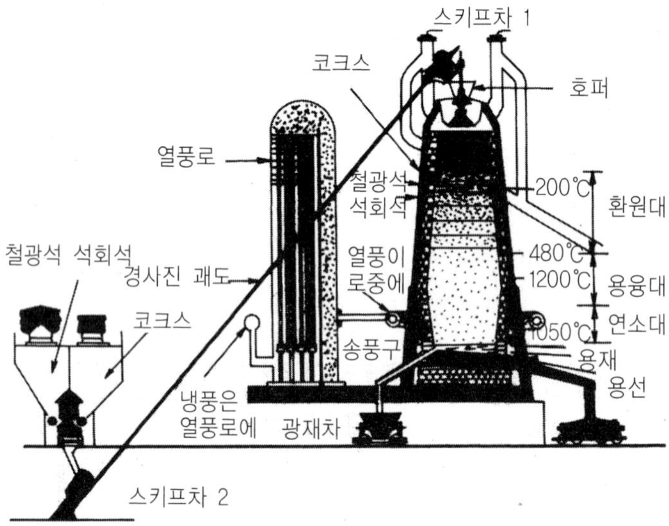


[그림 1-2] 용광로의 설명도

[표 1-3] 철강제조의 계통도

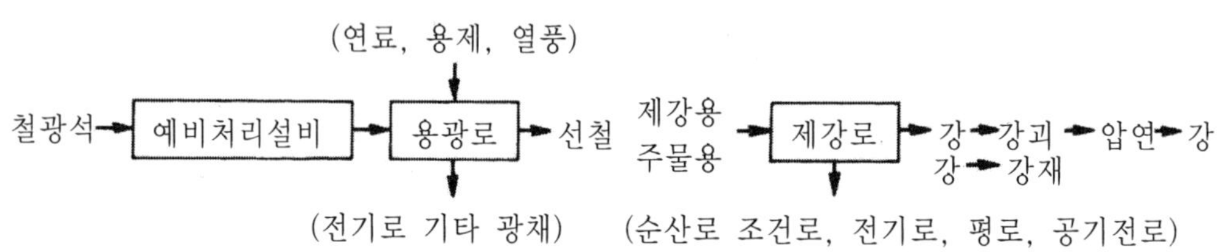


이와 같이 해서 된 철은 2.5~4.0%의 탄소와 상당량의 불순물을 포함한 Fe-C합금 즉, 선철(pig iron)이 되어서 로(爐)의 아래쪽으로 떨어진다. 한편 석회석($CaCO_3$)은 900℃ 정도에서 분해하여 CaO가 되고 이것이 광석 중의 암석분이나 코크스의 재 속의 $SiO_2$ 등과 화합해서 저융점의 슬래그(slag)가 되어서 로의 아래쪽에 고인다.

슬래그는 철보다 가볍고 용선의 위에 부상하며 혼합되지 않으므로 쉽게 분리 제거할 수 있다. 선철은 제강용(製鋼用) 이외에도 주물용(鑄物用)으로 사용된다. 표 1-4는 그 조성의 한 예를 나타낸다.

[표 1-4] 선철(銑鐵)의 화학조성의 예

| 종 류 | C(%) | Si(%) | Mn(%) | P(%) | Si(%) |
|---|---|---|---|---|---|
| 제강용 선철 | 〉3.50 | 〈1.40 | 〉1.80 | 〈0.500 | 〈0.070 |
| 주물용 선철 | 〉3.50 | 2.40~3.00 | 0.30~1.00 | 〈0.600 | 〈0.080 |

## 3. 제강법

선철 중에는 C, Si, Mn, P, S 등이 포함되고 있어 전철분(全鐵分)은 93% 정도이므로 융점이 낮고 유동성이 양호하여 주조성은 좋으나 가단성이 없으므로 사용범위가 대폭 줄어든다. 따라서 이러한 불순원소들을 산화제거하여 가단성을 준 것이 강(steel)이다. 그러므로 제선과정은 산화철을 환원시키는 환원제련이고, 제강과정은 선철 중의 불순물을 산화제거하는 산화정련이다.

선철은 탄소량이 많으므로 이것을 강으로 하기 위한 각종의 제강법이 사용되고 있다. 제강법에는 평로법(平爐法), 전로법(轉爐法), 전기로법(電氣爐法) 및 도가니법 등이 있다. 평로와 전로(converter)는 일반용 강을 제조할 때, 전기로와 도가니로는 특수강을 제조할 때 주로 사용한다.

### 3-1. 평로 제강법

가스 및 공기를 예열한 축열실을 설치한 반사로로 선철과 고철, 철광석, 석회석 등의 혼합물을 넣어서 1700~1800℃의 온도로 가열 용해하여 선철 중의 탄소 및 기타 불순물을 산화시키는 정련작업과 강 중에 산소가 포함되어 있으면 재질이 여리게 되어 정련작업의 마지막에 페로망간, 페로실리콘 또는 Al 등을 로중에 넣어서 용강 중에 포함되어 있는 산소나 질소를 제거하는 탈산(deoxidation)작업으로 강을 제조하는 방법을 Siemens-Martins법 또는 평로 제련법이라 한다.

이러한 평로제강법은 축열실의 반사로를 사용하기에 장입물을 용해 정련하는 방법으로 값싼 고철을 많이 사용할 수 있을뿐더러 우수한 강을 얻을 수 있고, 대량 생산에도 적합하여 제2차 대전 직후까지 강철 생산의 대부분을 차지하였다.

그러나 전로제강법에 비해 비능률적이므로 현재는 그다지 사용되지 않는다. 로내에 사용되는 내화재료에 의해 산성 및 염기성 평로로 구별한다. 그림 1-3은 평로의 구조이다.

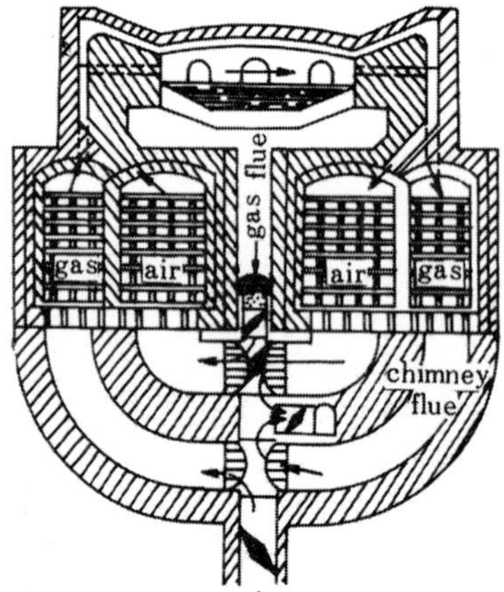


[그림 1-3] 평로의 구조

## 3-2. 전로 제강법

용광로에서 된 용융상태의 선철을 전로에 넣고 위에서 로내로 내린 관을 통해서 순산소를 불어 넣으면서 불순물을 산화시켜 여기에 석회석을 가해서 산화물을 슬래그로서 분리제거해서 정련하는 제강법이며 *LD*법이라고도 한다.

불순물의 산화열에 의해서 용탕의 온도가 상승하므로 연료는 필요 없다. 1회의 작업량은 70～150톤의 것이 많다. 제강시간은 수십분 정도에서 능률이 좋고 공기를 사용하지 않으므로 강 중의 N%가 낮고 강의 재질이 좋다.

전로법에서도 로내의 내화물로 산성내화재료인 Si, Mn 등을 사용하는 산성전로법 또는 Bessemer법과 인광석과 석회를 사용하는 염기성 전로법 또는 Thomas법이 있다.

## 3-3. 전기 제강법

전기로는 다음과 같이 분류한다.

- 전기로
  - 아크식 전기로
    - 지로드식(Girod type)
    - 데트로이드(Detroit type)
    - 헤루트식(Heroult type)
  - 유도식 전기로
    - 고주파 유도로(high frequency furnace)
    - 저주파 유도로(low frequency furnace)
  - 저항식 전기로
    - 크립틀 전기로
    - 탬만 전기로

전열을 이용해서 강의 제조나 용해를 하는 방법으로 연료계통의 설비가 불필요하며 온도조절이 용이한 이점이 있다. 전열을 발생시키는 방법에는 아크식과 유도식이 있다. 아크식은 흑연전극과 철강원료 사이에 아크를 발생시켜서 용해정련하는 것으로 주로 합금강의 제조나 전로를 가지지 않는 공장에서 제강용으로 사용된다. 유도식의 고주파식은 도가니를 감고 있는 수냉 코일에 1000Hz 정도의 고주파 유도전류를 도가니속의 철강 원료에 발생시켜 그 저항열에 의해 용해정련하는 방법으로서 순도가 높은 고급강의 용제에 주로 사용된다.

전기로는 고온을 얻을 수 있고 용강(溶鋼)의 산화를 방지하며 가스를 함유하는 일이 적고 또 탈산(脫酸), 탈황(脫黃)을 완전히 할 수 있으므로 양질의 강(鋼) 또는 공구강(工具鋼) 및 기타 특수강의 제조에 사용된다. 그러나 전력비가 많고 탄소전극의 소모가 많은 결점이 있다.

## 3-4. 도가니로 제강법

이 방법은 제련을 목적으로 하는 것이 아니고 단순히 녹여서 양질의 강철을 만드는 것인데 원료는 양질의 선철 또는 저탄소강을 적당히 혼합하며 특수강을 만들 때에는 적당한 합금철을 가하여 용해혼합하고 정해진 성분이 되도록 배합첨가 한다.

이들 원료를 도가니의 안에 넣어 뚜껑을 덮은 다음 도가니로의 내에서 가열한다. 그 연료는 석탄가스 양질의 코크스를 쓰고 연소공기나 가스 등은 예열하여 로중(爐中)에 불어넣는다. 용해시간은 보통 3~4시간 요하며 공구강 및 특수강을 만들거나 선철에 스크랩을 배합시켜 함유량이 많은 주물을 만드는 등 원료를 잘 선정하면 양질의 제품이 얻어진다. 도가니로의 크기는 용해할 수 있는 Cu(구리)의 중량으로 표시한다.

## 4. 강괴(Ingot)의 제조

제강에서 얻은 용강은 쇳물받개에 넣어 주철제의 주형에 주입하여 잉곳(Ingot) 또는 주괴를 만든다. 강의 잉곳은 잉곳을 제조할 때의 탈산법에 따라 킬드 잉곳(killed ingot)과 림드 잉곳(rimmed ingot)으로 분류한다. 잉곳 주형은 환형(丸形), 4각형, 6각형, 8각형, 편평형 등이 있으나, 그 후의 압연, 단조 등이 쉽도록 하는 형상으로 만든다. 직경에 비하여 길이를 수배로 크게 하고 높이를 단면보다 크게 하는 것은 강괴 내부와 외부의 냉각속도를 될 수 있는 대로 같게 하고, 편석 및 수축공을 적게 하기 위한 것이다.

잉곳은 하부 확대형과 상부 확대형이 있다. 하부 확대형이 잉속 케이스를 뽑기 쉽고 안정감이 있어 일반 탄소강에 널리 사용되고 상부 확대형은 라이저를 붙여 특수강용에 쓰인다.

강의 쇳물은 용해시에 첨가한 고철의 산화, 정련 중에 투입한 광석 및 첨가물과 정련 중에 흡수된 $O_2$로 인하여 탄소가 산화되어 $2C + O_2 \rightarrow 2CO$의 작용이 왕성하게 진행되므로 끓는 것과 같이 보인다. 이 작용을 리밍 액션(rimming action)이라고 한다. 이것을 그대로 주형에 주입하면 가스가 강 중에 함유되어, 이것이 굳어졌을 때 작은 기포로 되어 잉곳 표면에서 30~50mm 깊이에 다량의 기공(blow hole)이 잔존하는 강괴가 되는데 이것을 림드강 잉곳(rimmed steel ingot)이라고 한다.

이것은 약 0.3% 이하의 저탄소강에만 적용되는 것으로 페로망간 이외에는 원칙적으로 강탈산제를 사용하지 않는 불완전 탈산강이다. 또한 불순물이나 가스의 함유량이 많으며 또 편석이 심하므로 양질의 강이라고 할 수 없다.

그러나 이와 같은 기공들은 압연할 때 압착되어 제품에 큰 영향을 주지 않아 제조비를 싸게 하는 이점이 있다.

용강을 페로실리콘, Al 등으로 충분히 탈산하여 잉곳 중에 기공이 생기지 않도록 한 것을 킬드강 잉곳(killed steel ingot)이라 한다. 이러한 킬드강 잉곳은 림드강보다 우수하며 기계구조 용강(機械構造用鋼), 특수강, 0.3%C 이상의 강(鋼) 등은 모두 이것을 사용한다. 그러나 킬드강 잉곳은 내부에 기공은 없으나 상부에 수축관이 생긴다. 이것을 제거하기 위하여 10~20%를 절단하지 않으면 안 된다.

킬드강보다 수축관을 짧게 하여 절단 제거부를 작게한 킬드강과 림드강의 중간에 해당하는 것을 세미킬드강 잉곳(semi-killed steel ingot)이라 한다.

그림 1-4에서 각종 잉곳의 특성을 표시한다.

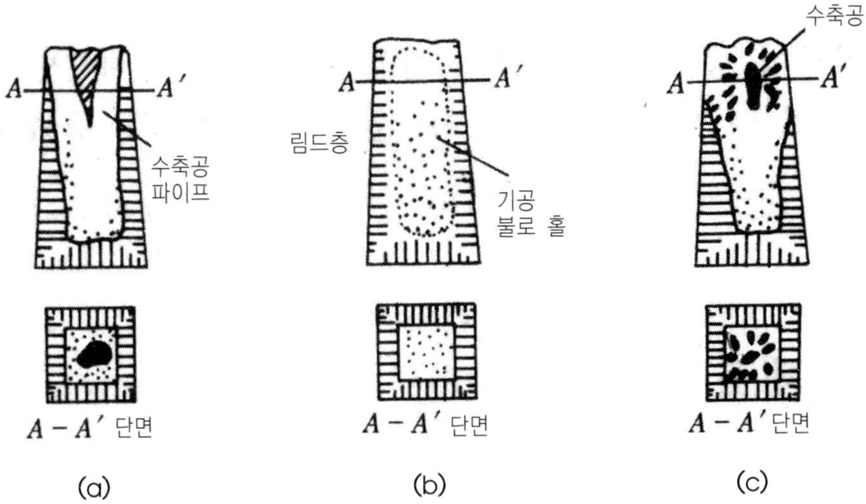


[그림 1-4] 각종 잉곳의 특성

# 실 • 력 • 평 • 가

**01.** 바닥이 넓은 축열실(畜熱室) 반사로를 사용하여 선철을 용해, 정련하는 제강법은 ?[2009-1회 자동차 정비·섬사산업기사]

㉮ 평로 ㉯ 전기로

㉰ 전로 ㉱ 용광로

**02.** 정련된 용강에 규소강, 망간강 또는 알루미늄 분말 등의 강한 탈산제를 충분히 첨가하여 완전히 탈산한 강은 ?[2010-4회 자동차 정비산업기사]

㉮ 선철(pig iron) ㉯ 킬드 강(killed)강

㉰ 림드(rimmed)강 ㉱ 세미킬드(semi killed)강

**03.** 다음 철광석 중에서 철의 성분이 가장 많이 포함된 것은 ?[2008-4회, 2012-2회 컴퓨터응용가공산업기사/기계설계산업기사]

㉮ 자철광 ㉯ 망간광

㉰ 갈철광 ㉱ 능철광

**04.** Fe-Mn, Fe-Si으로 탈산시킨 것으로 상부에 작은 수축관과 소수의 기포만이 존재하며 탄소 함유량이 0.15~0.3% 정도인 강은 ?[2010-2회 컴퓨터응용가공산업기사/기계설계산업기사]

㉮ 킬드강 ㉯ 세미킬드강

㉰ 캡드강 ㉱ 림드강

**05.** 노 안에서 페로실리콘(Fe-Si), 알루미늄 등의 강력한 탈산제를 첨가하여 충분히 탈산시킨 강괴는 ?[2007-4회 일반기계기사, 2012-2회 일반기계기사/기계설계기사]

㉮ 세미킬드 강괴　　㉯ 림드 강괴
㉰ 캡드 강괴　　㉱ 킬드 강괴

**06.** 강철을 생산하는 제강로를 염기성과 산성으로 구분하는데 이것을 무엇으로 구분하는가 ?[2011-1회 일반기계기사]

㉮ 사용되는 철광석으로
㉯ 노내의 내화물로
㉰ 주입하는 용제의 성질로
㉱ 발생하는 가스의 성질로

**07.** 선철을 제조하는 과정에서 연료 겸 환원제로 사용되는 것은 ?[2009-2회 기계설계산업기사]

㉮ 석회석　　㉯ 망간
㉰ 내화물　　㉱ 코크스

**08.** 다음 중 도가니로의 규격은 어떻게 표시하는가 ?[2004-2회 자동차 정비·검사산업기사]

㉮ 시간당 용해 가능한 구리의 중량(kgf)
㉯ 시간당 용해 가능한 구리의 부피($m^3$)
㉰ 한번에 용해 가능한 구리의 중량(kgf)
㉱ 한번에 용해 가능한 구리의 부피($m^3$)

정답

01. ㉮ 02. ㉯ 03. ㉮ 04. ㉯ 05. ㉱ 06. ㉯ 07. ㉱ 08. ㉰

# 02 CHAPTER
# 순 철

## 1. 순철의 성분

불순물이 전혀 없는 순수한 철을 만든다는 것은 불가능하며 연약하여 구조용 재료가 되지 않는다. 또한 제조에 많은 경비가 드는 결점을 갖고 있다. 공업적으로 사용가능하고 비교적 순도가 높은 철은 제조방법에 따라 전해법(electroytic method)으로 제조한 전해철, 카보닐법(carbonyle method)으로 제조한 카보닐철, 염기성 평로에서 용해하여 만든 암코철 등이 있다.

## 2. 순철의 변태

순철은 1539℃에서 응고하고 실온까지 냉각하면서 $A_4$, $A_3$, $A_2$라고 불리는 변태(變態)가 일어난다. $A_4$변태는 1400℃에서 일어나며 $\delta$-Fe가 $\gamma$-Fe로, 즉 원자배열이 *BCC*에서 *FCC*로 변화한다. $A_3$변태 $\gamma$-Fe가 $\alpha$-Fe로, 즉 원자배열로는 *FCC*가 *BCC*로 변화하는 변태이며 910℃에서 일어난다. $A_4$, $A_3$는 원자배열이 변하는 것이므로 동소변태(allotropic transformation)이다. $A_2$변태는 768℃에서 일어나는 변태이며 이것은 원자배열은 변하지 않고 자기(磁氣)의 강도가 변화하는 즉 고온에서는 상자성체(常磁性體)이며 저온에서는 강자성체(强磁性體)가 되는 자기변태(magnetic transformation)이다.

일반적으로 원자배열의 변화를 수반하는 변태는 가열시에는 높은 온도에서, 냉각시에는 낮은 온도에서 일어나는 것이 보통이다. 이러한 것은 동소변태(同素變態)의 특색이다. 원자의 이동에 시간이 요하기 때문이다.

그러므로 가열, 냉각시의 온도가 다른 것을 다음과 같이 구별하여 표시한다. 즉 가열시에는 C문자를 붙여서 $Ac_4$, $Ac_3$(C문자는 불어 Chauffag : 가열의 뜻), 냉각시에는 $r$문자를 붙여서 $Ar_4$, $Ar_3$($r$문자는 불어 Refrouussment : 냉각의 뜻)로 표시하여 구분한다. $A_2$는 원자배열의 변태가 아니므로 $Ac_2$나 $Ar_2$의 온도차는 없다. 각 변태의 온도 및 그 내용을 종합하면 표 2-1과 같다.

[표 2-1] 순철의 변태

| 변태 종류 | 변태내용 | 변태온도(℃) | | 변태열 [cal/g] |
|---|---|---|---|---|
| | | 가열 | 냉각 | |
| $A_4$ | $\delta \rightleftarrows \gamma$ | $Ac_4$ 1410 | $Ar_4$ 1390 | 1.94 |
| $A_3$ | $\gamma \rightleftarrows \alpha$ | $Ac_3$ 915 | $Ar_3$ 895 | 6.67 |
| $A_2$ | $\alpha \rightleftarrows \alpha$ | $Ac_2$ 768 | $Ar_2$ 768 | 6.56 |

# 3. 순철의 성질

## 3-1. 물리적 성질

변태점에서는 철의 물리적 성질이 불연속으로 변한다. 예를 들면 가열할 때에는 $Ac_2$점에서 자성이 급히 감소하며, $Ac_3$점에서는 체적이 수축한다. 이것은 면심입방격자가 체심 입방격자보다 원자배열이 조밀한 이유이다. $Ac_4$점에서는 $Ac_3$점과 반대로 체적이 팽창한다.

[표 2-2] 순철의 물리적 성질

| | | |
|---|---|---|
| 원자량 : 26 | 비전기저항 : 9.7$\mu\Omega$·cm(20℃) | 원자량 : 55.847 |
| 밀 도 : 7.874 (20℃) | 열팽창계수 : 12.1 $10^{-6}$/℃(0~100℃) | 융점 : 1539℃ |
| 비 열 : 0.106cal/g deg(20℃) | 열전도도 : 0.175cal/cm·deg(20℃) | |

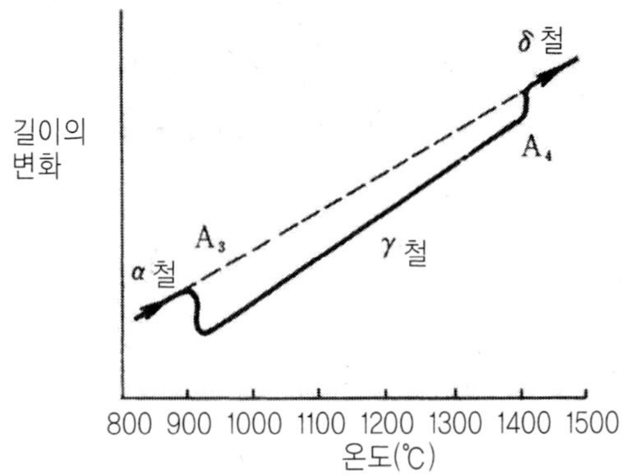


[그림 2-1] 순철의 변태와 길이변화

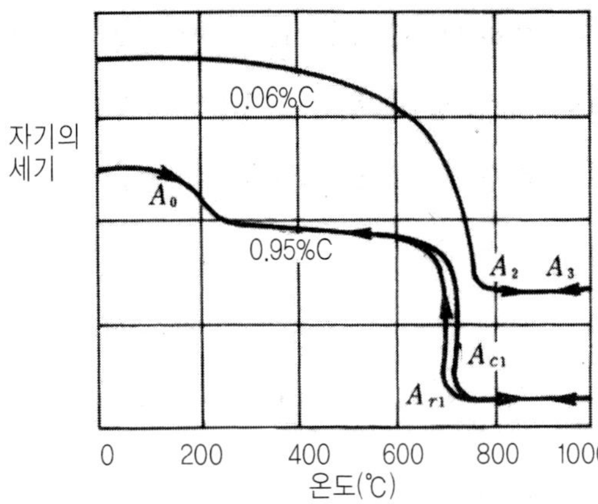


[그림 2-2] 철강의 자기변태 곡선

그림 2-1은 길이변화-온도곡선이고, 그림 2-2는 자기의 세기와 온도의 관계이다. 여기서 온도가 상승함에 따라서 자기의 강도는 그림 2-2와 같이 감소되어 780℃ 이상에서는 거의 소멸된다. 이 변화를 철의 자기변태라고 한다. 그리고 표 2-2에서는 순철의 물리적 성질을 나타낸다.

## 3-2. 화학적 성질

고온에서는 산화작용이 심하며 산화물의 두꺼운 표피가 이탈한다. 습기와 산소가 있으면 상온에서는 부식하고 해수, 화학약품 등에 대한 내식력이 적다. 또 강산과 약산에는 침식되나 알칼리성에는 침식을 받지 않는다.

## 3-3. 기계적 성질

순철의 기계적 성질의 한 예를 표 2-3에 나타낸다. 기계적 성질은 불순물의 양이나 결정립의 크기 등에 의하여 변화하므로 이들은 하나의 참고값이다. 순철을 강하게 냉간가공하면 인장강도가 690MPa(70kg$_f$/mm$^2$), 브리넬 경도가 107 정도가 된다. 이것을 420~460℃로 가열하면 재결정을 일으켜서 원래의 성질로 되돌아간다.

순철뿐만 아니라 BCC금속에는 시험온도가 낮아지면 강도는 증가하고 연신율, 단면수축률이 작아지고 특히 충격치는 어떤 온도 이하에서 급격히 저하하는 현상이 있다. 이것을 저온취성이라고 한다.

[표 2-3] 순철의 기계적 성질

| 종 류 | 인장강도 (kgf/mm$^2$) | 항복점 (kgf/mm$^2$) | 연신율 (%) | 단면 수축률 (%) | 브리넬 경도 |
|---|---|---|---|---|---|
| 전해철 | 25 | 11 | 60 | 85 | 60～70 |
| 카아보닐철 | 20～28 | 11～17 | 30～40 | 70～80 | 55～80 |

1kg$_f$/mm$^2$= 9.8MPa

순철은 매우 연하고 강도를 요구하는 구조용 재료로 사용되는 경우는 거의 없다. 순철이 실용재료로서 가치를 가지는 것은 순철은 잔류자기(殘留磁氣)와 항자력(抗磁力)이 작으며 도자율(導磁率)이 크므로 약자장에서 강하게 자화(磁化)한다. 그러므로 변압기 발전기용 박철판(薄鐵板)으로 사용되고 불순물의 혼입을 꺼리는 합금강의 원료선철, 또 카보닐 철분은 소결재(燒結材)의 원료로 이용되고 있다.

순철의 전기적 성질은 미량의 불순물, 가공, 열처리 등에 의해서 쉽게 변화한다.

# 실 • 력 • 평 • 가

**01.** 강철 재료를 순철, 강 및 주철의 3종류로 분류할 때 순철로 구분되는 재료의 탄소 함유량으로 적합한 것은 ?[2009-2회 자동차 정비·검사산업기사]

㉮ 0.3% 이하 ㉯ 0.1% 이하
㉰ 0.02% 이하 ㉱ 0.2% 이하

**02.** 순철의 성질을 설명한 것으로 틀린 것은 ?[2012-1회 컴퓨터응용가공산업기사/기계설계산업기사]

㉮ 융점은 1539℃ 정도이다.
㉯ 비중은 7.86 정도이다.
㉰ 인장강도가 20~28kgf/mm$^2$이다.
㉱ 연신율은 12~14%이다.

**03.** 순철에 대한 설명으로 잘못된 것은 ?[2010-1회 컴퓨터응용가공산업기사/기계설계산업기사]

㉮ 투자율이 높아 변압기, 발전기용으로 사용된다.
㉯ 단접이 용이하고, 용접성도 좋다.
㉰ 바닷물, 화학약품 등에 대한 내식성이 좋다.
㉱ 고온에서 산화작용이 심하다.

**04.** 순철의 자기변태점은 ?[2008-4회 컴퓨터응용가공산업기사/기계설계산업기사]

㉮ $A_0$ ㉯ $A_2$
㉰ $A_3$ ㉱ $A_4$

**05.** 순철(α 철)의 격자구조는 ?[2008-1회 컴퓨터응용가공산업기사/기계설계산업기사]

㉮ 면심입방격자 ㉯ 면심정방격자
㉰ 체심입방격자 ㉱ 조밀육방격자

**06.** 순철(pure iron)에 없는 변태는 ?[2012-2회 일반기계기사/기계설계기사]

㉮ $A_1$ ㉯ $A_2$
㉰ $A_3$ ㉱ $A_4$

**07.** 다음 중 순철(a-Fe)의 자기변태 온도(℃)는 ?[2009-4회 일반기계기사]

㉮ 210℃ ㉯ 768℃
㉰ 910℃ ㉱ 1410℃

**08.** 철(Fe)이 상온에서 나타나는 결정격자는 ?[2003-2회 자동차 정비·검사산업산업기사]

㉮ 조밀육방격자 ㉯ 체심입방격자
㉰ 면심입방격자 ㉱ 사방입방격자

**09.** 순철의 자기변태와 동소변태를 설명한 것으로 틀린 것은 ?[2013-2회 일반기계기사]

㉮ 동소변태란 결정격자가 변하는 변태를 말한다.
㉯ 자기변태는 결정격자가 변하는 변태이다.
㉰ 동소변태점은 $A_3$점과 $A_4$점이 있다.
㉱ 자기변태점은 약 768℃ 정도이며, 일명 큐리(curie)점이라 한다.

**정답**

01. ㉰ 02. ㉱ 03. ㉰ 04. ㉯ 05. ㉰ 06. ㉮ 07. ㉯ 08. ㉯ 09. ㉯

# 03 CHAPTER 탄소강

## 1. Fe-C계 상태도

철에 소량의 탄소가 합금된 것을 탄소강, 보통강, 또는 단지 강(鋼)이라 부른다. 강에는 주로 C, Si, Mn, P, S 등 5원소를 함유하나 이 중 강의 조직과 성질에 크게 영향을 주는 것은 C이며 강중의 C는 보통 탄화물($Fe_3C$)로 존재하고 이것이 분해하여 흑연강이 되는 일은 거의 없으므로 강을 논할 때는 Fe-$Fe_3C$의 준안정 평형상태도를 생각하는 편이 편리하고, Fe-C계 평형상태도는 주철까지를 포함해서 고찰할 때 많이 이용한다.

그림 3-1은 Fe-$Fe_3C$의 준안정 평형상태도를 실선으로 나타낸 것이다. 이 상태도에서 각 선 및 점이 가지는 의미는 다음과 같다.

*A* : 순철의 응고점(1539℃)

*AB* : $\delta$고용체의 액상선 또는 초정선이며, 용액에서 $\delta$고용체가 정출하기 시작하는 온도를 표시한다.

*AH* : $\delta$고용체의 고상선이며, 탄소함유량 0.1% 이하의 강에서 $\delta$고용체의 정출완료 온도를 표시한다.

*BC* : $\gamma$고용체의 액상선이며, 융액에서 $\gamma$고용체가 정출하기 시작하는 온도이다.

*JE* : $\gamma$고용체의 고상선이며, $\gamma$고용체의 정출완료 온도이다.

*HJB* : 포정선(peritectic line)이며, 일정온도(1490℃)에서 탄소함유량 0.1~0.5% 간의 강에서는 다음 포정반응을 일으킨다.

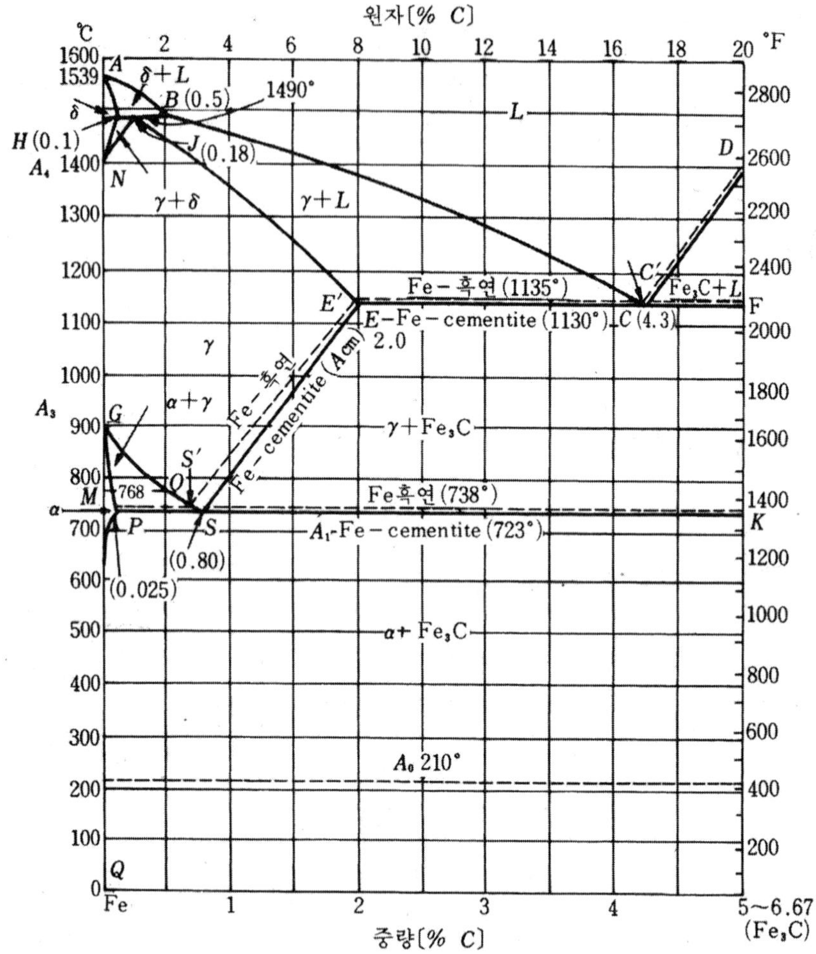


[그림 3-1] Fe-C계 상태도

$$[\delta\text{고용체}]_H + (\text{용액})_B \rightleftarrows [\gamma\text{고용체}]_J$$

이 반응은 3상 공존이므로 일정온도에서 진행한다.

$N$ : 순철의 $A_4$변태점(1400℃)

$NH$ : $\delta$고용체가 $\gamma$고용체로 변태하기 시작하는 온도이다.

$NJ$ : $\delta$고용체가 $\gamma$고용체로 변태하는 것이 끝나는 온도이며, 탄소함유량의 증가에 따라서 $A_4$변태 개시점과 완료점은 상승한다.

$CD$ : 시멘타이트(cementite, $Fe_3C$)의 액상선이며, 융액에서 $Fe_3C$가 정출하기 시작하는 온도이다.

$E$ : $\gamma$고용체에 대한 C의 포화량(2.0%)을 표시한다. $\gamma$고용체를 오스테나이트 (austenite)라 부른다.

$C$ : Fe-C계 상태도의 공정점이며 탄소량은 4.3%, 온도는 1130℃

$ECF$ : 공정선이며, 탄소함유량 2.0%에서 6.67%까지이다.

$$(\text{용액})_C \rightleftarrows [\gamma\text{고용체}]_E + [Fe_3C]_F$$

$ES$ : $\gamma$고용체에서 $Fe_3C$가 석출하기 시작하는 온도선으로 Acm선이라고 부른다.

$G$ : 순철의 $A_3$변태점으로 910℃이며, $\gamma Fe \rightleftarrows \alpha Fe$

$GS$ : $\gamma$고용체에서 $\alpha$고용체를 석출하기 시작하는 온도선이다.

$GP$ : $\gamma$고용체에서 $\alpha$고용체가 석출 완료하는 온도선이다.

$M$ : 순철의 $A_2$ 자기변태점(Curie point)

$MO$ : 강의 $A_2$변태선이며 768℃이다.

$S$ : 공석점이며, 723℃, 약 0.8%C이고 $\gamma$고용체에서 $\alpha$고용체와 $Fe_3C$가 동시에 석출하여 팔라이트(pearlite)라고 부르는 공석강을 만드는 점이다.

$P$ : $\alpha$고용체에 대한 탄소의 최대용해 한도점이다. 탄소량은 0.025%이다. $\alpha$고용체를 페라이트(ferrite)라 부른다.

$PSK$ : 공석온도선이며, $A_1$변태선이다.

$$[\gamma\text{고용체}]_S \rightleftarrows [\alpha\text{고용체}]_P + [Fe_3C]_K$$

$PQ$ : $\alpha$고용체에 대한 $Fe_3C$의 용해도 곡선이며, 상온에서 0.008% C 정도이다.

이 상태도에서 0.8%C를 갖고 펄라이트 조직인을 공석강(eutectoid steel)이라 하고, 0.8% C 이하의 강을 아공석강(hypo eutectoid steel)이라고 하며 조직은 페라이드와 펄라이트로 이루어져 있으며 0.8%C 이상의 강을 과공석강(hyper eutectoid steel)이라고 부르며 조직은 시멘타이트와 펄라이트로 이루어져 있다.

표 3-1에서 조직과 결정구조를 표시한다.

[표 3-1] 조직과 결정구조

| 기 호 | 명 칭 | 결정구조 |
|---|---|---|
| $\alpha$ | $\alpha$-ferrite | $BCC$ |
| $\gamma$ | austenite | $FCC$ |
| $\delta$ | $\delta$-ferrite | $BCC$ |
| $Fe_3C$ | cementite, 탄화물 | 사방정계, 금속간화합물 |
| $\alpha+Fe_3C$ | pearlite | 기계적 혼합 |
| $\gamma+Fe_3C$ | ledeburite | 기계적 혼합 |

## 2. 탄소강의 변태

탄소강에만 존재하는 2가지 종류의 변태가 있다. 그 하나는 $A_0$변태이고, 다른 하나는 $A_1$변태이다. $A_0$변태는 210℃에 있는 것이며 $Fe_3C$의 자기변태이다. $A_1$변태는 순철에는 전혀 없는 강의 특유한 변태이다.

그림 3-1에서 보는 바와 같이 0.8%C를 함유하는 공석강은 $X$선 분석을 하면 $A_1$점 이상의 온도에서는 면심입방격자 $\gamma$-Fe의 원자배열을 하고, $A_1$점 이하에서는 체심입방격자인 $\alpha$-Fe와 $Fe_3C$로 되어 있음을 알 수 있다. 공석강을 $A_1$점 이상의 온도에서 수중에 급냉한 것과 서냉하여 $A_1$변태를 완료한 것을 화학분석하여 보면 전자(前者)는 탄소가 철 중에 고용되어 고용체로 존재하나, 후자(後者)에 있어서 탄소는 유리상태(遊離狀態)로 존재한다.

이상의 결과를 종합하면 $A_1$점 이상에서는 $\gamma$-Fe에서의 탄소는 고용체인 오스테나이트(austenite)이며 $A_1$점 이하에서의 Fe는 $\alpha$상태이고 탄소는 유리상태의 $Fe_3C$로 존재하는 펄라이트(pearlite)이다. 결국 $A_1$변태는 철이 $\gamma$로부터 $\alpha$로 변화하는 것과 탄소가 고용체로부터 유리탄소로 되는 변화가 동시에 생긴다. 즉, 이때에 (1) $\gamma-Fe \rightleftarrows \alpha-Fe$, (2) 고용체 상태의 탄소 $\rightleftarrows$ 유리상태의 탄소 $Fe_3C$로의 변화가 동시에 생기는 것인데, $\gamma$-Fe는 탄소를 고용하는 능력이 있으나 $\alpha$-Fe는 고용하는 능력이 극히 미소하다. 그러므로 (1)의 변화가 완료한 직후에 (2)의 변화가 생기게 된다.

고온의 강이 $A_{r1}$점에 도달하면 탄소를 고용하고 있는 $\gamma$-Fe로 부터 철과 $Fe_3C$가 서로 분리된 상태로 석출하게 된다. 즉, $\alpha$와 $Fe_3C$는 기계적인 혼합상태로 존재한다. 이 상태의 조직을 펄라이트(pearlite)라 한다.

펄라이트가 생성되는 과정은 대체로 다음과 같다.

① $\gamma$의 입계에 $Fe_3C$의 핵이 생긴다.

② $Fe_3C$입이 성장한다.

③ $Fe_3C$의 주위에 $\alpha$가 생긴다.

④ $\alpha$가 생성, 성장된 입계에 $Fe_3C$가 생긴다.

이상과 같은 과정이 반복되어 펄라이트가 성장한다. 그림 3-2는 펄라이트의 생성과정을 나타낸다.

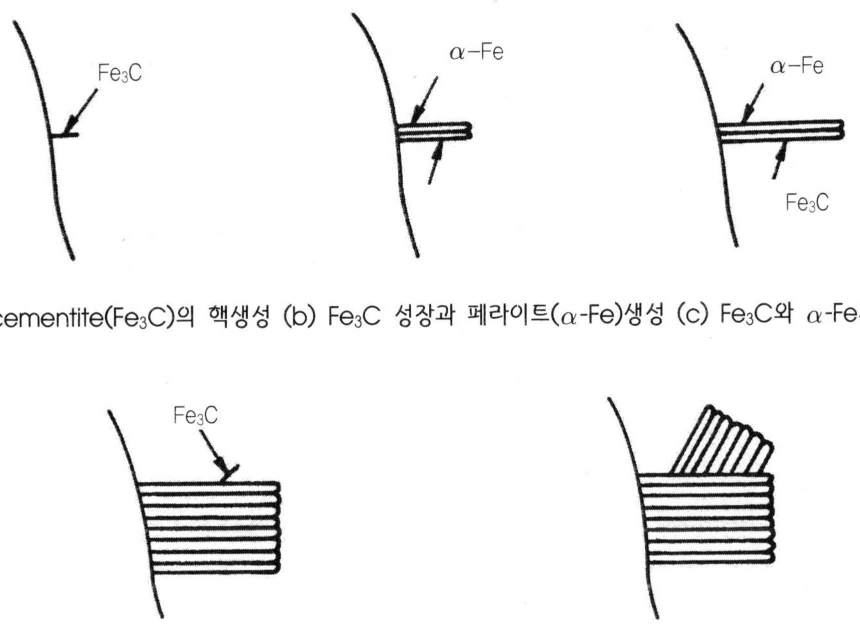


(a) 탄화철 cementite($Fe_3C$)의 핵생성 (b) $Fe_3C$ 성장과 페라이트($\alpha$-Fe)생성 (c) $Fe_3C$와 $\alpha$-Fe의 성장

(d) colony 형성과 새로운 $Fe_3C$ 핵생성 (e) 새로운 colony의 형성

[그림 3-2] 펄라이트의 생성과정

# 3. 탄소강의 조직과 성질

## 3-1. 기계적 성질

탄소강에는 C외에 Si, Mn 등과 미량의 불순물로서 P, S도 포함하고 있다. 이 중에서 강의 성질에 가장 크게 영향을 미치는 것은 탄소량으로 그림 3-3은 탄소량에 대한 강의 기계적 성질의 변화를 나타내고 있다.

일반적으로 탄소량이 증가하면 인장강도, 항복점, 경도 등이 증가하고 연신율과 단면 수축률은 감소한다. 또한 탄소강은 가열 및 냉각의 방법과 탄소량의 관계에 따라 성질이 다르기 때문에 여러 가지 탄소량의 탄소강을 융액으로부터 냉각한 경우 원칙적으로 다음과 같은 조직이 나타남을 알 수 있다.

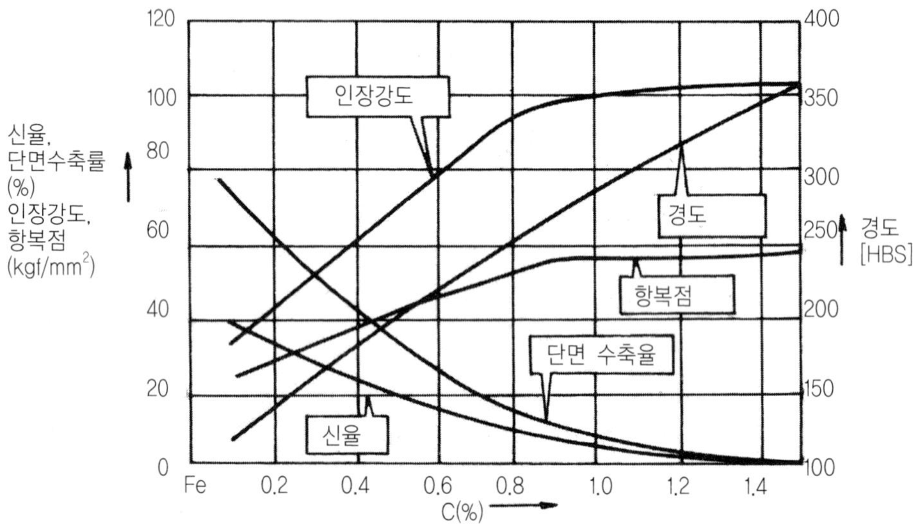


[그림 3-3] 탄소량과 기계적 성질의 관계(직경 25mm의 탄소강 환봉의 예)

### 3-1-1. 페라이트(ferrite)

순철에 미량의 탄소를 고용시킨 고용체로 라틴어 Ferrum에서부터 온 단어이다. 조직은 유연하고, 상온에서는 강자성체이고 전기전도도가 높다. 그리고 인장강도는 비교적 적으며 연성이 크다. 경도는 $H_V$ 70~100 수준이다.

### 3-1-2. 펄라이트(pearlite)

공석정 조직으로 진주조개 모양을 닮았다고 펄라이트(pearlite)로 불린다. 탄소량을 0.8% 함유한 강을 900℃로 부터 서냉하면 나타나는 조직으로 성질은 페라이트에 비해 훨씬 강하고 경도는 $H_V$ 240 정도로 높으며 담금질에 의해서 현저히 경화한다.

### 3-1-3. 오스테나이트(austenite)

탄소량을 최대 2.0% 함유한 강을 900℃ 정도의 고온상태로 하면 나타나는 조직으로 비자성체이다.

### 3-1-4. 시멘타이트(cementite)

탄소량을 2.0% 이상 함유한 강, 다시 말해서 Fe와 C의 혼합물인 탄화철($Fe_3C$)의 조직으로 성질은 경도가 대단히 높고 여리며 연성은 거의 없다. 또한 상온에서 강자성이며 담금질해도 경화하지 않는다.

표 3-2는 탄소강의 표준조직에 있어서의 기계적 성질을 표시한 것이다. 페라이트(ferrite)는 인장강도가 340MPa(35$kg_f/mm^2$) 정도이고 연신율은 40%, 브리넬 경도는 80$H_B$이며 강자성이다. 전기전도도는 좋으나 경화능력은 없다.

그러나 펄라이트(pearlite)는 페라이트보다 훨씬 강하고 인장강도 860MPa(88$kg_f/mm^2$), 연신율 10%, 브리넬 경도 200$H_B$이다. 즉 강인한 대신 잘 늘어지지 않는다. 이것은 또 자성을 가지며 상당히 큰 경화능력을 가지고 있다. 시멘타이트(cementite)는 인장강도가 크고 또 연신율이 거의 없고 취성이 크다. 브리넬 경도가 600이고 자성을 가지며 경화능력은 없다.

[표 3-2] 탄소강의 기본조직과 기계적 성질

| 성질 및 조직 | 페라이트(ferrite) | 펄라이트(pearlite) | 시멘타이트(cementite) |
|---|---|---|---|
| 인장강도($kg_f/mm^2$) | 35 | 90 | 3.5 |
| 연신율(%) | 40 | 10 | 0 |
| 브리넬 경도($H_B$) | 80 | 200 | 800 |
| 결정구조 | *BCC* | $\alpha$와 $Fe_3C$의 혼합 | 금속간 화합물 |

위에서 서술한 탄소강을 가열해서 서냉할 때의 조직변화에 대하여 알아보기로 한다. 그림 3-4에서 탄소량을 0.3% 함유한 아공석강을 $GS$선($A_3$선) 이상으로 가열하면 $\gamma$-Fe의 오스테나이트의 조직이 되고 조직은 그림 3-4와 같은 조직이 된다. 이것을 서냉할 때의 초석 페라이트와 오스테나이트의 중량비를 계산하면 다음과 같다.

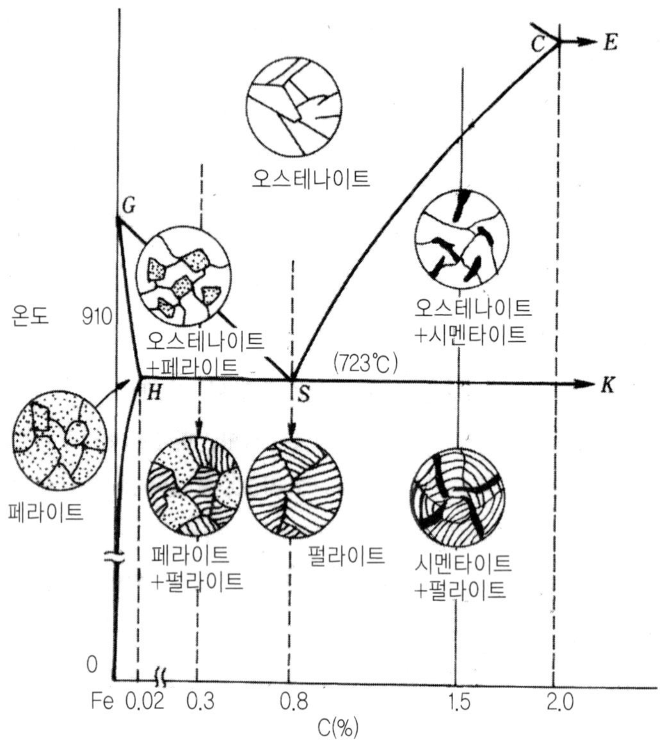


[그림 3-4] Fe-C계 조직의 일부

$$wt\% \text{ 초석 페라이트} = \frac{0.80 - 0.30}{0.80 - 0.025} \times 100 = 64.52\% \quad \cdots\cdots (3-1)$$

$$wt\% \text{ 오스테나이트} = \frac{0.30 - 0.20}{0.80 - 0.025} \times 100 = 35.48\% \quad \cdots\cdots (3-2)$$

그림 3-3에서 0.8% C를 함유한 공석강을 723℃인 공석온도 바로 밑 온도까지 서서히 냉각한 경우의 페라이트와 시멘타이트의 중량비는 다음과 같다.

$$wt\% \text{ 페라이트} = \frac{6.67 - 0.80}{6.67 - 0.025} \times 100 = 88.34\% \quad \cdots\cdots (3-3)$$

$$wt\% \text{ 시멘타이트} = \frac{0.80 - 0.025}{6.67 - 0.025} \times 100 = 11.66\% \quad \cdots\cdots (3-4)$$

1.5% C를 함유한 과공석강을 서냉했을 때의 초석 시멘타이트와 오스테나이트의 중량비를 계산하면 다음과 같다.

$$wt\%\ 초석\ 시멘타이트 = \frac{1.5-0.80}{6.67-0.80} \times 100 = 11.93\% \quad \cdots\cdots (3\text{-}5)$$

$$wt\%\ 오스테나이트 = \frac{6.67-1.5}{6.67-0.80} \times 100 = 88.07\% \quad \cdots\cdots (3\text{-}6)$$

그림 3-5는 연강(저탄소강)을 각 온도에서 실험한 기계적 성질의 결과이다. 연강의 인장강도는 상온에서 보다 200~300℃에서 가장 크며 충격치는 이 온도영역에서 가장 작다. 그러므로 연강은 사용온도가 200~300℃의 영역에서 가장 취약하다고 할 수 있다. 이것을 청열취성(blue shortness)이라고 부른다. 이러한 온도에서 가공하는 것은 좋지 않으며 이 현상의 원인은 금속의 시효경화현상에 의한 것이라고 생각된다. 또한 저온에 있어서는 강도, 경도는 증가하지만 연성, 충격치가 저하하는 취성현상이 나타나며 이러한 현상이 급격히 일어나는 온도를 연성-취성 천이온도(ductile-brittle transition behavior)라고 한다. 그리고 이것을 저온취성이라고 부르기도 한다.

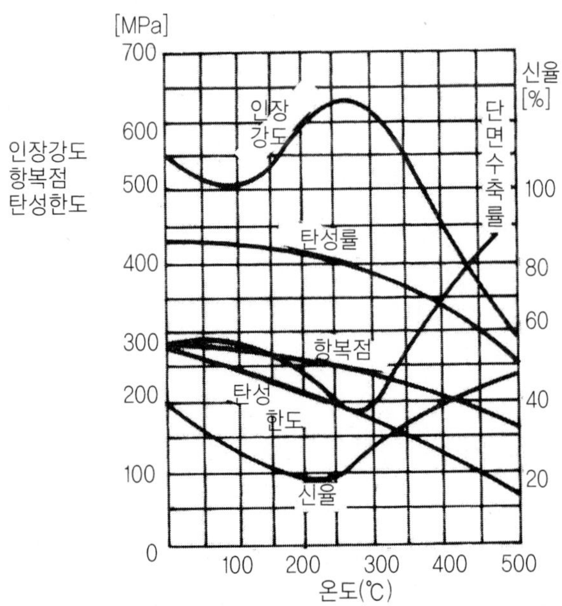


[그림 3-5] 연강의 사용온도와 기계적 성질

## 3-2. 물리적 성질

강은 순철에 가까운 페라이트(ferrite)와 $Fe_3C$가 혼합된 것으로서 비중, 열팽창계수, 열전도율은 탄소량의 증가에 따라서 감소하나 비열, 전기저항, 항장력은 증가한다. 그림 3-6은 탄소량에 따른 물리적 성질의 변화를 나타낸다.

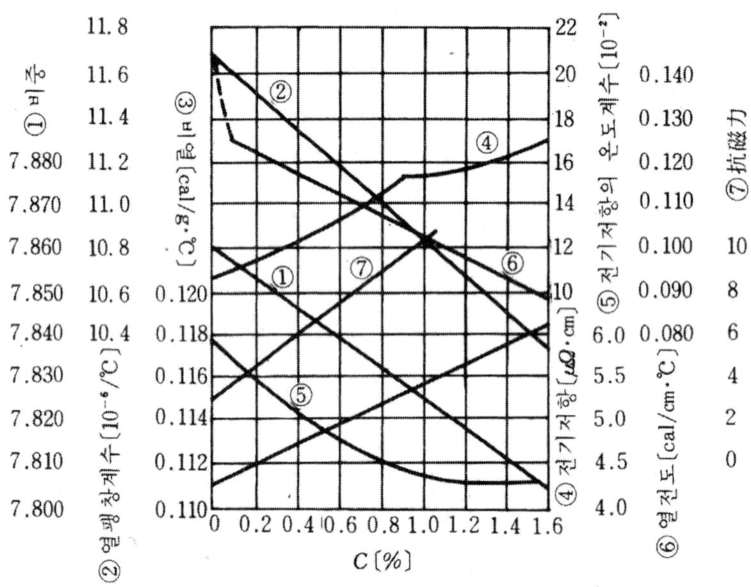


[그림 3-6] 탄소량과 물리적 성질의 관계

## 3-3. 함유원소의 영향

탄소강 중에 탄소 이외의 원소인 Mn, Si, P, S, Cu 등이 포함되어 있다. 그 중 일부는 필요상 첨가하게 되는 것도 있으나, 일부는 불순물로서 강 중에 들어온다. 이것들이 강에 미치는 영향은 다음과 같다.

### 3-3-1. P의 영향

탄소강에서 P는 $Fe_3P$(steadite)의 화합물을 형성하기 쉬우며, 또한 결정입자를 조대화시켜서 강을 여리게 만들고, 경도, 인장강도는 증가시키나 연신율, 충격치는 감소시킨다. 특히 상온 또는 그 이하온도에서는 이 화합물이 결정입계에 석출하여 강의 충격치를 저하시켜서 상온취성(cold shortness)의 원인이 된다.

### 3-3-2. S의 영향

강 중에 있는 S의 대부분은 FeS 및 MnS로 존재한다. MnS는 용융점이 높으므로 용강 중에서 먼저 응고되어 위에 뜨기 때문에 이것은 제거될 수 있다. 그러나 MnS를 만들고 남은 S는 FeS를 만들게 된다. S는 0.02% 만 있어도 인장강도, 충격치를 감소시키며 또한 FeS는 Fe와 공정을 만들어 입계에 분포하게 되며, 융점이 낮으므로 고온에 약해서 단조 및 압연시에 강재의 파괴의 원인이 된다. 이런 성질을 고온취성(hot shortness) 또는 적열취성(red shortness)이라 한다.

### 3-3-3. Mn의 영향

Mn은 제강원료로서 사용한 선철 중에 함유된 것이며 또 탈산제로서 첨가되므로 보통 강 중에는 항상 0.2~0.8% 정도가 들어 있다. 그 일부는 페라이트 중에 고용되나 일부는 S와 결합하여 MnS로 존재한다.

MnS는 결정의 성장을 방지하고 또한 표면소성을 저지한다. C량이 적은 강 중에 Mn을 첨가하면 연신율 및 단면수축률을 감소시키지 않고 인장강도, 항복점, 충격치 등을 증가시킨다. 그리고 주조성을 좋게 하기도 한다.

### 3-3-4. Si의 영향

선철 중에 존재하는 것, 또는 탈산제의 일부로 잔존한 것이 강철 중에 남아 있어 이것이 ferrite 중에 고용되어 강의 인장강도, 탄성한계, 경도 등을 크게 한다. 그러나 연신율 및 충격치를 감소시킨다. 또 결정을 조대화시키고 용접성을 저하시킨다.

### 3-3-5. Cu의 영향

Cu도 광석 중에서 들어가기 쉬운 원소로 극소량은 철 중에 고용하여 인장강도, 탄성한도를 높이고, 부식에 대한 저항을 증가시킨다. 그리고 용융점이 낮으므로 강재를 압연할 때에 균열의 원인이 된다.

# 실 • 력 • 평 • 가

**01.** 탄소강의 조직 중에서 경도가 가장 큰 조직은 ?[2008-3회 자동차 검사산업기사]

가 페라이트 나 마텐자이트
다 오스테나이트 라 펄라이트

**02.** 탄소강에서 인(P)이 증가하면 충격치는 급격히 저하되고 가공시 균열을 발생시키는 약하고 여린 취성재료가 된다. 이때 취성을 무엇이라고 하는가 ?[2009-1회 자동차 정비·검사산업기사]

가 고온 취성 나 청열 취성
다 상온 취성 라 적열 취성

**03.** 탄소강 중 규소(Si)는 선철과 탈산제로부터 잔류하게 되는데 탄소강에 미치는 영향으로 맞는 것은 ?[2009-4회 자동차 정비산업기사]

가 인장강도, 탄성한계, 경도를 감소시킨다.
나 연신율과 충격값을 증가시킨다.
다 결정립을 조대화시킨다.
라 용접성을 향상시킨다.

**04.** 다음 중 표준상태인 탄소강의 기계적 성질은 일반적으로 탄소함유량에 따라 변화한다. 가장 적합한 것은 ?(단, 표준상태인 탄소강은 0.86%C 이하의 아공석강이다)[2011-2회 기계설계산업기사]

가 탄소량이 증가함에 따라 인장강도가 증가한다.
나 탄소량이 증가함에 따라 항복점이 저하한다.
다 탄소량이 증가함에 따라 연신율이 증가한다.
라 탄소량이 증가함에 따라 경도가 감소한다.

**05.** Fe-C계 상태도에서 3개소의 반응이 있다. 옳게 설명한 것은 ?[2010-2회, 2013-2회 컴퓨터응용가공산업기사/기계설계산업기사]

가 공정-포정-편정　　　나 포석-공정-공석

다 포정-공정-공석　　　라 공석-공정-편정

**06.** 다음 중 강의 5대 원소에 속하지 않는 것은 ?[2013-2회 컴퓨터응용가공산업기사/기계설계산업기사]

가 C　　　나 Mn

다 Cr　　　라 Si

**07.** 다음 중 아공석강에서 탄소강의 탄소함유량이 증가할 때 기계적 성질을 설명한 것으로 틀린 것은 ?[2012-4회 컴퓨터응용가공산업기사/기계설계산업기사]

가 인장강도가 증가한다.　　　나 경도가 증가한다.

다 항복점이 증가한다.　　　라 연신율이 증가한다.

**08.** 다음 중 강의 적열취성의 주 원인이 되는 원소는 ?[2005-3회, 2007-3회 자동차 정사산업기사, 2008-2회 기계설계기사/일반기계기사, 2008-1회, 2012-2회 컴퓨터응용가공산업기사/기계설계산업기사, 2010-4회 일반기계기사]

가 Mn　　　나 Si

다 S　　　라 P

**09.** 다음의 설명 중 옳지 않는 것은 ?[2012-2회 컴퓨터응용가공산업기사]

가 $A_1$변태는 강에서 일어나는 변태이다.

나 펄라이트는 순철의 일종이다.

다 오스테나이트의 최대 탄소고용량은 1130℃에서 약 2.0%이다.

라 시멘타이트는 철과 탄소의 화합물이다.

**10.** Fe-C 평형상태도에서 공석강의 탄소 함유량은 얼마정도인가 ?[2012-1회 컴퓨터응용가공산업기사/기계설계산업기사]

가 6.67%　　　나 4.3%

다 2.11%　　　라 0.77%

**11.** 탄소강에서 적열메짐을 방지하고, 주조성과 담금질 효과를 향상시키기 위하여 첨가하는 원소는 ?[2012-1회 컴퓨터응용가공산업기사/기계설계산업기사]

㉮ 황(S) ㉯ 인(P)
㉰ 규소(Si) ㉱ 망간(Mn)

**12.** 일반적으로 탄소강에서 탄소량이 증가할수록 증가하는 물리적 성질은 ?[2011-1회 컴퓨터응용가공산업기사/기계설계산업기사]

㉮ 비중 ㉯ 열팽창계수
㉰ 전기저항 ㉱ 열전도도

**13.** 탄소강에서 공석강의 현미경 조직은 ?[2010-1회 컴퓨터응용가공산업기사/기계설계산업기사]

㉮ 초석페라이트와 펄라이트
㉯ 초석시멘타이트와 펄라이트
㉰ 층상펄라이트와 시멘타이트의 혼합조직
㉱ 공석 페라이트와 공석 시멘타이트의 혼합조직

**14.** 철-탄소 평형상태도에서 일어나는 불변 반응이 아닌 것은 ?[2009-4회 컴퓨터응용가공산업기사/기계설계산업기사]

㉮ 포정 ㉯ 포석
㉰ 공정 ㉱ 공석

**15.** 일반적으로 탄소강의 청열 취성(blue shortness)이 나타나는 온도는 ?[2008-4회 컴퓨터응용가공산업기사/기계설계산업기사]

㉮ 50~150℃ ㉯ 200~300℃
㉰ 400~500℃ ㉱ 600~700℃

**16.** 탄소가 0.25인 탄소강의 기계적 성질을 0~500℃에서 조사하면 200~300℃에서 인장강도가 최대치를 연신율이 최저치를 나타내며 가장 취약하게 되는 현상은 ?[2008-1회 컴퓨터응용가공산업기사/기계설계산업기사, 2010-4회 기계설계산업기사]

㉮ 고온 취성 ㉯ 상온 충격치
㉰ 청열 취성 ㉱ 탄소강 충격값

***17.*** 강과 주철은 어느 것을 기준으로 하여 구분하는가 ?[2007-1회 컴퓨터응용가공산업기사/기계설계산업기사]

㉮ 첨가 금속함유량　　㉯ 탄소함유량
㉰ 금속조직 상태　　㉱ 열처리상태

***18.*** 탄소강이 가열되어 200~300℃ 부근에서 상온일 때보다 인성이 저하되는 현상을 무엇이라고 하는가 ?[2007-1회 컴퓨터응용가공산업기사/기계설계산업기사]

㉮ 저온취성　　㉯ 고온취성
㉰ 적열취성　　㉱ 청열취성

***19.*** Fe-$Fe_3C$ 평형 상태도의 723℃($A_1$)에서 일어나는 변태로부터 나타나는 조직은 ?[2010-2회 일반기계기사/기계설계기사]

㉮ 마텐자이트　　㉯ 오스테나이트
㉰ 펄라이트　　㉱ 베이나이트

***20.*** 탄소강에 함유된 인(P)의 영향을 바르게 설명한 것은 ?[2009-2회 일반기계기사/기계설계기사. 2012-4회 일반기계기사]

㉮ 강도와 경도를 감소시킨다.
㉯ 결정립을 미세화시킨다.
㉰ 연신율을 증가시킨다.
㉱ 상온 취성의 원인이 된다.

***21.*** 철-탄소계 평형 상태도에서 탄소함유량이 약 6.68%를 함유하고 있는 조직은 ?[2005-4회 자동차 정비산업기사. 2009-2회 일반기계기사/기계설계기사. 2011-4회 일반기계기사]

㉮ 시멘타이트　　㉯ 오스테나이트
㉰ 펄라이트　　㉱ 페라이트

***22.*** 상온에서 탄소강의 현미경 조직으로 탄소가 약 0.8%인 강의 조직은 ?[2009-2회 일반기계기사/기계설계기사. 2012-4회 일반기계기사]

㉮ 오스테나이트　　㉯ 펄라이트
㉰ 레데뷰라이트　　㉱ 시멘타이트

**23.** 다음 중 강의 상온 취성을 일으키는 원소는 ?[2007-2회 일반기계기사]

㉮ P ㉯ Si
㉰ S ㉱ Cu

**24.** 다음 중 공석강의 탄소함유량으로 가장 적합한 것은 ?[2007-2회 기계설계기사, 2010-1회, 2013-1회 일반기계기사]

㉮ 약 0.08% ㉯ 약 0.02%
㉰ 약 0.2% ㉱ 약 0.8%

**25.** Fe-C 평형상태도에서 나타나는 철강의 기본조직이 아닌 것은 ?[2012-4회 일반기계기사]

㉮ 페라이트 ㉯ 펄라이트
㉰ 시멘타이트 ㉱ 마텐자이트

**26.** 탄소강에서 인(P)의 영향으로 맞는 것은 ?[2012-1회 일반기계기사]

㉮ 경정립을 조대화 시킨다.
㉯ 연신율, 충격치를 증가시킨다.
㉰ 적열취성을 일으킨다.
㉱ 강도, 경도를 감소시킨다.

**27.** 탄소강의 탄소함유랑(%)을 올바르게 나타낸 것은 ?[2011-4회 일반기계기사]

㉮ 0.02~2.04% ㉯ 2.05~2.43%
㉰ 2.67~4.20% ㉱ 4.30~6.67%

**28.** 탄소강에 미치는 인(P)의 영향에 대하여 가장 올바르게 표현한 것은 ?[2010-1회 일반기계기사]

㉮ 강도와 경도는 증가시키나 고온취성이 있어 가공이 곤란하다.
㉯ 인성과 내식성을 주는 효과는 있으나 청열취성을 준다.
㉰ 경화능이 감소하는 것 이외에는 기계적 성질에 해로운 원소이다.
㉱ 강도와 경도를 증가시키고 연신율을 감소시키며 상온취성을 일으킨다.

**29.** 탄소강에서 탄소량이 증가하면 일반적으로 감소하는 성질은 ?[2008-4회, 2013-4회 일반기계기사]

㉮ 전기저항 ㉯ 열팽창계수
㉰ 항자력 ㉱ 비열

**30.** 다음의 탄소강 조직 중 일반적으로 경도가 가장 낮은 것은 ?[2008-1회, 2013-2회 일반기계기사]

㉮ 페라이트 ㉯ 트루스타이트
㉰ 마텐자이트 ㉱ 시멘타이트

**31.** 다음 공석변태에 대한 설명 중 틀린 것은 ?[2008-1회 일반기계기사]

㉮ 페라이트(ferrrite)와 시멘타이트($Fe_3C$)가 층상으로 교대로 존재하는 조직이다.
㉯ 펄라이트(pearlite)변태이다.
㉰ $A_1$ 변태이다.
㉱ $A_2$ 변태이다.

**32.** 탄소강은 일반적으로 충격치가 천이온도에 도달하면 급격히 감소되어 취성이 생기는데 이 취성을 무엇이라 하는가 ?[2009-2회 기계설계산업기사]

㉮ 저온취성 ㉯ 청열취성
㉰ 뜨임취성 ㉱ 적열취성

**33.** 다음의 설명 중 옳지 않는 것은 ?[2012-2회 기계설계산업기사]

㉮ $A_1$변태는 강에서 일어나는 변태이다.
㉯ 펄라이트는 순철의 일종이다.
㉰ 오스테나이트의 최대 탄소고용량은 1130℃에서 약 2.0%이다.
㉱ 시멘타이트는 철과 탄소의 화합물이다.

**34.** Fe-C 상태도 상에 나타나는 조직 중에서 금속간 화합물에 속하는 것은 ?[2010-4회 기계설계산업기사]

㉮ Ferrite ㉯ Cementite
㉰ Austenite ㉱ Pearlite

**35.** 다음 중 탄소강에 함유되어 있는 규소(Si)의 영향을 잘못 설명한 것은 ?[2011-2회 기계설계산업기사]

㉮ 인장강도, 탄성한계, 경도를 상승시킨다.
㉯ 연신율과 충격값을 증가시킨다.
㉰ 결정립을 조대화 시키고 가공성을 해친다.
㉱ 용접성을 저하시킨다.

**36.** 탄소강에서 탄소량의 증가에 따른 성질변화에 대한 설명으로 올바른 것은 ? [2009-2회 기계설계산업기사]

㉮ 비중, 열팽창계수가 증가한다.
㉯ 비열, 전기저항이 감소한다.
㉰ 경도가 증가한다.
㉱ 연신율이 증가한다.

**37.** 강의 조직 중에서 오스테나이트 조직의 고용체는 ?[2009-2회 기계설계산업기사]

㉮ $\alpha$ 고용체 ㉯ $Fe_3C$
㉰ $\delta$ 고용체 ㉱ $\gamma$ 고용체

**38.** 다음 중 조직이 펄라이트와 시멘타이트로 이뤄진 강은 ?[2009-1회 기계설계산업기사]

㉮ 연강 ㉯ 과공석강
㉰ 아공석강 ㉱ 공석강

**39.** 6.67%의 탄소(C)를 함유한 백색 침상의 금속간 화합물로서 대단히 단단하고(HB 820 정도) 취약하며, 상온에서는 강자성체이나 210℃가 넘으면 상자성체로 변하여 $A_0$변태를 하는 것은 ?[2013-3회 기계설계산업기사]

㉮ 시멘타이트 ㉯ 흑연
㉰ 오스테나이트 ㉱ 페라이트

**40.** Fe-C 상태도에서 공석반응을 일으키는 온도는 약 몇 도인가 ?[2007-2회 기계설계산업기사]

㉮ 521℃ ㉯ 621℃
㉰ 723℃ ㉱ 821℃

**41.** 탄소강에 첨가되어 있는 원소 중에서 선철 및 탈산제에 첨가되며 강의 경도, 탄성한계, 인장력을 높여주지만 신도(伸度)와 충격값을 감소시키는 원소는 ?[2003-1회 자동차 정비·검사산업기사]

㉮ 망간 ㉯ 규소
㉰ 인 ㉱ 황

**42.** 탄소강의 $A_1$ 변태점은 몇 도인가 ?[2003-2회 자동차 정비·검사산업기사]

㉮ 684℃ ㉯ 723℃
㉰ 768℃ ㉱ 941℃

**43.** 강을 가열했을 때 나타나는 조직으로 910~1,400℃사이 γ철에 탄소를 잘 고용하는 γ고용체는 ?[2003-3회 자동차 검사산업기사]

㉮ 오스테나이트 ㉯ 페라이트
㉰ 퍼얼라이트 ㉱ 시멘타이트

**44.** 다음 강(鋼)조직 중에서 경도가 가장 큰 것은 ?[2003-3회 자동차 검사산업기사]

㉮ 페라이트 ㉯ 오스테나이트
㉰ 시멘타이트 ㉱ 펄라이트

**45.** 탄소강에 어떤 성분을 결합하면 연신율을 그다지 감소시키지 않고 강도 및 소성을 증가시키고, 황에 의한 취성을 방지하는가 ?[2003-4회 자동차 정비산업기사]

㉮ P ㉯ Mn
㉰ Si ㉱ S

**46.** 탄소량 0.85%에서 생기는 펄라이트 조직만의 탄소강을 무엇이라 부르는가 ?
[2004-3회 자동차 검사산업기사]

㉮ 공석강 ㉯ 아공석강
㉰ 과공석강 ㉱ 시멘타이트

**47.** 탄소강에서 황(S)으로 인하여 발생되는 취성은 ?[2006-2회 자동차 정비·검사산업기사]

㉮ 적열취성 ㉯ 고온취성
㉰ 뜨임취성 ㉱ 풀림취성

**48.** 고용한계 이상으로 탄소가 고용되면 탄소와 철이 화합하여 탄화철($Fe_3C$)이 되며, 특징은 백색이고 매우 단단하며 여린 결정이고, 210℃에서 자기변태를 일으키는 탄소강의 조직은 ?[2004-4회 자동차 정비산업기사]

㉮ 페라이트　　㉯ 펄라이트

㉰ 시멘타이트　　㉱ 오스테나이트

**49.** 경도가 대단히 높아 압연이나 단조작업을 할 수 없는 조직은 ?[2013-2회 일반기계기사]

㉮ 시멘타이트(cementite)　　㉯ 오스테나이트(austenite)

㉰ 페라이트(ferrite)　　㉱ 펄라이트(pearlite)

**50.** 탄소강에서 적열 취성을 일으키는 원인이 되는 원소로 가장 적합한 것은 ?[2005-3회, 2007-3회 자동차 검사산업기사]

㉮ 탄소(C)　　㉯ 실리콘(Si)

㉰ 인(P)　　㉱ 황(S)

**정답**

01. ㉯ 02. ㉰ 03. ㉰ 04. ㉮ 05. ㉰ 06. ㉰ 07. ㉱ 08. ㉰ 09. ㉯
10. ㉱ 11. ㉱ 12. ㉰ 13. ㉱ 14. ㉯ 15. ㉯ 16. ㉰ 17. ㉯ 18. ㉱
19. ㉰ 20. ㉱ 21. ㉮ 22. ㉯ 23. ㉮ 24. ㉱ 25. ㉱ 26. ㉮ 27. ㉮
28. ㉱ 29. ㉯ 30. ㉮ 31. ㉱ 32. ㉮ 33. ㉯ 34. ㉯ 35. ㉯ 36. ㉰
37. ㉱ 38. ㉯ 39. ㉮ 40. ㉰ 41. ㉯ 42. ㉯ 43. ㉮ 44. ㉰ 45. ㉯
46. ㉮ 47. ㉮ 48. ㉰ 49. ㉮ 50. ㉱

CHAPTER

# 탄소강의 열처리

## 1. 개요

탄소강은 동일조성의 것이라도 가열 및 냉각방법에 따라 조직 및 성질을 변화시키는 것이 가능하다. 이와 같이 사용 목적에 적합한 성질로 개선하는 조작을 열처리(熱處理)라고 한다.

자동차 부품의 열처리는 부품의 강도(强度) 및 내구성(耐久性)에 밀접한 관계가 있고, 특히 신뢰성(信賴性)을 보증하는 부품, 예를 들면 엔진 밸브기구 및 샤프트류, 동력전달장치(power train), 스티어링, 서스펜션 부품 등에는 면밀한 열처리가 행해지고 있다. 철강은 열처리 효과가 가장 큰 재료로서 열처리 조건을 달리함으로서 열처리에 따라 다른 성질을 얻을 수 있는데 이와 같은 열처리 작업을 지배하는 요인으로서는 다음과 같다.

① 열처리 온도 구간

② 일정 온도에서의 유지 시간

③ 냉각 속도

④ 냉각능

기본적인 열처리에는 풀림(燒鈍, annealing), 불림(燒準, normalizing), 담금질(燒入, quenching), 뜨임(燒戾, tempering) 등의 계단 열처리와 항온 열처리, 연속 냉각 열처리가 있다.

## 2. 풀림(annealing)

강은 고온도에서는 유연하여 가공하기가 쉽지만, 산화하기 쉽고 정확한 치수로 마무리하기가 어렵다. 이 때문에 냉간가공을 하지만 냉간가공을 하면 가공경화가 일어나서 그 이상의 가공이 어렵게 된다.

이와 같은 가공에 의해 생긴 조직변화 및 내부변형을 해소하기 위하여 그림 4-1와 같이 강을 적당한 온도로 가열하여 그 온도에서 충분히 유지한 후 서냉하는 조작을 풀림이라고 한다.

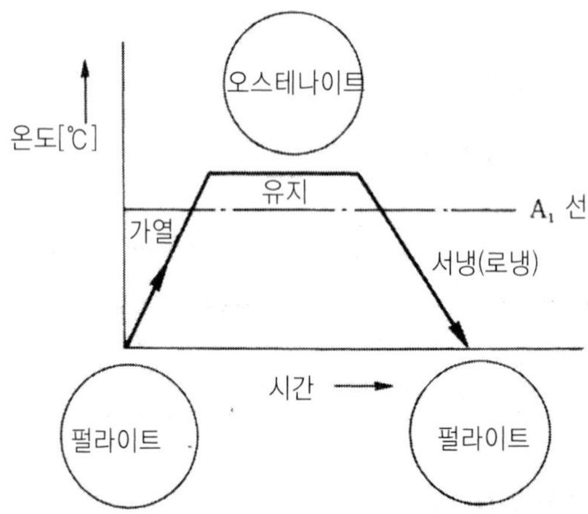


[그림 4-1] 풀림의 조작과 조직

풀림 열처리의 목적은 다음과 같다.

① 주조, 단조, 기계가공에서 생긴 내부응력의 제거

② 열처리로 인하여 경화된 재료의 연화

③ 가공 또는 공작에서 경화된 재료의 연화

④ 금속 결정입자의 균일화, 미세화

⑤ 인성의 향상

⑥ 피절삭성의 개선

풀림 열처리는 철강을 고온도로 가열하여 오스테나이트 상태에서부터 서냉한다. 보통 가열온도는 철강의 화학성분에 따라 다르나 미국 재료 시험 협회에서 추천하는 풀림온도는 표 4-1과 같다. 풀림의 종류에 대하여 구체적으로 설명하겠다.

[표 4-1] 풀림 온도(압연재) (ASTM)

| 탄소 함유량 | 풀림 온도 |
|---|---|
| 0.12% C | 875~925℃ |
| 0.12~0.20% C | 840~870℃ |
| 0.30~0.49% C | 815~840℃ |
| 0.50~1.00% C | 790~815℃ |
| 1.00~1.50% C | 800℃ |

## 2-1. 완전 풀림(완전 소둔, full annealing)

완전 풀림의 목적은 결정격자를 미세화 시키는 데 있다. 이 과정은 냉간가공 또는 담금질 등의 영향을 완전히 없애기 위하여 균일한 오스테나이트 영역까지 가열하고 이것을 서냉하는 조작이다. 즉, $A_{C3}$(아공석강) 또는 $A_{C1}$(과공석강)변태점 이상 30~50℃로 가열 후 노(爐) 내에서 서냉한다. 강(鋼)을 연화시키고 기계가공 또는 소성가공을 쉽게 한다.

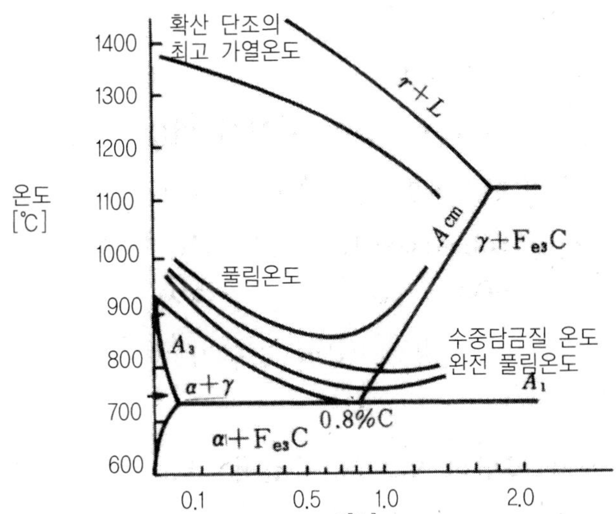


[그림 4-2] 각종 열처리 온도

그림 4-2는 강(鋼)의 풀림 온도이며, 그림 4-3은 완전 풀림했을 때의 경도($H_B$)가 C%에 따라 변화함을 표시하였다. 그림 4-3에서 완전 풀림을 하였을 때는 (b)펄라이트로 표시되며, 담금질을 했을 때는 (c)마텐자이트로 표시된다.

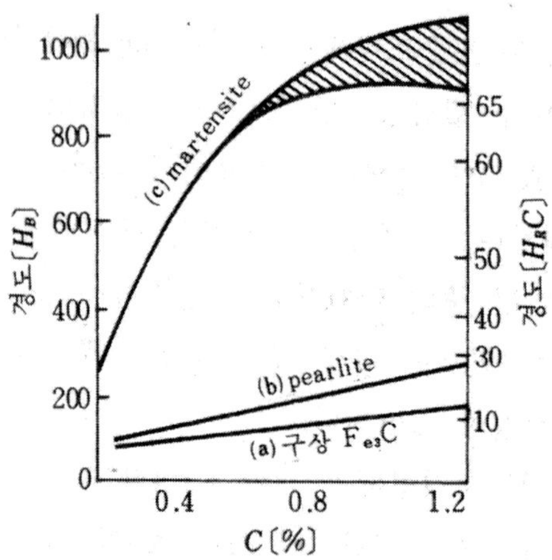


[그림 4-3] 탄소와 경도의 관계

또 구상화 풀림을 했을 때는 (a)구상 시멘타이트로 표시된다. 완전 풀림에 있어서 가장 중요한 것은 충분한 가열시간을 준다는 것과 가열 후에 매우 서냉을 해야 한다는 것이다.

풀림을 하기 위한 가열시간은 강편(鋼片)의 크기, 모양, 열전도 등에 따라서 결정되며 또한 가열로의 구조 등에 따라서도 달라진다. 보통 서냉하는 방법은 실온까지 노(爐) 중에서 행하나 550℃ 정도가 되면 노(爐)에서 집어내어 공냉 또는 수냉하여도 무방하다. 이와 같이 처음에는 천천히 다음에는 빨리 냉각시키는 2단계의 냉각으로 풀림하는 것을 2단 풀림이라 한다. 2단 풀림을 하여도 경도, 조직은 완전 풀림과 동일하다. 냉각시간을 단축시키는 장점이 있다.

## 2-2. 확산(擴散) 풀림(diffusion annealing)

Fe-C상태도의 고상선과 액상선의 현저한 온도차로 인하여 대형강괴 내에 C, P, S의 편석이 생기기 쉽다. 이러한 편석을 경감시키기 위한 작업이며, 단조, 압연 등의 전처리로 실시된다. 결정립이 조대화하지 않는 정도의 고온(1050~1300℃)에서 장시간 가열한다. 특히 유화물(硫化物)은 철강의 적열취성(赤熱脆性)의 원인이 되므로 확산풀림을 하면 효과가 있다. 이 풀림을 안정화 풀림 또는 균질화(均質化) 풀림이라고도 말한다.

## 2-3. 구상화(球狀化) 풀림(spheroidizing annealing)

$Fe_3C$는 표준조직에서 펄라이트속에 페라이트와 함께 층상으로 존재하든지, 또 과공석강 고탄소 합금공구강 등에서는 결정립계에 망상으로 나타난다. 이와 같이 펄라이트 중의 망상 $Fe_3C$가 존재하면 가공성이 나빠지고 담금질할 때 변형이나 균열이 생기기 쉬우며 또 취약해진다.

그래서 소성가공을 용이하게 하고 인성(toughness), 피로강도의 향상 등을 목적으로 강 중의 탄화물을 구상화하는 것을 구상화 풀림이라 한다. $Fe_3C$가 구상 또는 입상으로 되어 있으면 인성 및 가공성이 증가하고 담금질이 균일하게 되며 담금질 후에는 공구로서의 수명이 길어진다.

구상화 처리법에는 그림 4-4와 같이 여러 가지 방법이 있으나 일반적으로 $A_{C1}$직하의 온도로 장시간 가열하거나 또는 $A_{C1}$직상과 직하의 온도로 가열과 냉각을 몇번 되풀이하여 탄화물을 계면장력의 작용으로 구상화시킨다. 특히 망상 $Fe_3C$를 완전히 없애고 충분한 구상화를 하기 위해서는 전처리로서 불림을 하면 좋다. 냉간 가공한 것은 $A_{C1}$직하의 단시간 가열로도 비교적 빨리 구상화된다.

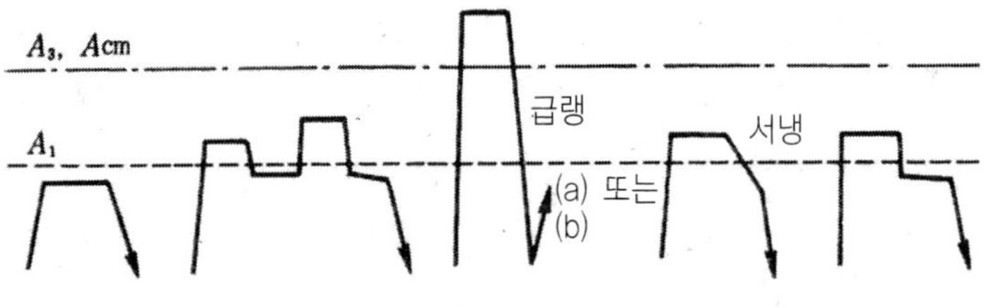

[그림 4-4] $Fe_3C$의 구상화 풀림

## 2-4. 중간(中間) 풀림(process annealing)

엷은 판 또는 강선과 같이 냉간가공에 의해서 경화된 재료를 연화시키기 위해서 행하는 풀림을 중간 풀림이라고 한다. 작업은 $A_1$점 이하의 온도에서 행한다. 중간 풀림에서는 회복과 재결정이 일어나고 응력제거뿐 아니라 완전히 연화한다.

### 2-5. 응력제거(應力除去) 풀림(stress relief annealing)

금속재료의 잔류응력을 제거하기 위해서 적당한 온도에 적당한 시간 유지 후에 냉각시키는 처리를 말한다. 주조, 단조, 담금질, 뜨임, 불림, 기계가공, 냉간가공 및 용접 등을 한 후 생긴 잔류응력을 제거하는데 목적이 있다. 보통 500~600℃로 가열하여 적당한 시간 유지 후에 서냉한다.

그 이유로는 $A_1$점을 넘으면 변태에 의해서 응력이 발생하게 되고 또 응력이 제거되는 온도는 450℃부터이므로 적당한 온도는 500~600℃ 정도이다. 이 종류의 풀림 온도는 $A_1$점 이하이므로 저온풀림이라고도 한다.

## 3. 불림(normalizing)

단조, 압연 등의 소성가공이나 주조로 거칠어진 조직을 미세화하고, 편석이나 잔류응력을 제거하기 위해 그림 4-5와 같이 강을 일정온도까지 가열하여 일단 오스테나이트 조직으로 만들고 충분한 시간을 유지한 후에 공냉하는 조작을 불림이라고 부른다. 이러한 열처리에 의해서 결정립이 미세한 층상으로 되어 풀림한 것과 비교해서 경도, 강도가 높아지고, 연신율과 인성도 다소 증가한다. 조직은 솔바이트(sorbite)로 된다.

열처리는 그림 4-2와 같이 $A_{C3}$변태나 $A_{cm}$변태점보다 40~60℃ 높은 온도로 가열하여 오스테나이트로 한 후 공기 중에 냉각시킨다.

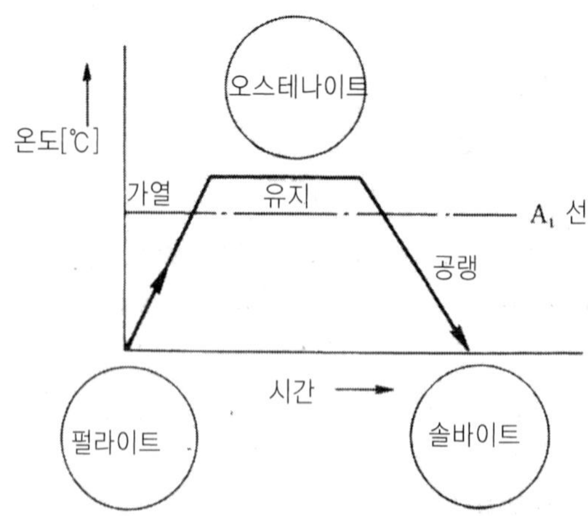


[그림 4-5] 불림의 조작과 조직

## 4. 담금질(quenching)

강(鋼)을 경화시켜 강도를 증대시키기 위해 그림 4-6과 같이 강(鋼)을 오스테나이트조직으로 될 때까지 가열한 후 물 또는 기름 등에서 급냉하는 조작을 담금질이라고 한다. 담금질에 의해 강의 조직은 마텐자이트화 된다.

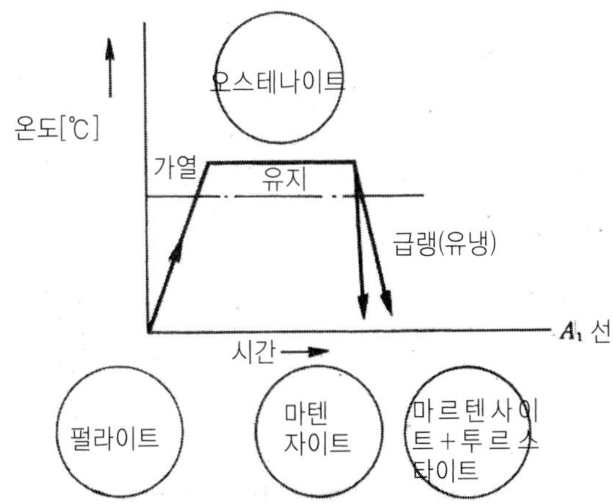


[그림 4-6] 담금질의 조작과 조직

### 4-1. 담금질의 조직

강을 오스테나이트조직으로 한 후 냉각하는 방법에 따라 다음과 같은 조직이 생긴다.

#### 4-1-1. 솔바이트(sorbite)

오스테나이트 조직을 공냉하면 나타나는 조직으로 페라이트(ferrite) 조직과 시멘타이트(cementite)조직들이 입상(粒狀)으로 되어 있고 경도(硬度)와 강도는 마텐자이트(martensite)와 펄라이트(pearlite)의 중간 정도이다.

또한 솔바이트는 큰 강재를 기름 중에 담금질하였을 때와 마텐자이트를 550~600℃로 뜨임할 경우도 나타나는 조직이다. $\alpha$고용체 중에 혼합된 시멘타이트는 트루스타이트(troostite)경우보다 조대하나 펄라이트보다는 미세하므로 중간 펄라이트(medium pearlite)라 부른다.

### 4-1-2. 트루스타이트(troostite)

오스테나이트(austenite)조직을 油 중에서 급냉하여 즉, 냉각속도를 마텐자이트 경우보다 다소 느리게 하여 $A_{r1}$변태가 550~600℃에서 생기게 할 때 나타나는 조직으로 철과 시멘타이트가 극히 미세하게 혼합되어 있는 상태의 조직이다. 또 마텐자이트를 약 400℃로 뜨임하여도 이 조직이 나타난다.

경도가 마텐자이트보다 적고 솔바이트보다는 크며 점성이 강하기에 공업상 중요한 조직이다.

### 4-1-3. 마텐자이트(martensite)

1981년 독일의 Martens. A에 의해 발견된 조직으로 탄소를 억지로 과포화 상태로 고용하고 있는 $\alpha$-고용체이다. 보통 탄소강을 오스테나이트 조직으로 한 후 수중에 급냉하여 Ar" 변태만을 일으키게 하였을 때 얻어지는 조직이다. 이 조직은 부식에 대한 저항이 크고 강자성을 가지며 인장강도, 경도는 0.2%C에서 $H_V$ 500, 0.8%C에서 $H_V$ 850 수준으로 대단히 크나, 취성이 있고 연신율이 적다.

위에서 설명한 조직들의 경도가 큰 순으로 나열하면 다음과 같다.

마텐자이트 〉 트루스타이트 〉 솔바이트 〉 펄라이트 〉 오스테나이트 〉 페라이트
(martensite) (troostite) (sorbite) (pearlite) (austenite) (ferrite)

## 4-2. 담금질 액과 담금질 온도

담금질 효과는 냉각속도에 영향을 받게 되며, 냉각액과 밀접한 관계가 있다. 냉각액은 보통 물과 기름이 많이 사용되며 기타 소금물, 비눗물 및 용융염 등이 사용된다. 기름으로는 식물성이 좋고 기름은 120℃까지 상승하여도 열처리 효과의 변화가 적으나 물은 40℃ 이상 되면 냉각효과의 변화가 크다. 보통 물보다 냉각능(冷却能)이 큰 것은 소금물(식염수), NaOH용액, 황산액 등이 있고 물보다 냉각능(冷却能)이 적은 것은 각종 기름이나 비눗물 등이 있다. 대체로 냉각액의 냉각능력은 교반할수록 커지는데 표 4-2는 냉각능(冷却能)의 변화를 나타낸 것이다.

일반적으로 담금질의 목적은 될 수 있는 대로 큰 경도를 얻는데 있으므로 탄소함유량에 따라 적당한 담금질 온도를 선택해야 한다. 그림 4-7은 탄소강에 있어서 탄소함유량과 담금질 온도의 관계를 표시한 것이다.

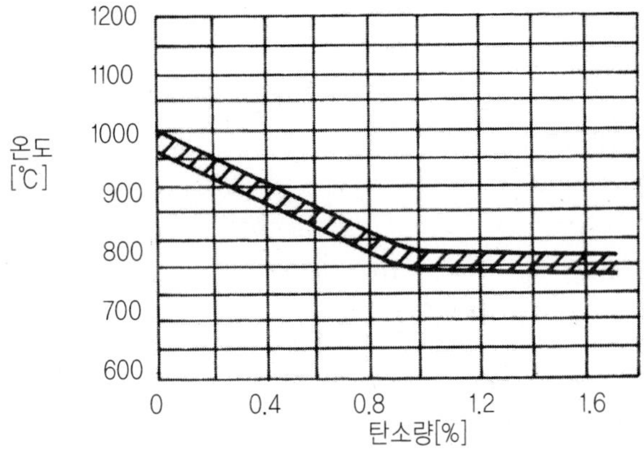


[그림 4-7] 담금질 온도범위(탄소강)

담금질 온도가 너무 낮으면 균일한 오스테나이트를 얻기 어려우며 또한 담금질해도 경도가 크게 되지 않는다. 담금질 온도가 너무 높으면 과열로 인해 재질이 변화되어 담금질 효과가 작아진다.

그러므로 담금질 온도는 아공석강에서는 $A_{C3}$점, 과공석강에서는 $A_{C1}$점 이상 30~50℃ 높은 온도에서 하는 것이 좋다. 한편 담금질 온도는 열처리할 물건의 크기와 관계가 있어 큰 물건은 냉각속도가 느리게 되므로 다소 높은 온도로 가열하여 수중 또는 유 중에 담금질하는 것이 좋다.

[표 4-2] 냉각능의 변화

| 젖는 정도 | 기름 | 물 | 소금물 |
|---|---|---|---|
| 젖지 않을 때 | 0.15~0.25 | 0.9~1.0 | 2 |
| 약하게 | 0.25~0.35 | 1.0~1.1 | 2.0~2.2 |
| 중간 정도 | 0.35~0.40 | 1.2~1.3 | - |
| 충분히 | 0.40~0.50 | 1.4~1.5 | - |
| 세게 | 0.50~0.80 | 1.6~2.0 | 5.0 |
| 아주 세게 | 0.80 1.1 | 4.0 | - |

### 4-3. 담금질 균열

재료를 경화하기 위하여 급냉하면 재료 내외의 온도차에 의한 열응력과 변태응력으로 인하여 내부변형 또는 균열이 일어나는 데 이와 같이 갈라진 금을 담금질 균열(quenching crack)이라 한다.

담금질 균열을 방지하기 위해 소재의 단면적, 두께 등이 급격히 변화하는 곳, 구멍 뚫린 곳, 기타 형상이 복잡한 곳에는 너무 급격한 냉각속도를 피하고 250℃ 부근에서 냉각속도를 감소시키는 것이 좋다.

### 4-4. 질량 효과(mass effect) 및 경화능(hardenability)

담금질할 때 질량이 적은 재료는 내외부의 온도차가 없으나 질량이 큰 재료는 열의 전도에 시간이 소요되어 내외부에 온도차가 생겨 외부는 경화하여도 내부는 경화되지 않는 현상이다. 탄소강은 질량효과가 크고 Ni, Cr, Mn, Mo 등을 첨가한 특수강은 임계냉각속도가 늦어지므로 질량효과가 적다.

강의 경화능(硬化能)은 담금질성이라고도 하는 것으로 오스테나이트 영역으로부터 담금질했을 때 생기는 경화 깊이와 경도분포를 결정해 주는 성질로서 정의 된다. 강의 경화능은 주로 ① 강의 조성 ② 오스테나이트 결정립의 크기 ③ 담금질전 강의 조직에 따라 달라진다.

담금질성을 향상시키는 합금원소로는 B, Mn, Mo, Cr 등이며 결정립도는 조대한 것이 담금질성을 향상시키는 성질을 지니고 있다. 경화능 시험에는 보통 그로스맨 시험(Grossman test)이나 조미니 시험(Jominy test)이 사용되고 있다.

## 5. 뜨임(tempering)

담금질만 행한 강은 대단히 경하고 취약하다. 또한 강의 내부에 큰 잔류응력이 생겨서 좋지 않다. 그러므로 이것에 적당한 강인성을 주기 위하여 그림 4-8과 같이 $A_1$변태점 이하의 온도에서 가열하는 열처리를 뜨임(tempering)이라 한다.

뜨임의 목적은 다음과 같다.

① 조직 및 기계적 성질을 안정화 시킨다.

② 경도는 조금 낮아지나 인성이 좋아진다.

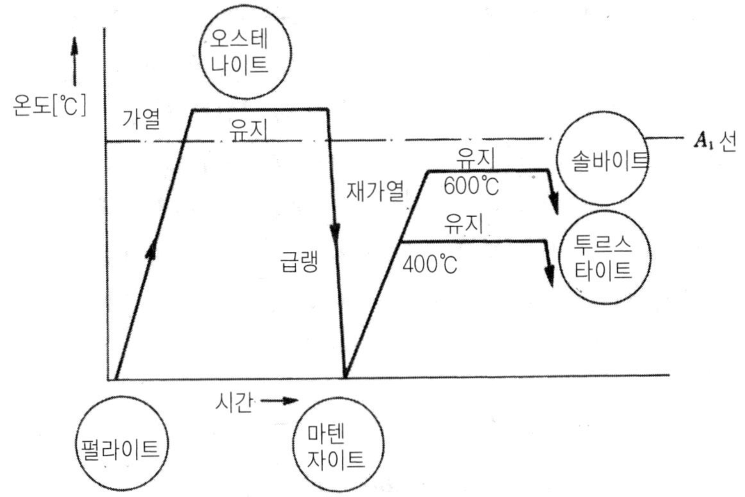


[그림 4-8] 뜨임의 조작과 조직

③ 잔류응력을 경감 또는 제거하고 탄성한계, 항복강도가 향상된다.

뜨임의 정도(精度)는 그림 4-9와 같이 뜨임의 온도가 높으면 대개 강도, 경도가 감소한다. 이 때문에 경도, 내마모성을 필요로 하는 경우는 비교적 낮은 온도에서 뜨임을 하고, 특히 강인성을 필요로 할 때는 경도를 조금 희생하더라도 비교적 높은 온도에서 뜨임을 행한다.

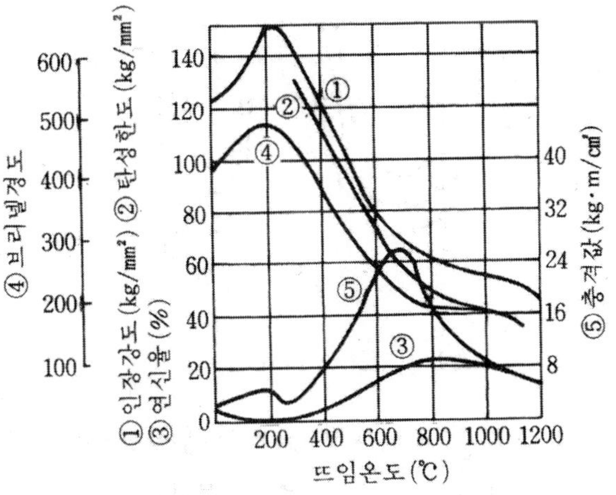


[그림 4-9] 탄소강의 기계적 성질에 미치는 뜨임 온도의 영향

## 5-1. 뜨임온도에 의한 조직의 변화

우선 담금질한 강은 마텐자이트와 소량의 잔류 오스테나이트로 조성되는데 이것을 뜨임하였을 경우에는 다음과 같은 변화를 일으킨다.

① 100~200℃의 저온에서 하는 뜨임에서는 담금질에 의하여 생긴 체심 입방격자의 마텐자이트($\alpha$ − martensite)가 분해하여 체심입방격자의 마텐자이트($\beta$ − martensite)로 변화한다. 그리고 페라이트 중에 과포화되었던 탄소와 탄소화물이 석출하고 다시 더 한층 높은 온도(240℃)로 뜨임하면 마텐자이트 중에 고용하는 모든 탄소가 석출하는데 아직 잔류 오스테나이트는 변화하지 않는다. 240℃까지는 뜨임에 의하여 담금질에 의한 경도는 그다지 변화하지 않으나 뜨임온도가 250℃를 넘으면 경도는 심하게 내려간다.

② 뜨임온도가 240℃ 이상으로 되면 잔류 오스테나이트는 파괴되고 마텐자이트로 변화하는데 이 변화는 250℃에서 특히 심하다. 그리고 담금질한 강 중에 고용되었던 탄화물의 대부분이 석출한다. 즉 250℃ 부근에서 트루스타이트로 변화하기 시작하고 350℃ 부근에서 변화를 끝낸다. $\beta$ − 마텐자이트는 300℃를 다소 지난 온도 범위에서 트루스타이트로 변화를 시작하고 400℃ 부근에서 끝낸다.

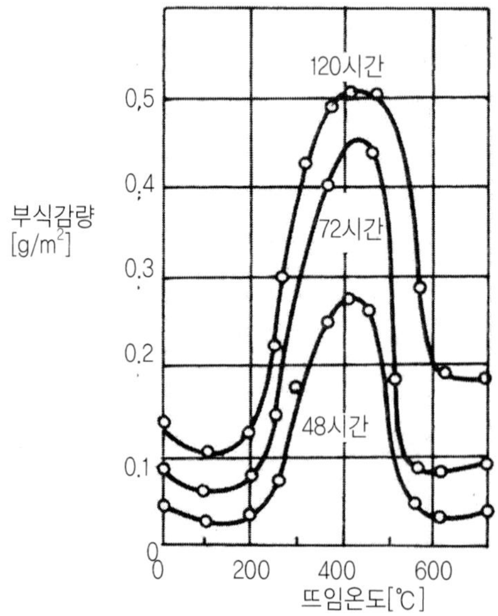


[그림 4-10] 조직과 부식

그림 4-10을 보면 400℃로 뜨임한 조직이 가장 많이 부식 당하는 것을 알 수 있다. 이 조직은 특히 오스몬다이트(osmondite)라고 불리워지는 것이다. 즉 오스몬다이트는 트루스타이트의 조직이다.

③ 400℃를 넘으면 트루스타이트로부터 미세한 조직의 솔바이트로 변화하고 600℃ 부근에서 변화를 끝낸다.

## 5-2. 뜨임온도와 그 측정

뜨임온도는 강재의 표면에 생기는 산화막이 온도의 차이에 따라 변화하므로 표면 피막의 정도를 나타내는 뜨임색(temper colour)으로 판단하는 때가 많다. 표 4-3과 표 4-4는 뜨임색과 뜨임온도 및 가열시간의 관계를 표시한 것이다.

뜨임에서 유의해야 할 사항에 대하여 고찰해보면 다음과 같다.

① 뜨임온도로부터 냉각은 일반적으로 급냉하는 것이 좋다.

② 뜨임할 때에 특히 일어나기 쉬운 뜨임취성(temper brittleness)에 대하여 주의하여야 한다.

[표 4-3] 온도에 따른 뜨임색

| 온도 | 뜨임색 | 온도 | 뜨임색 |
|---|---|---|---|
| 200℃ | 담황색 | 290℃ | 농청색 |
| 220℃ | 볏집황색 | 300℃ | 중청색 |
| 240℃ | 갈색 | 320℃ | 담청색 |
| 260℃ | 자색 | 350℃ | 청회색 |
| 280℃ | 자적색 | 400℃ | 회색 |

[표 4-4] 가열시간에 따른 뜨임색

| 뜨임온도 | 가열시간 | 뜨임색 |
|---|---|---|
| 250℃ | 3분 | 농다갈색 |
| 250℃ | 10분 | 적근색+농다갈색 |
| 250℃ | 30분 | 적근색 |
| 250℃ | 45분 | 농근색 |
| 250℃ | 60분 | 농근색 |

## 5-3. 뜨임취성(temper brittleness)

뜨임은 담금질한 강에 연성 및 인성을 주기 위해서 실시되는 것인데 뜨임에 의해서 취약하게 되어 충격치를 저하하게 된다면 뜨임의 목적에 위배된다. 이것을 뜨임취성이라 한다. 뜨임취성에는 다음과 같이 몇 가지 종류가 있다.

## 5-3-1. 저온 뜨임취성

180~200℃ 범위까지는 뜨임하면 충격치가 증가하나, 250~300℃ 부근에서는 충격치가 감소되어 가장 낮은 값이 나타나는 현상으로서 재료는 취약하게 된다. 이것을 저온 뜨임취성이라 한다. C=0.2~0.4%의 구조용 강에서 많이 볼 수 있다. 그림 4-11은 각종 구조용 특수강의 뜨임취성을 보여주고 있다.

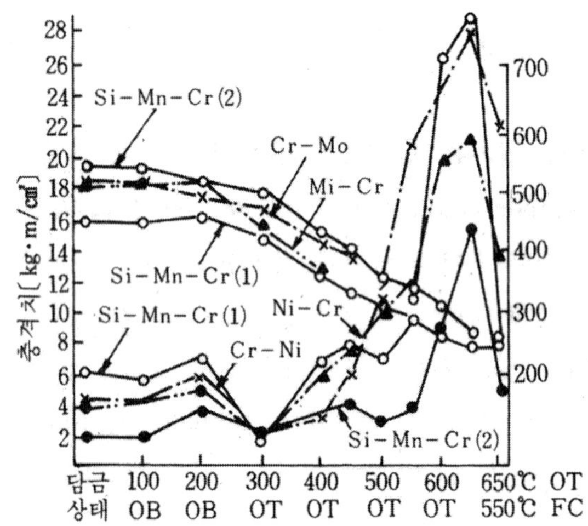


[그림 4-11] 구조용강의 뜨임취성 예

## 5-3-2. 제 1차 뜨임취성(뜨임 시효취성)

담금질한 강을 500℃ 부근의  온도로 뜨임하면 시간이 길어짐에 따라서 충격치가 저하한다. 이것을 제 1차 뜨임취성 또는 뜨임 시효취성이라 한다. 이것은 오스테나이트 입계에 탄화물, 인화물 또는 질화물 등이 석출하기 때문이다. 이러한 취성을 방지하기 위해서는 Mo 등을 첨가해주면 좋다.

## 5-3-3. 제 2차 뜨임취성(뜨임 서냉취성)

담금질한 강을 550~650℃의 온도범위에서 가열한 후 공냉시키면 수냉 또는 유냉한 것보다 취약해진다. 이것을 제 2뜨임취성 또는 뜨임 서냉 취성이라 한다. 이것도 서냉에 의해서 탄화물이 석출하기 때문이다. 이것의 방지에도 Mo 첨가가 효과적이다. 한번의 뜨임이 효과가 적을 때에는 수회(數回) 동일한 뜨임처리를 하여 그 효과를 증가시켜야 한다.

자동차의 하부 부품의 대개는 탄소강, 특수강을 담금질 및 뜨임하여 제조되어지고 있고 그 공정의 한 예를 나타내어보면 다음과 같다.

가열 → 냉각(담금질) → 세정 → 경도검사 → 뜨임 → 경도검사 → 숏 브라스트 → 균열검사 → 기계가공

## 6. 항온열처리

강의 시편을 오스테나이트 상태에서 $A_1$변태점이하의 어느 일정온도로 유지된 항온욕 중에서 급냉하면 과냉된 오스테나이트는 잠깐 사이에 변태를 시작하고 어느 시간 후에 변태를 완료한다. 이와 같은 변태를 항온변태(isothermal transformation)라고 한다. 그리고 각 온도에 있어서 변태의 개시시간과 종료시간을 측정하고 이들의 점을 연결해서 변태개시선과 변태 종료선을 만들면 그림 4-12와 같은 항온변태도(isothermal transformation diagram)를 얻는다. 이것은 Bain의 S곡선 또는 T.T.T.곡선(time-temperature-transformation)이라고 한다.

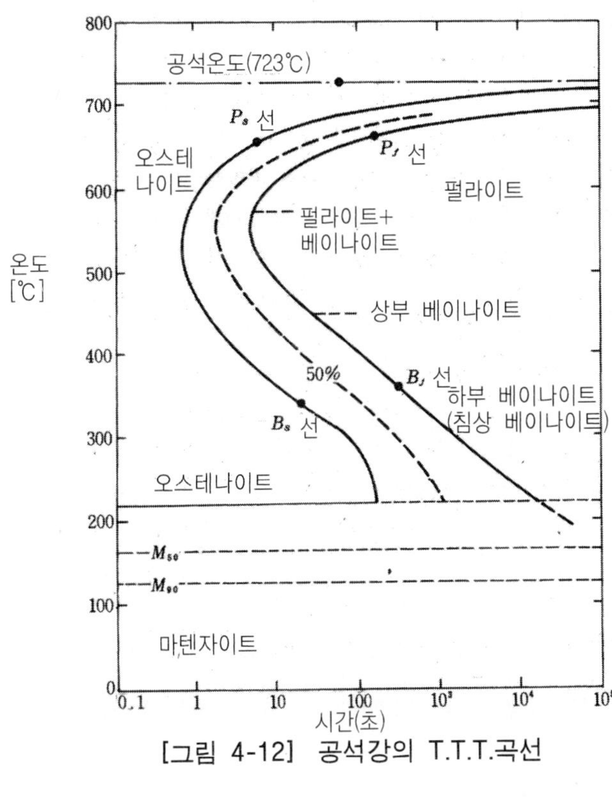


[그림 4-12] 공석강의 T.T.T.곡선

그림 4-12는 공석강의 S곡선이지만 550℃ 부근의 돌출부를 코(nose)라고 하며, 변태가 가장 단시간에 완료하는 온도범위이다. 공석강을 A1점과 코(nose)사이의 온도범위(약 550~600℃ 이상온도)에서 항온변태시키면 PS선(펄라이트 변태개시선)과 만나는 시간에서 변태를 시작하고 Pf선(펄라이트 변태종료선)에 이르러 변태를 끝내고 펄라이트가 된다. 550~600℃의 온도와 약 450℃사이에서 항온변태시키면 오스테나이트 조직은 펄라이트(pearlite)와 베이나이트(bainite) 둘다 형성되어진다. 그리고 210℃와 450℃사이에는 베이나이트만 생성된다.

베이나이트의 반응에서 흥미 있는 것은 반응온도가 낮아짐에 따라 베이나이트 생성속도가 감소되어진다는 것이다. 변태개시선과 종료선사이의 점선은 어떤 주어진 시간에서 오스테나이트가 펄라이트로 또는 오스테나이트가 베이나이트로 변태되는 1/2시간을 나타낸다. 베이나이트는 비교적 고온에서는 상부 베이나이트(upper bainite)가 생성되고 Ms점 부근의 저온에서는 하부 베이나이트(lower bainite)가 된다. 이 두 조직은 전혀 다르다. 즉, 상부 베이나이트는 새털과 같이 발달된 조직이고, 하부 베이나이트는 바늘모양으로 발달된 조직이다. 이와 같이 두 베이나이트는 전혀 다른 조직으로 보이지만 어느 것이나 페라이트 중에 시멘타이트의 미립자가 분산한 것이며 하부 베이나이트는 더욱 가늘고 고르게 분산하고 있다. 이 때문에 같은 베이나이트라도 저온에서 된 것일수록 여물다.

공석온도에서 코에 걸리지 않고 Ms점 이하로 급냉하면 Ms점에서 마텐자이트변태를 일으켜서 마텐자이트가 생성된다. 마텐자이트변태는 펄라이트변태나 베이나이트 변태와는 다르게 항온적으로 진행하지 않고 냉각을 계속함으로서 진행이 된다. 따라서 온도가 내려갈수록 생성하는 마텐자이트의 양은 증가하고 $M_f$점에 이르러 마텐자이트변태는 끝난다.

그림 4-13은 항온변태에서 임의의 시간-온도의 행로를 나타낸다. 여기서 각 행로에서 나타나는 최종 조직은 다음과 같다.

### [1] 행로 1

시편을 160℃까지 급냉하여 20분간 유지한 경우로서 냉각속도가 너무 빨라 펄라이트가 형성되지 않고 MS점을 지날 때까지 오스테나이트로 남아 있다.

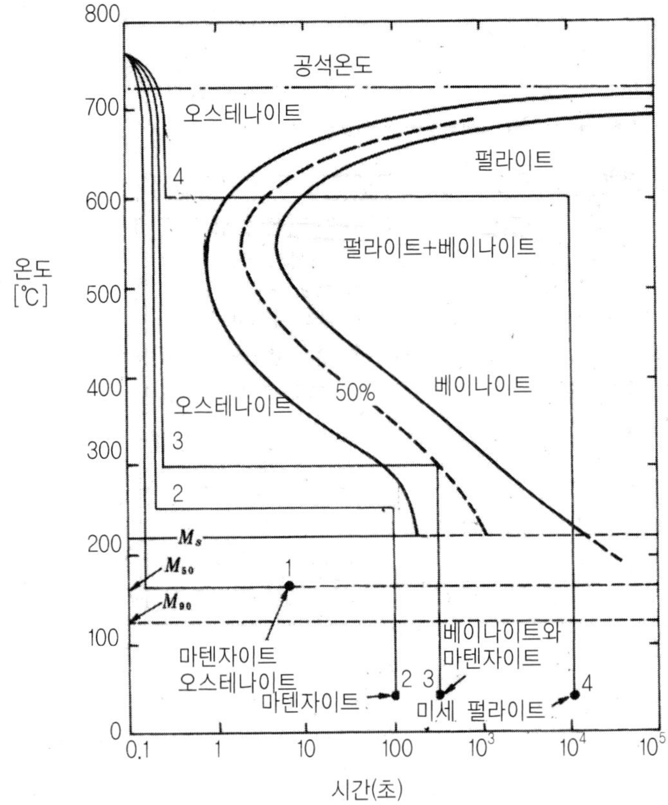


[그림 4-13] 항온변태에 있어서 임의의 온도-시간 행로

160℃가 M50선이기에 오스테나이트의 1/2이 마텐자이트로 변태하고 나머지는 잔유하고 있는 것이다.

[2] 행로 2

시편을 $A_1$점 이상의 온도에서 250℃까지 급냉하고 100초 유지한 다음, 상온까지 급냉한 경우로서 100초라는 시간은 오스테나이트가 베이나이트로 변태개시하는 Bf선까지 이른 충분한 시간이 아니기에 베이나이트로 변태하는 것이 아니라 마텐자이트로 변태한다.

[3] 행로 3

시편을 $A_1$점 이상의 온도에서 300℃까지 급냉하고 나서 오스테나이트의 1/2이 베이나이트로 변태하는 선까지 약 500초 동안 유지한 후 상온까지 급냉한 경우로서 최종조 직은 베이나이트와 오스테나이트의 1/2이 변태한 마텐자이트의 조직이 된다.

[4] 행로 4

시편을 $A_1$점 이상의 온도에서 600℃까지 급냉하고 $10^4$초 동안 유지 후 상온까지 급냉한 경우로서 최종조직은 트루스타이트(troostite 또는 fine pearlite)이다.

## 6-1. 항온 풀림(Isothermal anneanling)

일반적으로 풀림온도로 가열한 강재를 비교적 급속히 펄라이트 변태가 진행되는 온도 즉, S곡선의 코 부근 온도(600~700℃)에서 항온 변태시키고 변태가 끝난 후에 꺼내어 공랭시키는 조작이다. 공구강, 특수강 기타 자경성이 있는 특수강의 풀림에 적합하다.

## 6-2. 항온 담금질(Isothermal Quenching)

[1] 오스템퍼링(austempering)

오스테나이트 상태에서 $A_r'$와 $A_r''(M_S)$변태점사이의 열욕에 담금질하여 과냉한 오스테나이트가 변태 완료할 때까지 항온으로 유지한 후 꺼내어 담금질하는 조작으로 담금질 균열이나 변형이 적다는 것이 장점이다.

[2] 마아템퍼링(martempering)

담금질온도까지 가열한 강재를 $M_S$점 보다 약간 낮은 온도의 열욕(100~200℃)에 담금질하여 과냉 오스테나이트의 변태가 거의 완료될 때까지 항온 유지한 후 꺼내어 공랭시키는 조작으로서 항온 유지 시간이 너무 길어서 공업적으로는 거의 이용되지 않는다.

### [3] 마아퀜칭(marquenching)

담금질온도까지 가열된 강을 $M_S$점 보다 약간 높은 온도의 열욕에 담금질한 후 강재의 내외부가 동일한 온도로 될 때까지 항온 유지하고 과냉 오스테나이트가 항온 변태를 일으키지 전에 꺼내어 공랭시켜 내외부가 마텐자이트가 서서히 일어나도록 하는 처리로서 균열이나 비틀림이 생기지 않는다.

### [4] $M_s$퀜칭

담금질 온도로 가열한 강재를 $M_S$점 보다 약간 낮은 온도의 열욕에 넣어 강의 내외부가 동일 온도로 될 때 까지 항온 유지시킨 후 꺼내어 물 또는 기름 중에 급랭하는 방법이다.

## 6-3. 항온 뜨임(Isothermal Tempering)

고속도강이나 다이스강 등의 뜨임에 이용되는 방법으로 뜨임 온도로부터 $M_S$점 부근의 염욕에 넣어 항온 유지시켜 2차 베이나이트가 생기도록 하는 처리이다.

# 7. 연속 냉각변태

S곡선은 과냉 오스테나이트의 항온변태거동을 잘 나타내며 실용적인 가치가 크지만 보통의 열처리에는 냉각의 도중에서 변태를 일으킬 때가 많다. 이와 같은 경우에는 변태의 모양을 S곡선에서 상상할 수 있지만 S곡선을 그대로 적용할 수는 없다. 그러므로 일정속도에서 냉각할 경우의 변태진행도를 구한 것을 연속냉각변태도(continuous cooling transformation diagram) 또는 C.C.T.곡선이라 한다.

그림 4-14는 공석강의 C.C.T.곡선과 T.T.T.곡선의 차이점을 보여주고 있다. 그림에서 점선으로 된 곡선이 항온변태도 곡선이고 실선으로 된 것이 연속 냉각변태도이다. 이와 같이 C.C.T. 곡선은 T.T.T.곡선보다 다소 우측 하부로 즉 저온도, 장시간쪽으로 기울어져 있다. 두 냉각곡선(곡선1, 2)는 연속냉각의 다른 속도를 갖고 있다.

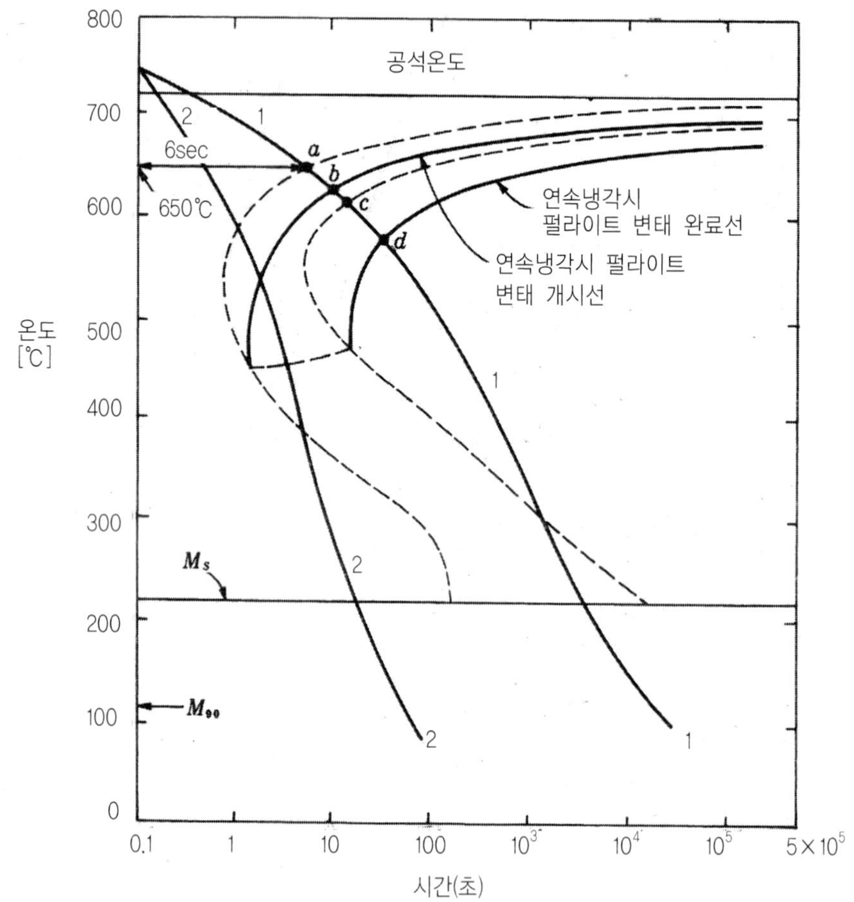


[그림 4-14] 공석강의 연속냉각곡선과 항온변태곡선의 비교

여기서 곡선 1의 경우는 650℃에서 항온변태한 경우 6초 후 a점에서 펄라이트변태가 시작되는데 연속냉각에서는 온도가 감소함에 따라 시간이 증가하므로 실제적으로 변태곡선을 오른쪽 아래로 이동시킨다. 즉 b점에서 변태가 시작되고 d점에서 완료된다. 또한 연속냉각에서는 베이나이트 변태가 일어나지 않는다.

그 이유로는 적당한 냉각 속도인 곡선 1의 경우에 시편의 오스테나이트 조직은 베이나이트 변태 범위에 이르기 전에 펄라이트로 변태 완료하기 때문이다. 곡선 2의 경우는 베이나이트 변태 영역을 지나나 베이나이트의 소량이 형성되기에는 너무 짧은 시간이기에 최종조직은 펄라이트와 마텐자이트의 혼합조직이다.

그림 4-15는 공석강에 있어서 냉각속도의 변화에 따라 나타나는 조직변화를 보여 주고 있다. 여기서 완전풀림을 한 경우는 펄라이트로 변태되고, 불림한 경우는 트루스타이트로 변태된다. 또한 유중(油中) 담금질한 경우는 펄라이트와 마텐자이트의 혼합조직으로 된다. C.C.T.곡선의 A점을 지나는 냉각속도보다 더욱 빨리 냉각하면 펄라이트변태는 전혀 일어나지 않고 과냉된 오스테나이트가 $M_S$점 이하에서 전부 마텐자이트로 변한다. 따라서 A점 및 B점을 지나는 냉각속도가 각각 상부 및 하부임계냉각속도이다.

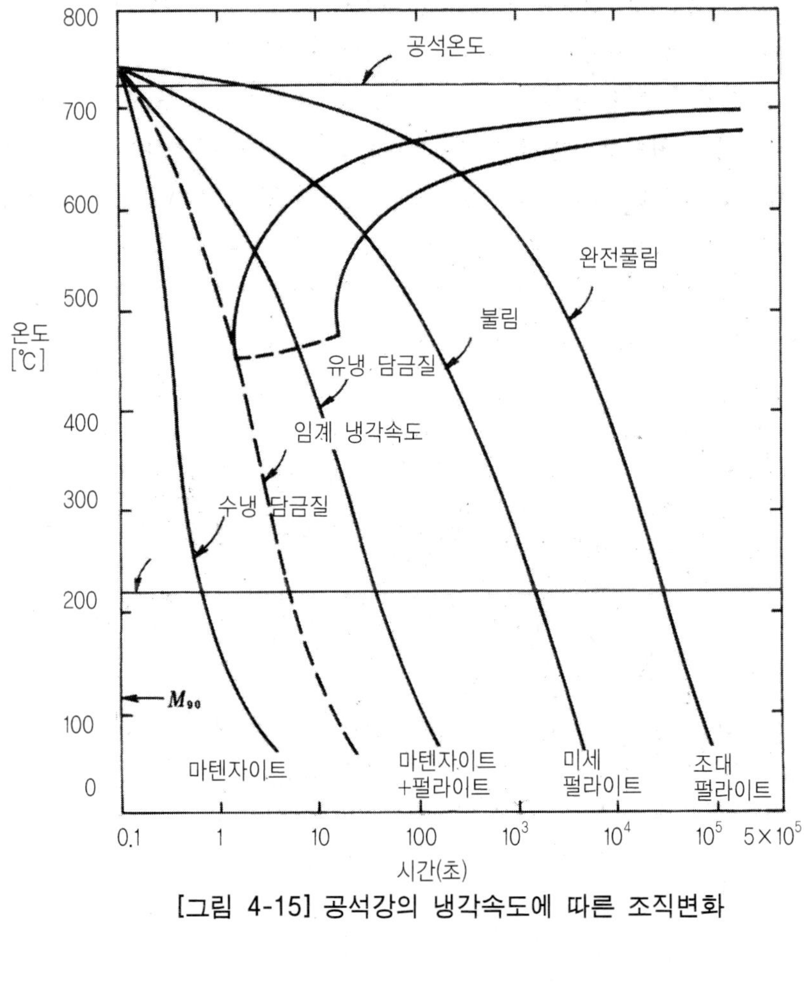


[그림 4-15] 공석강의 냉각속도에 따른 조직변화

# 실 • 력 • 평 • 가

**01.** 강의 열처리 중 담금질의 주목적으로 옳은 것은 ?[2008-4회 자동차 정비산업기사]

[가] 잔류응력 제거　　[나] 재질의 경화
[다] 인성 증가　　[라] 균열방지

**02.** 강의 열처리 방법인 풀림의 효과가 아닌 것은 ?[2009-2회 자동차 정비·검사산업기사]

[가] 불균일한 조직이 균일화된다.
[나] 소성가공에 의한 잔류응력이 제거된다.
[다] 절삭성을 향상시키고 냉간 가공성이 개선된다.
[라] 경도가 증가하고 탄성계수가 높아진다.

**03.** 탄소강을 오스테나이트조직으로 한 후 물속에 급랭하여 나타나는 침상조직으로 열처리 조직 중 경도가 최대이며, 부식에 대한 저항이 크고 강자성체이며, 경도와 강도는 크나 취성이 있고 연성이 작은 조직은 ?[2009-3회 자동차 검사산업기사]

[가] 마텐자이트　　[나] 소르바이트
[다] 트루스타이트　　[라] 오스테나이트

**04.** 가공 경화된 재료를 연한 재질상태로 돌아가게 하는 열처리 방법은 ?[2010-1회 자동차 정비·검사산업기사]

[가] 불림(normalizing)　　[나] 풀림(annealing)
[다] 뜨임(tempering)　　[라] 담금질(quenching)

**05.** 풀림 처리의 목적으로 가장 적합한 것은 ?[2010-1회, 2012-4회 컴퓨터응용가공산업기사/기계설계산업기사]

[가] 연화 및 내부응력 제거　　[나] 경도의 증가
[다] 조직의 오스테나이트화　　[라] 표면의 강화

**06.** 금형에 사용되는 펀치의 잔류 응력을 제거하고 기계적 성질을 향상시키며, 인성을 증대시키기 위해 $A_1$변태 이하에서 열처리하는 방법은 ?[2013-4회 컴퓨터응용가공산업기사]

㉮ 담금질 ㉯ 풀림
㉰ 뜨임 ㉱ 불림

**07.** 다음 중 뜨임처리의 목적으로 틀린 것은 ?[2011-1회, 2013-2회 컴퓨터응용가공산업기사/기계설계산업기사]

㉮ 담금질 응력 제거 ㉯ 치수의 경년 변화 방지
㉰ 연마 균열의 방지 ㉱ 내마멸성 저하

**08.** 담금질 조직 중에 냉각속도가 가장 빠를 때 나타나는 조직은 ?[2013-1회 컴퓨터응용가공산업기사]

㉮ 솔바이트 ㉯ 마텐자이트
㉰ 오스테나이트 ㉱ 트루스타이트

**09.** 열처리작업 중 풀림을 하는 목적과 거리가 먼 것은 ?[2010-3회 자동차 정비·검사산업기사]

㉮ 경도를 증가시킨다.
㉯ 내부응력을 저하시킨다.
㉰ 조직의 균일화, 표준화시킨다.
㉱ 일반적으로 강의 경도가 낮아져서 재료를 연화시킨다.

**10.** 탄소강을 담금질할 때 이용하는 냉각제 중에서 냉각성능이 큰 것부터 나열된 것은 ?[2012-4회 컴퓨터응용가공산업기사/기계설계산업기사]

㉮ 10% 식염수 〉 기름 〉 물
㉯ 물 〉 기름 〉 10% 식염수
㉰ 10% 식염수 〉 물 〉 기름
㉱ 기름 〉 물 〉 10% 식염수

**11.** 저온뜨임의 목적이 아닌 것은 ?[2012-2회 컴퓨터응용가공산업기사/기계설계산업기사]

㉮ 솔바이트 조직 생성 ㉯ 내마모성의 향상
㉰ 담금질 응력 제거 ㉱ 치수의 경년변화 방지

**12.** 다음 중 뜨임의 목적이 아닌 것은 ?[2012-1회 컴퓨터응용가공산업기사/기계설계산업기사]

㉮ 탄화물의 고용강화
㉯ 인성 부여
㉰ 담금질 후 응력 제거
㉱ 내마모성의 향상

**13.** 다음 담금질 조직 중에서 용적변화(팽창)가 가장 큰 조직은 ?[2011-1회 컴퓨터응용가공산업기사/기계설계산업기사]

㉮ 펄라이트 ㉯ 오스테나이트
㉰ 마텐자이트 ㉱ 솔바이트

**14.** 다음 철강 재료 중 담금질 열처리에 의해 경화되지 않는 것은 ?[2010-2회 컴퓨터응용가공산업기사]

㉮ 순철 ㉯ 탄소강
㉰ 탄소 공구강 ㉱ 고속도 공구강

**15.** 담금질 조직 중 가장 경도가 높은 것은 ?[2007-2회 기계설계산업기사. 2012-2회 기계설계기사. 2010-1회 컴퓨터응용가공산업기사]

㉮ 펄라이트 ㉯ 마텐자이트
㉰ 솔바이트 ㉱ 트루스타이트

**16.** 담금질 효과와 가장 관련이 적은 것은 ?[2010-1회 컴퓨터응용가공산업기사/기계설계산업기사]

㉮ 가열온도 ㉯ 냉각속도
㉰ 자성 ㉱ 결정입도

**17.** 금형의 표면과 중심부 또는 얇은 부분과 두꺼운 부분 등에서 담금질할 때 균열이 발생하는 가장 큰 이유는 ?[2012-2회 일반기계기사/기계설계기사]

㉮ 마텐자이트 변태 발생 시간이 다르기 때문에
㉯ 오스테나이트 변태 발생 시간이 다르기 때문에
㉰ 트루스타이트 변태 발생 시간이 늦기 때문에
㉱ 솔바이트 변태 발생 시간이 빠르기 때문에

*18.* 탄소강에서 템퍼링(tempering)을 하는 주된 목적으로 가장 적합한 것은 ?[2009-4회 일반기계기사. 2011-2회 일반기계기사/기계설계기사]

㉮ 조직을 조대화하기 위해서 행한다.

㉯ 편석을 없애기 위해서 행한다.

㉰ 경도를 높이기 위해서 행한다.

㉱ 스트레인(strain)을 감소시키기 위해서 행한다.

*19.* 강에서 열처리 조직으로 경도가 가장 큰 것은 ?[2008-2회 기계설계기사/일반기계기사. 2010-1회 일반기계기사]

㉮ 오스테나이트 ㉯ 마텐자이트

㉰ 페라이트 ㉱ 펄라이트

*20.* 다음 중 서브제로(sub-Zero)처리에 대한 설명으로 틀린 것은 ?[2010-2회 기계설계기사/일반기계기사. 2011-4회 일반기계기사]

㉮ 잔류오스테나이트를 마텐자이트화 한다.

㉯ 공구강의 경도증가와 성능을 향상시킨다.

㉰ 스테인리스강에는 우수한 기계적 성질을 부여한다.

㉱ 충격값을 증가시키고 시효에 의한 치수변화가 생긴다.

*21.* 탄소강을 풀림(Annealing)하는 목적과 관계없는 것은 ?[2010-2회 기계설계기사/일반기계기사. 2013-2회 일반기계기사]

㉮ 결정입도 조절

㉯ 상온가공에서 생긴 내부응력 제거

㉰ 오스테나이트에서 탄소를 유리시킴

㉱ 재료에 취성과 경도부여

*22.* 마템퍼링(martempering)에 대한 설명으로 올바른 것은 ?[2009-2회 기계설계기사/일반기계기사]

㉮ Ms점 직상의 온도까지 급냉한 후 그 온도에서 변태를 완료시키는 것이다.

㉯ 조직은 완전한 펄라이트가 된다.

㉰ Mf점 이하의 온도까지 급냉한 후 그 온도에서 변태를 완료시키는 것이다.

㉱ 조직은 베어나이트와 마텐자이트가 된다.

**23.** 강을 오스템퍼링(Austempering) 처리하면 얻어지는 조직으로서 열처리 변형이 적고 탄성이 증가하는 조직은 ?[2008-2회 기계설계기사/일반기계기사. 2011-4회 일반기계기사]

㉮ 펄라이트 ㉯ 마텐자이트
㉰ 베이나이트 ㉱ 시멘타이트

**24.** 심냉(sub-zero)처리의 목적을 바르게 설명한 것은 ?[2008-2회, 2011-2회 기계설계기사/일반기계기사]

㉮ 자경강에 인성을 부여하기 위함
㉯ 담금질 후 시효변형을 방지하기 위해 잔류오스테나이트를 마텐자이트 조직으로 얻기 위함
㉰ 항온 담금질하여 베이나이트 조직을 얻기 위함
㉱ 급열 · 급냉시 온도이력현상을 관찰하기 위함

**25.** 다음 중 담금질 조직 중 가장 경도가 높은 것은 ?[2007-2회 기계설계기사. 2010-1회 기계설계산업기사. 2012-2회 일반기계기사]

㉮ 펄라이트 ㉯ 마텐자이트
㉰ 솔바이트 ㉱ 트루스타이트

**26.** 다음 중 경화된 재료에 인성을 부여하기 위해서 $A_1$ 변태점 이하로 재가열하여 행하는 열처리는 ?[2007-2회 기계설계기사. 2010-4회 일반기계기사]

㉮ 침탄법 ㉯ 담금질
㉰ 뜨임 ㉱ 질화법

**27.** 담금질  균열의 원인이 아닌 것은 ?[2013-1회 일반기계기사]

㉮ 담글질온도가 너무 높다.
㉯ 냉각속도가 너무 빠르다.
㉰ 가열이 불균일하다.
㉱ 담금질하기 전에 노멀라이징을 충분히 했다.

**28.** 강의 담금질(quenching) 조직 중에서 경도가 가장 높은 것은 ?[2008-4회, 2012-1회 일반기계기사]

㉮ 펄라이트 ㉯ 오스테나이트
㉰ 페라이트 ㉱ 마텐자이트

**29.** 항온열처리를 하여 마텐자이트와 베이나이트의 혼합조직을 얻는 열처리는 ? [2012-1회 일반기계기사]

㉮ 담금질 ㉯ 오스템퍼링
㉰ 패턴팅 ㉱ 마템퍼링

**30.** 고속도강(SKH51)의 담금질 온도(quenching temperature)로 가장 적당한 것은 ? [2011-4회 일반기계기사]

㉮ 720℃ ㉯ 910℃
㉰ 1250℃ ㉱ 1590℃

**31.** 강의 특수원소 중 뜨임취성(Temper brittleness)을 현저히 감소시키며 열처리 효과를 더욱 크게 하여 질량효과를 감소시키는 특성을 갖는 원소는 ?[2008-4회, 2011-4회 일반기계기사]

㉮ Ni ㉯ Cr
㉰ Mo ㉱ W

**32.** 다음 중 기계재료를 석출경화 시키기 위해서는 어떠한 예비처리가 가장 필요한가 ?[2011-4회 일반기계기사]

㉮ 노멀라이징 ㉯ 패텐팅
㉰ 마퀜칭 ㉱ 용체화 처리

**33.** 철강재료의 열처리에서 많이 이용되는 S곡선이란 어떤 것을 의미하는가 ?[2010-4회 일반기계기사]

㉮ T. T. L 곡선 ㉯ S. C. C 곡선
㉰ T. T. T 곡선 ㉱ S. T. S 곡선

**34.** 금속의 냉각속도가 빠르면 조직은 어떻게 변하는가 ?[2010-4회 일반기계기사]

㉮ 결정입자가 미세해진다.
㉯ 냉각속도와 금속의 조직과는 관계가 없다.
㉰ 금속의 조직이 조대해 진다.
㉱ 소수의 핵이 성장해서 응고 된다.

**35.** 베이나이트(bainite)조직을 얻기 위한 항온 열처리 조작으로 가장 적합한 것은 ?
[2009-4회, 2013-2회 일반기계기사]

㉮ 오스포임 ㉯ 마퀜칭
㉰ 오스템퍼링 ㉱ 마템퍼링

**36.** 탄소함유량이 0.8%가 넘는 고탄소강의 담금질 온도로서 가장 적당한 것은 ?
[2008-4회 일반기계기사]

㉮ $A_1$온도보다 30~50℃ 정도 높은 온도
㉯ $A_2$온도보다 30~50℃ 정도 높은 온도
㉰ $A_3$온도보다 30~50℃ 정도 높은 온도
㉱ $A_4$온도보다 30~50℃ 정도 높은 온도

**37.** 상온에서 담금질된 강을 다시 0℃ 이하의 온도로 냉각하는 작업이며, 담금질된 강의 잔류 오스테나이트를 마텐자이트로 변태시키는 것을 목적으로 하는 열처리법은 ?[2008-4회 일반기계기사]

㉮ 풀림 ㉯ 불림
㉰ 뜨임 ㉱ 심랭처리

**38.** 과냉 오스테나이트상태에서 소성가공을 하고 그 후 냉각중에 마텐자이트화하는 항온 열처리방법을 무엇이라고 하는가 ?[2008-1회, 2013-4회 일반기계기사]

㉮ 크로마이징(chromizing)
㉯ 오스포밍(ausforming)
㉰ 인덕션하드닝(induction hardening)
㉱ 오스템퍼링(austempering)

**39.** Ms점과 Mf점 사이에서 항온처리하는 열처리방법으로 마텐자이트와 베이나이트의 혼합조직을 만드는 것은 ?[2008-1회 일반기계기사]

㉮ 마템퍼링
㉯ 타임퀜칭
㉰ 오스템퍼링
㉱ 마퀜칭

**40.** Sub - zero 처리는 다음 중 어느 것을 위해서 행하는가 ?[2007-4회 일반기계기사]

㉮ 오스테나이트 → 펄라이트화
㉯ 펄라이트 → 마텐자이트화
㉰ 잔류 오스테나이트 → 마텐자이트화
㉱ 트루스타이트 → 마텐자이트화

**41.** 탄소강을 담금질할 때 재료의 내부와 외부의 담금질 효과가 서로 다르게 나타나는 현상을 무엇이라고 하는가 ?[2007-4회 일반기계기사]

㉮ 노치효과 ㉯ 담금질효과
㉰ 질량효과 ㉱ 비중효과

**42.** 담금질 온도에서 냉각액 속에 재료를 담금하여 일정한 시간을 유지시킨 후 인상하여 서냉시키는 담금질 조작이 아닌 것은 ?[2013-3회 기계설계산업기사]

㉮ 시간 담금질 ㉯ 인상 담금질
㉰ 분사 담금질 ㉱ 2단 담금질

**43.** 탄소강의 항온열처리 방법 중 최종조직이 베이나이트 조직으로 나타나는 열처리 방법은 ?[2013-3회 기계설계산업기사]

㉮ 고주파 열처리 ㉯ 마퀜칭
㉰ 담금질 ㉱ 오스템퍼링

**44.** 주조 조직을 미세화하고 냉간 가공, 단조 등에 의해 생긴 내부응력을 제거하며, 결정 조직, 기계적 성질, 물리적 성질 등을 표준화시키는데 목적이 있는 열처리법은 ?[2013-3회 기계설계산업기사]

㉮ 담금질 ㉯ 침탄법
㉰ 뜨임 ㉱ 불림

**45.** 열처리방법 중 풀림의 목적이 아닌 것은 ?[2011-2회 기계설계산업기사]

㉮ 기계 가공성 개선
㉯ 냉간 가공성 향상
㉰ 잔류 응력 제거
㉱ 재질의 경화

*46.* 담금질 된 강의 경도를 증가시키고 시효변형을 방지하기 위한 목적으로 0℃ 이하의 온도에서 처리하는 방법은 ?[2011-2회 기계설계산업기사]

㉮ 저온 담금 용해처리　　㉯ 시효 담금처리
㉰ 냉각 뜨임처리　　㉱ 심랭처리

*47.* 다음 중 항온 열처리의 종류에 해당되지 않는 것은 ?[2010-4회 기계설계산업기사]

㉮ 마템퍼링　　㉯ 오스템퍼링
㉰ 마퀜칭　　㉱ 오스드로잉

*48.* 탄소강에 특수원소를 첨가할 경우 담금질성이 향상되는데 효과가 큰 것부터 나열된 것은 ?[2009-2회 기계설계산업기사]

㉮ P 〉 Mn 〉 Cu 〉 Si
㉯ Cu 〉 Si 〉 P 〉 Mn
㉰ Mn 〉 P 〉 Si 〉 Cu
㉱ Si 〉 Mn 〉 P 〉 Cu

*49.* 담금질한 강에 $A_1$변태점이하의 열을 가하여 인성을 부여하고 기계적 성질의 개선을 하고자 하는 열처리는 ?[2007-2회 기계설계산업기사]

㉮ 뜨임　　㉯ 질화법
㉰ 불림　　㉱ 침탄법

*50.* 경도가 큰 재료에 인성만 부여 할 목적으로 $A_1$ 변태점 이하로 가열하여 서냉하는 열처리 법은 ?[2003-4회 자동차 정비산업기사]

㉮ 담금질　　㉯ 고온 풀림
㉰ 뜨임　　㉱ 저온 풀림

*51.* 오스테나이트(austenite)를 상온 가공하였을 때 얻어지며 강의 담금질 조직 중 가장 경하며 자성이 강하고 상온에서 불안정한 조직인 것은 ?[2003-4회 자동차 정비산업기사]

㉮ 베이나이트(bainite)　　㉯ 펄라이트(pearlite)
㉰ 트루스타이트(troostite)　　㉱ 마텐자이트(martensite)

**52.** 강의 경도를 높이기 위한 방법으로 730~800℃로 가열한 후 물이나 기름 속에서 급랭시키는 열처리는 ?[2004-3회 자동차 정비산업기사]

㉮ 풀림 ㉯ 불림
㉰ 담금질 ㉱ 뜨임

**53.** 뜨임이란 열처리의 용어 설명으로 가장 적합한 것은 ?[2004-2회, 2007-2회 자동차 정비·검사산업기사]

㉮ 담금질한 것을 풀림 하기 위해 가열하여 서냉한 것을 뜻한다.
㉯ 경도를 높게 하기 위하여 가열 냉각하는 조작을 말한다.
㉰ 담금질한 강철에 인성이 필요할 때 $A_1$점 이하의 적당한 온도로 가열하여 인성을 증가시키는 것이다.
㉱ 경도는 약간 후퇴시키더라도 취성을 주기 위하여 가열 처리한 것이다.

**54.** 탄소강의 담금질조직에서 경도가 가장 높은 것은 ?[2005-2회 자동차 정비·검사산업기사, 2008-3회 자동차 검사산업기사]

㉮ 오스테나이트 ㉯ 마텐자이트
㉰ 트루스타이트 ㉱ 솔바이트

**55.** 다음 중 열처리 방법으로 급냉시켜 재질을 경화시키는 방법은 ?[2005-3회 자동차 정비·검사산업기사]

㉮ 불림 ㉯ 풀림
㉰ 담금질 ㉱ 뜨임

**56.** 강을 열처리하는 방법 중에서 풀림의 일반적인 목적이 아닌 것은 ?[2006-3회 자동차 정비·검사산업기사]

㉮ 가공에서 생긴 내부 응력을 저하시킨다.
㉯ 조직을 균일화, 미세화 한다.
㉰ 담금질한 강을 강화시킨다.
㉱ 열처리로 인하여 경화된 재료를 연화시킨다.

**57.** 강의 조직 중 경도가 가장 낮은 것은 ?[2006-4회 자동차 정비산업기사]

㉮ 오스테나이트 ㉯ 시멘타이트
㉰ 마르텐자이트 ㉱ 펄라이트

**58.** 담금질 강의 냉각조건에 따른 변화조직이 아닌 것은 ?[2007-1회 자동차 정비·검사산업기사]

㉮ 마텐자이트 ㉯ 트루스타이트
㉰ 솔바이트 ㉱ 시멘타이트

**59.** 다음 열처리의 담금질액 중 냉각속도가 가장 빠른 것은 ?[2007-4회 자동차 정비·검사산업기사]

㉮ 소금물 ㉯ 공기
㉰ 물 ㉱ 기름

**60.** 같은 조건하에서 금속의 냉각속도가 빠르면 조직은 어떻게 변하는가 ?[2013-2회 일반기계기사]

㉮ 결정입자가 미세해진다.
㉯ 냉각속도와 금속의 조직과는 관계가 없다.
㉰ 금속의 조직이 조대해 진다.
㉱ 소수의 핵이 성장해서 응고된다.

**정답**

01. ㉯ 02. ㉱ 03. ㉮ 04. ㉯ 05. ㉮ 06. ㉰ 07. ㉱ 08. ㉯ 09. ㉮
10. ㉰ 11. ㉮ 12. ㉮ 13. ㉰ 14. ㉮ 15. ㉯ 16. ㉰ 17. ㉮ 18. ㉱
19. ㉯ 20. ㉱ 21. ㉱ 22. ㉱ 23. ㉰ 24. ㉯ 25. ㉯ 26. ㉰ 27. ㉱
28. ㉱ 29. ㉱ 30. ㉱ 31. ㉰ 32. ㉰ 33. ㉰ 34. ㉮ 35. ㉰ 36. ㉮
37. ㉱ 38. ㉯ 39. ㉮ 40. ㉰ 41. ㉰ 42. ㉰ 43. ㉱ 44. ㉱ 45. ㉱
46. ㉱ 47. ㉱ 48. ㉰ 49. ㉮ 50. ㉰ 51. ㉱ 52. ㉰ 53. ㉰ 54. ㉯
55. ㉰ 56. ㉰ 57. ㉮ 58. ㉱ 59. ㉮ 60. ㉯

# 05 CHAPTER 강의 표면경화

엔진의 출력을 전달하는 샤프트 및 기어 등은 큰 회전력에 견딜 수 있는 강인성을 가짐과 함께 접촉하고 있는 부분 및 기어의 부분은 마모에 견딜 수 있는 것이 필요하다. 따라서 이들의 강재는 전체가 인성을 가진 강으로 만들고 접촉하는 표면만을 경화(硬化)한다. 이와 같은 방법을 탄소강의 표면경화라 한다.

## 1. 표면경화의 종류

표면 경화법의 종류는 크게 나누면 화학적 방법과 물리적 방법이 있다. 상세히 분류하면 다음과 같다.

### 1-1. 화학적 방법

[1] 침탄법(carburizing)

① 고체 침탄법

② 가스 침탄법

③ 액체 침탄법(청화법)

[2] 질화법(nitriding)

[3] 금속 침투법(cementation)

① 크로마이징(chromizing)

② 칼로라이징(calorizing)
③ 실리코나이징(siliconizing)
④ 보로나이징(boronizing)
⑤ 세라다이징(sheradizing)

### 1-2. 물리적 방법

[1] 특수 표면경화법

① 고주파 표면 경화법(induction hardening)
② 화염 경화법(flame hardening)

[2] 방전 경화법(spark hardening)

## 2. 침탄법

### 2-1. 침탄의 목적

탄소강은 탄소량이 많을수록 경도가 크다. 그러나 취성이 크기 때문에 충격에 약하게 된다. 마모작용과 충격을 동시에 받는 기계 부품 및 기구 등은 재료내부는 탄소 함유량이 적어서 높은 인성을 구비해야 하며, 표면은 탄소 함유량이 많고 마모저항이 큰 성질을 갖춘 재료가 이상적이다. 이 목적을 위하여 C = 0.1~0.2%를 함유하는 연한 강철의 표면에 탄소를 침투시켜 표면을 고탄소강 조직으로 만들고, 이것을 담금질하면 표면만 경화된 재질이 얻어진다. 표면에 탄소를 침투시키는 방법을 침탄법(carburizing)이라 하고 이것을 담금질하는 작업까지 합해서 침탄경화라고 한다.

침탄법에는 고체 침탄법, 가스 침탄법, 액체 침탄법이 있다. 3가지 침탄법 중에서 침탄공정이 양산에 적용되고 침탄정도의 제어가 쉬운 가스침탄법이 많이 사용되어지고 있다. 침탄하는 데는 침탄이 필요한 부위만 남겨 놓고 다른 부위는 동(Cu)도금을 하여 이것을 침탄제 중에 넣고 가열하면 동도금의 부분은 침탄이 되지 않는다. 그래서 필요한 부위만 탄소가 침입하여 경화하도록 하는 것이 가능하다.

## 2-2. 침탄법의 종류

### 2-2-1. 고체 침탄법(solid packed carburizing)

고체 침탄제에는 목탄, 코크스, 골탄 등과 촉진제로서 $BaCO_3$, $Na_2CO_3$, NaCl 등이 사용된다. 침탄상자는 4~10mm의 강철판 또는 주철로 만들어 물품과 침탄제를 넣고, 내화 점토로 가스가 새지 않도록 바른다. 이것을 침탄로 중에서 900~950℃에 가열하여 여러 시간 동안 동일한 온도를 유지한다.

침탄제는 고온으로 가열하여 장시간 유지하면 일산화탄소 또는 CN가스가 발생하여 이것이 강철과 작용하여 austenite조직의 철에 침투된다. 이때 반응은 그림 5-1에 나타낸 바와 같은 조건에서 진행된다. 즉, 다음과 같은 반응을 하여 강의 표면에 침입한다.

침탄제의 표면에서 $C+CO_2 \rightarrow 2CO$ ················ (5-1)

강의 표면에서 $Fe+2CO \rightarrow FeC+CO_2$ ················ (5-2)

→ 다시 (5-1)의 반응을 한다.

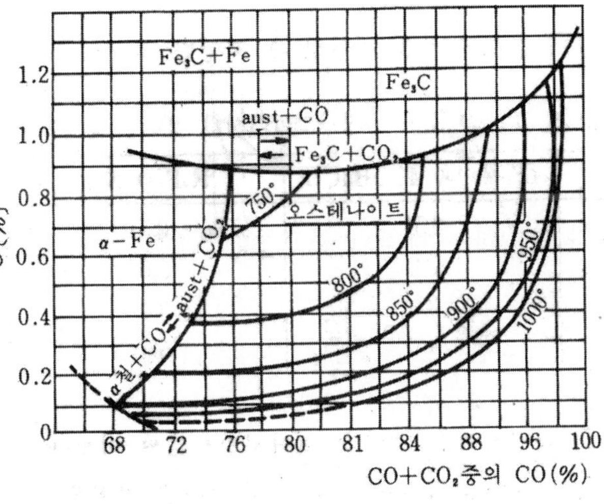


[그림 5-1] 침탄반응에 따른 온도

침탄 깊이와 침탄 시간은 그림 5-2와 같이 변화됨을 나타내며 시간이 길수록 침탄 깊이도 증가됨을 알 수 있다. 가열온도가 높으면 침탄 속도가 빠르고 또 깊게 침탄되나 1000℃ 이상의 온도에서 강의 재질이 불량하게 될 염려가 있다. 고체 침탄제는 여러 번 사용하면 점차 침탄 효과가 감소된다. 그러므로 사용할 때마다 새로운 침탄제를 1/4 정도씩 보충하여 사용하는 것이 좋다.

고체로 된 침탄제는 5~10mm의 체구멍을 통과하는 입도가 적당하며, 작은 물건에는 다소 작은 입도의 침탄제를 사용하고, 큰 물건에는 다소 큰 침탄제를 사용하는 것이 좋다고 생각된다.

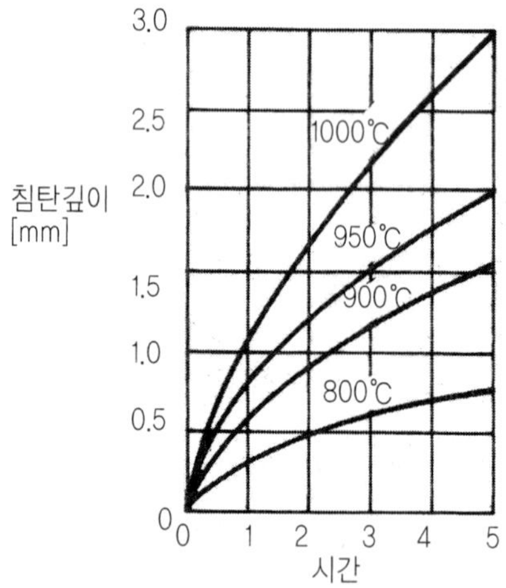


[그림 5-2] 침탄 깊이와 침탄 시간

가열시간은 침탄하고자 하는 제품의 구조, 침탄제의 종류 및 침탄 상자의 크기 등에 영향을 받으며 또한 침탄할 깊이에 따라 다르다. 보통 침탄 깊이는 0.4~2.0mm가 적당하다. 표 5-1에 침탄 온도와 침탄 깊이의 관계를 나타낸다.

침탄을 방지할 필요가 있는 부분은 일반적으로 다음과 같은 처리를 한다.

① 진흙을 표면에 바르고 석면으로 위를 싸고 얇은 철판으로 감는다.

② 구리로 도금한다.

③ 가공 여유를 크게 잡고 전체를 침탄한 후 적당한 치수로 깎아 낸다.

[표 5-1] 침탄온도와 침탄깊이(1시간 침탄한 물건의 침탄)

(단위 : mm)

| 가열 온도 | 60% 목탄과 40% $BaCO_2$ | $K_4Fe(CN)_6$ | 목탄 |
|---|---|---|---|
| 800℃ | 0.51 | 0.51 | 0.51 |
| 900℃ | 2.2 | 2.0 | 1.2 |
| 1000℃ | 3.0 | 3.0 | 2.4 |
| 1100℃ | 4.7 | 5.2 | 3.5 |

침탄이 끝난 강철은 담금질하여 표면을 경화시킴으로서 마모에 견딜 수 있게 하는 것이 목적이나 침탄 온도가 높으므로 고온에서 장시간 가열된 강철은 결정이 대단히 조대화되어 있으므로 침탄 후 상온까지 냉각하고 열처리를 할 필요가 있다. 제1차 담금질은 $A_{321}$변태점보다 높은 온도(850~900℃)의 범위로 가열하고 이것을 수중 또는 유중 담금질하여 침탄재료의 중심부 조직을 미세화시킨다. 이때 표면도 경화되나 이 온도는 표면 담금질 온도보다 너무 높아 표면 조직이 억세게 되어 있으므로 제2차 담금질은 $A_1$변태점보다 다소 높은 범위인 700~800℃까지 가열하고 물 또는 기름 중에 냉각하여 전체를 치밀한 조직으로 만든다.

이와 같이 2단 열처리를 하면 표면경화된 강철은 목적에 부합된 재질이 된다. 그림 5-3 및 그림 5-4는 침탄된 조직을 나타낸다. 담금질한 후 150~250℃에서 뜨임한 다음 냉각한다. 이때 경도는 다소 감소되나 담금질된 조직이 전체적으로 균일하게 되며 또 내부응력이 제거된다.

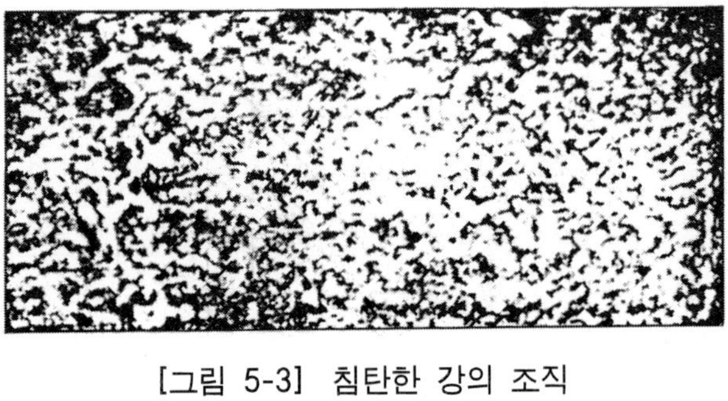

[그림 5-3] 침탄한 강의 조직

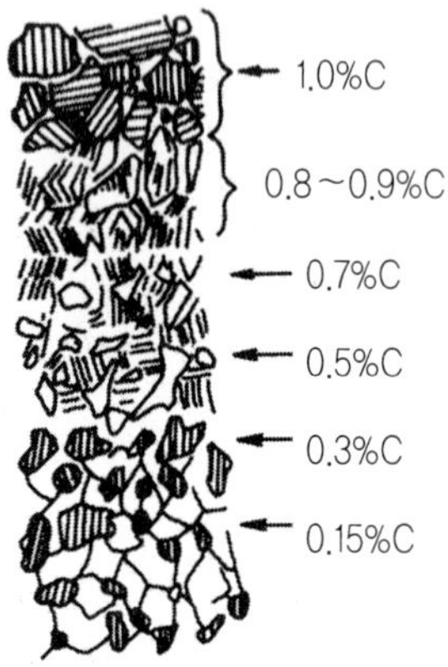


[그림 5-4] 침탄 조직의 설명도

침탄할 물건이 큰 것, 또는 품질보다 오히려 가격이 싼 것이 요구될 때에는 침탄 후 침탄 상자에서 꺼내면서 적당한 담금질 온도가 될 때에 수중에 직접 담금질한다. 이것을 직접 담금질이라고 한다.

### 2-2-2. 가스 침탄법(gas carburizing)

가스 침탄법은 적당한 탄소 가스을 기밀한 침탄로에 불어넣고 제품과 함께 900~950℃ 에서 수시간 가열하는 방법으로 침탄층의 탄소량, 깊이 등은 가스의 조성, 온도 등에 따라서 조절될 수 있다. 또한 고체 침탄과 다르게 제품을 직접 가열하기 때문에 온도 상승의 시간이 단축되고 침탄 후도 즉시 담금질 등의 열처리가 가능하다. 이 때문에 가스 침탄법은 연속작업이 용이하며, 소물부품을 양산하는 곳에 적합하다.

단점은 입계산화층이 발생하고, 고체 침탄법에 비해 설비비와 조업비가 비싸다. 그러나 자동차의 기어류 침탄에는 대량생산이 가능한 가스 침탄법을 사용하고 있다.

침탄제로 사용되는 가스는 CO, $CO_2$, $CH_4$ 외에 $C_3H_8$ 등으로서 주로 천연가스, town gas, 발생로 가스 등이 사용된다. 이들 가스가 고온의 강재와의 사이에서 활성화되면 발생기의 탄소를 석출한다. 이것이 오스테나이트 상태의 철 중에 고용된다.

즉

$$CH_4 \rightarrow C + 2H_2$$

$$2C + O_2 \rightarrow 2CO$$

$$Fe + 2CO \rightarrow [Fe-C] + CO_2$$

$$\gamma-Fe + CH \rightarrow [\gamma-Fe-C] + 2H_2$$

이와 같이 탄소가 -Fe 중에 고용된다.

침탄성 가스 중에 무수(無水)의 $NH_3$를 1~6% 혼합해서 다소 낮은 침탄온도(700~900℃)로 가열하면 침탄과 질화가 동시에 일어난다. 이것을 가스 침탄질화라고 한다. 가스를 이용한 침탄에는 가스침탄, 진공침탄, 프라즈마침탄 등이 있다. 진공침탄은 1974년 미국에서 개발된 기술로서 침탄시간의 단축, 가스량의 절약 등이 특징이다.

플라즈마 침탄은 로내에 $H_2$와 Ar가스, 그리고 탄소공급원으로서 탄화수소계인 $CH_4$나 $C_3H_8$을 도입하고 0.1~10Torr의 감압분위기에서 음극인 피처리품과 양극인 로벽과의 사이에 직류 고전압(350~1500V)을 인가하여 생기는 글로우방전(glow discharge)에 의해 발생하는 글로우방전 플라즈마를 이용한다. 프라즈마에 의해 활성화되어진 탄소를 가속하여 강의 표면에 이온주입을 행하는 플라즈마 침탄의 특징은 탄소의 공급속도가 빠르고 진공분위기에서 처리하기에 입계산화가 없으며 침탄층의 제어가 용이하다. 그리고 표면에 그으름이 없어 청정하다는 것이다.

각종 침탄법을 표 5-3에 나타내고 있다.

[표 5-3] 각종 침탄법의 비교

| 항 목 | | 가스 침탄 | 진공 침탄 | 플라즈마 침탄 |
|---|---|---|---|---|
| 로 형식 | | 전기로/변성로(RX가스) | 진공분위기 저항로($CH_4$) | 진공, 글로우방전 이용저항로($C_3H_8$) |
| 품질의 영향 | ·침탄층성질 | 보통 | 보통 | 보통 |
| | ·표면청정도 | 좋음 | 우수 | 우수 |
| | ·결정입도 | 보통 | 조대 | 보통 |
| | ·변형발생 | 약간 큼 | 약간 큼 | 작음 |
| | ·마모저항 | 좋음 | 좋음 | 좋음 |
| | ·흠, 미세공 침탄특성 | 양호 | 양호 | 우수 |
| | ·탈탄층 발생 | 있음 | 없음 | 없음 |
| 침탄온도 | | 〈930℃ | 1050℃ | 930~960℃ |
| 침탄시간 | | 〉2h | 약1h | 약1h |
| 침탄효율 | | 10-20% | 〈20% | 20-60% |
| 침탄방지책 | | 침탄방지제 | 마스크 | 마스크 |
| 탄소농도 제어 | | 변성가스/엔리치가스 | 가스압력 | 방전시간, 가스유량 |
| 운전비 | | 1 | 0.8 | 0.5 |
| 유지비 | | 대 | 중 | 소 |
| 신뢰성 | | 분위기 제어 필요 | 침탄얼룩 발생, 고온침탄시 미세구멍 침탄가능 | 좋음, 미세구멍의 침탄이 가능함 |

### 2-2-3. 액체 침탄법(liquid carburizing)

액체 침탄법은 청화소다(NACN) 등을 가열 용융시킨 다음 그 열욕에 제품을 일정 시간 침적하는 것에 의해 침탄하는 방법으로 청화물은 공기 중의 산소와 반응하여 CO와 질소를 생성시키고, CO는 침탄작용을 질소는 뒤에서 설명하는 질화 작용을 한다. 그래서 이것을 침탄 질화법 또는 청화법(cyaniding)이라고도 한다. 이 방법은 처리온도가 비교적 낮고 시간도 단축하기 때문에 다량 생산하는데 적합하지만, NACN가 맹독성이기 때문에 취급에 주의를 요한다.

또한 액체 침탄법에 의한 경화층은 다른 침탄법에 비해 얇다. 그리고 온도가 높을수록 깊게 된다. 청화물을 녹이는 도가니는 주철, 내열강 또는 내화도가니를 사용한다. 최근에는 전기 열원을 사용하는 salt-bath가 사용되고 있다.

CN화합물의 반응은 다음과 같다.

$$2NaCN + PO_2 \rightarrow Na(CN)O$$

$$4Na(CN)O \rightarrow 2NaCN + NaCO_3 + CO + 2N \downarrow \text{(철 중에)}$$

$$2CO \rightarrow CO_2 + C \uparrow \text{(철 중에)}$$

## 2-3. 침탄제의 성분

침탄에 사용되는 강을 침탄강이라고 하며 표 5-4와 같은 종류가 사용되고 있음을 나타낸다.

[표 5-4] 침탄제의 종류

| 강철의 종류 | C(%) | N(%) | Cr(%) |
|---|---|---|---|
| 저 탄소 침탄강 | C 〈 0.18 | - | - |
| 저 Ni 침탄강 | C 〈 0.15 | 2~3 | 〈 0.5 |
| Ni(3~40%)침탄강 | | 3~4 | 〈 0.5 |
| Ni(4.5%) 침탄강 | | 4~5 | 〈 0.5 |
| Ni(3~4%)-Cr침탄강 | | 3~4 | 0.5~1.0 |
| Ni(4.5% )-Cr침탄강 | | 4~5 | 0.5~1.0 |

# 3. 질화법(nitriding)

질화법은 강제품(鋼製品)의 표면에 화합물층을 만들어서 경화시키는 방법으로 소량의 Cr, Mo, Al 등을 포함한 강을 500~520℃의 암모니아 가스($NH_3$) 중에서 50~100시간 가열하면 극히 경한 층이 나타난다. 경화층은 0.5mm 이하이지만, 침탄과 같이 처리 후 담금질 등의 열처리를 행할 필요가 없기 때문에 미리 열처리를 완료한 강제품을 정확히 마무리 작업한 후 처리하면 좋다.

질화에 의한 경화층은 침탄 경화층보다는 훨씬 경하고, 내식성, 내마모성에 우수하기 때문에 실린더 라이너, 각종 기어, 크랭크축, 캠 등의 표면경화에 이용된다.

질화 처리한 제품은 다음과 같은 특징을 가지고 있다.

① 경화층은 얇으나 경도는 침탄한 것보다 크다.

② 마모 및 부식에 대한 저항이 크다.

③ 침탄강은 침탄 후 담금질을 필요로 하지만 질화법에 의한 제품은 담금질할 필요가 없고 변형이 적다.

④ 600℃ 이하의 온도에서는 경도가 감소되지 않고 또한 산화도 잘 되지 않는다.

질화에 사용되는 강을 질화강이라고 한다. 그리고 그 중요한 성분은 Al, Cr, Mo 등이다. 질화에 사용되는 강은 C = 0.3~0.4%, Mn = 0.4~0.7%, Al = 0.6~1.5%, Cr = 1.2~1.8% Mo = 0.15~0.3%의 것이 좋다고 한다. 표 5-5에 질화강의 성분 및 열처리 온도를 표시한다.

[표 5-5] 질화강의 성분 및 열처리

| 화학성분 | | | | | 열처리 | | | 비 고 |
|---|---|---|---|---|---|---|---|---|
| C | Al | Cr | Mo | V | 1차 담금질 | 2차 담금질 | 질화 | |
| 〈 0.55 | 1.2~2.0 | 1.6~1.8 | 0.4~0.5 | - | 950℃ oil | 700℃ oil | 500℃에 20~100시간 | nitralloy의 규격 |
| 0.35~0.45 | 0.25~0.35 | 1.2~1.7 | 0.25~0.4 | - | 900℃ oil | | | |
| 0.4 | - | 2.2~2.4 | - | 0.1~0.2 | 850℃ oil | | | |

이상 서술한 방법을 가스 질화법이라고 하지만 이 방법 외에 시안(CN)화합물을 가열 용융하고 그 중에 제품을 침적하여 C, N에 의해 침탄, 질화를 행하는 방법과 $NH_3$가스 중에서 제품을 음극으로 하고, 로를 양극으로 하여 방전시켜 생긴 N이온이 제품의 표면에 충돌, 침입하여 질화를 행하는 이온 질화법 등이 있다. 이온 질화법은 처리시간이 15시간 정도로 짧게 할 수 있다는 것이 특징이다.

## 4. 금속침투에 의한 경화법

금속침투(metallic cementation)에 의한 표면 경화법이란 강의 표면에 타금속(Cr, Al, Ti, Co, Si)을 삼투시켜 그 표면에 합금속 및 금속피복을 만들어 표면을 경화시키는 조작을 말한다. 금속증기를 사용하여 모재 표면에 흡착 침투시키는 방법도 있으나 이것은 여기에서는 제외하고자 한다.

일반적으로 금속보다 증기압이 높고 모재 표면에서 용이하게 분해될 수 있는 gas 상 금속화합물을 사용한다. 이 가스가 침투하여 물질을 모재 표면으로 운반하고 여기에서 분해되어 활성기체상태가 되고 모재 표면에 흡착 침투한다.

금속 할로겐 화합물은 일반적으로 완전한 휘발성을 갖고 있으므로 금속 침투에 널리 사용된다. 이 방법의 목적은 내식성, 방청성, 내고온 산화성 등의 화학적 성질을 향상시키는 것이고 동시에 경화와 내마모성이 증가하는 효과를 수반한다.

## 4-1. 크로마이징(chromizing): Cr의 침투처리

Cr은 내식, 내마모성이 우수하므로 Cr을 강의 표면에 침투 확산시키는 방법으로 도금할 물건을 침투제인 Cr분말($Al_2O_3$을 20~25% 첨가)속에 파묻고 환원성 또는 중성 분위기 중에서 1000~1400℃로 가열한다. 모재(母材)로는 보통 탄소강 0.2% 이하의 연강이 사용되며 탄소량이 그 이상으로 되면 Cr침투가 곤란해진다.

Cr침투층은 대단히 단단하고 내마모성이 우수하므로 다이스, 게이지, 절삭공구 등에 좋은 성과를 나타낸다.

## 4-2. 칼로라이징(calorizing): Al의 침투처리

이 방법은 강의 표면에 Al을 침투시키는 처리이며 내 scale성을 증가시키는 것을 목적으로 한다. 현재 많이 사용되는 방법은 혼합분말에 의하여 침투시키는 방법이다. 경화시키고자 하는 강부품을 Al분말 : 49%, $Al_2O_3$분말 : 49%, $NH_4Cl$ : 2%되는 혼합분말 속에 넣고 이 용기를 로내에 넣어 905~1050℃로 가열한다. 가열시간은 침투층의 두께에 따라 적당히 변화시킨다.

일반적으로 3~15시간에 0.2~0.5mm 두께까지 침투층이 얻어진다. Al이 침투된 부품은 900℃까지의 고온 산화에 견디는 성질이 있다. 이 보다 높은 온도에서는 약간의 산화가 일어난다. 또 $H_2S$, $SO_2$를 함유하는 로의 연소 가스에 대한 내식성이 강하여 침탄상자, 흡열관, 가스발생 장치의 부품 등 고온에서 사용되는 기계와 기구의 부품에 사용된다.

### 4-3. 실리코나이징(siliconizing): Si의 침투처리

내식성을 증가시키는 방법으로서 강의 표면에 Si를 침투시키는 처리이다. 이 방법에는 고체분말법과 가스법이 있다.

고체 분말법은 강철 부품을 규소 분말, Fe-Si, Si-C 등의 혼합물속에 넣고 회전로 또는 보통의 침탄로에서 950~1050℃로 되었을 때에 $Cl_2$가스를 통과시킨다. $Cl_2$가스는 용기 내의 실리콘 카바이드(silicon carbide) 또는 Fe-Si와 작용하여 강철속으로 침투 확산한다. 950~1050℃에서 2~4시간의 처리로서 0.5~1.0mm의 규소 침투층이 생길 수 있다. 최외층의 규소량은 약 14%이다. 침투층의 두께는 950℃×11시간 처리로서 약 1.2mm이다.

### 4-4. 보로나이징(boronizing): B의 침투처리

강재의 표면에 붕소를 침투 확산시켜 경도가 높은 층을 형성시키는 표면 경화법이다. 이 방법은 붕소용융전해에 의해 얻어지며, 900℃에서 전류밀도가 $10A/dm^2$ 이상에서 완전히 보론(boron)화된 층이 형성되어 표면경화는 $H_V$ 1300~1400에 달한다. 붕소처리에 의한 경화 깊이는 약 0.15mm이다. 이 처리는 처리 후의 담금질이 필요하지 않으며 각종 강재에 적용이 가능하다.

### 4-5. 세라다이징(sheradizing): Zn의 침투처리

Zn을 침투 확산시키는 법으로서 청분(blue powder)이라고 불리는 300메시 정도의 가는 Zn 분말 속에 경화시켜고자 하는 재료를 묻고 보통 300~420℃에서 1~5시간 동안 처리해서 0.015mm 정도의 경화층을 얻는 방법이다.

## 5. 물리적 표면경화법

### 5-1. 화염 경화법(flame hardening)

화염 경화법은 산소-아세틸렌 불꽃에 의해 부분적으로 담금질 온도로 가열한 후 급속히 냉각하여 표면을 경화시키는 방법으로 화염 담금질법이라고도 한다. 한정된 부분을 고온으로 하는데는 단시간에 발열량이 높은 불꽃으로 가열한다.

담금질층의 깊이는 불꽃의 강도, 가열시간 및 불꽃의 이동속도 등에 의하여 가감될 수 있고 시간이 길고, 불꽃 이동시간이 늦는 만큼 담금질층은 깊게 된다. 그림 5-5는 화염 담금질 조작의 한 예를 표시하고 있다.

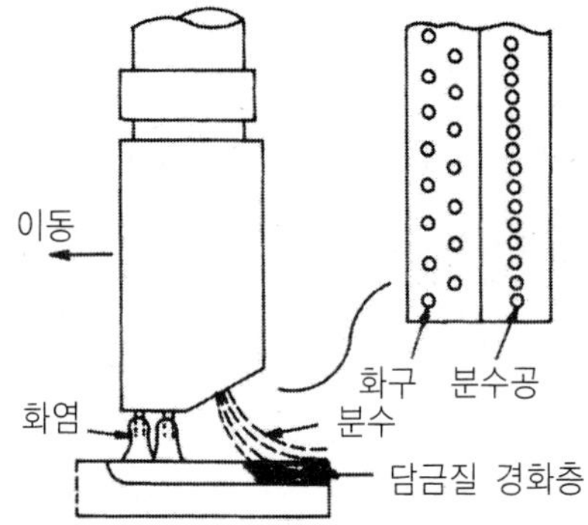


[그림 5-5] 화염 담금질의 예

이러한 방법은 그림 5-6과 같이 4종류가 있다.

① 고정법 : 물품과 화염을 모두 고정하여 일부분만을 가열 담금질하는 방법

② 전진법 : 화염 또는 물품을 한 쪽 방향으로 전진시키면서 연속적으로 가열 담금질하는 방법

③ 회전법 : 원형으로 된 물품을 회전시키면서 여러 개의 버너로 원주면을 가열하여 바로 한 번에 담금질하는 방법

④ 조합법 : 회전법과 전진법을 조합한 것으로서 길이가 긴 축을 담금질 할 때에 편리하다.

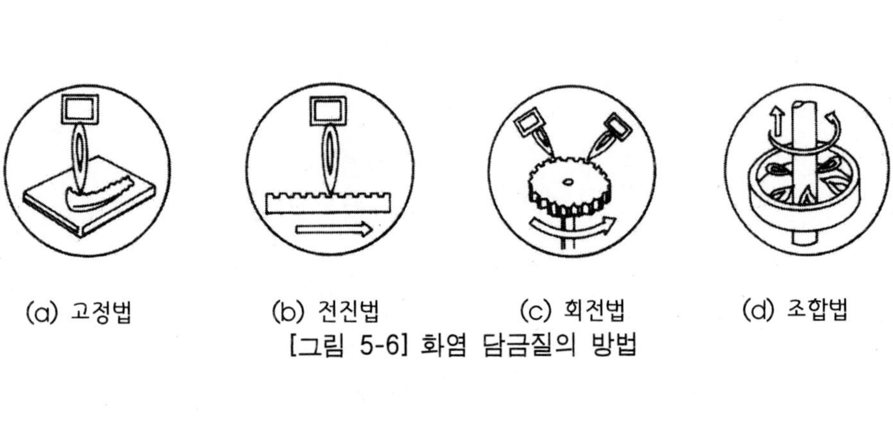


[그림 5-6] 화염 담금질의 방법

화염 담금질용 재료는 과거에는 저탄소강 및 중탄소강만을 사용해 왔으나 최근에는 고탄소강이나 특수강 등도 사용되고 있으며 더욱이 보통 주철이나 구상흑연주철 등도 대단히 많이 사용되고 있다.

강재의 탄소 함유량은 0.35~0.6% 범위가 좋으며 이보다 많으면 급열 급냉에 의하여 담금질 균열이 생길 염려가 있으므로 좋지 않다. 화염 담금질의 장점은 다음과 같다.

① 물품의 크기나 형상에 제한없이 담금질이 가능하다.
② 국부적인 담금질이 가능하다.
③ 담금질 변형이 적다.
④ 설비비가 싸다.

반면에 가열온도의 측정 및 화염의 조절이 어려운 단점이 있다.

### 5-2. 고주파 표면 경화법(induction hardening)

고주파 표면 경화법은 코일에 고주파 전류를 통하게 하여 그 자장 내에 놓여진 철강제품의 표면에 와전류를 생성시켜 급속히 가열한 후 급냉하는 방법으로 고주파 유도가열 경화법 또는 고주파 담금질법이라고도 한다. 담금질층의 깊이는 전력(수 W 수백 W), 주파수(수천 Hz 수천 KHz), 코일의 피치(코일과 코일의 간격), 가열시간 등의 따라서 가감될 수 있다.

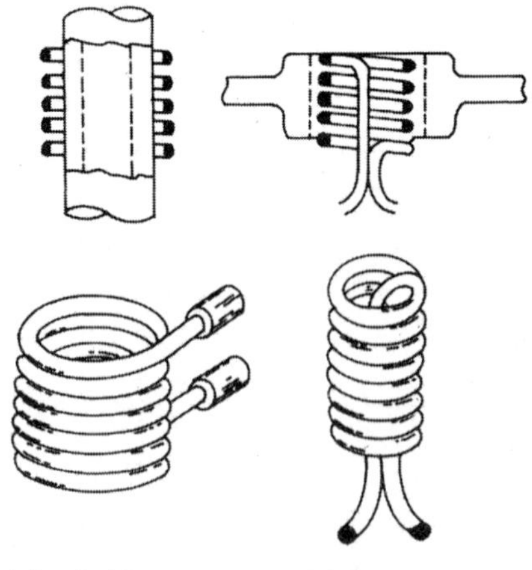

(a) 외면용 (b) 내면용

[그림 5-7] 고주파 담금질의 코일

그림 5-7은 고주파 담금질법에 사용되는 코일의 한 예이다. 이 방법의 장점은 코일을 통과시키면서 가열한 것을 즉시 냉각시킬 수 있어 연속적으로 작업이 가능하여 값이 싸고 경제적이다. 또한 가열시간이 짧아 산화 및 탈탄의 염려가 적다.

## 6. 숏 피이닝법(shot peening)

이 방법은 숏(shot)이라 부르는 산탄상(散彈狀)의 단단한 작은 강구(鋼球)를 압착공기(壓搾空氣)와 우근차(羽根車)에 의한 원심력을 이용하여 제품에 고속도로 투사하여 햄머로 쳤을 때와 같은 작은 凸凹를 만들어 냉간 가공하여 경하게 하는 방법을 말한다. 이 방법을 스프링류에 행하면 피로한도가 높게 되고 수명을 길게 하는 것이 가능하다.

## 7. 강의 산화와 탈탄

### 7-1. 강의 산화

열처리 가열 중에 철강이 공기 중의 산소 또는 산화성 연소 가스와 작용하여 산화철을 만드는 현상을 산화라 하고 산화에 의하여 생긴 검고 단단한 피막을 스케일(scale)이라 한다. 산화하면 철강의 손실, 다듬질면의 파괴가 일어날 뿐만아니라 담금질 중에 급냉을 방해하여 소위 연점(soft spot)이 생기게 되므로 주의하지 않으면 안 된다.

### 7-2. 강의 탈탄

강을 고온으로 가열하여 열처리할 때 또는 고온가공을 하기 위하여 장시간 가열하면 산화가 생기고 산화막이 형성된다. 이때 강 중의 탄소도 산화되어 $CO_3$, CO가스가 되어 제거된다. 이것을 탈탄이라고 한다. 강의 표면이 탈탄되면 강의 표면에 연한 페라이트(ferrite)층이 형성된다. 이것은 공구강 및 스프링강 같은 것에서는 제품의 성능을 저하시킨다. 강의 탈탄은 공기, 수증기, 탄산가스 등과 같은 산화성 가스 또는 수소, $NH_3$같은 환원성 가스 및 용융염, 산화철 중의 슬래그(slag) 등에 의하여도 생긴다.

강의 탈탄은 Ni, Mn, Cr 등을 첨가하면 감소하고 Si, P 등을 첨가하면 증가하며 S는 탈탄에 영향을 주지 않는다.

## 7-3. 산화와 탈탄의 방지

큰 제품은 가열로 안에 과잉의 산화성 가스를 들여보내서 탈탄하거나 그 진행을 멎게 한다. 로안에 질소($N_2$), 프로판($C_3H_8$), 부탄($C_4H_{10}$), 메탄($CH_4$) 등의 탄화수소계 연료가스나 목탄가스, 발생로 가스, 고로(高爐)가스 등의 활성이 없는 가스를 들어 보내어 강철로 만든 제품을 이들의 가스로 둘러싸서 가열하는 것인데, 이러한 산화와 탈탄을 방지하기 위한 열처리로서는 다음과 같은 것이 있다.

① 상자풀림

② 광휘 열처리

## 7-4. 산화피막의 제거

스케일을 제거하는 가장 간단한 방법은 산세(酸洗)이다. 이것은 강을 산류의 용액 중에 넣어 세척하는 방법이다. 이때 쓰이는 용액은 대체로 50~60℃, 15~20% 염산수용액 및 3~10% 황산수용액이다.

이 산세에 의하여 스케일이 제거되는 것에는 철의 용해에 의한 화학적인 것과 발생기 수소에 의한 기계적인 것이 있다. 열처리품(담금질한 물품 또는 담금질 뜨임한 물품)을 세척할 때는 산세취성을 일으키는 일이 많으므로 장시간 처리는 피하는 것이 좋다. 산세를 한 것은 더운 물로 씻어내고 석회수 또는 가성소오다수로 중화시킨 다음 또 다시 물로 씻어 내고 100~200℃ 건조실에 넣어 건조시킨다.

강의 표면을 청소하는 방법에는 이 외에 압축공기에 의해서 노즐로부터 모래를 강(鋼)의 표면에 분사시켜 주는 샌드 블라스팅(sand blasting)법과 소형 강구(鋼球)를 분산시켜 주는 숏 클리닝(shot cleaning) 등이 있다.

# 실 • 력 • 평 • 가

**01.** 일반적인 표면 경화법의 종류가 아닌 것은 ?[2008-1회 자동차 정비·검사산업기사]

㉮ 노멀라이징 ㉯ 청화법
㉰ 고체 침탄법 ㉱ 질화법

**02.** 기어나 피스톤 핀 등과 같이 마모작용에 강하고 동시에 충격에도 강해야 할 때 강의 표면을 경화하기 위하여 열처리하는 방법이 아닌 것은 ?[2010-1회 자동차 정비·검사산업기사]

㉮ 침탄법 ㉯ 침탄질화법
㉰ 저온 소둔법 ㉱ 고주파법

**03.** 가공제품을 숏 피닝(short peening)하는 가장 중요한 이유는 ?[2010-4회 자동차 정비산업기사]

㉮ 취성을 높이기 위해 ㉯ 담금질 효과를 얻기 위해
㉰ 피로강도를 높이기 위해 ㉱ 절삭성을 향상시키기 위해

**04.** 다음 중 내연기관이나 실린더 내벽이나, 고압 터빈날개 등과 같은 제품의 표면경화법으로 가장 적합한 것은 ?[2013-4회 컴퓨터응용가공산업기사]

㉮ 질화법 ㉯ 침탄법
㉰ 화염 경화법 ㉱ 고주파 경화법

**05.** 표면 강화법에서 금속 침투법이 아닌 것은 ?[2010-4회 기계설계산업기사]

㉮ 세라다이징 ㉯ 크로마이징
㉰ 칼로라이징 ㉱ 방전 경화법

**06.** 다음 중 금속 침투법 중에서 Al를 침투 시키는 것은 ?[2011-1회 컴퓨터응용가공산업기사/기계설계산업기사]

㉮ 세라다이징 ㉯ 알리마이징
㉰ 실리코나이징 ㉱ 칼로나이징

**07.** 다음 중 가장 낮은 온도에서 실시되는 표면 경화법은 ?[2009-4회 컴퓨터응용가공산업기사/기계설계산업기사]

㉮ 질화 경화법 ㉯ 침탄 경화법
㉰ 크롬 침투법 ㉱ 알루미늄 침투법

**08.** 고주파경화법의 설명으로 틀린 것은 ?[2007-1회 컴퓨터응용가공산업기사/기계설계산업기사]

㉮ 재료의 표면부위만 경화된다.
㉯ 가열시간이 대단히 짧다.
㉰ 표면의 탈탄 및 결정입자의 조대화가 거의 일어나지 않는다.
㉱ 표면에 산화가 많이 일어난다.

**09.** 표면 강화법 중 가장 편리한 방법으로 고주파 유도전류에 의하여 소요 깊이까지 급속히 가열한 다음, 급랭 하여 경화시키는 방법은 ?[2007-2회 기계설계기사]

㉮ 침탄법 ㉯ 금속 침투법
㉰ 질화법 ㉱ 고주파 경화법

**10.** 다음 중 강재의 화학 조성을 변화시키지 않으며 행하는 경화법은 ?[2012-1회 일반기계기사]

㉮ 쇼트 피이닝 ㉯ 금속 침투법
㉰ 질화법 ㉱ 침탄 질화법

**11.** 강으로 만든 부품, 특히 공구강의 표면에 TiN이나 TiC를 증착시키는 표면 경화법은 ?[2011-1회 일반기계기사]

㉮ 침탄법 ㉯ 질화법
㉰ 금속침투법 ㉱ PCVD

**12.** 금속침투법 중 Zn을 강 표면에 침투 확산시키는 표면처리법은 ?[2008-1회 일반기계기사]

㉮ 크로마이징 ㉯ 세라다이징
㉰ 칼로라이징 ㉱ 보로나이징

**13.** 강의 표면경화처리에서 질화법에 특징을 설명한 것 중 틀린 것은 ?[2010-1회 일반기계기사]

㉮ 내마모성, 내식성이 크다.
㉯ 경화층이 얇다.
㉰ 경도는 침탄한 것보다 높다.
㉱ 침탄법보다 처리시간이 짧다.

**14.** 강의 열처리 방법 중 표면강화법에 속하는 것은 ?[2009-2회 일반기계기사/기계설계기사]

㉮ 담금질 ㉯ 노말라이징
㉰ 뜨임 ㉱ 침탄법

**15.** 강의 열처리 방법 중 표면강화법에 속하는 것은 ?[2007-4회 일반기계기사]

㉮ 담금질 ㉯ 불림
㉰ 마템퍼 ㉱ 침탄법

**16.** 다음 중 가열 시간이 짧고, 피가열물의 스트레인을 최소한으로 억제하며, 전자에너지의 형식으로 가열하여 표면을 경화시키는 방법은 ?[2010-4회 기계설계산업기사]

㉮ 침탄법 ㉯ 점화법
㉰ 시안화법 ㉱ 고주파 담금질

**17.** 강의 표면 경화하는 침탄법과 비교한 질화법의 특징 설명으로 틀린 것은 ?[2006-4회 자동차 정비산업기사]

㉮ 질화법은 담금질할 필요가 없다.
㉯ 경화층이 얇으나 경도는 침탄한 것보다 크다.
㉰ 질화법은 마모 및 부식에 대한 저항이 작다.
㉱ 질화법은 변형이 적으나 경화시간이 많이 걸린다.

**18.** 표면경화법에 관한 설명 중 틀린 것은 ?[2007-3회 자동차 검사산업기사]

㉮ 표면경화의 대표적인 것은 기어, 캠, 캠샤프트 등이 있다.
㉯ 강제품은 내마모성 및 인성이 요구된다.
㉰ 기계적인 성질을 내부까지 변형시킬 때 사용된다.
㉱ 표면경화방법으로 침탄법, 질화법, 고주파 담금질, 화염담금질 등이 있다.

**19.** 열처리 방법에서 일반적인 표면경화법이 아닌 것은 ?[2007-1회 자동차 정비·검사산업기사]

㉮ 저주파 경화법 ㉯ 청화법
㉰ 고체 침탄법 ㉱ 질화법

**20.** Al-Cr-Mo강을 가스질화 할 때 처리온도가 적당한 것은 ?[2012-4회 기계설계산업기사]

㉮ 370 ~ 450℃ ㉯ 500 ~ 550℃
㉰ 650 ~ 700℃ ㉱ 850 ~ 900℃

**21.** 강의 표면에 탄소를 침투시켜 표면을 경화시키는 방법은 ?[2013-4회 일반기계기사]

㉮ 질화법 ㉯ 크로마이징
㉰ 침탄법 ㉱ 담금질

**22.** 마찰부분이 많아 내마모성과 인성이 풍부한 강을 만들기 위한 열처리 방법에 속하지 않는 것은 ?[2004-2회 자동차 정비·검사산업기사]

㉮ 침탄법 ㉯ 산화법
㉰ 화염 경화법 ㉱ 고주파 경화법

**정답**

01. ㉮ 02. ㉰ 03. ㉰ 04. ㉮ 05. ㉱ 06. ㉱ 07. ㉮ 08. ㉱ 09. ㉱
10. ㉮ 11. ㉱ 12. ㉯ 13. ㉱ 14. ㉱ 15. ㉱ 16. ㉱ 17. ㉰ 18. ㉰
19. ㉮ 20. ㉯ 21. ㉰ 22. ㉯

CHAPTER 06

# 탄소강의 용도

## 1. 탄소강의 분류

탄소강의 분류는 기준에 따라서 차이가 있으나 탄소량과 경도에 의한 사용요구에 따라 나누어 보면 다음과 같다.

① 가공성을 요구할 때 : C 〈 0.05~0.3%

② 가공성과 동시에 강인성을 요구할 때 : C = 0.3~0.45%

③ 강인성과 동시에 내마모성을 요구할 때 : C = 0.45~0.65%

④ 내마모성과 동시에 경도를 요구할 때 : C = 0.65~1.2%

이것을 상세하게 분류하면 표 6-1과 같다.

[표 6-1] 철강의 분류

| 명 칭 | 탄소함유량(%) | 표준상태(HB) | 용 도 |
|---|---|---|---|
| 순철(純鐵) 및 Armco철 | 0.01~0.02 | 40~70 | 자동차철판, 법랑기구, 기타 |
| 특별극연강(特別極軟鋼) | 0.03~0.08 | 70~90 | 전선, 가스판, 대철 |
| 극연강(極軟鋼) | 0.08~0.12 | 80~120 | 아연도금강판, 함석판, 리벳트 |
| 연강(軟鋼) | 0.12~0.20 | 100~130 | 일반 건축용강재, 강판 |
| 반연강(半軟鋼) | 0.20~0.30 | 120~145 | 차륜, 볼트, 강판, 강주물 |
| 반경강(半硬鋼) | 0.30~0.40 | 140~170 | 차축, 철공, 강철판 |
| 경강(硬鋼) | 0.40~0.50 | 160~200 | 차륜, 레일, 기어, 켐 |
| 최경강(最硬鋼) | 0.50~0.70 | 180~235 | 레일, 스프링, 타이어 |
| 고 탄소강 | 0.70~1.50 | 180~320 | 공구재료, 단조용공구, 다이스 |
| 고탄소공구강 | " | " | 드릴, 바이트, 펀치 |

| 명 칭 | 탄소함유량(%) | 표준상태(HB) | 용 도 |
|---|---|---|---|
| 가단주철 | 2.5~2.8 | 100~150 | 소형주철물, 자동차부품 |
| 고급주철 | 2.8~3.2 | 200~220 | 강력기계부품, 수도관, 실린더 |
| 보통주철 | 3.2~4.0 | 150~180 | 수도관, 기타 일반주물 |

## 2. 각종 탄소강

### 2-1. 일반구조용 강

일반구조용 강은 강도를 주로한 강재를 절단, 가벼운 변형가공을 하여 리벳, 볼트 체결 또는 용접해서 토목, 건축, 철도차량 및 철탑 등의 주요 구조재 또는 보조부재에 압연상태의 강판으로 사용하는 탄소강재이다. 이 강재는 보통 C함량을 변화시켜 필요한 강도를 얻고 있으나 화학성분 외에도 탈탄조건, 제품형상, 치수, 압연조건 등에 따라 기계적 성질이 달라지므로 P, S 만을 규제하고 있다.

인장강도가 490MPa(50kg$_f$/mm$^2$) 이상의 강종으로 두께가 12.5mm를 넘는 것은 기계적 성질을 C량으로 조정하기 때문에 때로는 탄소당량(Ceq = C + Mn/6 + Si/24)이 0.40을 넘는 일이 있어 용접성을 해치므로 이 경우에는 용접구조용강재를 쓰는 편이 좋다.

일반구조용으로 가장 많이 쓰이는 강재는 일반구조용 압연강판이며 이 중에서는 철골 건축용 H형강, 건축용 주재(柱材)로 쓰이는 ㄷ형강, 토목건축의 기초로 쓰이는 철근콘크리트용 봉강 등이 주종을 이루고 있다.

일반구조용강에서 인장강도가 340~440MPa(40~45kg$_f$/mm$^2$)의 것은 C-Mn강이어서 200~300℃에서 변형 시효경화(청렬취성)를 일으키므로 이 온도범위에서의 가공은 피하여야한다. 이 청렬취성은 강 중의 고용 C, N가 원인이라고 하며 N량은 0.003~0.010% 정도로 전로강보다는 전기로 쪽이 많다. 청렬취성을 작게 하려면 Al, Nb, V 등을 소량 첨가하여 C, N와 탄화물, 질화물로 석출시킨 킬드강을 사용하는 것이 좋다.

[표 6-2] 일반구조용 압연강재(KS D 3503)

2008년

<table>
<tr><th rowspan="3">종류의 기호</th><th rowspan="3">적 용</th><th colspan="4">항복점 또는 내력 N/mm²</th><th rowspan="3">인장 강도 N/mm²</th></tr>
<tr><th colspan="4">강재의 두께(mm)</th></tr>
<tr><th>16이하</th><th>16초과 40이하</th><th>40초과</th><th>100초과</th></tr>
<tr><td>SS330</td><td>강판, 강대, 평강 및 봉강</td><td>205이상</td><td>195이상</td><td>175이상</td><td>165이상</td><td>330~430</td></tr>
<tr><td>SS400</td><td rowspan="2">강판, 강대, 형강, 평강 및 봉강</td><td>245이상</td><td>235이상</td><td>215이상</td><td>205이상</td><td>400~510</td></tr>
<tr><td>SS490</td><td>285이상</td><td>275이상</td><td>255이상</td><td>245이상</td><td>490~610</td></tr>
<tr><td>SS540</td><td rowspan="2">두께 40mm 이하의 강판, 강대, 형강, 평강 및 지름, 변 또는 맞변거리 40mm이하의 봉강</td><td>400이상</td><td>390이상</td><td>-</td><td>-</td><td>540이상</td></tr>
<tr><td>SS590</td><td>450이상</td><td>440이상</td><td>-</td><td>-</td><td>590이상</td></tr>
</table>

표 6-2는 일반구조용 압연강재의 KS규격을 나타내며, 기계적 성질을 보여주고 있다. 대개 인장강도는 최소 330MPa(34kg$_f$/mm$^2$)에서 최고 540MPa(55kg$_f$/mm$^2$)까지 규격화 되어 있고 자동차 분야의 사용은 그렇게 많이 사용하지는 않으나 오일팬(oil pan), 차동피니언 베어링의 스페이서, 현가장치의 어퍼암, 본네트의 힌지 등의 재료로 사용되어지고 있다.

## 2-2. 용접구조용 강

용접구조용강은 압연상태로 절단, 가벼운 변형가공한 것을 용접에 의하여 구조물로 조립하는 데에 적합한 강재로서 강도와 용접성을 보증하는 강재를 말한다. 화학성분에 대한 일반적인 경향은 C 0.2% 이하, Mn 1.5% 이하, Si 0.55% 이하로 하여 Mn과 Si에 의하여 강도를 확보하고 있다. Mn은 용접할 때 침입하는 산소와 결합하여 탈탄작용을 함과 동시에 결정립을 미세화하고 페라이트를 강화하는 작용을 한다. 강종에 따라서는 Nb를 0.03~0.06% 첨가하여 압연후 또는 불림할 때 Nb의 탄질화물을 석출시킨 석출경화형도 있다.

표 6-3은 용접구조용 압연강재의 규격을 보여주고 있다. 자동차 분야의 사용량은 아주 작다. 사용부위는 일부 차종에서 리어 액슬 하우징(rear axle housing)에 사용하고 있다.

## 2-3. 박강판

박강판은 보통 0.2% C 이하의 저탄소강으로서 프레스 성형성 및 표면 평활성이 우수하여 자동차, 가전제품, 전기기계, 건설, 용기 등에 널리 사용된다. 소재로는 산소전로강이 대부분이며, 연속주조 기술의 진보에 따라 Al킬드강 또는 Al과 Si에 의한 세미킬드강이 증가하고 있다.

킬드강은 표면결함은 나타나기 쉬우나 편석이 적어 성형성이 좋고 림드강은 표면품질이 좋은 것이 특징이다. 가공온도에 따라 2종류로 나눌 수 있는데 하나는 열간압연 후에 표면에 스케일(scale)이 있는 그대로, 표면을 산세한 것 또는 shot blast로 마무리한 열간 압연강판이고, 또 하나는 열간압연 후 압하율(壓下率) 70~80%로 냉간압연을 하여 600~750℃로 연화풀림해서 재결정시킨 냉간 압연강판이 있다. 또 이들을 원판으로 하여 내식성을 부여한 표면처리강판도 있다.

[표 6-3] 용접구조용 압연강재(KS D 3515)

2008년

| 종 류 | 화학성분(%) | | | | | 인장강도 $N/mm^2$ | |
|---|---|---|---|---|---|---|---|
| | C | | Si | Mn | P 및 S | 강재의 두께(mm) | |
| | 두께 | C | | | | 100이하 | 100초과 200이하 |
| SWS400A | 50mm이하 | 0.23이하 | – | 2.5×C 이상 | 0.035이하 | 400~510 | 400~510 |
| | 50초과 200mm이하 | 0.25이하 | | | | | |
| SWS400B | 두께 50mm이하 | 0.20이하 | 0.35이하 | 0.60~1.40 | 0.035이하 | | |
| | 두께50초과 200mm이하 | 0.22이하 | | | | | |
| SWS400C | 두께 100mm이하 | 0.18이하 | 0.35이하 | 1.40이하 | 0.035이하 | | |
| SWS490A | 두께 50mm이하 | 0.20이하 | 0.55이하 | 1.60이하 | 0.035이하 | 490~610 | 490~610 |
| | 두께 50초과 200mm이하 | 0.22이하 | | | | | |
| SWS490B | 두께 50mm이하 | 0.18이하 | 0.55이하 | 1.60이하 | 0.035이하 | | |
| | 두께 50초과 200mm이하 | 0.20이하 | | | | | |
| SWS490C | 두께 100mm이하 | 0.18이하 | 0.55이하 | 1.60이하 | 0.035이하 | | |

| 종 류 | 화학성분(%) | | | | | 인장강도 N/mm² | |
|---|---|---|---|---|---|---|---|
| | C | | Si | Mn | P 및 S | 강재의 두께(mm) | |
| | 두께 | C | | | | 100이하 | 100초과 200이하 |
| SWS490 $Y_A$ | 두께 100mm이하 | 0.20이하 | 0.55이하 | 1.60이하 | 0.035이하 | 490~610 | - |
| SWS490 $Y_B$ | | | | | | | |
| SWS520B | 두께 100mm이하 | 0.20이하 | 0.55이하 | 1.60이하 | 0.035이하 | 520~640 | - |
| SWS520C | | | | | | | |
| SWS570 | 두께 100mm이하 | 0.20이하 | 0.55이하 | 1.60이하 | 0.035이하 | 570~720 | - |

또한 자동차에 있어서 경량화, 안전성, 고성능화 등에 의해 사용되고 있는 고장력 강판도 있다. 국제철강협회 자동차분과위원회에서는 자동차용 강판을 강도 기준으로 연강(mild steel), 고장력강(HSS : high strength steel), 초고장력강(AHSS : advanced high strength steel)으로 나누고, 고장력강은 항복강도 210~550MPa, 인장강도가 270~700MPa 정도인 것이며, 초고장력강은 항복강도 550MPa 이상, 인장강도가 700MPa 이상인 것으로 하고 있다.

### 2-3-1. 냉간 압연강판

냉간 압연강판은 강괴를 가열하여 열간압연한 후 냉간 압연하여 제조되어진 강판으로서 연성이 우수하기 때문에 프레스 가공성이 좋고 표면이 미려하고, 판두께가 균일하여 차체의 내외판 및 각종 보강재, 브리켓류 등에 사용되어지고 있다. 두께는 0.15~3.2mm가 생산되고 있으나, 자동차에는 0.5~2.0mm가 가장 많이 사용되고 있다.

일반적으로 생산되어지는 판두께는 1mm 이하는 대개 0.05mm 단위로 그리고 1~2mm는 0.2mm단위로, 2~3.2mm는 0.3mm단위로 생산되어지고 있다. 판폭은 1000mm 정도의 것이 많고, 또 이것을 자른 100mm폭 정도의 것도 있다. 요즈음 자동차 외판의 일체화로 1500~1800mm의 광폭도 수요가 증가하고 있다.

[표 6-4] 냉간 압연강판의 기계적성질 및 화학성분(KS D 3512)

2007년

| 종류 | 항복점 또는 항복강도 N/mm² | 인장강도 N/mm² | 연신율(%) | | | | | | | 인장시험편 |
|---|---|---|---|---|---|---|---|---|---|---|
| | 호칭두께에 따른 구분 | | | | | | | | | |
| | 0.25이상 | 0.25이상 | 0.25이상 0.30미만 | 0.30이상 0.40미만 | 0.40이상 0.60미만 | 0.60이상 1.0미만 | 1.0이상 1.6미만 | 1.6이상 2.5미만 | 2.5이상 | |
| SPCC | - | - | - | - | - | - | - | - | - | 5호 압연방향 |
| SPCCT | - | 270이상 | 28이하 | 31이상 | 34이상 | 36이상 | 37이상 | 38이상 | 39이상 | |
| SPCD | (240이하) | 270이상 | 30이상 | 33이상 | 36이상 | 38이상 | 39이상 | 40이상 | 41이상 | |
| SPCE | (220이하) | 270이상 | 32이상 | 35이상 | 38이상 | 40이상 | 41이상 | 42이상 | 43이상 | |
| SPCF | (210이하) | 270이상 | - | - | 40이상 | 42이상 | 43이상 | 44이상 | 45이상 | |
| SPCG | (190이하) | 270이상 | - | - | 42이상 | 44이상 | 45이상 | 46이상 | - | |

| | 화학성분(%) | | | | 적 요 |
|---|---|---|---|---|---|
| | C | Mn | P | S | |
| SPCC | 0.15이하 | 0.60이하 | 0.050 이하 | 0.050 이하 | 일반용 |
| SPCD | 0.12이하 | 0.50이하 | 0.040 이하 | 0.040 이하 | 드로잉용 |
| SPCE | 0.10이하 | 0.45이하 | 0.030 이하 | 0.030 이하 | 딥 드로잉용 |
| SPCF | 0.08이하 | 0.45이하 | 0.030 이하 | 0.030 이하 | 비시효성 딥드로잉용 |
| SPCG | 0.02이하 | 0.25이하 | 0.020 이하 | 0.020 이하 | 비시효성 초딥드로잉용 |

냉간 압연강판의 주 용도는 자동차, 전기제품 등의 프레스성형을 주로한 제품에 사용되며 아연도금, 주석도금 등의 표면처리강판의 원판(原板)으로도 사용된다. 최근에는 프레스성형성 뿐 아니라 자동차의 경량화, 고강성화 등을 위하여 고장력강판이 개발 사용되고 있다.

냉간 압연강판은 극연강이 대부분이며, 강도보다도 가공성(성형성)이 중요시된다. 그 이유로는 자동차에서 냉간 압연강판이 가장 많이 사용되는 부분은 차체분야이고, 차체의 대부분은 프레스제품으로 구성되어 있기 때문이다.

종류는 일반용(SPCC), 드로잉용(SPCD), 딥드로잉용(SPCE), 비시효성 딥드로잉용(SPCF), 비시효성 초 딥드로잉용(SPCG)의 5종류가 규정되어 있다. 표 6-4는 냉간압연강판의 기계적 성질 및 화학성분을 나타낸다.

## 2-3-2. 열간 압연강판

강괴로부터 열간 가공하여 제조한 열간압연강판은 요즈음 hot strip mill의 대형화로 제조 가능한 치수는 두께 1.2~25mm, 너비 2300mm의 것이 있으나 일반적으로 많이 쓰이고 있는 치수는 두께 1.4~6.0mm, 너비 750~1600mm의 것으로 그 용도는 용접강관, 경량형강, 자동차부품, 냉간 압연강판소재 등이다. 생산되는 두께는 일반적으로 1.4~2.0mm는 0.2mm단위로, 2.0~3.2mm는 0.3mm단위로, 3.2~4.0mm는 0.4mm로 또한 4.0~5.0mm는 1mm단위로, 5.0mm 이상은 1mm단위로 생산되어지고 있다.

[표 6-5] 열간압연강판의 기계적 성질 및 화학성분(KS D 3501)

2008년

| 종류 | 기계적성질: 인장강도 N/㎟ | 연신율(%): 두께 1.2mm 이상 1.6mm 미만 | 두께 1.6mm 이상 2.0mm 미만 | 두께 2.0mm 이상 2.5mm 미만 | 두께 2.5mm 이상 3.2mm 미만 | 두께 3.2mm 이상 4.0mm 미만 | 두께 4.0mm 이상 | 시험편 | 굽힘성: 굽힘각도 | 안쪽 반지름: 두께 3.2mm 미만 | 안쪽 반지름: 두께 3.2mm 이상 | 굽힘시험편 |
|---|---|---|---|---|---|---|---|---|---|---|---|---|
| SPHC | 270이상 | 27이상 | 29이상 | 29이상 | 29이상 | 31이상 | 31이상 | 5호 압연방향 | 180° | 밀착 | 두께의 0.5배 | KS B 0804의 5에 따름 |
| SPHD | 270이상 | 30이상 | 32이상 | 33이상 | 35이상 | 37이상 | 39이상 | | - | - | - | |
| SPHE | 270이상 | 31이상 | 33이상 | 35이상 | 37이상 | 39이상 | 41이상 | | - | - | - | |

| 종류 | 화학성분(%): C | Mn | P | S | 적용 두께 mm | 비고 |
|---|---|---|---|---|---|---|
| SPHC | 0.15 이하 | 0.60 이하 | 0.050 이하 | 0.050 이하 | 1.2mm 이상 14mm 미만 | 일반용 |
| SPHD | 0.10 이하 | 0.50 이하 | 0.040 이하 | 0.040 이하 | 1.2mm 이상 14mm 미만 | 드로잉용 |
| SPHE | 0.10 이하 | 0.50 이하 | 0.030 이하 | 0.035 이하 | 1.2mm 이상 6mm 미만 | 딥드로잉용 |

열간 압연강판의 기계적 성질은 화학성분, 비금속개재물, 결정립 또는 탄화물의 석출상태에 따라 달라진다. 강 중의 C량과 Mn, Si의 영향을 고려한 탄소당량이 증가할수록 강도는 커지나 성형성은 나빠진다. 강의 강도를 높이기 위하여 고용강화원소로 P, 석출강화와 결정립미세화로 Nb, Ti, V 등이 첨가된다. 또한 제어압연은 결정립미세화에 따른 강도와 인성의 향상효과를 얻는 가공열처리법이며 그 효과도 좋다.

열간 압연조건으로는 압연완료온도와 코일의 권취 온도(捲取溫度)가 특히 중요하다. 완료온도가 변태점 이하로 되면 압연 후의 립성장(粒成長)으로 표면에 조대한 결정립이 나타나서 성형성이 낮아진다. 따라서 완료온도는 A3점 이상이 좋다. 권취온도를 높이면 강도가 낮아지고 연신율은 향상하나 표면 스케일량이 증가하고 조성변화 때문에 산세성이 나빠진다.

자동차분야에 있어서 열간 압연강판은 냉간 압연강판보다도 가공성 및 표면의 평활도가 떨어져 외관을 중시하지 않는 부분에 사용되어지고 있다. 열간 압연강판은 자동차구조용 열간 압연강판과 열간 압연강판이 있다. 자동차구조용 열간 압연강판은 인장장도가 310, 370, 400, 440MPa 급의 4종류, 열간 압연강판은 SHPC, SPHD, SPHE의 3 종류가 있다. 열간 압연강판은 프레스성, 표면평활성에 뒤떨어지는 반면 비교적 가격이 싼 재료이다. 강도가 필요한 부위에는 자동차구조용 열연 압연강판 중에서 적합한 인장강도를 가진 강판을 선택할 수 있다. 인장강도가 크면 프레스성형성이 나빠지는 경향이 있어 강판의 선택에 주의를 요한다. 표 6-5, 6에서 기계적성질을 나타낸다.

판두께가 두껍고 연신율이 큰 자동차구조용 열간압연강판은 크로스멤버, 트럭의 프레임, 엔진 마운팅 브리켓, 범퍼 스테이 등의 강도부재이면서 두께를 요하는 부품에 사용되어지고 있다. 또한 평면의 평활(平滑)은 필요 없지만 인장강도와 프레스성형시의 연신율, 굽힘특성이 요구되어지는 트렁크리드 힌지(trunk lid hinge)와 브리켓류 등의 강도부재(强度部材)에는 SHP가 사용되어지고 있다.

[표 6-6] 자동차구조용 열간압연강판의 기계적 성질 및 화학성분(KS D 3519)

2008년

<table>
<tr><th rowspan="4">종류</th><th colspan="2">화학성분(%)</th><th colspan="11">기계적성질</th></tr>
<tr><th rowspan="3">P</th><th rowspan="3">S</th><th rowspan="3">인장강도 N/mm²</th><th colspan="3">항목점 N/㎟</th><th colspan="7">연신율(%)</th></tr>
<tr><th rowspan="2">두께 6.0mm 이하</th><th rowspan="2">두께 6mm 이상 8mm 미만</th><th rowspan="2">두께 8mm 이상 14mm 미만</th><th colspan="6">5호 시험편</th><th></th></tr>
<tr><th>두께 1.6mm 이상 2.0mm 미만</th><th>두께 2.0mm 이상 2.5mm 미만</th><th>두께 2.5mm 이상 3.15mm 미만</th><th>두께 3.15mm 이상 4.0mm 미만</th><th>두께 4.0mm 이상 6.3mm 미만</th><th>두께 6.3mm 이상 14mm 이하</th></tr>
<tr><td>SAHP310</td><td rowspan="4">0.040 이하</td><td rowspan="4">0.040 이하</td><td>310이상</td><td>(185) 이상</td><td>(185) 이상</td><td>(185) 이상</td><td>33이상</td><td>34이상</td><td>36이상</td><td>38이상</td><td>40이상</td><td>41이상</td></tr>
<tr><td>SAHP370</td><td>370이상</td><td>225이상</td><td>225이상</td><td>215이상</td><td>32이상</td><td>33이상</td><td>35이상</td><td>36이상</td><td>37이상</td><td>38이상</td></tr>
<tr><td>SAHP400</td><td>400이상</td><td>255이상</td><td>235이상</td><td>235이상</td><td>31이상</td><td>32이상</td><td>34이상</td><td>35이상</td><td>36이상</td><td>37이상</td></tr>
<tr><td>SAHP440</td><td>440이상</td><td>305이상</td><td>295이상</td><td>275이상</td><td>29이상</td><td>30이상</td><td>32이상</td><td>33이상</td><td>34이상</td><td>35이상</td></tr>
</table>

열간 압연강판 중에는 산세처리강판(pickled and oiled steel, 일명 P/O강판)은 자동차강판으로 사용하기 위해서는 저항용접인 점용접성이 떨어져 표면에 부착된 산화피막과 불순물을 산세처리한 후 표면의 평판도 등을 높이는 처리를 하여 용접성, 도장성, 평활성 등을 향상시켜 사용하기도 한다.

## 2-4. 기계구조용 탄소강

C량은 0.07~0.61%의 범위이고 저탄소의 것에는 P, S 및 Cu, Ni, Cr의 함량을 낮게 하고 있다. 탄소량의 증가에 따라 강도는 증가하나 연성, 인성은 저하한다. 저탄소강은 침탄처리를 하는 것 외에는 경화열처리를 하는 일은 없고 불림에 의하여 성질을 개선하거나 인발 등의 냉간가공으로 강도를 올려 사용한다.

중탄소강은 열처리나 냉간가공으로 강도를 얻는다. 탄소강은 질량효과가 커서 지름 15mm 이상의 부품에서는 담금질성을 확보할 수 없으므로 이런 때에는 기계구조용 저합금강을 이용한다.

기계구조용 탄소강에는 강관과 강재가 별도로 규정되어 있다. 표 6-7은 기계구조용탄소강관의 기계적 성질을 나타내고, 표 6-8에서는 기계구조용 탄소강재의 화학성분을 나타내고 있다.

[표 6-7] 기계구조용 탄소강관의 기계적성질(KS D 3517)

2008년

| 종류 | | 기호 | 인장강도 $N/mm^2$ | 항복점 또는 항복강도 $N/mm^2$ | 연신율(%) | | 편평성 | 굽힘성 | |
|---|---|---|---|---|---|---|---|---|---|
| | | | | | 4호시험편 11호시험편 12호시험편 세로방향 | 4호시험편 5호시험편 가로방향 | 평판사이의 거리(H) (D는 관의 바깥지름) | 굽힘 자료 | 안쪽 반지름 (D는 관의 바깥지름) |
| 11종 | A | STKM11A | 290이상 | – | 35이상 | 30이상 | $\frac{1}{2}D$ | 180° | 4D |
| 12종 | A | STKM12A | 340이상 | 175이상 | 35이상 | 30이상 | $\frac{2}{3}D$ | 90° | 6D |
| | B | STKM12B | 390이상 | 275이상 | 25이상 | 20이상 | $\frac{2}{3}D$ | 90° | 6D |
| | C | STKM12C | 470이상 | 355이상 | 20이상 | 15이상 | – | – | – |
| 13종 | A | STKM13A | 370이상 | 215이상 | 30이상 | 25이상 | $\frac{2}{3}D$ | 90° | 6D |
| | B | STKM13B | 440이상 | 305이상 | 20이상 | 15이상 | $\frac{3}{4}D$ | 90° | 6D |
| | C | STKM13C | 510이상 | 380이상 | 15이상 | 10이상 | – | – | – |
| 14종 | A | STKM14A | 410이상 | 245이상 | 25이상 | 20이상 | $\frac{3}{4}D$ | 90° | 6D |
| | B | STKM14B | 500이상 | 355이상 | 15이상 | 10이상 | $\frac{7}{8}D$ | 90° | 8D |
| | C | STKM14C | 550이상 | 410이상 | 15이상 | 10이상 | – | – | – |
| 15종 | A | STKM15A | 470이상 | 275이상 | 22이상 | 17이상 | $\frac{3}{4}D$ | 90° | 6D |
| | C | STKM15C | 580이상 | 430이상 | 12이상 | 7이상 | – | – | – |
| 16종 | A | STKM16A | 510이상 | 325이상 | 20이상 | 15이상 | $\frac{7}{8}D$ | 90° | 8D |
| | C | STKM16C | 620이상 | 460이상 | 10이상 | 7이상 | – | – | – |
| 17종 | A | STKM17A | 550이상 | 345이상 | 25이상 | 20이상 | $\frac{7}{8}D$ | 90° | 8D |
| | C | STKM17C | 650이상 | 480이상 | 10이상 | 5이상 | – | – | – |
| 18종 | A | STKM18A | 440이상 | 275이상 | 25이상 | 20이상 | $\frac{7}{8}D$ | 90° | 6D |
| | B | STKM18B | 490이상 | 315이상 | 23이상 | 18이상 | $\frac{7}{8}D$ | 90° | 8D |
| | C | STKM18C | 510이상 | 380이상 | 15이상 | 10이상 | – | – | – |
| 19종 | A | STKM19A | 490이상 | 315이상 | 23이상 | 18이상 | $\frac{7}{8}D$ | 90° | 6D |
| | C | STKM19C | 550이상 | 410이상 | 15이상 | 10이상 | – | – | – |
| 20종 | A | STKM20A | 540이상 | 390이상 | 23이상 | 18이상 | $\frac{7}{8}D$ | 90° | 6D |

[표 6-8] 기계구조용 탄소강재의 화학성분(KS D 3752)

2007년

| 기호 | 화학성분(%) | | | | |
|---|---|---|---|---|---|
| | C | Si | Mn | P | S |
| SM10C | 0.08~0.13 | 0.15~0.35 | 0.30~0.60 | 0.030이하 | 0.035이하 |
| SM12C | 0.10~0.15 | | 0.30~0.60 | | |
| SM15C | 0.13~0.18 | | 0.30~0.60 | | |
| SM17C | 0.15~0.20 | | 0.30~0.60 | | |
| SM20C | 0.18~0.23 | | 0.30~0.60 | | |
| SM22C | 0.20~0.25 | | 0.30~0.60 | | |
| SM25C | 0.22~0.28 | | 0.30~0.60 | | |
| SM28C | 0.25~0.31 | | 0.60~0.90 | | |
| SM30C | 0.27~0.33 | | 0.60~0.90 | | |
| SM33C | 0.30~0.36 | | 0.60~0.90 | | |
| SM35C | 0.32~0.38 | | 0.60~0.90 | | |
| SM38C | 0.35~0.41 | | 0.60~0.90 | | |
| SM40C | 0.37~0.43 | | 0.60~0.90 | | |
| SM43C | 0.40~0.46 | | 0.60~0.90 | | |
| SM45C | 0.42~0.48 | | 0.60~0.90 | | |
| SM48C | 0.45~0.51 | | 0.60~0.90 | | |
| SM50C | 0.47~0.53 | | 0.60~0.90 | | |
| SM53C | 0.50~0.56 | | 0.60~0.90 | | |
| SM55C | 0.52~0.58 | | 0.60~0.90 | | |
| SM58C | 0.55~0.61 | | 0.60~0.90 | | |
| SM 9CK | 0.07~0.12 | 0.15~0.35 | 0.30~0.60 | 0.025이하 | 0.025이하 |
| SM 15CK | 0.13~0.18 | | | | |
| SM 20CK | 0.18~0.23 | | | | |

기계구조용 탄소강재의 사용용도는 다양하다. 예를 들면 표 6-9와 같다.

[표 6-9] 자동차에 있어서 기계구조용 탄소강의 용도

<table>
<tr><th>탄소함유량</th><th>재질기호</th><th>사 용 부 품</th><th>비 고</th></tr>
<tr><td>0.15% C탄소강</td><td>SM15C</td><td>valve lifter<br>valve spring retainer<br>piston pin<br>shift fork shaft</td><td rowspan="3">0.15~0.25% C의 탄소강은 인장강도, 항복점이 높기 때문에 많은 기계의 축 등에 사용된다. 또한 탄소함유량이 작은 것은 단조, 주조, 절삭, 용접의 어느 가공도 용이하여 일반 기계부품(관, 선, 봉, 평강, 형강), 압연강판으로 사용되어진다.</td></tr>
<tr><td>0.20% C탄소강</td><td>SM20C</td><td>valve lifter</td></tr>
<tr><td>0.25% C탄소강</td><td>SM25C</td><td>valve spring retainer<br>cam shaft timming gear<br>crank shaft timming gear<br>steering main shaft</td></tr>
<tr><td>0.45~0.60% C의 탄소강</td><td>SM45C~SM55C</td><td>cam shaft<br>cam shaft timming gear<br>crank shaft<br>crank shaft timming gear<br>connecting rod<br>valve lock arm<br>valve lock shaft<br>push rod<br>clutch hub shaft<br>shift fork shaft<br>rear axle shaft<br>steering knuckle</td><td>0.45~0.60%C의 탄소강은 내마모성, 강도를 필요로 하는 부품 등에 이용한다.<br>탄소함유량이 0.45%를 초과하면 담금질할 때에 균열이 발생하기 쉬워 열처리를 신중히 행할 필요가 있다.</td></tr>
</table>

## 2-5. 선재강

일반적으로 0.6% C 이상의 탄소강은 내마모성이 크고 항복점이 높기 때문에 스프링, 레일, 공구강으로 사용되어진다. 특히 자동차용의 스프링은 이 탄소강에 Mn, Si 등을 합금한 특수강으로 하여 고탄성 및 내마모성을 가지도록 하고 있다.

선재강에는 연강선재와 경강선재 및 피아노선이 있다.

### 2-5-1. 연강선재

탄소함유량이 0.06~0.25%, 인장강도가 35~70$kg_f/mm^2$ 정도의 보통철선이다. 표 6-10에서 화학성분을 나타낸다.

[표 6-10] 연강선재의 화학성분(KS D 3554)

2002년

| 기호 | 화학성분(%) | | | | 사용 보기 |
|---|---|---|---|---|---|
| | C | Mn | P | S | |
| SWRM 6 | 0.08이하 | 0.60이하 | 0.040이하 | 0.040이하 | 외장선 |
| SWRM 8 | 0.10이하 | 0.60이하 | 0.040이하 | 0.040이하 | |
| SWRM 10 | 0.08~0.13 | 0.08~0.60 | 0.040이하 | 0.040이하 | 철선, 못, 아연도 철선 |
| SWRM 12 | 0.10~0.15 | 0.30~0.60 | 0.040이하 | 0.040이하 | |
| SWRM 15 | 0.13~0.18 | 0.30~0.60 | 0.040이하 | 0.040이하 | 리벳, 철망, 나사류, 못류 |
| SWRM 17 | 0.15~0.20 | 0.30~0.60 | 0.040이하 | 0.040이하 | |
| SWRM 20 | 0.18~0.23 | 0.30~0.60 | 0.040이하 | 0.040이하 | |
| SWRM 22 | 0.20~0.25 | 0.30~0.60 | 0.040이하 | 0.040이하 | |

## 2-5-2. 경강선재

탄소함유량이 0.25~0.85%이고 인장강도는 성분에 따라 다르나 동일재료일 경우 지름이 작을수록 커지는데 보통 1175~2940MPa(120~300$kg_f/mm^2$)에 달한다. 경강선은 주로 와이어로프(wire rope)의 재료로서 사용된다. C의 함유량은 목적에 따라 다르나 연강 및 경강이 사용되는데 공통점은 인장강도가 크다. 표 6-11과 같이 KS 규격에서 경강선의 종류는 1종(SW-A), 2종(SW-B), 3종(SW-C)으로 나타내고 있으며 표준 지름에 따른 인장강도를 규정하고 있다.

[표 6-11] 경강선재의 기계적 성질(KS D 3510)

2002년

| 종 류 | 기호 | 인장강도($N/mm^2$) 표준선 지름(mm) | | | | | 비 고 |
|---|---|---|---|---|---|---|---|
| | | 0.10 | 0.40 | 1.00 | 2.00 | 4.00 | |
| 경강선 1종 | HSW-1 | 2010~2350 | 1670~1960 | 1470~1720 | 1270~1470 | 1180~1370 | |
| 경강선 2종 | HSW-2 | 2350~2700 | 1960~2260 | 1720~1960 | 1470~1720 | 1370~1570 | 주로 스프링용 |
| 경강선 3종 | HSW-3 | 2700~3040 | 2260~2550 | 1960~2210 | 1720~1960 | 1570~1770 | |

### 2-5-3. 피아노선

피아노선은 탄소함유량이 0.55~0.95℃ 정도의 대단히 강인한 탄소강선으로 인발(引拔) 도중에 특수한 열처리를 하여 솔바이트(sorbite)조직으로 만든 것이 좋다. 즉 $A_3$변태점 이상 보통 900℃로 가열해서 400~550℃의 연욕(沿浴), 또는 수증기 중에 담금질한다. 이러한 열욕(熱浴) 담금질을 하여 직접 솔바이트(sorbite)조직을 얻는 것을 페텐팅(patenting)이라 한다.

피아노선은 탄소량이 많고 P, S 등 불순물이 적은 강재로서 인장강도는 350kgf/$mm^2$가 넘는 것도 있다. 이것을 스프링으로 사용할 경우는 탄성한도나 피로한도를 높여주기 위해서 청색의 산화피막이 생길 정도의 250℃에서 저온 풀림을 한다. 이것을 불루잉(blueing)이라 한다.

자동차에 있어서 피아노선의 용도는 엔진의 밸브 스프링, 클러치 스프링, 서스펜션의 조인트 볼 스프링 등에 사용되어진다. 표 6-12에서 피아노선의 기계적 성질을 나타낸다.

[표 6-12] 피아노선의 기계적 성질(KS D 3556)

2002년

| 종 류 | 기호 | 인장강도($N/mm^2$) 표준선지름(mm) | | | | | 비 고 |
|---|---|---|---|---|---|---|---|
| | | 0.10 | 0.40 | 1.00 | 2.00 | 4.00 | |
| 피아노선 1종 | PW-1 | 2790~3090 | 2350~2600 | 2060~2260 | 1810~2010 | 1670~1810 | 주로 동하중을 받는 스프링용 |
| 피아노선 2종 | PW-2 | 3090~3380 | 2600~2840 | 2260~2450 | 2010~2210 | 1810~1960 | |
| 피아노선 3종 | PW-3 | - | - | 2010~2210 | 1770~1910 | 1670~1810 | 밸브스프링 또는 이에 준하는 스프링 |

## 2-6. 스프링용 탄소강

스프링에는 탄성변형을 이용하여 에너지를 저장하는 것과 충격을 완화하는 것이 있으나 어느 것도 탄성한이 높을수록 좋다. 따라서 스프링용강으로서는 0.45~0.65% C의 중 고탄소강이 많이 이용된다.

스프링강에는 열처리스프링이라 하여 대형물을 담금질한 후 저온 뜨임하여 만든 대형 코일스프링이나 대형, 소형 판스프링이 있으며 가공스프링이라 하여 소형물을 수 10%의 강한 냉간가공으로 가공강화시킨 것으로 선 스프링이 있다.

열처리스프링은 특수강에서 서술하고 여기서는 가공스프링에 대하여 설명하고자 한다. 가공스프링의 강재에는 피아노선재와 경강선재가 있다. 양자의 차이는 전자는 불순물함량이 적고 흠검사가 엄격하다는 점이다. 조직적으로는 피아노선재는 공석조성 부근의 강을 선재로 하여 Pb 패턴팅(patenting)을 주로 하는 등온변태처리로 미세 펄라이트 조직을 갖고, 후자는 공냉으로 미세조직을 얻는다. 이들은 80~98%의 강한 냉간 신선가공으로 $10^{12}cm^{-2}$ 정도의 높은 전위밀도가 될 때까지 가공한다. 이것을 약 250℃로 가열하면 가공으로 얻어진 전위가 용질원자의 고착작용으로 2450MPa($250kg_f/mm^2$) 이상의 인장강도와 높은 탄성한을 갖는 선재(線材)가 된다. 이 250℃ 시효에서는 표면층에 청색산화피막이 생기는 불루잉(blueing)현상이 일어난다.

이들 선재의 지름이 커지면 충분한 냉간가공을 할 수 없어 강력강이 얻어지지 않는다. 이때에는 오스테나이트로부터 유냉 담금질하여 320~400℃로 뜨임해서 사용한다. 이것을 오일 템퍼(oil temper)선이라 한다. 이 선재의 특징은 곧은 상태에서 열처리하므로 직선성이 좋고 이형선도 얻을 수 있으며 내열성도 좋으므로 이용범위가 넓다.

오일 템퍼선에는 스프링용 탄소강 오일템퍼선과 밸브스프링용 탄소강 오일 템퍼선 및 합금강으로서 밸브스프링용 크롬바나듐강 오일 템퍼선, 밸브스프링용 실리콘크롬강 오일 템퍼선 등이 있다. 이들의 기계적 성질 및 화학성분을 표 6-13에 나타낸다.

[표 6-13] 각종 오일 템퍼선의 기계적 성질

1996년

| 종 류 | | | 화학성분(%) | | | | | | | |
|---|---|---|---|---|---|---|---|---|---|---|
| | | | C | Si | Mn | P | S | Cr | Cu | V |
| 스프링용 탄소강 오일템퍼선 | A종 | SWO-A | 0.53~0.88 | 0.10~0.35 | 0.30~1.20 | 0.040 이하 | 0.040 이하 | – | – | |
| 스프링용 탄소강 오일템퍼선 | B종 | SWO-B | 0.53~0.88 | 0.10~0.35 | 0.30~1.20 | 0.030 이하 | 0.030 이하 | – | – | |
| 스프링용 실리콘 크롬강 오일템퍼선 | | SWOSC-B | 0.51~0.59 | 1.20~1.60 | 0.50~0.90 | 0.035 이하 | 0.035 이하 | 0.55~0.90 | – | |
| 스프링용 실리콘 망간강 오일템퍼선 | | SWOSM | 0.56~0.64 | 1.50~1.80 | 0.70~1.00 | 0.035 이하 | 0.035 이하 | – | 0.30 이하 | |
| 밸브 스프링용 탄소강 오일템퍼선 | | SWO-V | 0.60~0.75 | 0.12~0.32 | 0.60~0.90 | 0.025 이하 | 0.025 이하 | – | 0.20 이하 | – |
| 밸브 스프링용 바나듐강 오일템퍼선 | | SWOCV-V | 0.45~0.55 | 0.15~0.35 | 0.65~0.95 | 0.025 이하 | 0.025 이하 | 0.80~1.10 | 0.20 이하 | 0.15~0.25 |
| 밸브 스프링용 실리콘 크롬강 오일템퍼선 | | SWOSC-V | 0.51~0.59 | 1.20~1.60 | 0.50~0.80 | 0.025 이하 | 0.025 이하 | 0.50~0.80 | 0.20 이하 | – |

| 종 류 | | | 인장강도($N/mm^2$) 표준선지름(mm) | | | | | KS 규격 |
|---|---|---|---|---|---|---|---|---|
| | | | 2.0 | 4.0 | 6.0 | 10.0 | 12.0 | |
| 스프링용 탄소강 오일템퍼선 | A종 | SWO-A | 1570~1720 | 1420~1570 | 1320~1470 | 1180~1320 | 1180~1320 | KS D 3579 |
| 스프링용 탄소강 오일템퍼선 | B종 | SWO-B | 1720~1860 | 1570~1720 | 1470~1620 | 1320~1470 | 1320~1470 | KS D 3579 |
| 스프링용 실리콘 크롬강 오일템퍼선 | | SWOSC-B | 1910~2060 | 1810~1960 | 1710~1860 | 1660~1810 | 1610~1760 | KS D 3579 |
| 스프링용 실리콘 망간강 오일템퍼선 | A종 | SWOSM-A | – | 1470~1620 | 1470~1620 | 1370~1520 | 1370~1520 | KS D 3579 |
| 스프링용 실리콘 망간강 오일템퍼선 | B종 | SWOSM-B | – | 1570~1720 | 1570~1720 | 1470~1620 | 1470~1620 | KS D 3579 |
| 스프링용 실리콘 망간강 오일템퍼선 | C종 | SWOSM-C | – | 1670~1810 | 1670~1810 | 1570~1720 | 1570~1720 | KS D 3579 |
| 밸브 스프링용 탄소강 오일템퍼선 | | SWO-V | 1630~1770 | 1570~1720 | 1470~1620 | – | – | KS D 3580 |
| 밸브 스프링용 바나듐강 오일템퍼선 | | SWOCV-V | 1570~1720 | 1520~1670 | 1470~1620 | 1370~1520 | – | KS D 3580 |
| 밸브 스프링용 실리콘 크롬강 오일템퍼선 | | SWOSC-V | 1910~2060 | 1810~1960 | 1710~1860 | – | – | KS D 3580 |

## 2-7. 탄소공구강

### 2-7-1. 공구강의 종류와 용도

공구강이란 금속재료 또는 비금속재료를 상온 또는 고온에서 가공하거나 성형하는 공구와 가공성형의 보조공구로서 사용되는 강이다. 공구강을 용도별로 나누면 절삭용공구강(bite, drill, reamer, 줄 등 절삭설이 나오는 것), 성형용 공구강(인발형, 성형 프레스형, 다이캐스트형, 열간 압출형, 단조 프레스형 등 절삭설이 나오지 않는 것) 및 이들의 중간용도인 전조다이스, 신선(伸線)다이스, 날카로운 공구 등이 있다.

공구강이 구비해야 할 성질은 다음과 같다.

① 상온, 고온경도가 높아 내마모성이 클 것.

② 인성이 커서 충격에 견딜 것.

③ 가공 및 열처리가 용이하고 열처리변형이 적을 것.

④ 내산화성, 내식성, 내 heat check성(반복 가열냉각으로 생기는 균열)이 좋을 것.

⑤ 피삭성이 좋고 값이 쌀 것.

공구강을 종류별로 구분하면 탄소공구강, 합금공구강, 고속도공구강 및 초경합금공구강 등이 있으며 합금공구강은 다시 절삭용, 내충격용, 냉간가공용, 열간가공용 등으로 세분된다. 여기서는 합금강이 아닌 탄소공구강에 대하여 설명한다.

### 2-7-2. 탄소공구강

킬드강으로 제조된 양질의 고탄소강(0.60~1.50%)이 사용된다. C량이 많은 것은 절삭용 등 내마모성을 요하는 공구에, C량이 낮은 것은 금형 등 인성이 요구되는 공구에 쓰인다.

탄소공구강은 가격이 싸고 성형이 쉽고 또한 열처리가 간단하므로 일반용 공구에는 탄소강이 광범위하게 사용된다. 예를 들면 목공용 공구, 금속 절삭용 bite, drill, cutter, 광산공구, 석공용 공구, 단조용 게이지(gage) 등의 재료로 사용된다. 주로 전기로강, 도가니강을 많이 사용한다. 사용원료, 용해작업, 열처리 우열 등에 따라서 동일 화학조성이라도 성질이 다르게 된다.

탄소함유량 및 화학조성은 표 6-14와 같다. 또한 표에서는 탄소량, 작업온도, 경도 및 용도를 표시하고 있다. 탄소강의 가공온도는 탄소함유량에 따라서 다른데 1050~950℃에서 개시하고 800~750℃에서 끝마친다.

단조가공품은 응력을 제거하기 위해 또 시멘타이트를 구상화하며, 미세화하기 위해 680~730℃에서 3시간 내지 10시간 구상화 풀림을 한다. 담금질 온도는 C량에 따라 다르다. C가 많으면 담금질 온도는 강하된다. 또한 질량과 체적에 따라서도 다르다. 또 냉각제 및 시간도 조건에 따라서 결정된다. 담금질한 것은 될 수 있는 대로 속히 뜨임하는 것이 좋다. 뜨임은 끓는 물에서 수시간 경과시켜도 좋고 또 150~180℃의 기름에서 20~30분 간 뜨임하면 된다.

[표 6-14] 탄소공구강의 조성과 기계적 성질(KS D 3751)

2008년

| 기호 | 화학성분(%) | | | | | 어닐링 온도 및 경도 | | 퀜칭, 탬퍼링 열처리 | | | 참고 용도 보기 |
|---|---|---|---|---|---|---|---|---|---|---|---|
| | C | Si | Mn | P | S | 어닐링 온도 ℃ | 어닐링 경도 HBW | 퀜칭 ℃ | 템퍼링 ℃ | 퀜칭, 탬퍼링 경도 $H_{RC}$ | |
| STC140 | 1.30~1.50 | 010~0.35 | 0.10~0.50 | 0.030 이하 | 0.030 이하 | 750~780 서냉 | 217이하 | 780수냉 | 180공랭 | 63이상 | 칼줄, 벌줄 |
| STC120 | 1.15~1.25 | | | | | 750~780 서냉 | 217이하 | 780수냉 | 180공랭 | 62이상 | 드릴, 철공용 줄, 소형 펀치, 면도날, 태엽, 쇠톱 |
| STC105 | 1.00~1.10 | | | | | 750~780 서냉 | 212이하 | 780수냉 | 180공랭 | 61이상 | 나사 가공 다이스, 쇠톱, 프레스 형틀, 게이지, 태엽, 끌, 치공구 |
| STC95 | 0.90~1.00 | | | | | 740~760 서냉 | 207이하 | 780수냉 | 180공랭 | 61이상 | 태엽, 목공용 드릴, 도끼, 끌, 메리야스 바늘, 면도칼, 목공용 띠톱, 팬촉, 프레스 형틀, 게이지 |
| STC90 | 0.85~0.95 | | | | | 740~760 서냉 | 207이하 | 780수냉 | 180공랭 | 60이상 | 프레스 형틀, 태엽, 게이지, 침 |

| 기호 | 화학성분(%) | | | | | 어닐링 온도 및 경도 | | 퀜칭, 탬퍼링 열처리 | | | 참고 용도 보기 |
|---|---|---|---|---|---|---|---|---|---|---|---|
| | C | Si | Mn | P | S | 어닐링 온도 ℃ | 어닐링 경도 HBW | 퀜칭 ℃ | 템퍼링 ℃ | 퀜칭, 탬퍼링 경도 $H_{RC}$ | |
| STC85 | 0.80~0.90 | | | | | 730~760 서냉 | 207이하 | 780수냉 | 180공랭 | 59이상 | 각인, 프레스 형틀, 태엽, 띠톱, 치공구, 원형톱, 팬촉, 등사판 줄, 게이지 등 |
| STC80 | 0.75~0.85 | | | | | 730~760 서냉 | 192이하 | 790수냉 | 180공랭 | 58이상 | 각인, 프레스 형틀, 태엽 |
| STC75 | 0.70~0.80 | 010 ~ 0.35 | 0.10 ~ 0.50 | 0.030 이하 | 0.030 이하 | 730~760 서냉 | 192이하 | 790수냉 | 180공랭 | 57이상 | 각인, 스냅, 원형톱, 태엽, 프레스 형틀, 등사판 줄 등 |
| STC70 | 0.65~0.75 | | | | | 730~760 서냉 | 183이하 | 800 수냉 | 180공랭 | 57이상 | 각인, 스냅, 프레스 형틀, 태엽 |
| STC65 | 0.60~0.70 | | | | | 730~760 서냉 | 183이하 | 800 수냉 | 180공랭 | 56이상 | 각인, 스냅, 프레스 형틀, 나이프 등 |
| STC60 | 0.55~0.65 | | | | | 730~760 서냉 | 183이하 | 810수냉 | 180공랭 | 55이상 | 각인, 스냅, 프레스 형틀, |

## 2-8. 주강

주강은 전기로, 평로, 전로 등으로 용융제련한 강을 모델로 만드는 거푸집에 주입하여 만든다. 주강은 주철에 비해 융점이 대단히 높고(1600℃ 정도), 유동성이 떨어지며 수축률이 크다. 융점이 높기 때문에 주입온도는 1450~1530℃로 높아진다.

따라서 주강의 주조에는 많은 기술을 요하며 주강품은 주로 주철로서는 강도가 부족한 부품, 또는 구조용 재료 혹은 기계 부분품 중 특히 고급재료가 필요한 부분에 사용된다. 철도 차량용, 자동차 재료, 선박용 재료, 토목, 광산 및 화학기계 등의 넓은 범위에 사용된다.

주강은 전술한 바와 같이 용융온도가 높기 때문에 많은 가스를 방출함으로서 이와 같은 경함을 방지하기 위하여 거푸집에는 가스가 잘 빠져 나가도록 하여야 되고 내화도가 높은 재료를 사용해야 되며 적당한 탈산제로 완전히 탈산하는 외에 인이나 유황 등의 불순물도 되도록 줄인다.

목적에 따라서는 합금원소를 첨가하여 합금주강을 만든다. 또한 주강은 수축률이 크기 때문에 압탕을 세워 방지하기도 한다. 표 6-15는 주조 후에 방치하여 냉각한 것을 적당히 불림 한 것의 기계적 성질이다.

[표 6-15] 탄소강 주강품의 기계적 성질(KS D 4101)

2001년

| 종류의 기호 | 인장강도 | | | | 용 도 |
|---|---|---|---|---|---|
| | 항복점 또는 내구력 $N/mm^2$ | 인장강도 $N/mm^2$ | 연신율 % | 단면수축율 % | |
| SC360 | 175이상 | 360이상 | 23이상 | 35이상 | 일반구조용, 전동기 부품용 |
| SC410 | 205이상 | 410이상 | 21이상 | 35이상 | 일반구조용 |
| SC450 | 225이상 | 450이상 | 19이상 | 30이상 | 일반구조용 |
| SC480 | 245이상 | 480이상 | 17이상 | 25이상 | 일반구조용 |

# 실 • 력 • 평 • 가

**01.** 기계구조용으로 많이 사용되는 KS 재료기호 SM35C의 설명으로 가장 적합한 것은 ?[2010-3회 자동차 검사산업기사]

㉮ 최저 인장강도 35$kg_f/mm^2$인 기계 구조용 탄소강
㉯ 최저 인장강도 35$kg_f/cm^2$인 기계 구조용 탄소강
㉰ 탄소 함유량이 약 35% 정도인 기계 구조용 탄소강
㉱ 탄소 함유량이 약 0.35% 정도인 기계 구조용 탄소강

**02.** 탄소 공구강 및 일반 공구재료의 구비 조건으로 틀린 것은 ?[2013-1회 컴퓨터응용가공산업기사]

㉮ 내마모성이 클 것
㉯ 강인성 및 내충격성이 우수할 것
㉰ 가공이 어려울 것
㉱ 가격이 저렴할 것

**03.** 연강의 사용 용도로 적합하지 않는 것은 ?[2008-4회, 2010-1회 컴퓨터응용가공산업기사/기계설계산업기사]

㉮ 볼트
㉯ 리벳
㉰ 파이프
㉱ 게이지

**04.** 탄소공구강 재료의 구비 조건으로 틀린 것은 ?[2012-2회 일반기계기사/기계설계기사]

㉮ 상온 및 고온경도가 클 것
㉯ 내마모성이 작을 것
㉰ 가공 및 열처리성이 양호할 것
㉱ 강인성 및 내충격성이 우수할 것

**05.** 다음 중 KS 기호가 STD로 표기되는 강재는 ?[2011-2회 일반기계기사/기계설계기사]

㉮ 탄소공구강 ㉯ 초경공구강
㉰ 다이스강 ㉱ 고속도강

**06.** 다음 중 스프링 강의 기호를 나타내는 것은 ?[2010-2회 일반기계기사/기계설계기사]

㉮ SCM4 ㉯ SNCM8
㉰ SPS9 ㉱ STS3

**07.** 다음 주강품에 대한 설명 중 틀린 것은 ?[2010-2회 기계설계기사]

㉮ 주조한 것은 내부응력이 있다.
㉯ 주조 후는 일반적으로 풀림(Annealing)을 한다.
㉰ 평균 주조 수축율은 약 2%이다
㉱ 중탄소 주강은 0.1 ~ 0.2%C 범위이다.

**08.** 다음 STC에 관한 설명이 잘못된 것은 ?[2013-1회 일반기계기사]

㉮ STC는 탄소 공구강이다.
㉯ 인(P)과 황(S)의 양이 적은 것이 양질이다.
㉰ 주로 림드강으로 만들어 진다.
㉱ 탄소의 함량이 0.6 ~ 1.5% 정도이다.

**09.** 연강의 용도로 가장 거리가 먼 것은 ?[2009-4회 일반기계기사]

㉮ 강관 ㉯ 리벳
㉰ 레일 ㉱ 볼트

**10.** 다음 중 기계구조용 탄소강 SM45C의 탄소함유량으로 가장 적당한 것은 ?[2009-1회, 2011-2회 기계설계산업기사]

㉮ 0.02 ~ 2.01%
㉯ 0.04 ~ 0.05%
㉰ 0.32 ~ 0.38%
㉱ 0.42 ~ 0.48%

**11.** 다음 중 기계구조용 재료로 가장 많이 사용되는 2원 합금 재료는 ?[2009-2회 기계설계산업기사]

㉮ 알루미늄합금　　㉯ 고속도강
㉰ 스테인리스강　　㉱ 탄소강

**12.** 다음 중 합금공구강의 KS 분류기호로 옳은 것은 ?[2009-1회 기계설계산업기사]

㉮ STC　　㉯ SC
㉰ STS　　㉱ GCD

**13.** 절삭, 단조, 주조 및 용접 등이 용이하며 열처리로 재질을 개선시킬 수 있어 볼트, 너트, 축계 및 치차류의 용도로 다양하게 사용할 수 있는 강으로 가장 적합한 것은 ?[2004-4회 자동차 정비산업기사]

㉮ 연강　　㉯ 반 연강
㉰ 경강　　㉱ 고 탄소강

**14.** 다음 중 일반 구조용 압연강재의 특성에 대한 설명으로 옳은 것은 ?[2007-4회 자동차 정비산업기사]

㉮ 열간압연으로 만들어진 강판, 강대, 평강, 형강, 봉강 등의 강재이다.
㉯ P와 S가 비교적 많이 함유되어 있기 때문에 인성, 특히 저온 인성이 높다.
㉰ 기계 가공성과 용접성이 뛰어나서 용접 구조용 압연강제와 혼용하여 사용할 수 있다.
㉱ 고장력강으로 분류되며 인장강도는 대략 100MPa이며, 연성은 25% 정도이다.

**15.** 금형부품용도로 사용되고 있는 스프링강의 설명 중 틀린 것은 ?[2013-4회 일반기계기사]

㉮ 탄성한도가 높고 피로에 대한 저항이 크다.
㉯ 솔바이트 조직으로 비교적 경도가 높다.
㉰ 정밀한 고급 스프링 재료에는 Cr-V 강을 사용한다.
㉱ 탄소강에 납(Pb), 황(S)을 많이 첨가시킨 강이다.

**정답**

01. ㉱ 02. ㉰ 03. ㉱ 04. ㉱ 05. ㉰ 06. ㉰ 07. ㉱ 08. ㉰ 09. ㉰
10. ㉱ 11. ㉱ 12. ㉰ 13. ㉯ 14. ㉮ 15. ㉱

# CHAPTER 07 특수강

특수강(special steel)이라 함은 탄소강에 탄소 이외의 원소를 하나 또는 2개 이상을 첨가시켜 특수한 성질을 갖게 한 강을 말하며 때로는 합금강(alloy steel)이라고도 한다. 주요한 합금원소로는 Ni, Cr, Mn, Mo, W, Co, V, Ti, Si 등이다. 위에서 말한 바와 같이 탄소강에 적당한 다른 원소를 합금하면 그 본래의 성질이 개선되는 동시에 다른 특수한 성질이 나타난다.

강 중에 첨가된 특수원소의 주요한 역할은 ① 오스테나이트의 입자 조정, ② 변태속도에 대한 변화, ③ 소성가공성의 개량, ④ 황 등의 해로운 원소의 제거, ⑤ 기계적, 화학적 성질의 개선 등이다.

보통 특수강의 탄소함유량은 0.25~0.55% 정도이다. 저합금강이라 함은 특수원소가 1% 내지 수 %의 첨가량 정도를 말하며, 고합금강이라 함은 특수원소가 10% 이상인 경우를 말한다. 저합금강은 강도를 요하는 기계부품재 또는 표면경화재로 사용되며, 고합금강은 내식, 내열, 내마모 등과 같이 특수 목적용재로 사용된다.

## 1. 특수강의 성질

### 1-1. 특수강에 첨가되는 주요원소

특수강은 첨가되는 원소의 종류와 그 양에 따라 성질이 달라지기 때문에 각종 원소가 갖는 특성을 표 7-1에 표시한다.

[표 7-1] 각종 원소의 특성

| 각 원소의 특성 | | 여러 원소의 공통적인 특성 | |
|---|---|---|---|
| 원 소 | 특 성 | 원 소 | 특 성 |
| Ni | 인성증가. 저온충격저항 증가 | P, Si, Mo, Ni, Cr, W, Mn | 페라이트 강화성 |
| Cr | 내식성, 내마모성 증가 | V, Mo, Mn, Cr, Ni, W, Cu, Si | 담금효과 침투성 향상 |
| Mo | 뜨인 여림성질방지 | Al, V, Ti, Zr, Mo, Cr, Si, Mn | 오스테나이트 결정립자의 성장방지 |
| Mo, W | 고온에서 경도와 인장강도 증가 | | |
| Cu | 공기 중 내산화성 증가 | V, Mo, W, Cr, Si, Mn, Ni | 뜨임 저항성 향상 |
| Si | 전자기특성, 내열성 우수 | | |
| V, Ti, Zr | 결정립자의 조절 | Ti, V, Cr, Mo, W | 탄화물 생성향상 |

그림 7-1은 페라이트(ferrite)에 첨가된 여러 가지 원소가 인장강도에 미치는 영향을 나타낸 것이다. 그림에 의하면 Si, Ti, Mn, Al, Mo, Ni 등은 인장강도의 향상에 유효하다는 것을 알 수 있다.

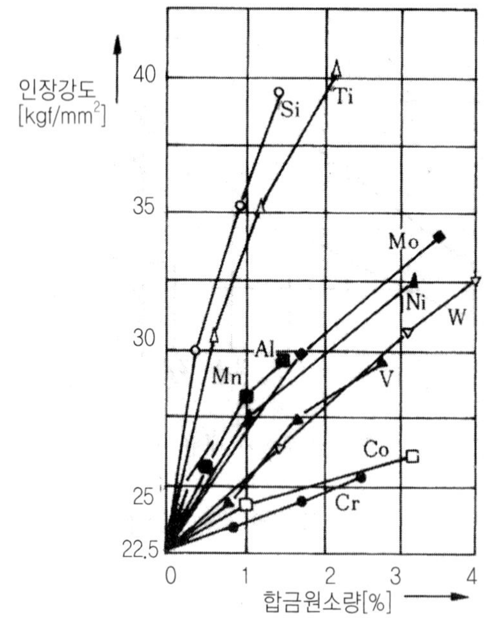


[그림 7-1] 페라이트 중의 합금원소와 인장강도와의 관계

그림 7-2는 첨가원소에 대한 소입성을 표시한 것으로 Mn, Mo, Cr 등은 상당히 고소입성(高燒入性)을 나타내지만, Ni 등은 비교적 낮은 것을 알 수 있다. 각종 특수 성질을 향상시키는 원소를 정리해 보면 표 7-2와 같다.

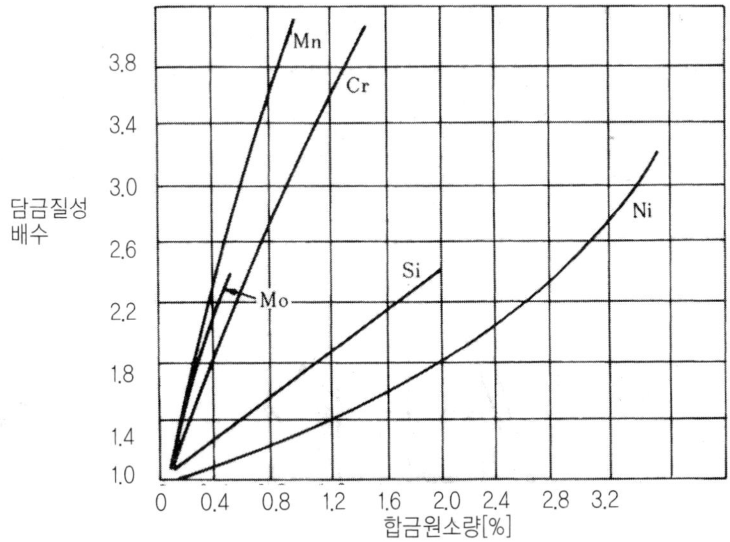


[그림 7-2] 각종 합금원소에 대한 담금질성

[표 7-2] 각종 특수 성질을 향상시키는 원소

| 특 수 성 질 | 합 금 원 소 |
|---|---|
| 인장강도 증대 | Si, Ti, Mn, Al, Mo, Ni 등 |
| 내마모성 향상 | V, Mo, W, Cr |
| 소입성 향상 | Mn, Mo, Cr, Si, NI, Ti, V등 |
| 내열성 향상 | Cr, Ni, Si, Mo, Co, W 등 |
| 내식성 향상 | Cr, Ni, Mo 등 |
| 피삭성 향상 | Pb, S, Ca 등 |

탄소강에 가해진 원소는 독립적으로 가한 경우와 2종 이상의 원소를 가한 경우가 있고 특히 수종의 원소를 적절히 나누어서 가하면 각 원소에 대한 효과가 높아져 우수한 성질을 얻는 것이 가능하다.

## 1-2. 특수강의 조직과 상태도

특수강의 상태도는 철과 특수 합금원소와의 이원상태 또는 오스테나이트 영역의 형태에 따라 구분된다.

### 1-2-1. 오스테나이트 구역 확대형

[1] 오스테나이트 생성형

탄소강에 Mn, Ni, Co 등의 합금원소를 첨가하면 $A_3$점은 강하하고 $A_4$변태점은 상승하므로 상태도에 나타난 오스테나이트 구역이 넓어진다. 이와 같은 상태도는 대략 그림 7-3과 같다.

[2] 공석 변태형

강에 C, N, Cu 등의 함유량이 많아지면 $A_3$점은 강하하나 공석되며 $A_4$는 상승한다. 이것이 오스테나이트 생성형과 다른 점이다. 이와 같은 형의 상태도는 그림 7-4와 같다.

[3] 오스테나이트 구역 축소형

탄소강에 Cr, W, Mo, V, Ti, Al, Be, Zr, P, As 등을 첨가하면 $A_3$점이 상승하고 $A_4$점은 강하하여 오스테나이트 영역을 축소한다. 이와 같은 상태도를 페라이트 생성형이라고도 한다. 그림 7-5에서 표시하고 있다.

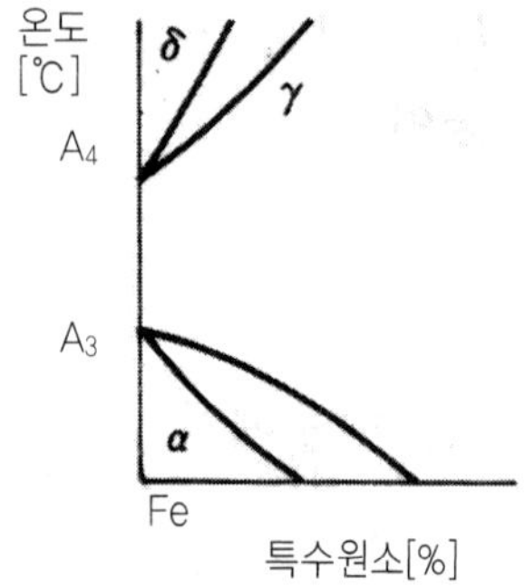


[그림 7-3] 오스테나이트 생성형

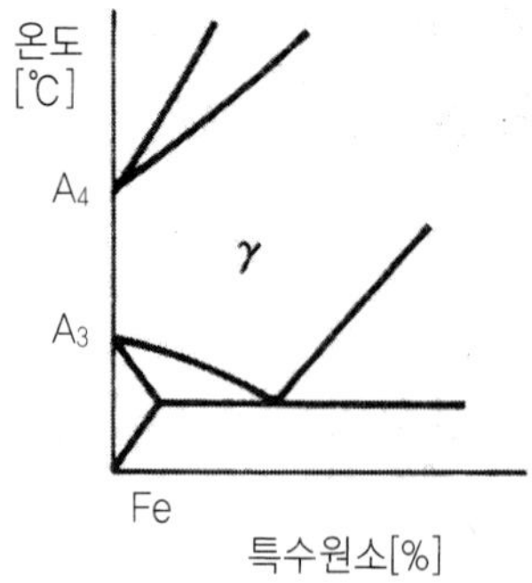


[그림 7-4] 공석 변태형

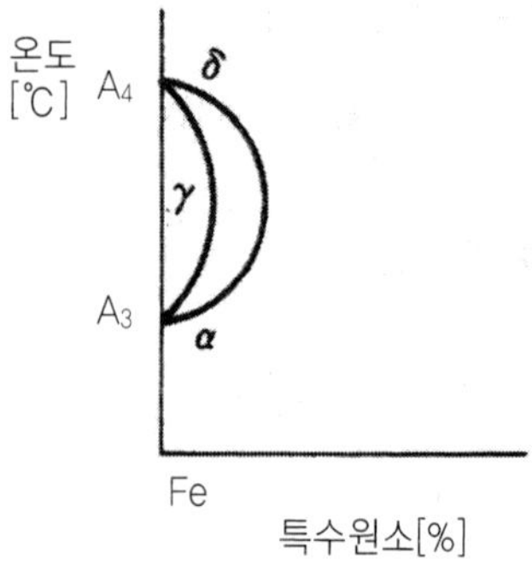


[그림 7-5] 페라이트 생성형

## 2. 특수강의 분류

특수강은 첨가원소의 조합과 함유량에 따라서 종류가 많지만 용도에 의해 분류하면 기계구조용, 공구용, 내식용, 내열용, 특수목적용으로 대별되어진다.

### 2-1. 기계구조용

### 2-1-1. 강인강

강인강은 탄소강에 소량의 합금원소를 첨가시켜 인장강도를 크게하고 인성을 가지게 한 것으로 담금질에 의해 경도를 증가시킨 후 뜨임하여 인성을 부여한다. 구조용 재료 중에서 강인강이라고 부르는 것은 저 Ni강, 저 Mn강, 저 Cr강 등도 있으나 대표적인 것은 Cr-Mo강, Ni-Cr강, Ni-Cr-Mo강, Mn-Cr강 등이다.

#### [1] Ni강

그림 7-6과 같이 $\gamma$-Fe와 Ni은 면심 입방구조의 결정이므로 모든 비율에서 고용체를 만든다. Ni 25%에서 가열시와 냉각시의 변태 차이가 500℃ 정도이므로 Ni 5~30% 합금을 비가역강(非可逆鋼)이라 한다.

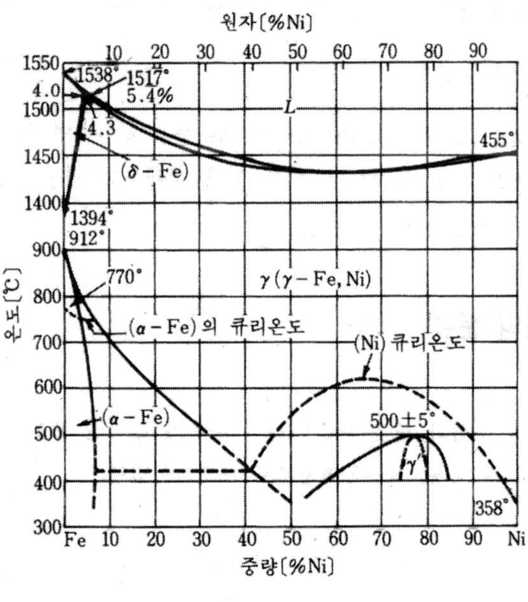


[그림 7-6] Fe-Ni상태도

Ni의 자기변태점은 Fe 30%까지는 점차 증가해서 600℃에서 최대로 되며 Fe를 더욱 증가시키면 다시 강하해서 Fe 70%에서 상온에 달한다. Ni은 인장강도, 항복점, 경도, 충격치 등을 상승시키며 연신율이 감소하지 않으므로 강인한 강을 만든다. 담금질하면 150~200mm 정도로 경화가 깊어지므로 재료의 중심부까지 열처리 효과를 얻도록 한다. 또한 탄소강의 저온취성을 방지시키는 효과도 있다.

### (1) 저 Ni 펄라이트강

0.2%, 1.5~5% Ni강은 침탄강으로 사용되며 0.25~0.35% C, 1.5~5% Ni강은 담금질하여 각종 기계부품에 사용한다. 침탄한 것은 자동차축, 치차, 체인, 레버, 스핀들, 저널, 강력볼트 너트, 크랭크축 등의 강인성과 내마모성을 요하는 재료로 사용한다.

또한 포신재, 차축, 교량재, 교통기관의 부품으로 쓰인다. 저 Ni강의 경우 인장강도는 490~690MPa(50~70$kg_f/mm^2$), 내력 290~440(30~45$kg_f/mm^2$), 연신율 25~30%, Hs 150~190, 단면수축률 55~60%의 기계적 성질을 나타낸다.

### (2) 고 Ni 오스테나이트강

25~35% Ni강은 오스테나이트 조직이므로 강도와 탄성한계는 낮으나 압연성, 내식성 등이 좋고 충격치가 크므로 기관용 밸브, 스핀들, 보일러관 등에 쓰이고 비자성용강으로 사용된다. 10~25% Ni강은 마텐자이트 조직을 가진다.

## [2] Mn강

그림 7-7은 Mn-C계의 성분과 조직의 관계를 표시한다. 실용되고 있는 것은 및 구역이다. 구역은 저 Mn강으로서 펄라이트 Mn강 또는 듀콜강(ducol steel)이라고 부르며 C= 0.2~1.0%, Mn= 1~2%로서 비교적 경도가 크고 연신율이 저하되지 않아 일반 구조용에 널리 사용된다. 그림 7-7의 구역은 오스테나이트 Mn강(Hadfield steel)이라고도 부르는 고 Mn강으로서 C= 1.0~1.3%, Mn= 11~13%의 범위에서 경도가 크고 내마모재로서도 사용된다. 이것은 고온에서 서냉하면 탄화물이 석출하여 대단히 경도가 크고 취성이 있으며 절삭이 불가능하다.

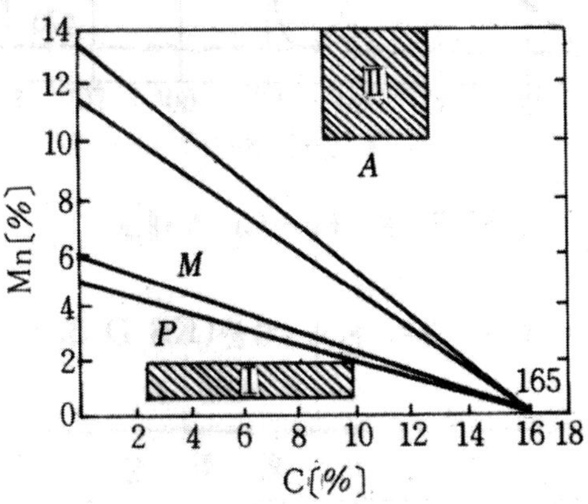


[그림 7-7] Fe-Mn-C강의 조직도

그러나 급냉하면 오스테나이트 조직으로 되어 경도는 크나 인성이 있고 절삭이 가능하게 된다. 그러므로 고 Mn강의 열처리법으로는 1000~1100℃에서 수중에 담금질한다. 이것을 수인법(水靭法: water toug-hening)이라고 한다. 표 7-3에서 화학성분을 나타낸다.

[표 7-3] 기계구조용 합금강의 화학성분(KS D 3867)

2007년

| 분류 | 종류의 기호 | 화학성분(%) | | | | | | | |
|---|---|---|---|---|---|---|---|---|---|
| | | C | Si | Mn | P | S | Ni | Cr | Mo |
| 망가니즈강 | SMn420 | 0.17~0.23 | 0.15~0.35 | 1.20~1.50 | 0.030이하 | 0.030이하 | 0.25이하 | 0.35이하 | − |
| | SMn433 | 0.30~0.36 | 0.15~0.35 | 1.20~1.50 | 0.030이하 | 0.030이하 | 0.25이하 | 0.35이하 | − |
| | SMn438 | 0.35~0.41 | 0.15~0.35 | 1.35~1.65 | 0.030이하 | 0.030이하 | 0.25이하 | 0.35이하 | − |
| | SMn443 | 0.40~0.46 | 0.15~0.35 | 1.35~1.65 | 0.030이하 | 0.030이하 | 0.25이하 | 0.35이하 | − |
| 망가니즈 크로뮴강 | SMnC420 | 0.17~0.23 | 0.15~0.35 | 1.20~1.50 | 0.030이하 | 0.030이하 | 0.25이하 | 0.35~0.70 | − |
| | SMnC443 | 0.40~0.46 | 0.15~0.35 | 1.35~1.65 | 0.030이하 | 0.030이하 | 0.25이하 | 0.35~0.70 | − |
| 크로뮴강 | SCr 415 | 0.13~0.18 | 0.15~0.35 | 0.60~0.90 | 0.030이하 | 0.030이하 | 0.25이하 | 0.90~1.20 | − |
| | SCr 420 | 0.18~0.23 | 0.15~0.35 | 0.60~0.90 | 0.030이하 | 0.030이하 | 0.25이하 | 0.90~1.20 | − |
| | SCr 430 | 0.28~0.33 | 0.15~0.35 | 0.60~0.90 | 0.030이하 | 0.030이하 | 0.25이하 | 0.90~1.20 | − |
| | SCr 435 | 0.33~0.38 | 0.15~0.35 | 0.60~0.90 | 0.030이하 | 0.030이하 | 0.25이하 | 0.90~1.20 | − |
| | SCr 440 | 0.38~0.43 | 0.15~0.35 | 0.60~0.90 | 0.030이하 | 0.030이하 | 0.25이하 | 0.90~1.20 | − |
| | SCr 445 | 0.43~0.48 | 0.15~0.35 | 0.60~0.90 | 0.030이하 | 0.030이하 | 0.25이하 | 0.90~1.20 | − |

| 분류 | 종류의 기호 | 화학성분(%) | | | | | | | |
|---|---|---|---|---|---|---|---|---|---|
| | | C | Si | Mn | P | S | Ni | Cr | Mo |
| 크로뮴 몰리브데넘강 | SCM 415 | 0.13~0.18 | 0.15~0.35 | 0.60~0.90 | 0.030이하 | 0.030이하 | 0.25이하 | 0.90~1.20 | 0.15~0.25 |
| | SCM 418 | 0.16~0.21 | 0.15~0.35 | 0.60~0.90 | 0.030이하 | 0.030이하 | 0.25이하 | 0.90~1.20 | 0.15~0.25 |
| | SCM 420 | 0.18~0.23 | 0.15~0.35 | 0.60~0.90 | 0.030이하 | 0.030이하 | 0.25이하 | 0.90~1.20 | 0.15~0.25 |
| | SCM 421 | 0.17~0.23 | 0.15~0.35 | 0.70~1.00 | 0.030이하 | 0.030이하 | 0.25이하 | 0.90~1.20 | 0.15~0.25 |
| | SCM 425 | 0.23~0.28 | 0.15~0.35 | 0.60~0.90 | 0.030이하 | 0.030이하 | 0.25이하 | 0.90~1.20 | 0.15~0.30 |
| | SCM 430 | 0.28~0.33 | 0.15~0.35 | 0.60~0.90 | 0.030이하 | 0.030이하 | 0.25이하 | 0.90~1.20 | 0.15~0.30 |
| | SCM 432 | 0.27~0.37 | 0.15~0.35 | 0.60~0.90 | 0.030이하 | 0.030이하 | 0.25이하 | 1.00~1.50 | 0.15~0.30 |
| | SCM 435 | 0.33~0.38 | 0.15~0.35 | 0.60~0.90 | 0.030이하 | 0.030이하 | 0.25이하 | 0.90~1.20 | 0.15~0.30 |
| | SCM 440 | 0.38~0.43 | 0.15~0.35 | 0.60~0.90 | 0.030이하 | 0.030이하 | 0.25이하 | 0.90~1.20 | 0.15~0.30 |
| | SCM 445 | 0.43~0.48 | 0.15~0.35 | 0.60~0.90 | 0.030이하 | 0.030이하 | 0.25이하 | 0.90~1.20 | 0.15~0.30 |
| | SCM 822 | 0.20~0.25 | 0.15~0.35 | 0.60~0.90 | 0.030이하 | 0.030이하 | 0.25이하 | 0.90~1.20 | 0.35~0.45 |
| 니켈 크로뮴강 | SNC 236 | 0.32~0.40 | 0.15~0.35 | 0.50~0.80 | 0.030이하 | 0.030이하 | 1.00~1.50 | 0.50~0.90 | - |
| | SNC 415 | 0.12~0.18 | 0.15~0.35 | 0.35~0.65 | 0.030이하 | 0.030이하 | 2.00~2.50 | 0.20~0.50 | - |
| | SNC 631 | 0.27~0.35 | 0.15~0.35 | 0.35~0.65 | 0.030이하 | 0.030이하 | 2.50~3.00 | 0.60~1.00 | - |
| | SNC 815 | 0.12~0.18 | 0.15~0.35 | 0.35~0.65 | 0.030이하 | 0.030이하 | 3.00~3.50 | 0.60~1.00 | - |
| | SNC 836 | 0.32~0.40 | 0.15~0.35 | 0.35~0.65 | 0.030이하 | 0.030이하 | 3.00~3.50 | 0.60~1.00 | - |
| 니켈크롬뮴 몰리브데넘강 | SNCM220 | 0.17~0.23 | 0.15~0.35 | 0.60~0.90 | 0.030이하 | 0.030이하 | 0.40~0.70 | 0.40~0.60 | 0.15~0.25 |
| | SNCM240 | 0.38~0.43 | 0.15~0.35 | 0.70~1.00 | 0.030이하 | 0.030이하 | 0.40~0.70 | 0.40~0.60 | 0.15~0.30 |
| | SNCM415 | 0.12~0.18 | 0.15~0.35 | 0.40~0.70 | 0.030이하 | 0.030이하 | 1.60~2.00 | 0.40~0.60 | 0.15~0.30 |
| | SNCM420 | 0.17~0.23 | 0.15~0.35 | 0.40~0.70 | 0.030이하 | 0.030이하 | 1.60~2.00 | 0.40~0.60 | 0.15~0.30 |
| | SNCM431 | 0.27~0.35 | 0.15~0.35 | 0.60~0.90 | 0.030이하 | 0.030이하 | 1.60~2.00 | 0.60~1.00 | 0.15~0.30 |
| | SNCM439 | 0.36~0.43 | 0.15~0.35 | 0.60~0.90 | 0.030이하 | 0.030이하 | 1.60~2.00 | 0.60~1.00 | 0.15~0.30 |
| | SNCM447 | 0.44~0.50 | 0.15~0.35 | 0.60~0.90 | 0.030이하 | 0.030이하 | 1.60~2.00 | 0.60~1.00 | 0.15~0.30 |
| | SNCM616 | 0.13~0.20 | 0.15~0.35 | 0.80~1.20 | 0.030이하 | 0.030이하 | 2.80~3.20 | 1.40~1.80 | 0.40~0.60 |
| | SNCM625 | 0.20~0.30 | 0.15~0.35 | 0.35~0.60 | 0.030이하 | 0.030이하 | 3.00~3.50 | 1.00~1.50 | 0.15~0.30 |
| | SNCM630 | 0.25~0.35 | 0.15~0.35 | 0.35~0.60 | 0.030이하 | 0.030이하 | 2.50~3.50 | 2.50~3.50 | 0.30~0.70 |
| | SNCM815 | 0.12~0.18 | 0.15~0.35 | 0.35~0.60 | 0.030이하 | 0.030이하 | 4.00~4.50 | 0.70~1.00 | 0.15~0.30 |

### [3] Cr강

그림 7-8과 같이 Fe와 Cr은 모든 비율로 고용체를 만들며 Cr의 첨가로 $A_4$점은 강하하고 $A_3$점은 다소 강하하다가 다시 상승하여 $A_4$점과 합친다. Cr은 내식성이 크며 강력한 탄화물 생성원소의 하나이다. Cr강의 특성은 다음과 같다.

① 경화층이 깊고 마텐자이트 조직을 안정화하며 자경성(self hardening)이 있어 공냉으로 쉽게 마텐자이트의 조직으로 된다. 일반탄소강은 300℃에서 트루스타이트(troostite)화 되는 반면 Cr강에서는 500℃에서 가능하고 풀림하여도 잘 풀리지 않는다.

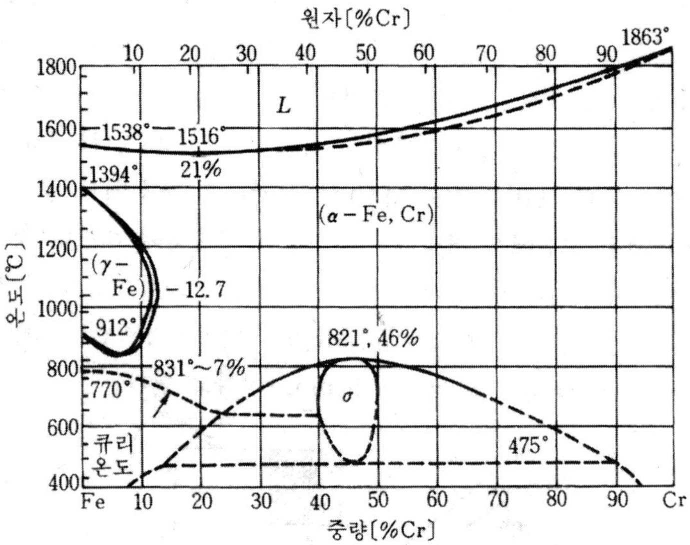


[그림 7-8] Fe-Cr 상태도

② $Cr_4C_2$, $Cr_7C_3$ 탄화물이 형성되어 내마모성이 크고 오스테나이트의 결정립 성장을 저지하며 조직이 미세하고 강인화한다.

③ 내식성 및 내열성이 크므로 내식강 및 내열강으로 사용된다.

④ Ni, Mn, Mo, V 등을 첨가하여 구조용으로 사용하고, W, V, Co 등을 첨가하여 공구강으로 사용한다.

이들 강의 담금질은 모두 850~880℃ 범위에서 유냉한다. 직경 60mm 이상에서는 담금질 경화성이 불량하며 뜨임은 580~680℃에서 행한다. 뜨임취성을 방지하기 위하여 뜨임 후 수냉한다. 표 7-3에서 화학성분을 나타낸다.

자동차 부품에는 강인강 중에서 Cr-Mo강과 같이 볼트, 샤프트, 기어류 등에 많이 사용된다. 구체적인 예는 다음과 같다.

① **볼트류** : 실린더 헤드 볼트, 커넥팅로드 볼트, 차동 링 기어 고정 볼트 등

② **샤프트류** : 크랭크샤프트, 밋션 각종 샤프트, 액슬 샤프트 등

③ **기어류** : 밋션의 각종 기어, 차동 기어, 스티어링 기어 등

자동차 부품에는 강인강 중에서 Cr-Mo강과 같이 볼트, 샤프트, 기어류 등에 많이 사용된다. 구체적인 예는 다음과 같다.

① 볼트류 : 실린더헤드 볼트, 커넥팅로드 볼트, 차동 링 기어 고정 볼트 등
② 샤프트류 : 크랭크샤프트, 밋션 각종 샤프트, 액슬 샤프트 등
③ 기어류 : 밋션의 각종 기어, 차동 기어, 스티어링 기어 등

### [4] Cr-Mo강

Cr외에 Mo을 함유한 강은 경화능이 크고 뜨임 저항성도 크며, 뜨임 취성의 경향도 적다. 또한 고온가공성, 용접성이 양호하다. 자동차부품에서는 Cr강과 같이 많이 사용된다. SCM415 및 SCM420, SCM430 SCM440은 자동차용으로 널리 사용되며, 열처리는 830~880℃에서 유냉하고 580~680℃에서 뜨임한다. 큰 물체의 경우는 수냉할 때도 있다. 뜨임 취성은 작으나 뜨임 후 급냉하는 쪽이 좋다. Mo첨가에 의해 같은 인장강도라도 Cr강보다 뜨임 온도가 높으므로 강인성이 증가한다. 표 7-3에서 화학성분을 나타낸다.

### [5] Ni-Cr강

이 강은 구조용 에서는 제 1위를 차지하는 강이었으나 Ni-Cr-Mo강이나 Cr-Mo강으로 점차 대체되어 지고 있다. Ni의 재질은 취성이 크지만 Ni만으로는 경화능이 작으므로 Cr을 첨가함으로써 이 점을 보완 했다.

그림 7-9는 Ni-Cr강의 성분과 조직을 표시한다. Ni과 Cr의 양이 많은 영역에서는 오스테나이트 조직으로 되나 Ni과 Cr의 각량(各量)이 적은 영역에서 서냉조직은 페라이트(ferrite)와 펄라이트(pearlite)의 혼합 상태로 된다.

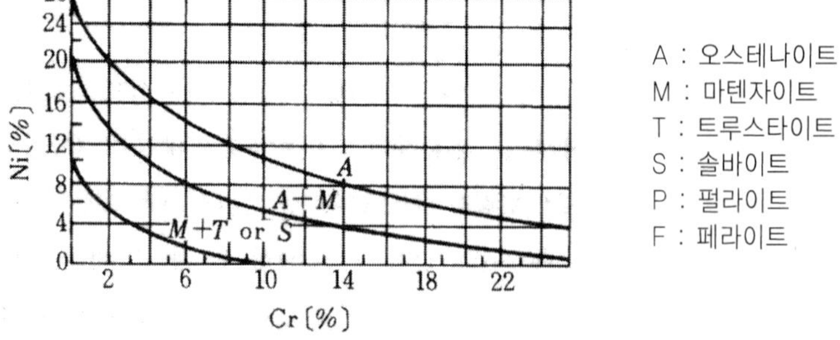


[그림 7-9] Ni-Cr강의 조직도

일반 특수강은 뜨임 온도에서 서냉시키나 Ni-Cr강은 550℃ 이하의 온도에서 서냉시키면 충격치가 저하되는 뜨임취성이 나타난다. Ni-Cr강은 뜨임취성이 심하므로 반드시 800~850℃에서 담금질하여 경화시키고 550~650℃에서 뜨임하여 사용한다. 표 7-3에서 화학성분을 나타낸다.

### [6] Ni-Cr-Mo강

Ni-Cr-Mo강은 구조용강 중에서 가장 우수한 강이다. 즉 Mo을 첨가함으로써 경화능은  증가하고 뜨임에 따른 연화저항도 크므로 강인성이 높다. 또 Ni-Cr강의 결점인 뜨임취성 경향도 Mo을 첨가함으로써 감소된다. 표 7-3에서 화학성분을 나타낸다. SNCM431과 SNCM625는 자동차의 크랭크축에 사용된다. 그리고 SNCM630은 항공기용으로 강력 볼트, 기어 등에 사용된다.

### [7] Mn-Cr강

Ni-Cr강의 Ni대신 Mn을 첨가한 강으로 질량효과가 크며 인성이 좋고 강도는 Ni-Cr강보다 낮다.

## 2-1-2. 표면경화용강

표면경화용강은 특수강에 탄소 C를 침투시키는 침탄용 표면경화강과 질소 N를 침투시키는 질화용 표면경화강이 있다. 어느 것도 내부가 강인하고 표면은 내마모성, 내열성 등을 가진다.

### [1] 침탄용 표면경화강

침탄용강은 연하여 공작하기 쉬운 반면에 침탄하여 가열처리한 후 중심부분이 강인하고 표면이 용도에 적합하게 충분한 경도와 내마모성을 갖지 않으면 안된다. 침탄용강으로는 앞에서 설명한 강인강의 각 종류가 사용되며 침탄 후 자동차 부품으로 사용되는 것은 기어, 캠, 샤프트류 등이다.

### [2] 질화용 표면경화강

질화강은 Al, Cr, Mo, Ti, V 등의 원소 중에서 2개 이상의 성분을 함유한 것이 사용되고 있다. 질화강의 종류는 Al-Cr-Mo강과 Al-V강 등이 사용되어지고 전자의 경우 자동차 부품으로는 분사 노즐 등에 사용된다.

## 2-2. 공구용

### 2-2-1. 합금공구강

바이트, 드릴 등의 절삭공구는 사용중 마찰열에 의해 고온으로 된다. 탄소공구강은 고온경도가 작고 고속절삭 등에 부적합하다. 이러한 결점을 개선하기 위하여 W, V, Ni 등을 가하여 공구강으로서 필요한 성질을 가지도록 한 것을 합금공구강(alloy tool steel)이라 한다.

합금 원소에는 각각 특이한 성질을 가지고 있다. W은 내마모성을, V은 결정립의 미세화를, Ni은 인성을 높이는 성질을 갖는다. KS에서는 표 7-4, 7-5, 7-6과 같이 합금공구강을 용도에 따라 절삭용 공구용, 내충격 공구용, 냉간 금형용, 열간 금형용으로 분류하고 있다. 화학조성 및 열처리에 따른 경도에 대하여 나타내고 있다.

[표 7-4] 합금공구강의 화학 성분 및 열처리 방법(KS D 3753)(절삭 공구용, 내충격 공구용)

2008년

| 분류 | 종류의 기호 | 화학성분(%) | | | | | | | | | 어닐링 온도 및 경도 | | 퀜칭, 탬퍼링 열처리 | | | |
|---|---|---|---|---|---|---|---|---|---|---|---|---|---|---|---|---|
| | | C | Si | Mn | P | S | Ni | Cr | W | V | 어닐링 온도 ℃ | 어닐링 경도 HBW | 퀜칭 ℃ | 템퍼링 ℃ | 퀜칭, 탬퍼링 경도 $H_{RC}$ | |
| 절삭공구용 | STS 11 | 1.20 ~ 1.30 | 0.35 이하 | 0.50 이하 | 0.030 이하 | 0.030 이하 | - | 0.20 ~ 0.50 | 3.00 ~ 4.00 | 0.10 ~ 0.30 | 780~ 850 서냉 | 241 이하 | 790 수냉 | 180 공랭 | 62 이상 | 절삭공구, 냉간 드로잉용 다이스·센터드릴 |
| | STS 2 | 1.00 ~ 1.10 | 0.35 이하 | 0.50 이하 | 0.030 이하 | 0.030 이하 | - | 0.50 ~ 1.00 | 1.00 ~ 1.50 | 0.20 이하 | 750~ 800 서냉 | 217 이하 | 860 수냉 | 180 공랭 | 61 이상 | 탭, 드릴, 커터, 프레스형틀, 나사 가공 다이스 |
| | STS 21 | 1.00 ~ 1.10 | 0.35 이하 | 0.50 이하 | 0.030 이하 | 0.030 이하 | - | 0.20 ~ 0.50 | 0.50 ~ 1.00 | 0.10 ~ 0.25 | 750~ 800 서냉 | 217 이하 | 800 수냉 | 180 공랭 | 61 이상 | |

| 분류 | 종류의 기호 | 화학성분(%) | | | | | | | | | 어닐링 온도 및 경도 | | 퀜칭, 탬퍼링 열처리 | | | |
|---|---|---|---|---|---|---|---|---|---|---|---|---|---|---|---|---|
| | | C | Si | Mn | P | S | Ni | Cr | W | V | 어닐링 온도 ℃ | 어닐링 경도 HBW | 퀜칭 ℃ | 템퍼링 ℃ | 퀜칭, 탬퍼링 경도 $H_{RC}$ | |
| 절삭공구용 | STS 5 | 0.75 ~ 0.85 | 0.35 이하 | 0.50 이하 | 0.030 이하 | 0.030 이하 | 0.70 ~ 1.30 | 0.20 ~ 0.50 | - | - | 750~ 800 서냉 | 207 이하 | 830 수냉 | 420 공랭 | 45 이상 | 원형톱, 띠톱 |
| | STS 51 | 0.75 ~ 0.85 | 0.35 이하 | 0.50 이하 | 0.030 이하 | 0.030 이하 | 1.30 ~ 2.00 | 0.20 ~ 0.50 | - | - | 750~ 800 서냉 | 207 이하 | 830 수냉 | 420 공랭 | 45 이상 | |
| | STS 7 | 1.10 ~ 1.20 | 0.35 이하 | 0.50 이하 | 0.030 이하 | 0.030 이하 | - | 0.20 ~ 0.50 | 2.00 ~ 2.50 | 0.20 이하 | 750~ 800 서냉 | 217 이하 | 860 수냉 | 180 공랭 | 62 이상 | 쇠톱 |
| | STS 81 | 1.10 ~ 1.20 | 0.35 이하 | 0.50 이하 | 0.030 이하 | 0.030 이하 | - | 0.20 ~ 0.50 | - | - | 750~ 800 서냉 | 212 이하 | 790 수냉 | 180 공랭 | 63 이상 | 인물(칼, 대패) 쇠톱, 면도날 |
| | STS 8 | 1.30 ~ 1.50 | 0.35 이하 | 0.50 이하 | 0.030 이하 | 0.030 이하 | - | 0.20 ~ 0.50 | - | - | 750~ 800 서냉 | 217 이하 | 810 수냉 | 180 공랭 | 63 이상 | 줄 |
| 내충격공구용 | STS 4 | 0.45 ~ 0.55 | 0.35 이하 | 0.50 이하 | 0.030 이하 | 0.030 이하 | - | 0.50 ~ 1.00 | 0.50 ~ 1.00 | - | 740~ 780 서냉 | 201 이하 | 800 수냉 | 180 공랭 | 56 이상 | 칼, 펀치, 칼날 |
| | STS 41 | 0.35 ~ 0.45 | 0.35 이하 | 0.50 이하 | 0.030 이하 | 0.030 이하 | - | 1.00 ~ 1.50 | 2.50 ~ 3.50 | - | 760~ 830 서냉 | 217 이하 | 880 수냉 | 180 공랭 | 53 이상 | |
| | STS 43 | 1.00 ~ 1.10 | 0.10 ~ 0.30 | 0.10 ~ 0.40 | 0.030 이하 | 0.030 이하 | - | - | - | 010~ 0.20 | 750~ 800 서냉 | 212 이하 | 790 수냉 | 180 공랭 | 63 이상 | 헤딩다이스 착암기용 피스턴 |
| | STS 44 | 0.80 ~ 0.90 | 0.25 이하 | 0.30 이하 | 0.030 이하 | 0.030 이하 | - | - | - | 0.10 ~ 0.25 | 730~ 780 서냉 | 207 이하 | 790 수냉 | 180 공랭 | 60 이상 | 끌, 헤딩다이스 |

[표 7-5] 합금공구강의 화학 성분 및 열처리 방법(KS D 3753)(냉간금형용)

2008년

| 분류 | 종류의 기호 | 화학성분(%) C | Si | Mn | P | S | Cr | Mo | W | V | 어닐링 온도 및 경도: 어닐링 온도 ℃ | 어닐링 경도 HBW | 퀜칭, 탬퍼링 열처리: 퀜칭 ℃ | 템퍼링 ℃ | 퀜칭, 탬퍼링 경도 $H_{RC}$ | 참고 용도 보기 |
|---|---|---|---|---|---|---|---|---|---|---|---|---|---|---|---|---|
| 냉간금형용 | STS 3 | 0.90~1.00 | 0.35 이하 | 0.90~1.20 | 0.030 이하 | 0.030 이하 | 0.50~1.00 | - | 0.50~1.00 | - | 780~800 서냉 | 217 이하 | 830 유냉 | 180 공랭 | 60 이상 | 게이지, 나사 절단 다이스, 절단기, 칼날 |
| | STS 31 | 0.95~1.05 | 0.35 이하 | 0.90~1.20 | 0.030 이하 | 0.030 이하 | 0.80~1.20 | - | 1.00~1.50 | - | 750~800 서냉 | 217 이하 | 830 유냉 | 180 공랭 | 61 이상 | 게이지, 프레스형틀, 나사 절단 다이스 |
| | STS 93 | 1.00~1.10 | 0.50 이하 | 0.80~1.10 | 0.030 이하 | 0.030 이하 | 0.20~0.60 | - | - | - | 750~780 서냉 | 217 이하 | 820 유냉 | 180 공랭 | 63 이상 | 게이지, 칼날, 프레스 형틀 |
| | STS 94 | 0.90~1.00 | 0.50 이하 | 0.80~1.10 | 0.030 이하 | 0.030 이하 | 0.20~0.60 | - | - | - | 740~760 서냉 | 212 이하 | 820 유냉 | 180 공랭 | 61 이상 | |
| | STS 95 | 0.80~0.90 | 0.50 이하 | 0.80~1.10 | 0.030 이하 | 0.030 이하 | 0.20~0.60 | - | - | - | 730~760 서냉 | 212 이하 | 820 유냉 | 180 공랭 | 59 이상 | |
| | STD 1 | 1.90~2.20 | 0.10~0.60 | 0.20~0.60 | 0.030 이하 | 0.030 이하 | 11.00~13.00 | - | - | 0.30 이하 | 830~880 서냉 | 248 이하 | 970 공랭 | 180 공랭 | 62 이상 | 신선용 다이스, 포밍 다이스, 분말 성형틀 |
| | STD 2 | 2.00~2.30 | 0.10~0.40 | 0.30~0.60 | 0.030 이하 | 0.030 이하 | 11.00~13.00 | - | 0.60~0.80 | - | 830~880 서냉 | 255 이하 | 970 공랭 | 180 공랭 | 62 이상 | |
| | STD 10 | 1.45~1.60 | 0.10~0.60 | 0.20~0.60 | 0.030 이하 | 0.030 이하 | 11.00~13.00 | 0.70~1.00 | - | 0.70~1.00 | 830~880 서냉 | 255 이하 | 1020 공랭 | 180 공랭 | 61 이상 | 신선용 다이스, 전조다이스, 금속인물, 포밍 다이스, 프레스 형틀 |
| | STD 11 | 1.40~1.60 | 0.40 이하 | 0.60 이하 | 0.030 이하 | 0.030 이하 | 11.00~13.00 | 0.80~1.20 | - | 0.20~0.50 | 830~880 서냉 | 255 이하 | 1030 공랭 | 180 공랭 | 58 이상 | 게이지, 포밍 다이스, 나사 전조 다이스, 프레스 형틀 |
| | STD12 | 0.95~1.05 | 0.10~0.40 | 0.40~0.80 | 0.030 이하 | 0.030 이하 | 4.80~5.50 | 0.90~1.20 | - | 0.15~0.35 | 830~880 서냉 | 241 이하 | 970 공랭 | 180 공랭 | 60 이상 | |

[표 7-6] 합금공구강의 화학 성분 및 열처리 방법(KS D 3753)(열간금형용)

2008년

| 분류 | 종류의 기호 | 화학성분(%) | | | | | | | | | 어닐링 온도 및 경도 | | 퀜칭, 탬퍼링 열처리 | | | 참고 용도 보기 |
|---|---|---|---|---|---|---|---|---|---|---|---|---|---|---|---|---|
| | | C | Si | Mn | P | S | Cr | Mo | W | V | 어닐링 온도 ℃ | 어닐링 경도 HBW | 퀜칭 ℃ | 템퍼링 ℃ | 퀜칭, 탬퍼링 경도 $H_{RC}$ | |
| 열간금형용 | STD 4 | 0.25 ~ 0.35 | 0.40 이하 | 0.60 이하 | 0.030 이하 | 0.020 이하 | 2.00 ~ 3.00 | - | 5.00~ 6.00 | 0.30~ 0.50 | 800~ 850 서냉 | 235 이하 | 1080 유랭 | 600 공랭 | 42 이상 | 프레스 형틀, 다이캐스팅 형틀, 압출 다이스 |
| | STD 5 | 0.25 ~ 0.35 | 0.10 ~ 0.40 | 0.15 ~ 0.45 | 0.030 이하 | 0.020 이하 | 2.00 ~ 3.00 | - | 9.00~ 10.00 | 0.30~ 0.50 | 800~ 850 서냉 | 241 이하 | 1150 유랭 | 600 공랭 | 48 이상 | |
| | STD 5 | 0.32 ~ 0.42 | 0.80 ~ 1.20 | 0.50 이하 | 0.030 이하 | 0.020 이하 | 4.50 ~ 5.50 | 1.00~ 1.50 | - | 0.30~ 0.50 | 820~ 870 서냉 | 229 이하 | 1050 유랭 | 550 공랭 | 48 이상 | |
| | STD 61 | 0.35 ~ 0.42 | 0.80 ~ 1.20 | 0.25 ~ 0.50 | 0.030 이하 | 0.020 이하 | 4.80 ~ 5.50 | 1.00~ 1.50 | - | 0.80~ 1.15 | 820~ 870 서냉 | 229 이하 | 1020 유랭 | 550 공랭 | 50 이상 | |
| | STD 62 | 0.32 ~ 0.40 | 0.80 ~ 1.20 | 0.20 ~ 0.50 | 0.030 이하 | 0.020 이하 | 4.75 ~ 5.50 | 1.00~ 1.60 | 1.00~ 1.60 | 0.20~ 0.50 | 820~ 870 서냉 | 229 이하 | 1020 유랭 | 550 공랭 | 48 이상 | 다이스 형틀, 프레스 형틀 |
| | STD 7 | 0.28 ~ 0.35 | 0.10 ~ 0.40 | 0.15 ~ 0.45 | 0.030 이하 | 0.020 이하 | 2.70 ~ 3.20 | 2.50~ 3.00 | - | 0.40~ 0.70 | 820~ 870 서냉 | 262 이하 | 1040 유랭 | 550 공랭 | 46 이상 | 프레스 형틀, 압출공구 |
| | STD 8 | 0.35 ~ 0.45 | 0.15 ~ 0.50 | 0.20 ~ 0.50 | 0.030 이하 | 0.020 이하 | 4.00 ~ 4.70 | 0.30~ 0.50 | 3.80~ 4.50 | 1.70~ 2.10 | 820~ 870 서냉 | 262 이하 | 1120 유랭 | 600 공랭 | 48 이상 | V : 4.00~ 4.50 다이스 형틀, 압출 공구, 프레스형틀 |
| | STF 3 | 0.50 ~ 0.60 | 0.35 이하 | 0.60 이하 | 0.030 이하 | 0.020 이하 | 0.90 ~1.20 | 0.30~ 0.50 | Ni 0.25~ 0.60 | 0.20 이하 | 760~ 810 서냉 | 235 이하 | 850 유랭 | 500 공랭 | 42 이상 | 주조 형틀, 압출 공구, 프레스 형틀 |
| | STF 4 | 0.50 ~ 0.60 | 0.10 ~ 0.40 | 0.60 ~ 0.90 | 0.030 이하 | 0.020 이하 | 0.80 ~ 1.20 | 0.35~ 0.55 | Ni 1.50~ 1.80 | 0.05~ 0.15 | 740~ 800 서냉 | 248 이하 | 850 유랭 | 500 공랭 | 42 이상 | |
| | STF 6 | 0.40 ~ 0.50 | 0.10 ~ 0.40 | 0.60 ~ 0.90 | 0.030 이하 | 0.020 이하 | 1.20 ~ 1.50 | 0.15~ 0.35 | Ni 3.80~ 4.30 | - | 720~ 780 서냉 | 285 이하 | 850 유랭 | 180 공랭 | 52 이상 | |

## 2-2-2. 고속도강(high speed steel)

고속도강은 1898년 Tayler가 발명한 것으로서 절삭공구로 사용할 때 고속 절삭을 하여도 절삭성이 좋으므로 붙여진 이름이다.

그 표준화학 성분은 18-4-1 즉 W(18%)-Cr(4%)-V(1%)와 C = 0.8%가 첨가된 것으로 이것을 표준고속도강이라고 한다. W계 표준형 고속도강에 Co를 3% 이상 첨가하면 경도가 더욱 크게 되고 동시에 점성이 증가되므로 더욱 고급 공구재료로 된다. Co량은 약 20%까지는 많을수록 경도가 증가되고 절삭성이 우수하게 된다. W계 고속도강 이외에 값이 비싼 W의 일부를 Mo으로 대치한 Mo계 고속도강, 저탄소 Co고속도강 등 그 종류가 대단히 많다.

고속도강은 열처리성이 좋고 마모 저항이 크며 더욱이 담금질 조직의 마텐자이트는 대단히 안정하고 500~600℃까지 경도가 저하되지 않으므로 고속 절삭을 할 수 있는 것이다. 주조한 상태 그대로의 고속도강은 취약하다. 그러므로 이것을 충분히 단조하여 주조 조직을 파괴시켜서 탄화물을 미세하고 균일하게 분포시킬 필요가 있다.

단조는 낮은 온도에서 하면 깨어지기 쉬우므로 1000~1250℃에서 실시하며 또한 고속도강은 자경성이 커서 공냉만으로도 경화되기 쉬우므로 회(灰) 또는 석회(石灰) 중에서 서냉한다. 풀림조직은 솔바이트(sorbite)와 트루스타이트(troostite)에 탄화물이 섞여 있는 상태이나 절삭이 쉽다.

또한 고속도강은 W을 다량으로 함유하기 때문에 열전도율이 좋지 않으므로 열변형으로 균열을 방지하기 위하여 담금질을 할 경우 가열은 우선 900℃ 정도로 서서히 예열한 다음 소정의 담금질 온도까지 급히 가열하여서 유냉 담금질한다. 담금질 온도는 대체로 1200~1350℃의 고온인데, 이것은 될 수 있는 한 탄화물을 지철(地鐵) 중에 다량으로 고용시키기 위한 것이며 공구의 형상, 크기, 화학조성에 의해서 균열의 염려가 있을 때에는 1150℃에서 담금질한다.

담금질 가열시에는 탈탄이 되지 않도록 특히 유의해야 하는데 예열단계(850~900℃)는 목탄으로 둘러싸서 가열하고 담금온도까지의 급열단계는 염욕 전기로 혹은 고주파 가열로를 사용하여 급열한다.

[표 7-7] 고속도 공구강의 화학 성분과 열처리 및 용도(KS D 3522)

2008년

| 분류 | 종류의 기호 | 화학성분(%) | | | | | | | | | | 어닐링 온도 및 경도 | | 퀜칭, 템퍼링 열처리 | | | 참고 용도 보기 |
|---|---|---|---|---|---|---|---|---|---|---|---|---|---|---|---|---|---|
| | | C | Si | Mn | P | S | Cr | Mo | W | V | Co | 어닐링 온도 ℃ | 어닐링 경도 HBW | 퀜칭 ℃ | 템퍼링 ℃ −2회 반복 | 퀜칭, 템퍼링 경도 $H_{RC}$ | |
| 텅스텐계 | SKH2 | 0.73 ~ 0.83 | 0.45 이하 | 0.40 이하 | 0.030 이하 | 0.030 이하 | 3.80 ~ 4.50 | – | 17.20 ~ 18.70 | 0.10~ 1.20 | – | 820~ 880 서냉 | 269 이하 | 1260 | 560 | 63 이상 | 일반절삭용 기타 각종 공구 |
| | SKH3 | 0.73 ~ 0.83 | 0.45 이하 | 0.40 이하 | 0.030 이하 | 0.030 이하 | 3.80 ~ 4.50 | – | 17.00 ~ 19.00 | 0.80~ 1.20 | 4.50~ 5.50 | 840~ 900 서냉 | 269 이하 | 1270 | 560 | 64 이상 | 고속중절삭용, 기타 각종 공구 |
| | SKH4 | 0.73 ~ 0.83 | 0.45 이하 | 0.40 이하 | 0.030 이하 | 0.030 이하 | 3.80 ~ 4.50 | – | 17.00 ~ 19.00 | 0.10~ 0.50 | 9.00~ 11.00 | 850~ 910 서냉 | 285 이하 | 1270 | 560 | 64 이상 | 난삭재 절삭용, 기타 각종 공구 |
| | SKH10 | 1.45 ~ 1.60 | 0.45 이하 | 0.40 이하 | 0.030 이하 | 0.030 이하 | 3.80 ~ 4.50 | – | 11.50 ~ 13.50 | 4.20~ 5.20 | 4.20~ 5.20 | 820~ 900 서냉 | 285 이하 | 1230 | 560 | 64 이상 | 고난삭제 절삭용, 기타 각종 공구 |
| 분말야금으로 제조 – 몰리브데넘계 | SKH40 | 1.23 ~ 1.33 | 0.45 이하 | 0.40 이하 | 0.030 이하 | 0.030 이하 | 3.80 ~ 4.50 | 4.70 ~ 5.30 | 5.70 ~ 6.70 | 2.70~ 3.20 | 8.00~ 8.80 | 800~ 880 서냉 | 302 이하 | 1180 | 560 | 65 이상 | 경도, 인성, 내마모성을 필요로 하는 일반절삭용, 기타 각종 공구 |
| 몰리브데넘계 | SKH50 | 0.77 ~ 0.87 | 0.70 이하 | 0.45 이하 | 0.030 이하 | 0.030 이하 | 3.50 ~ 4.50 | 8.90 ~ 9.00 | 1.40 ~ 2.00 | 1.00~ 1.40 | – | 800~ 880 서냉 | 262 이하 | 1190 | 560 | 63 이상 | 연성을 필요로 하는 일반절삭용, 기타 각종 공구 |
| | SKH51 | 0.80 ~ 0.88 | 0.45 이하 | 0.40 이하 | 0.030 이하 | 0.030 이하 | 3.80 ~ 4.50 | 4.70 ~ 5.20 | 5.90 ~ 6.70 | 1.70~ 2.10 | – | 800~ 880 서냉 | 262 이하 | 1220 | 560 | 64 이상 | |
| | SKH52 | 1.00 ~ 1.10 | 0.45 이하 | 0.40 이하 | 0.030 이하 | 0.030 이하 | 3.80 ~ 4.50 | 5.50 ~ 6.70 | 5.90 ~ 6.70 | 2.30~ 2.60 | – | 800~ 880 서냉 | 262 이하 | 1200 | 560 | 64 이상 | 비교적 인성을 필요로 하는 고경도재 절삭용, 기타 각종 공구 |
| | SKH53 | 1.10 ~ 1.25 | 0.45 이하 | 0.40 이하 | 0.030 이하 | 0.030 이하 | 3.80 ~ 4.50 | 4.70 ~ 5.20 | 5.90 ~ 6.70 | 2.70~ 3.20 | – | 800~ 880 서냉 | 269 이하 | 1200 | 560 | 64 이상 | |

| 분류 | 종류의 기호 | 화학성분(%) | | | | | | | | | | 어닐링 온도 및 경도 | | 퀜칭, 탬퍼링 열처리 | | | 참고 용도 보기 |
|---|---|---|---|---|---|---|---|---|---|---|---|---|---|---|---|---|---|
| | | C | Si | Mn | P | S | Cr | Mo | W | V | Co | 어닐링 온도 ℃ | 어닐링 경도 HBW | 퀜칭 ℃ | 템퍼링 ℃ -2회 반복 | 퀜칭, 탬퍼링 경도 $H_{RC}$ | |
| 몰리브데넘계 | SKH54 | 1.25 ~ 1.40 | 0.45 이하 | 0.40 이하 | 0.030 이하 | 0.030 이하 | 3.80 ~ 4.50 | 4.20 ~ 5.00 | 5.20 ~ 6.00 | 3.70~ 4.20 | - | 800~ 880 서냉 | 269 이하 | 1210 | 560 | 64 이상 | 난삭제 절삭용, 기타 각종 공구 |
| | SKH55 | 0.85 ~ 0.95 | 0.45 이하 | 0.40 이하 | 0.030 이하 | 0.030 이하 | 3.80 ~ 4.50 | 4.70 ~ 5.20 | 5.90 ~ 6.70 | 1.70~ 2.10 | 4.50~ 5.00 | 800~ 880 서냉 | 269 이하 | 1210 | 560 | 64 이상 | 비교적 인성을 필요로 하는 고속 중절삭용, 기타 각종 공구 |
| | SKH56 | 1.20 ~ 1.35 | 0.45 이하 | 0.40 이하 | 0.030 이하 | 0.030 이하 | 3.80 ~ 4.50 | 4.70 ~ 5.20 | 5.90 ~ 6.70 | 1.70~ 2.10 | 7.00~ 9.00 | 800~ 880 서냉 | 285 이하 | 1210 | 560 | 64 이상 | |
| | SKH57 | 0.95 ~ 1.05 | 0.45 이하 | 0.40 이하 | 0.030 이하 | 0.030 이하 | 3.80 ~ 4.50 | 3.20 ~ 3.90 | 9.00 ~ 10.00 | 3.00~ 3.50 | 9.50~ 10.50 | 800~ 880 서냉 | 293 이하 | 1230 | 560 | 64 이상 | 고난삭제 절삭용, 기타 각종 공구 |
| | SKH58 | 0.95 ~ 1.05 | 0.70 이하 | 0.40 이하 | 0.030 이하 | 0.030 이하 | 3.50 ~ 4.50 | 8.20 ~ 9.20 | 1.50 ~ 2.10 | 1.70~ 2.20 | - | 800~ 880 서냉 | 269 이하 | 1200 | 560 | 64 이상 | 인성을 필요로 하는 일반절삭용, 기타 각종 공구 |
| | SKH59 | 1.00 ~ 1.15 | 0.70 이하 | 0.40 이하 | 0.030 이하 | 0.030 이하 | 3.50 ~ 4.50 | 9.00 ~ 10.00 | 1.20 ~ 1.90 | 0.90~ 1.30 | 7.50~ 8.50 | 800~ 880 서냉 | 277 이하 | 1190 | 560 | 66 이상 | 비교적 인성을 필요로 하는 고속 중절삭용, 기타 각종 공구 |

고속도강은 담금질만으로는 오스테나이트(austenite)가 잔류하므로 550~580℃로 뜨임한다. 잔류 오스테나이트는 뜨임에 의하여 마텐자이트로 변화하고 또 복탄화물을 석출하여 경도가 현저히 상승한다. 뜨임에 의한 이러한 경화를 2차 경화(secondary hardening)라 한다. 그림 7-10은 고속도강의 뜨임온도와 경도를 표시한 것이고, 표 7-7은 고속도강의 종류, 용도 및 열처리 방법을 표시한 것이다.

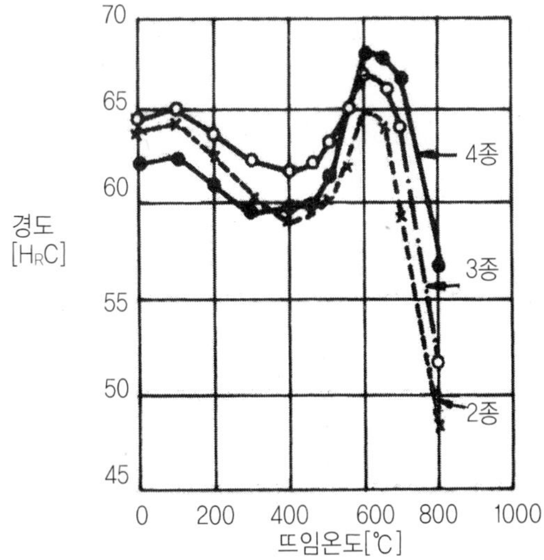


[그림 7-10] 뜨임온도와 경도관계

### 2-2-3. 소결공구재료

마텐자이트(martensite) 소지(素地) 중에 특수 탄화물을 분포시킨 것은 마텐자이트만의 것보다 내마모성이 우수하다. 그러나 마텐자이트 경도는 고온까지 유지될 수 없으므로 그 성능은 충분치 않다. 이 점을 개량하기 위해서는 탄화물량을 가능한 한 많이 하여 탄화물만의 공구를 제조할 수 있다면 가장 이상적이다. 그러나 일반적으로 탄화물의 용융점이 높으므로 용해해서 만들 수는 없으므로 고온도에서 고체간 반응을 시켜 소결법(sintering)으로 탄화물을 만드는 소결공구재료가 이상적이다.

금속탄화물로서는 경도면에서 탄화텅스텐(WC), 산화티탄(TiC) 등이 사용된다. 그리고 이러한 탄화물을 비교적 인성이 있는 Co, Ni에 결합한 것이 초경합금이다. 가장 일반적인 제조방법은 다음과 같다. 고순도의 W, $TiO_2$, $Ta_2O_3$ 분말과 카본블랙을 비산화성 분위기에서 고온으로 반응시켜 WC, TiC, TaC분말을 제조하고 이것을 Co 분말과 섞어 균일한 혼합물인 완성분말을 만든다. 이 분말에 윤활제를 섞어서 가압 성형, 예비소결(700~1000℃ 수소 또는 진공 중)을 거친 후 1350~1600℃에서 수소 또는 진공분위기에서 최종적인 소결을 시킨다.

초경합금은 성분상으로 크게 분류하면 WC-Co계, WC-TiC-Co계의 두 종류로 되는데 이들은 모두 팁(tip)으로 제작한 후 자루에 경납땜을 하여 사용하거나 또는 호울더에 고정하여 사용한다.

WC-Co계의 공구재는 인성이 적으므로 충격을 받는 부분에는 부적당하나 특히 주철, 강철물, 황동 및 경합금용 공구로 사용하면 고속도강의 2배 이상의 속도로 절삭할 수 있다. 또한 고온에서 내구력이 크므로 석재, 유리, 도자기 등과 같이 고속도강으로 절삭하기 곤란한 재료도 절삭할 수 있으며 또 공구 수명도 길다.

WC-Co계에 TiC와 TaC를 첨가한 WC-TiC-TaC-Co계 등은 고탄소강, Ni-Cr강, Mn강 등 강한 재질의 절삭용으로 사용한다. TiC는 내마모성과 고온 경도가 크므로 공구 수명을 증가시킨다.

## 2-3. 내식용

강에 Cr, Ni을 첨가하면 내식성이 현저히 향상하여 Cr이 12% 이상으로 되면 대기 중에서는 거의 부식이 되지 않게 된다. 일반적으로 Cr의 함량이 12% 이상의 것을 스테인리스강(stainless steel)이라 하며, 스테인리스강은 4종류로 구분된다. KS 규격에는 내식강의 기호를 STS로 표기되고 있다.

### 2-3-1. 페라이트계(Cr계)

이것에 속하는 스테인리스강에는 종래에 가장 널리 사용된 Cr 13%의 것과 Cr 18%의 것이 있으나 Cr 13%의 것이 대표적인 것이다. 양자(兩者)의 강(鋼)은 고온, 상온 동시에 가공성이 풍부하고 판, 관, 봉, 선 또는 단조품으로서 가정용기구, 화학공업 등에 사용되고 있다. Cr은 Fe에 고용되므로 조직이 $\alpha$고용체로 되나 탄소가 들어가면 $Fe_3C$와 $Cr_4C$의 복탄화물이 생기므로 내식성이 좋지 않고 가공성도 불량하게 되므로 탄소는 될 수 있는 대로 적게 한 것이 내식성이 우수하다.

최근에는 C 0.03%의 극저탄소 스테인리스 합금도 공업적으로 가능하게 되었고 내식성이 우수한 것도 개발되고 있다. 조직은 어느 것이나 페라이트조직이고 기계적 성질은 인장강도 55kg/mm$^2$ 정도이고, Cr이 많으면 취성이 약간 증가하나 내식성은 양호하게 된다. 열처리에서 담금질 경화가 필요한 것은 고탄소로 하나 그 탄소량은 0.4%를 한도로 한다. 스테인리스강은 열전도도가 좋지 않으므로 균열이 생기지 않도록 서서히 가열 및 냉각한다.

단조온도는 900~1100℃이고 탄소가 많은 것은 100℃ 가량 높은 온도에서 단련한다. 풀림은 680~780℃에서 노중냉각(爐中冷却)한다. 풀림한 것의 경도는 HB 200 정도이므로 가공이 된다. 가공된 제품은 920~1000℃에 가열한 후에 공기 중 수중(水中) 또는 유중(油中)에 담금질한다. 담금질한 것은 HB 400~500의 마텐자이트 조직이 되므로 사용목적에 따라 적당한 온도에서 뜨임한다.

### 2-3-2. 마텐자이트계

Cr이 12~18%, C가 0.15~0.3% 첨가된 마텐자이트 조직의 강으로서 13% Cr강이 대표적이다. 950~1020℃에서 담금질하여 마텐자이트 조직으로 하고 인성을 요할 때에는 550~650℃에서 뜨임하여 솔바이트(sorbite)조직으로 한다. 500℃ 이상에서는 강도, 경도가 급격히 감소되고 연성은 급증한다. 상온에서 강자성을 가지며 값은 저렴하나 내식성은 최저이다.

이 강은 칼, 의료용 기구, 다이스, 게이지, 내식성 베어링, 내마모성을 요하는 화학공업용 기계부품 등에 사용된다.

### 2-3-3. 오스테나이트계(Cr-Ni계)

Ferrite계의 스테인리스강에서 내식성 및 강도 등이 불충분한 경우에는 고 Cr강에 다량의 Ni을 함유한 오스테나이트계 스테인리스강이 사용된다. 이의 대표적인 것이 저탄소에 18% Cr-8% Ni을 함유한 18-8 스테인리스강이다. 단순한 고 Cr계보다도 내식, 내산성이 우수하다. 오스테나이트 조직을 갖는 것은 비자성이지만 상온가공하면 경화되어 다소 자성을 갖게 된다. 담금질로서 경화되지 않고 이것을 1000~1100℃에 가열하여 급냉하면 더욱 연화하고 가공성 및 내식성이 증가된다.

그러나 급냉시킨 것을 400~800℃에서 장시간 유지하면 페라이트와 $\sigma$상이 발생하든지 $Cr_4C$ 등의 탄화물이 결정립계에 석출하기 쉽고 이것으로 인하여 입계부식이 일어나서 잘 부식하게 된다. 이러한 상태에 있는 강을 예민화되었다고 말한다. 입계부식의 원인은 결정립계에 가까운 부분에 있는 Cr원자가 탄소원자와 결합해서 70% Cr 이상의 Cr 농도의 탄화물을 만들어 이로 인하여 입계부근의 기지는 12% Cr 이하가 되어 그 부분은 다른 부분에 대하여 양극적으로 작용하기 때문이다.

이것을 방지하기 위하여 Cr탄화물이 발생하지 않도록 탄소를 충분히 낮게 하고 또한 Cr 탄화물이 석출되지 않게 하기 위하여 Ti, Cd 등을 첨가한다. 이러한 원소를 가하면 TiC, CdC, TaC 등과 같은 탄화물 석출을 막으며 Cr 농도가 감소되지 않아서 입계부식이 일어나지 않는다. 그리고 고온에서 유중에 급냉하여 탄화물을 고용시키는 방법도 있다.

오스테나이트계 스테인리스강은 변태점이 없으므로 열처리에 의한 기계적 성질의 개선이나 결정립의 조정을 할 수 없다. 또 오스테나이트 조직이기 때문에 연하고 가공성이 좋아 판이나 봉, 선 등으로 쉽게 가공할 수 있으며 강도는 고온에서 급냉한 그대로 상태에서 인장강도가 490~590MPa(50~60$kg_f/mm^2$) 정도이다. 그러나 가공경화성이 크므로 가공에 의한 인성의 저하없이 강도를 높일 수 있다. 도 오스테나이트 조직이기에 페라이트계와 비교해서 고온에서 강도가 큰 것이 특징이다.

## 2-3-4. 석출경화계

지금까지 설명한 스테인리스강의 인장강도는 마텐자이트계를 제외하고는 490~590MPa(50~60$kg_f/mm^2$) 정도이다. 오스테나이트계 스테인리스강은 가공에 의하여 매우 강화되지만 제품의 모양이 얇은 판이나 환봉과 같은 매우 단순한 것에 한정되고 용접구조물이나 복잡한 기계부품에는 응용할 수 없는 제조상의 한계가 있다. 이에 대하여 최근 내식성을 저하시키지 않고 강도가 큰 스테인리스강이 요구되어 개발되어진 것이 석출경화계 스테인리스강이다.

이러한 강에는 보통 5종류의 계통이 있다.

① 마텐자이트형 : 17-4 PH강

② 반 오스테나이트형 : 17-7 PH강

③ 오스테나이트형 : 17-10 P강

④ 오스테나이트형+페라이트형 : V-2B강

⑤ 냉간가공형

①~④까지는 어느 것이나 시효처리에 의해서 ⑤의 경우는 냉간가공에 의하여 각각 인장강도가 1270MPa(130$kg_f/mm^2$) 이상으로 강화한 것이다.

그러나 강도를 향상시키기 위해서 다소 내식성을 희생하더라도 경화시키고 있으므로 내식성은 18-8 스테인리스강과 거의 같은 정도이거나 이보다 다소 떨어진다.

17-4 PH강은 용체화처리에 의해 합금원소를 고용한 오스테나이트로부터 마텐자이트로 변태한 후 시효가열에 의해 마텐자이트 중에 금속간화합물이 미세하게 석출하게 하여 강화한 것이다. 17-7 PH강은 용체화 처리에 의해 소량의 페라이트를 가진 오스테나이트 조직으로 된 것이다. 이 상태에서는 가공성이 뛰어나서 응용범위가 넓다.

## 2-4. 내열강

제트 엔진, 화력발전용 보일러, 증기터빈 자동차 배기가스 정화장치 등 고온에서 사용되는 기계구조물 부재가 고온도에서 내구력을 갖는다는 것은 기계성능에 큰 영향을 미친다. 그래서 강에 Cr, Ni, Si를 첨가하면 고온에서 산화하기 어렵고 내열성을 갖게 된다. 이것을 내열강이라 부른다. 더욱 Mo, V, W, Ti 등을 적절히 배합시킨 것도 있다.

### 2-4-1. 내열강의 구비조건

① 고온에서 화학적으로 안정할 것. - 공기 중에서 산화에 강하고 각종 가스 등에도 침식되지 않으며 탈탄, 침탄, 질화 등으로 변질되지 않아야 한다.

② 고온도에서 기계적 성질이 좋아야 한다. - 인장강도나 충격치 및 크리프 강도가 커야 한다.

③ 고온에서 조직이 안정할 것.- 사용온도에서 조직변화를 일으키지 않아야 하며 사용온도 이하에서 변태점이 없어야 한다.

④ 가공성, 용접성, 주조성, 내식성 등이 용이할 것.

⑤ 열팽창 및 열변형이 적을 것.

### 2-4-2. 내열강의 분류

내열강은 저합금 내열강과 스테인리스계 내열강 및 초내열합금이 있으며, 스테인리스계 내열강은 그 조직에 따라 페라이트계, 마텐자이트계, 오스테나이트계으로 분류된다. KS규격에는 내식강의 기호를 STR로 표기되고 있다.

500~600℃를 경계로 하여 그 이상의 온도에서는 페라이트강은 강도가 급격히 낮아지므로 550℃ 이하에서는 저탄소강, 저합금강 또는 중 Cr강 등이 사용되며 550℃ 이상에서는 오스테나이트계의 18-8 스테인리스강이나 고Cr-Ni강이 사용된다.

Cr을 많이 첨가하면 내산화성은 좋아지나 고온강도는 Cr량이 많아질수록 감소하는 경향이 있으므로 고 Cr강에서는 Mo, V, Nb 등을 첨가하여 고용강화와 각 원소의 탄화물에 의한 분산강화를 이용한다. 또 Cr량이 많아지면 페라이트상이 안정하게 되어 변태가 없어지므로 열팽창계수가 작아져서 반복 가열 냉각해도 산화막이 떨어지기 어렵게 되므로 강도보다 내산화성을 중요시하는 용도에 사용되는 일이 많다.

#### [1] 저합금 내열강

저합금 내열강에는 Mo강, Mo-V강, Cr-Mo강, Cr-Mo-V강, Cr-Ni-Mo강, Cr-Mo-W-V강 등이 있다. Mo강, Cr-Mo강은 보일러강으로, 기타는 크리프특성이 우수하므로 증기터빈, 가스터빈날개 등에 사용된다.

#### [2] 스테인리스계 내열강

##### (1) 페라이트(Ferrite)계 내열강

25%의 Cr을 함유하는 페라이트강은 Cr량이 많아서 내산화성이 좋고 또 Ni을 품지 않으므로 고온에서의 S 부식에도 강하다. 그러나 페라이트 단상(單相)의 강은 열처리에 의해서 결정립을 미세화시킬 수 없고 조대조직의 것은 실온에서 매우 여리다. 500℃ 이상에서의 크리프강도가 낮으므로 응력이 걸리는 부분에는 적합하지 않다.

### (2) 마텐자이트(Martensite)계 내열강

약 12%의 Cr을 함유하는 강은 내산화성이 좋고 담금질-뜨임으로 기계적 성질이 우수함을 나타내지만 여기서 Mo, W, V, Nb 등을 첨가하면 크리프강도가 높아진다.

증기 및 가스터빈의 날개로 많이 사용되고 또 뜨임온도를 낮게 하거나 강도를 높게 하여서 제트엔진의 날개 등으로 사용한다. 이 강은 다음에 설명할 오스테나이트계 내열강과 비교하면 550℃ 이하에서 크리프강도나 항복강도가 크다. 열팽창계수가 작고 열전도도가 크므로 열응력이 작다.

위에서 언급한 Cr계 내열강에 Si 2~3%를 첨가한 것을 시리크롬강이라고 하고 자동차 등의 내연기관의 흡기밸브 및 600℃까지의 배기밸브용으로서 널리 사용되고 있다. 1000~1080℃에서 담금질하고 700~800℃에서 뜨임한다. 담금질강도가 높으므로 오스테나이트의 조대화가 일어나기 쉽고 충격치는 낮다.

### (3) 오스테나이트(Austenite)계 내열강

앞에서 설명한 3종류의 내열강은 550℃ 이상에서는 크리프강도가 저하하므로 이 온도 이상에서는 원자밀도가 높은 면심입방격자의 오스테나이트계 강을 사용한다. 오스테나이트계 내열강으로는 18-8계 스테인리스강보다도 Cr, Ni량이 높은 안정한 오스테나이트 조직의 것을 사용한다. 이 종류의 강은 고용화열처리를 하여 사용하며 1000~1150℃의 산화에 견디고 고온강도가 높고 강인하며 가공성, 용접성도 우수하다. 이들 강의 단시간 인장성질은 1000℃ 부근까지 강력하나 고응력하에서의 장시간 사용은 700℃ 부근까지가 한도이다.

## [3] 초내열합금

철을 모체로 하는 내열강에는 우수한 것이 많지만 배기터빈의 발전과 함께 더욱 고온에서 고강도를 유지하는 합금이 필요하게 되었다. 이에 상응하는 합금이 초내열합금(super alloy)이다. 이러한 합금들은 주로 제트 엔진의 대형화, 고성능화에 기여하고 있으며, 이것을 화학성분으로 나누면 Fe기, Ni기, Co기로 대별되고 가공경화처리, 시효석출 경화처리하여 사용하는 것 또는 정밀주조로 만들어 사용되는 것이 있다.

### (1) Fe기 초내열합금

이 계의 합금의 대부분이 단조합금이며 강화기구에 따라 약석출형과 강석출형이 있다.

### (2) Ni기 초내열합금

이 계의 합금은 $\gamma'$상(相) 석출을 이용한 강석출강화형 합금이며 화학성분에 따라 단조합금, 주조합금이 있다.

### (3) Co기 초내열합금

Co에 20~25%의 Cr을 가해서 다시 Ni, W, Mo, Nb, Ti 등을 첨가해서 고온강도를 크게 한 것으로 약석출형, 강석출형이 있다. 800℃ 이상에서 사용되는 가스터빈이나 제트엔진의 날개 등에 사용된다.

## 2-5. 특수 목적용

특수목적용에는 스프링강, 베어링강, 쾌삭강, 불변강, 자석재료 등이 있다.

### 2-5-1. 스프링강

스프링은 외부에서 가한 기계적 에너지를 탄성에너지로 변화하여 축적한다든지 역으로 그것을 방출하는 기능을 반복한다. 따라서 스프링재료는 탄성적 성질이 뛰어나야 한다. 스프링재료로는 일반적으로 경강선이나 피아노선을 이용하여 그대로 사용하는 탄소강의 스프링재료와 특수강을 이용, 열처리를 통해 얻을 수 있는 스프링재료가 있다. 즉 열처리를 하여 탄성한도를 상승시킨 것에는 탄소강도 있으나 더욱 큰 강도에 이용할 수 있도록 Mn강, Si-Mn강, Cr강, Cr-V강, Cr-Mn강 등의 특수강을 사용한다.

대부분의 스프링강은 열간가공 또는 냉간 가공한 것을 780~850℃ 정도에서 담금질하고 400~480℃에서 뜨임 열처리한 후에 탄성한도의 1.1배의 하중에서 반드시 세팅(setting)공정을 한 후에 사용한다. 표 7-8에서 스프링강의 화학성분과 용도에 대하여 표시한다.

[표 7-8] 스프링강의 화학 성분과 용도(KS D 3701)

2007년

| 분류 | 종류의 기호 | 화학성분(%) | | | | | | | | | 참고 용도 보기 |
|---|---|---|---|---|---|---|---|---|---|---|---|
| | | C | Si | Mn | P | S | Cr | Mo | V | B | |
| 실리콘 망가니즈 강재 | SPS 6 | 0.56~0.64 | 1.50~1.80 | 0.70~1.00 | 0.030 이하 | 0.030 이하 | – | – | – | – | 주로 겹판 스프링, 코일 스프링 및 비틀림 막대 스프링에 사용 |
| | SPS 7 | 0.56~0.64 | 1.80~2.20 | 0.70~1.00 | 0.030 이하 | 0.030 이하 | – | – | – | – | |
| 망가니즈 크로뮴 강재 | SPS 9 | 0.52~0.60 | 0.15~0.35 | 0.65~0.95 | 0.030 이하 | 0.030 이하 | 0.65~0.95 | – | – | – | |
| | SPS 9A | 0.56~0.64 | 0.15~0.35 | 0.70~1.00 | 0.030 이하 | 0.030 이하 | 0.70~1.00 | – | – | – | |
| 크로뮴 반듐 강재 | SPS 10 | 0.47~0.55 | 0.15~0.35 | 0.65~0.95 | 0.030 이하 | 0.030 이하 | 0.80~1.10 | – | 0.15~0.25 | – | 주로 코일 스프링 및 비틀림 막대 스프링에 사용 |
| 망가니즈 크로뮴 보론 강재 | SPS 11A | 0.56~0.64 | 0.15~0.35 | 0.70~1.00 | 0.030 이하 | 0.030 이하 | 0.70~1.00 | – | – | 0.0005 이상 | 주로 대형 겹판 스프링, 코일 스프링 및 비틀림 막대 스프링에 사용 |
| 실리콘 크로뮴 강재 | SPS 12 | 0.51~0.59 | 1.20~1.60 | 0.60~0.90 | 0.030 이하 | 0.030 이하 | 0.60~0.90 | – | – | – | 주로 코일 스프링에 사용 |
| 크로뮴 몰리브데넘 강재 | SPS 13 | 0.56~0.64 | 0.15~0.35 | 0.70~1.00 | 0.030 이하 | 0.030 이하 | 0.70~0.90 | 0.25~0.35 | – | – | 주로 대형 겹판 스프링, 코일 스프링에 사용 |

스프링강의 용도로는 일반 자동차용에는 Si-Mn강, Cr-Mn강이 사용되고 정밀한 고급 스프링에는 Cr-V강이 사용된다. 내열용 스프링은 스테인리스강, 고Cr강을 사용하는 일도 있다.

## 2-5-2. 베어링강

베어링강은 볼베어링 및 로울러 베어링의 볼이나 롤러 및 내륜과 외륜 등에 쓰인다. 이 강의 특징은 경하면서도 충격에 강하고 특히 전동피로수명이 길어야 하고 또 내마모성이 좋아서 사용 중에 치수변화가 없는 것이다.

베어링강에 일반적으로 가장 많이 사용되는 강은 약 1% C, 0.9~1.6% Cr을 함유하는 고탄소-크롬강이다.

표 7-9에서는 KS에서 규정하는 화학 성분을 나타낸다. 그리고 저탄소강에 Ni, Cr, Mo 등을 소량 첨가한 강에 침탄 처리하여 피로강도가 향상되고 또한 저탄소강을 사용함으로서 내부는 인성이 크기에 충격에 강하도록 한 강(鋼)도 있다. 내식성을 향상시키는 베어링강으로서는 스테인리스 베어링강이 있고 또한 고C-Mo강에 Al, V, W, Ni, Co 등을 첨가한 고급베어링강도 있다.

저탄소-크롬강의 열처리는 공구강과 같이 800~850℃에서 기름에 담금질한 후 150~180℃에서 저온뜨임해서 록크웰경도 $H_{RC}$ 62 이상의 경도가 되도록 한다.

[표 7-9] 고탄소 크롬뮴 베어링강재의 화학 성분(KS D 3525)

2002년

| 종류의 기호 | 화학성분(%) | | | | | | | | |
|---|---|---|---|---|---|---|---|---|---|
| | C | Si | Mn | P | S | Cr | Mo | Ni | Cu |
| STB 1 | 0.95~1.10 | 0.15~0.35 | 0.50 이하 | 0.030 이하 | 0.030 이하 | 0.90~1.20 | - | 0.25 이하 | 0.25 이하 |
| STB 2 | 0.95~1.10 | 0.15~0.35 | 0.50 이하 | 0.030 이하 | 0.030 이하 | 0.90~1.20 | - | 0.25 이하 | 0.25 이하 |
| STB 3 | 0.95~1.10 | 0.40~0.70 | 0.90~1.15 | 0.030 이하 | 0.030 이하 | 0.90~1.20 | - | 0.25 이하 | 0.25 이하 |
| STB 4 | 0.95~1.10 | 0.15~0.35 | 0.50 이하 | 0.030 이하 | 0.030 이하 | 1.30~1.60 | 0.10~0.25 | 0.25 이하 | 0.25 이하 |
| STB 5 | 0.95~1.10 | 0.15~0.35 | 0.90~1.15 | 0.030 이하 | 0.030 이하 | 0.90~1.20 | 0.10~0.25 | 0.25 이하 | 0.25 이하 |

### 2-5-3. 쾌삭강

보통강보다는 P, S가 높은 것 또 Pb를 첨가한 것이 사용된다. S를 첨가한 것은 결정 경계에 MnS, 또는 FeS가 석출하여 칩이 짧고 분리되기 쉬우므로 절삭속도를 크게 할 수 있다. 또한 Pb를 첨가한 것은 결정립계에 Pb가 석출하여 절삭성을 좋게 한다. 즉 자동선반 등에 의해 연속고속절삭에 적합하도록 합금원소를 첨가하여 피삭성을 개량한 강을 쾌삭강(free cutting steel)이라고 부르며 C= 0.05~0.15%, S= 0.1~0.25%, Mn= 1%를 첨가한다.

그림 7-11은 S를 첨가한 쾌삭강의 공구수명과 절삭속도의 관계를 표시한다. 18-8 스테인리스강 및 13% Cr 스테인리스강 등에 S= 0.2~0.3%를 첨가하면 내식성을 해치지 않고 절삭성을 좋게 할 수 있다. 이 밖에 쾌삭강에는 Te, Bi, Ca를 첨가한 것 또는 강 중에 시멘타이트를 분해시켜 흑연으로 한 흑연강 등이 있다.

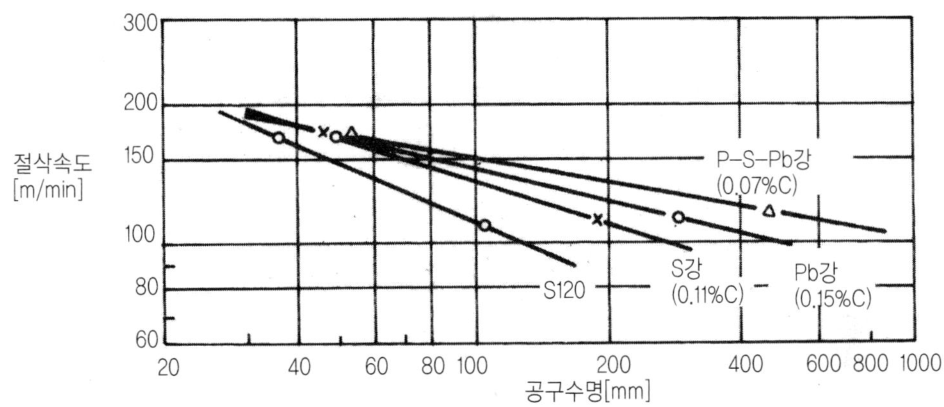


[그림 7-11] 각종 쾌삭강의 공구수명과 절삭 속도

## 2-5-4. 불변강

고 Ni강으로서 온도변화에 따라 열팽창 계수, 탄성계수 등이 변하지 않는 것으로 그 종류는 다음과 같다.

### [1] 인바(불변강, inbar)

Ni 36%, C 0.2%, Mn 0.4%를 함유한 Fe-Ni계 합금으로서 선팽창 계수가 0.97 $\times 10^{-8}$으로 보통강의 1/11.5이며, 측정용 테이프, 미터 표준봉, 지진계, 시계단자, 바이메탈재료로서 황동 또는 모넬 메탈과 짝으로 하여 사용한다. 내식성도 상당히 좋다.

### [2] 초 인바(super inbar)

Ni 30~32%, Co 4~6%, Fe잔부의 합금으로 20℃의 팽창계수가 0에 가깝다.

### [3] 엘린바(elinvar)

Ni= 30%, Cr= 12%의 Fe-Ni-Cr합금은 상온에서 탄성계수의 변화가 적다. 이 성질을 이용하여 시계 스프링 및 정밀 계측기 부품을 제작한다. 또한 이 합금을 개량한 Ni= 10~16%, Cr= 10~11%, Co= 26~58% 합금을 특히 코엘린바(coelinvar)라고 한다.

### [4] 플래티나이트(platinite)

약 Ni 42~46%를 함유하고 평행계수가 유리와 거의 같으며, 백금선 대용의 전구 도입선에 사용하는 Fe-Ni계 합금이다.

이외에도 Ni이 70~90%, Fe가 10~30%를 함유한 퍼말로이(permalloy) 등이 있다.

# 실 • 력 • 평 • 가

**01.** 18-4-1형이라고 약칭하는 W계 고속도강의 표준조성은 ?[2008-2회 자동차 정비·검사산업기사]

㉮ W(18%) - Cr(4%) - V(1%)　　㉯ W(18%) - V(4%) - Co(1%)

㉮ W(18%) - Cr(4%) - Mo(1%)　　㉯ Mo(18%) - Cr(4%) - V(1%)

**02.** 절삭공구용 특수강에 속하는 것은 ?[2010-2회 자동차 정비·검사산업기사]

㉮ 강인강　　㉯ 침탄강

㉰ 고속도강　　㉱ 스테인리스강

**03.** 내식성과 내산화성이 크고, 성형성과 다른 것에 비해 좋은 비자성의 스테인리스강은 ?[2013-2회 컴퓨터응용가공산업기사]

㉮ 페라이트계　　㉯ 마텐자이트계

㉰ 오스테나이트계　　㉱ 석출경화형

**04.** 다음 중 절삭 공구용 특수강은 ?[2008-1회 컴퓨터응용가공산업기사/기계설계산업기사. 2009-4회 기계설계산업기사. 2013-1회 컴퓨터응용가공산업기사]

㉮ Ni-Cr 강　　㉯ 불변강

㉰ 내열강　　㉱ 고속도강

**05.** 줄(file)의 재질로는 보통 어떤 강을 사용하는가 ?[2012-4회 컴퓨터응용가공산업기사/기계설계산업기사]

㉮ 고속도강　　㉯ 탄소공구강

㉰ 초경합금강　　㉱ 톰백

**06.** 일반적인 합금의 성질을 설명한 것으로 틀린 것은 ?[2012-4회 컴퓨터응용가공산업기사/기계설계산업기사]

㉮ 전기 전도율이나 열전도율이 낮아진다.

㉯ 강도와 경도가 커지고 전성과 연성이 작아진다.

㉰ 용해점이 높아진다.

㉱ 담금질 효과가 크다.

**07.** 공구 재료로써 구비해야 할 조건들 중 틀린 것은 ?[2012-1회 컴퓨터응용가공산업기사/기계설계산업기사]

㉮ 내마멸성과 강인성이 클 것

㉯ 가열에 의한 경도 변화가 클 것

㉰ 상온 및 고온에서 경도가 높을 것

㉱ 열처리와 공작이 용이 할 것

**08.** 18-8형 스테인리스강의 대한 특징을 설명한 것으로 틀린 것은 ?[2011-1회 컴퓨터응용가공산업기사/기계설계산업기사]

㉮ Cr(18%)-Ni(8%)이다.

㉯ 내식성이 우수하며 비자성체이다.

㉰ 오스테나이트계이다.

㉱ 염산, 염소가스, 황산에 매우 강하다.

**09.** 다음 중 절삭 공구용 특수강은 ?[2009-4회 컴퓨터응용가공산업기사]

㉮ Ni-Cr 강 ㉯ 불변강

㉰ 내열강 ㉱ 고속도강

**10.** 공구강의 구비조건을 설명한 것으로 틀린 것은 ?[2008-4회 컴퓨터응용가공산업기사/기계설계산업기사]

㉮ 내마모성이 작을 것

㉯ 상온 및 고온 경도가 클 것

㉰ 열처리 변형이 작을 것

㉱ 인성이 커서 충격에 견딜 것

**11.** 다음 중 고속도강과 가장 관계가 먼 사항은 ?[2007-1회 컴퓨터응용가공산업기사/기계설계산업기사]

㉮ W-Cr-V(18-4-1)계가 대표적이다.

㉯ 500 ~ 600℃로 뜨임하면 급격히 연화(蓮花)된다.

㉰ W계와 Mo계 두 가지로 크게 나뉜다.

㉱ 각종 공구용으로 이용된다.

**12.** 스테인리스 강을 금속 조직학상으로 분류한 것이 아닌 것은 ?[2007-1회 컴퓨터응용가공산업기사/기계설계산업기사]

㉮ 오스테나이트계 ㉯ 시멘타이트계

㉰ 마텐자이트계 ㉱ 페라이트계

**13.** 강의 쾌삭성을 증가시키기 위하여 첨가하는 원소는 ?[2012-2회 일반기계기사/기계설계기사]

㉮ Pb, S ㉯ Mo, Ni

㉰ Cr, W ㉱ Si, Mn

**14.** 고속도강의 제조에 사용되지 않는 원소는 ?[2012-2회 일반기계기사/기계설계기사]

㉮ 텅스텐(W) ㉯ 바나듐(V)

㉰ 알루미늄(Al) ㉱ 크롬(Cr)

**15.** 저 망간강으로 항복점과 인장강도가 큰 것을 무엇이라 하는가 ?[2011-2회 일반기계기사/기계설계기사]

㉮ 하드필드강 ㉯ 쾌삭강

㉰ 불변강 ㉱ 듀콜강

**16.** 게이지강이 갖추어야 할 조건으로 틀린 것은 ?[2010-2회 일반기계기사/기계설계기사]

㉮ 내마모성이 크고, HRC55 이상의 경도를 가질 것

㉯ 담금질에 의한 변형 및 균열이 적을 것

㉰ 오랜 시간 경과하여도 치수의 변화가 적을 것

㉱ 열팽창계수는 구리와 유사하며 취성이 좋을 것

*17.* 쾌삭강(Free cutting steel)에 절삭속도를 크게 하기 위하여 첨가하는 주된 원소는 ?[2010-2회 일반기계기사/기계설계기사]

㉮ Ni　　㉯ Mn
㉰ W　　㉱ S

*18.* 다음 중 표준형 고속도 공구강의 주성분으로 옳은 것은 ?[2007-2회 기계설계기사]

㉮ 18% W, 4% Cr, 1% V, 0.8~1.5% C
㉯ 18% C, 4% Mo, 1% V, 0.8~1.5% Cu
㉰ 18% C, 4% W, 1% Ni, 0.8~1.5% Al
㉱ 18% C, 4% Mo, 1% Cr, 0.8~1.5% Mg

*19.* 다음은 특수강 제조용 첨가원소의 영향들 중에서 고속도강이 고온에서 기계적 성질을 계속 유지하는 것과 가장 관련이 많은 것은 ?[2013-1회 일반기계기사]

㉮ 경화능 상승　　㉯ 고용경화
㉰ 탄화물 형성　　㉱ 내식성 상승

*20.* 특수강의 질량효과(mass effect)의 경화능에 관한 다음 설명 중 옳은 것은 ?
[2013-1회 일반기계기사]

㉮ 질량효과가 큰 편이 경화능을 높이고 Mn, Cr 등은 질량효과를 크게 한다.
㉯ 질량효과가 큰 편이 경화능을 높이고 Mn, Cr 등은 질량효과를 작게 한다.
㉰ 질량효과가 작은 편이 경화능을 높이고 Mn, Cr 등은 질량효과를 크게 한다.
㉱ 질량효과가 작은 편이 경화능을 높이고 Mn, Cr 등은 질량효과를 작게 한다.

*21.* 시계나 정밀계측기 등에 사용되는 스프링을 만드는 재료로 가장 적합한 것은 ?
[2012-4회 일반기계기사]

㉮ 인청동　　㉯ 미하나이트
㉰ 엘린바　　㉱ 애드미럴티

*22.* 특수강에서 특수원소를 첨가하는 이유로 적당치 않은 것은 ?[2012-4회 일반기계기사]

㉮ 임계냉각속도를 크게 하려고　　㉯ 경화능력을 증가
㉰ 질량효과의 감소　　㉱ 기계적 성질을 개선

**23.** 다음 중 불변강의 종류가 아닌 것은 ?[2012-1회 일반기계기사]

㉮ 인바 ㉯ 초엘린바
㉰ 쾌스테르바 ㉱ 엘린바

**24.** 18-8 스테인리스강에서 입계부식의 원인은 ?[2011-4회 일반기계기사]

㉮ 인화물 석출 ㉯ 질화물 석출
㉰ 탄화물 석출 ㉱ 규화물 석출

**25.** 일반적으로 합금의 석출 경화와 관계가 없는 것은 ?[2011-2회 일반기계기사/기계설계기사]

㉮ 냉각 속도 ㉯ 석출 온도
㉰ 과냉도 ㉱ 회복

**26.** 아래 괄호( )안에 알맞은 것은 ?[2011-1회 일반기계기사]

> 페라이트계 Stainless강은 내식성을 높이기 위하여 탄소 함유량을 낮게하고 ( )함유량을 높이며, 몰리브덴 등을 첨가하여 개선한다.

㉮ Cr ㉯ Mn
㉰ P ㉱ S

**27.** 다음 특수강의 목적 중 틀린 것은 ?[2011-1회 일반기계기사]

㉮ 내마멸성, 내식성 개선 ㉯ 고온강도 저하
㉰ 절삭성 개선 ㉱ 담금질성 향상

**28.** 합금 중 톱날이나 줄의 재료로 적합한 재료는 ?[2010-4회 일반기계기사]

㉮ 구리 ㉯ 저탄소강
㉰ 고탄소강 ㉱ 구상흑연주철

**29.** 스테인리스강의 주요 합금 성분에 해당되는 것은 ?[2010-4회 일반기계기사]

㉮ 크롬과 니켈 ㉯ 니켈과 텅스텐
㉰ 크롬과 망간 ㉱ 크롬과 텅스텐

**30.** 자경성(self-hardening)이 가장 우수한 합금원소는 ?[2010-4회 일반기계기사]

㉮ Ni ㉯ Cr
㉰ Mn ㉱ Mo

**31.** 탄소강에 약 30~36%를 첨가하여 주위의 온도가 변해도 선팽창계수나 탄성율이 변하지 않는 불변강에 합금되는 원소로 가장 적합한 것은 ?[2009-4회 일반기계기사]

㉮ Al ㉯ Ni
㉰ Zn ㉱ Cu

**32.** 다음 중 고속도공구강에서 요구되는 일반적 성질과 가장 관련이 없는 항목은 ?[2008-1회 일반기계기사]

㉮ 내충격성 필요 ㉯ 고온경도 필요
㉰ 전연성 필요 ㉱ 내마모성 필요

**33.** 스테인리스강을 조직상으로 분류한 것 중 옳지 않는 것은 ?[2007-4회 기계설계산업기사, 2008-1회 일반기계기사]

㉮ 시멘타이트계 ㉯ 오스테나이트계
㉰ 마텐자이트계 ㉱ 페라이트계

**34.** 내식성과 내산화성이 크고, 성형성이 다른 것에 비해 좋은 비자성의 스테인리스강은 ?[2013-2회 기계설계산업기사]

㉮ 페라이트계 ㉯ 마텐자이트계
㉰ 오스테나이트계 ㉱ 석출경화형

**35.** 피절삭성이 양호하여 고속 절삭에 적합한 강으로 일반 탄소강보다 인(P), 황(S)의 함유량이 많게 하거나 납(Pb), 셀레늄(Se), 지르코늄(Zr) 등을 첨가하여 제조한 강은 ?[2010-4회 기계설계산업기사]

㉮ 쾌삭강 ㉯ 레일강
㉰ 스프링강 ㉱ 탄소공구강

**36.** 다음 중 합금이 아닌 것은 ?[2010-1회 기계설계산업기사]

㉮ 니켈 ㉯ 황동
㉰ 두랄루민 ㉱ 켈밋

***37.*** 합금강에서 합금원소의 함유량이 많아지면 내식성, 내열성 및 자경성을 크게 증가시키며 탄화물을 만들기 쉽고, 내마멸성이 커지게 하는 원소는 ?[2009-1회 기계설계산업기사]

가 W
나 V
다 Ni
라 Cr

***38.*** 철공용 줄(file)의 재질로 가장 적합한 것은 ?[2008-1회 컴퓨터응용가공산업기사/기계설계산업기사]

가 고속도강
나 탄소공구강
다 세라믹
라 연강

***39.*** 탄소강에 하나 또는 여러 종류의 합금원소를 첨가하여 여러 가지의 목적에 적합하도록 성질을 개선한 강을 무엇이하고 하는가 ?[2003-1회 자동차 정비·검사산업기사]

가 과공석강
나 고탄소강
다 합금강
라 중금속

***40.*** 다음 재료 중 수중에서의 내식성이 가장 좋은 것은 ?[2004-4회 자동차 정비산업기사]

가 일반 구조용 압연 강제
나 열간 압연 강판
다 기계 구조용 압연 강제
라 스테인리스 강

***41.*** 18-8 스테인리스강에서 18-8의 표준 성분은 ?[2006-2회 자동차 정비·검사산업기사]

가 규소 18%, 니켈 8%
나 니켈 18%, 크롬 8%
다 규소 18%, 크롬 8%
라 크롬 18%, 니켈 8%

***42.*** 강에 적당한 원소를 첨가하면 기계적 성질을 개선하는데 특히 강인성, 저온 충격저항을 증가시키기 위하여 어떤 원소를 첨가하는 것이 가장 좋은가 ?[2013-4회 일반기계기사]

가 W
나 Ag
다 S
라 Ni

**43.** 특수강에 포함된 Ni원소의 영향이다. 틀린 것은 ?[2013-2회 일반기계기사]

㉮ Martensite조직을 안정화시킨다.

㉯ 담금질성이 증대된다.

㉰ 저온 취성을 방지한다.

㉱ 내식성이 증가한다.

**44.** 크롬이 특수강의 재질에 미치는 가장 중요한 영향은 ?[2012-4회 일반기계기사]

㉮ 결정립의 성장을 저해 ㉯ 내식성을 증가

㉰ 저온취성 촉진 ㉱ 내마모성 저하

**정답**

01. ㉮ 02. ㉰ 03. ㉰ 04. ㉱ 05. ㉯ 06. ㉰ 07. ㉯ 08. ㉱ 09. ㉱
10. ㉮ 11. ㉯ 12. ㉮ 13. ㉮ 14. ㉰ 15. ㉱ 16. ㉱ 17. ㉱ 18. ㉮
19. ㉰ 20. ㉱ 21. ㉰ 22. ㉮ 23. ㉰ 24. ㉰ 25. ㉱ 26. ㉮ 27. ㉯
28. ㉰ 29. ㉮ 30. ㉯ 31. ㉯ 32. ㉰ 33. ㉮ 34. ㉰ 35. ㉮ 36. ㉮
37. ㉱ 38. ㉯ 39. ㉰ 40. ㉱ 41. ㉱ 42. ㉱ 43. ㉮ 44. ㉯

# 08 CHAPTER 주 철

주철은 탄소를 2.0~6.67% 포함한 Fe-C계 합금을 말한다. 실제로 사용되는 주철은 C가 약 3~4%, Si 0.5~3.0%, Mn 1.0% 이하, P 0.1% 이하, S 0.1% 이하 등을 포함하고 있다. 용도에 따라 다른 원소를 첨가한 합금주철도 있다. 인장강도가 강에 비해 작고 취성이 크며, 고온에서도 소성변형이 되지 않는 결점이 있으나 주조성이 우수하여 복잡한 형상으로도 쉽게 주조할 수 있으며 값이 저렴하므로 널리 이용되고 있다.

일반적인 주철의 성질은 다음과 같다.

① 강에 비해 융점이 낮고, 응고했을 때의 수축률도 낮기 때문에 주조에 적합하다.

② 흑연의 윤활작용과 기름이 잔유하기 때문에 내마모성이 크고 열전도도 좋다.

③ 흑연이 조직 중에 점재하기 때문에 기계 가공할 때에 절삭성이 좋다.

④ 표면에 흑피라고 하는 견고한 층이 있기에 내식성이 있고 또한 도료도 잘 붙기 쉽다.

⑤ 흑연이 존재하고 있기 때문에 강에 비해서 진동을 잘 흡수한다.

⑥ 산에 대해서는 약하지만 알칼리에는 강한 내식성이 있다.

⑦ 압축강도는 크지만 인장강도, 인성은 약하다.

# 1. 주철의 분류 및 조직

## 1-1. 주철의 분류

주철은 일반적으로 파면의 광택이나 용도에 의해 분류하나 흑연의 형태, 성분, 조직에 의해 분류하기도 한다.

### 1-1-1. 파면의 광택에 따른 분류

[1] 백주철(white cast iron)

파면이 백색인 것을 말하며 흑연이 없고 탄소가 $Fe_3C$상태로 된 것으로 경도가 높고 취약하므로 경도와 내마모성을 요하는 기계부품에 사용된다.

[2] 반주철(mottled cast iron)

백, 회주철의 중간상태의 것을 말하며 $Fe_3C$와 흑연의 중간상태를 말한다. 강력주물용으로 사용된다.

[3] 회주철(gray cast iron)

탄소가 흑연으로 된 것을 말하며 파면이 흑색이나 회색으로 보인다. 이 종류의 주철은 모두 규소가 많다. 즉 흑연화 촉진원소인 규소가 다량인 주물은 거의 회주철이고, 주조성과 절삭성이 좋으므로 주로 주물용으로 사용된다.

### 1-1-2. 용도에 따른 분류

① 보통주철 ② 특수(합금)주철
③ 가단주철 ④ 구상흑연주철
⑤ 냉경주철

### 1-1-3. 흑연의 형태에 따른 분류

일반적으로 주철은 회주철이 많으므로 이것을 보통주철이라 부른다. 회주철에서도 흑연의 형태에 따라 분류하면 다음과 같다.

① 편상 흑연주철 : 흑연이 편상으로 된 것

② 공정 흑연주철 : 흑연이 공정흑연상태의 것

③ 구상 흑연주철 : 흑연이 구상의 상태

④ CV 흑연주철 : 흑연이 CV상태

### 1-1-4. 흑연의 분포상태에 따른 분류

보통주철은 일반적으로 회주철이면서 편상 흑연주철이다. 편상 흑연주철도 흑연의 분포상태에 따라 미국의 ASTM(American Standard for Testing Materials)에서는 A형, B형, C형, D형, E형으로 분류한다.

### 1-1-5. 성분에 따른 분류

저탄소주철, 고탄소주철, 고규소주철, 고 Mn주철, 고 Cr주철, 고 Ni주철 등 여러 가지 합금주철이 있다.

### 1-1-6. 조직에 따른 분류

펄라이트주철, 베이나이트주철, 오스테나이트주철, 페라이트주철

### 1-1-7. 기계적 성질에 따른 분류

보통주철, 고급주철, 강인주철로 분류되어지고 보통주철이란 인장강도가 145MPa ($15kg_f/mm^2$)정도의 것을 말하며, 고급주철은 인장강도가 195~245MPa($20 \sim 25kg_f/mm^2$) 이상의 주철을 말한다. 그리고 강인주철은 가단주철, 구상흑연주철과 같이 특수처리를 해서 얻은 주철을 말하며 극히 강인성이 큰 주철을 말한다. 가장 일반적으로 분류되어지는 것은 용도에 의한 분류법이므로 각각 상세히 후술한다.

## 1-2. 주철의 조직

### 1-2-1. Fe-C계 평형상태도

Fe-C계의 평형상태도는 복평형상태도와 단평형상태도의 두가지 형태가 있다. 그림 8-1은 복평형상태도를 나타낸 것이며 여기서 실선은 Fe-$Fe_3C$계의 준안정평형상태를, 점선은 Fe-C계의 안정평형상태을 나타낸 것이다.

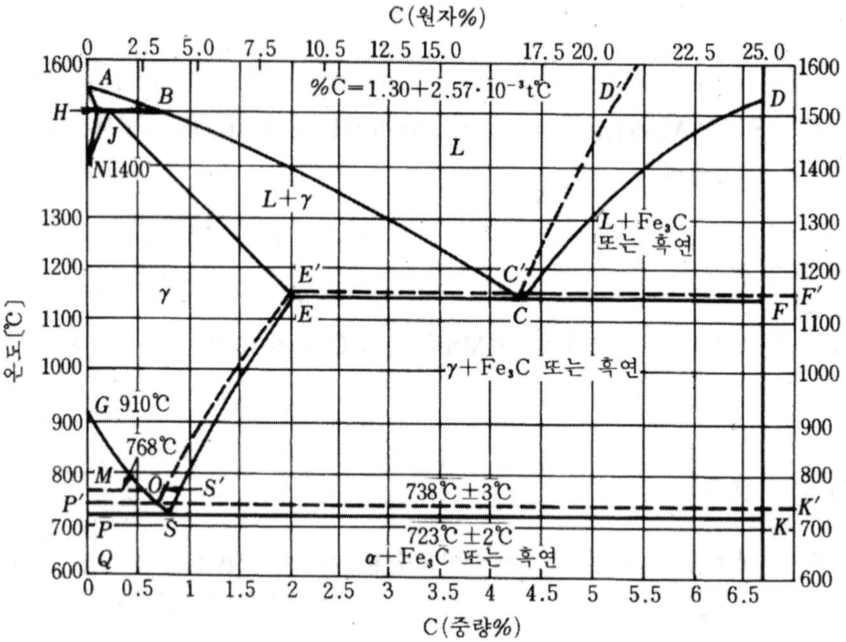

[그림 8-1] Fe-C계의 복평형상태도

그림 8-1에서 C점은 공정점이며 4.3% 탄소를 함유하고 있다. 4.3% C 이하의 주철을 아공정 주철(hypo eutectic cast iron)이라 하고 4.3% C 이상의 주철을 과공정 주철(hyper eutectic cast iron)이라 한다. 그리고 4.3% C의 주철은 공정주철(eutectic cast iron)이라 한다.

아공정 주철은 용액에서 오스테나이트를 정출하고 이어서 공정응고하지만 그 때 흑연의 정출에 적합한 상태이면 용액에서 오스테나이트와 흑연의 공정이 생기지만 과냉하면 오스테나이트와 $Fe_3C$의 공정, 즉 레데브라이트(ledeburite)가 생긴다. $Fe_3C$의 용해도를 나타내는 CD선은 아직 실험적으로 확증되지 못하고 있다. 공정반응에 의하여 생성된 오스테나이트는 온도강하에 따라 E'S'선 또는 ES선에 따라서 흑연이나 $Fe_3C$의 용해도를 감소시켜 조성이 S'와 S로 된다. 그리고 준안정계에서는 조성 S의 오스테나이트는 723℃에서 조성 P의 $\alpha$고용체와 조성 K의 시멘타이트로 분해하는 공석변태를 일으켜 펄라이트 조직을 나타내게 한다.

그러나 안정계에서는 738℃에서 S'조성인 오스테나이트가 P'의 고용체와 K의 흑연을 석출시키는 공석반응을 일으킨다. 그리고 더욱 온도가 내려가면 고용체 중에 고용되었던 소량의 흑연 또는 시멘타이트의 형태로 석출되며 고용체는 P'Q' 또는 PQ선에 따라 조성이 변화하게 된다. 그런데 Fe-C계에 있어서 Si는 가장 중요한 성분의 하나이다. Si양이 많아지면 흑연량이 많아지며 주철이 된다.

### 1-2-2. 주철의 조직도

주철의 조직에 가장 큰 영향을 주는 원소는 C와 Si이며 또한 냉각속도에도 영향을 받는다. Maurer는 이것에 대한 연구결과를 마우러(Maurer) 조직도를 발표하였다.

그림 8-2는 이것을 표시한다. Maurer는 용철을 1400℃까지 가열하고 1250℃에서 건조형틀에 주입하고 75mm의 환봉을 만들었을 때의 주철의 조직과 탄소와 규소의 양적관계를 나타낸 것이다. 그림에서 보면 백주철, 반주철, 회주철(펄라이트 주철, 펄라이트 + 페라이트 주철, 페라이트 주철)로 된 Ⅰ, $Ⅱ_a$, Ⅱ, $Ⅱ_b$, Ⅲ의 5구역으로 구분했다.

Maurer조직도는 일정한 냉각속도하에서 만들어진 것이므로 그 냉각속도가 달라지면 여러선들은 달라지며 속도가 커지면 우측으로, 늦어지면 좌측으로 이동해야 한다.

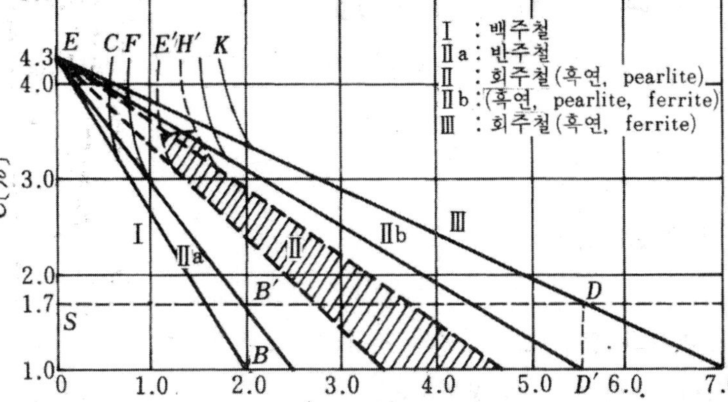


[그림 8-2] Maurer 조직도

기계구조용으로 가장 좋은 성질을 나타내는 것은 펄라이트 주철로서 조직도의 구역의 주철이다. 그러나 앞에서 설명한 것과 같이 마우러(Maurer)조직도는 냉각속도를 일정하게 하여서 구한 것이므로 지름이 10~90mm의 주물에 대해서는 빗금 친 부분의 조성으로 할 필요가 있다. 특히 2.8~3.2% C, 1.5~2.0% Si 부근이 좋다.

## 2. 주철의 성질

주철의 성질은 흑연의 분포 및 모양에 따라 달라지므로 여기서는 모든 주철의 공통적인 것에 대해서만 논한다.

### 2-1. 주철의 주조성

주철이 주물로서 널리 사용되는 것은 가격이 싸고 주물을 만들기 쉬우며 또한 상당한 강도를 갖고 있기 때문이다. 주물을 만들 수 있는 난이(難易)를 주조성 또는 가주성이라고 한다. 이것을 지배하는 인자가 많으나 가장 큰 인자는 다음과 같다.

#### [1] 주철의 용해온도

보통 사용되는 주철의 용해온도는 1250℃ 정도이다. 보통주철은 아공정조성의 것이 많으므로 탄소량이나 Si량이 많을수록 그 융점은 저하한다. P를 함유한 인화철의 융점은 950℃ 정도이며, P량이 많아지면 주철의 융점이 낮아진다.

#### [2] 주철의 유동성

일반적으로 C, Mn, Si은 유동성을 향상시키고 P는 특히 효과가 크다. 반대로 S는 유동성을 해친다.

#### [3] 주철의 수축성

보통주철은 응고할 때에 흑연을 정출하므로 수축이 적다. 흑연의 정출이 많은 경우는 오히려 팽창한다. 그래서 탄소와 규소의 함유량이 많으면 응고시 팽창하므로 주물을 제조하기 쉽다. 백주철과 같이 흑연정출이 적을 때는 수축량이 커진다.

응고 후의 열수축도 흑연이 석출할 때는 완화된다. 또 수축률이 클수록 주조응력이 커져 주물에 균열이 발생하기 쉽기 때문에 정밀한 가공을 요하는 주물은 시즈닝(seasoning)한 다음 가공하는 것이 좋다.

## 2-2. 주철의 흑연화 및 성장

주철은 고온에서 오랜시간 동안 유지하든가 또는 가열냉각을 반복하면 체적이 팽창하고 동시에 재질은 취화(脆化)한다.

그림 8-3은 회주철을 650~950℃사이에서 가열 냉각을 반복하였을 때의 온도와 팽창량의 관계를 표시한다. 이와 같이 주철이 팽창하는 것을 주철의 성장이라고 한다. 팽창하는 이유는 시멘타이트의 분해로 인한 흑연화, Si의 산화에 의한 팽창, $A_1$ 변태로 인한 체적변화 등에 의한 것이다.

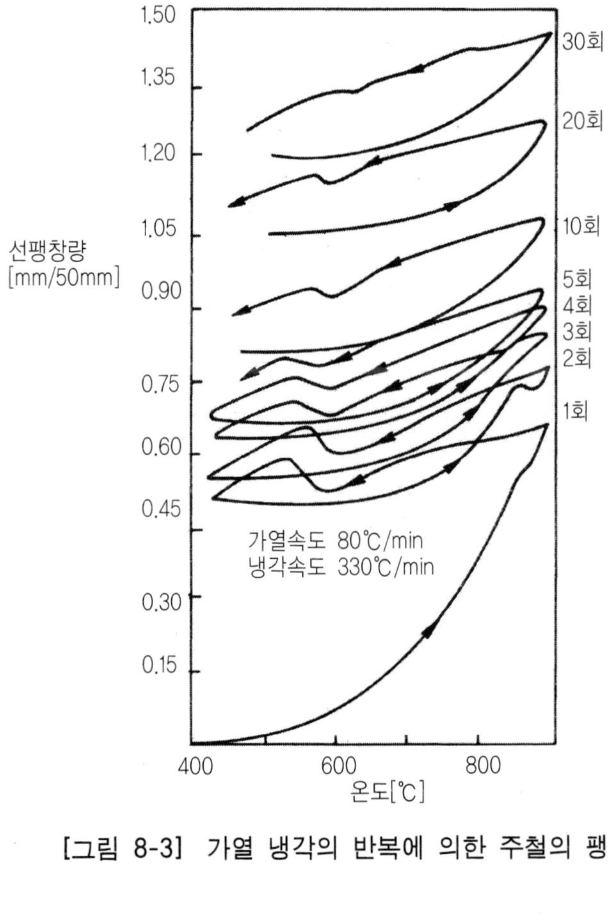


[그림 8-3] 가열 냉각의 반복에 의한 주철의 팽창곡선

이것을 방지하기 위하여 조직을 치밀하게 하는 Cr, Mn을 첨가하여 시멘타이트를 안정화하고, 산화하기 쉬운 Si양을 적게 하든가 또는 Ni을 첨가하여 열변화에 대한 저항을 높이면 된다.

## 2-3. 주철의 기계적 성질

인장강도는 보통주철의 경우에 117~245MPa(12~25$kg_f/mm^2$) 정도이며 고급주철이나 합금주철은 290~390MPa(30~40$kg_f/mm^2$)이다. 경도는 보통주철이 브리넬경도로 $H_B$ = 80~120 정도이고 펄라이트 주철은 170~220 정도이다. 주철의 인장강도와 경도는 흑연의 분포상태와 모양, 열처리에 의해 크게 좌우된다.

보통주철의 압축강도는 550~980MPa(56~100$kg_f/mm^2$)로서 인장강도의 3~5배 된다. 굽힘강도는 인장강도의 1.5~2배이며 충격에는 약한 재료로서 주철의 샤피충격치는 0.3~0.8$kg_f/cm^2$ 정도이다. 고온에서의 기계적 성질은 400℃ 정도까지는 온도가 올라감에 따라 인장강도의 변화가 별로 없으나 그 이상의 온도에서는 급격히 떨어진다.

## 2-4. 주철의 물리적 성질

주철의 조직은 페라이트와 펄라이트의 분포에 흑연의 분포가 추가되므로 강의 경우보다는 복잡하고 주철의 성질에 미치는 영향도 크다. 대략적인 주철의 물리적 성질은 표 8-1과 같다.

[표 8-1] 주철의 물리적 성질

| 비중 | 용해점 ℃ | 수축률 % | 전기전도율 $m/mm^2$ | 열팽창계수 0~100℃ |
|---|---|---|---|---|
| 7.0~7.3 | 1110~1250 | 0.5~1.0 | 0.5~2.0 | 0.000010~0.000011 |

## 2-5. 주철의 내식성

일반적으로 대기 중, 수중, 해수 중에서의 내식성은 강보다 우수한 편이기 때문에 수도관이나 밸브에 많이 이용된다.

이것은 강에 비해 많은 함량의 Si가 보호성의 Fe규산염을 표면에 생성시키기 때문이라고 생각된다. 알칼리나 가성소다에는 강하지만 산에는 일반적으로 약하다. Ni, Cr, Si 등을 다량 함유한 특수주철은 내식성이 대단히 강하다.

## 3. 보통주철과 고급주철

### 3-1. 보통주철

주철은 Fe-C계 평형상태도에 있어서 2.0% C 이상이 함유되어진 합금에 특수성분원소를 가하여 주물용 선철, 주철의 스크랩(scrap), 강의 스크랩(scrap)을 용해하여 만든 것을 일반주철이라고 한다.

일반주철은 보통주철과 고급주철로 명확한 구분은 할 수 없지만 일반적으로 인장강도가 작은 주철로서 표 8-2에 나타난 GC 200까지의 범위를 가리키고 그의 성분원소량은 대개 2.4~3.8% C, 0.5~2.5% Si, 0.4~1.0% Mn, 0.15~3.0% P, 0.06~0.13% S 정도의 것으로 융점이 낮고 주조성이 풍부하다.

[표 8-2] 회주철의 기계적 성질(KS D 4301)

2006년

<table>
<tr><th rowspan="2">기호</th><th colspan="2">별도 주입한 공시재</th><th colspan="2">본체 붙임 공시재</th><th colspan="2">실제 강도용 공시재</th></tr>
<tr><th>인장강도<br>N/mm²</th><th>경도<br>HB</th><th>주철품의 두께<br>mm</th><th>인장강도<br>N/mm²</th><th>주철품의 두께<br>mm</th><th>인장강도<br>N/mm²</th></tr>
<tr><td rowspan="2">GC100</td><td rowspan="2">100이상</td><td rowspan="2">201이하</td><td rowspan="2">-</td><td rowspan="2">-</td><td>2.5이상 10미만</td><td>120 이상</td></tr>
<tr><td>10.5이상 20미만</td><td>90 이상</td></tr>
<tr><td rowspan="5">GC150</td><td rowspan="5">150이상</td><td rowspan="5">212이하</td><td>20이상 40미만</td><td>120 이상</td><td>2.5이상 10미만</td><td>155 이상</td></tr>
<tr><td>40이상 80미만</td><td>110 이상</td><td>10.5이상 20미만</td><td>130 이상</td></tr>
<tr><td>80이상 150미만</td><td>100 이상</td><td>20.5이상 40미만</td><td>110 이상</td></tr>
<tr><td rowspan="2">150이상 300미만</td><td rowspan="2">90 이상</td><td>40.5이상 80미만</td><td>95 이상</td></tr>
<tr><td>80.5이상 150미만</td><td>80 이상</td></tr>
<tr><td rowspan="5">GC200</td><td rowspan="5">200이상</td><td rowspan="5">223이하</td><td>20이상 40미만</td><td>170 이상</td><td>2.5이상 10미만</td><td>205 이상</td></tr>
<tr><td>40이상 80미만</td><td>150 이상</td><td>10.5이상 20미만</td><td>180 이상</td></tr>
<tr><td>80이상 150미만</td><td>140 이상</td><td>20.5이상 40미만</td><td>155 이상</td></tr>
<tr><td rowspan="2">150이상 300미만</td><td rowspan="2">130 이상</td><td>40.5이상 80미만</td><td>130 이상</td></tr>
<tr><td>80.5이상 150미만</td><td>115 이상</td></tr>
</table>

| 기호 | 별도 주입한 공시재 | | 본체 붙임 공시재 | | 실제 강도용 공시재 | |
|---|---|---|---|---|---|---|
| | 인장강도 $N/mm^2$ | 경도 HB | 주철품의 두께 mm | 인장강도 $N/mm^2$ | 주철품의 두께 mm | 인장강도 $N/mm^2$ |
| GC250 | 250이상 | 241이하 | 20이상 40미만 | 210 이상 | 4이상 10미만 | 250 이상 |
| | | | 40이상 80미만 | 190 이상 | 10.5이상 20미만 | 225 이상 |
| | | | 80이상 150미만 | 170 이상 | 20.5이상 40미만 | 195 이상 |
| | | | 150이상 300미만 | 160 이상 | 40.5이상 80미만 | 170 이상 |
| | | | | | 80.5이상 150미만 | 155 이상 |
| GC300 | 300이상 | 262이하 | 20이상 40미만 | 250 이상 | 10.5이상 20미만 | 270 이상 |
| | | | 40이상 80미만 | 220 이상 | 20.5이상 40미만 | 240 이상 |
| | | | 80이상 150미만 | 210 이상 | 40.5이상 80미만 | 210 이상 |
| | | | 150이상 300미만 | 190 이상 | 80.5이상 150미만 | 195 이상 |
| GC350 | 350이상 | 277이하 | 20이상 40미만 | 290 이상 | 10.5이상 20미만 | 315 이상 |
| | | | 40이상 80미만 | 260 이상 | 20.5이상 40미만 | 280 이상 |
| | | | 80이상 150미만 | 230 이상 | 40.5이상 80미만 | 250 이상 |
| | | | 150이상 300미만 | 210 이상 | 80.5이상 150미만 | 225 이상 |

특히 C는 흑연(graphite)로서 존재하고 그의 형상과 분포상태는 제성질에 변화를 준다. 또한 Si는 C에 비해 큰 작용력을 가진다. 이 상호관계는 주철에 현저히 영향을 끼친다. 보통주철에서는 펄라이트 기지, 페라이트 + 펄라이트 의 혼재 기지 중에 그림 8-4에 표시한 d, e와 같이 흑연이 존재한 조직으로 되어 있지만 C+Si량이 많은 만큼 흑연은 조대하게 되고 강도는 감소된다.

(a) 수지상+공정 (b) 국목 (c) 수지상(초정) (d) 편상(판상) (e) 편상

[그림 8-4] 흑연의 형상

그러나 용해조건, 주입 후의 냉각속도, 주물형상, 두께 등에 의해 동일한 성분원소량에서도 기지와 흑연상태가 변하여 취성이 증가하여 성질이 저하하는 경우도 있다. 흑연량이 적고 미세한 형상(그림 8-4 b, c)으로 펄라이트기지에 분포하고 있는 조직은 강도가 크고 우수한 성질의 고급주철이고, 조직전체에 미세한 흑연이 분포하여 펄라이트 부분이 적은 상태(그림 8-4 a)의 경우는 강도가 떨어지는 보통주철과 구별하기 어렵다.

그래서 주철을 알고자 할 때의 기초로서 대표되어지는 것이 앞에서 설명한 Maurer 조직도이다. 그림 8-5에서 일반주철은 Ⅱ 이상의 범위인 $\text{Ⅱ}_b$ 및 Ⅲ의 구역이 보통주철인 회주철을 말하며 회주철은 일반적으로 편상흑연을 하고 있다. Ⅱ는 고급주철의 구역이지만 특히 사선을 친 부분의 조직은 펄라이트 주철로도 불리어지고 기계적 성질이 아주 우수하다.

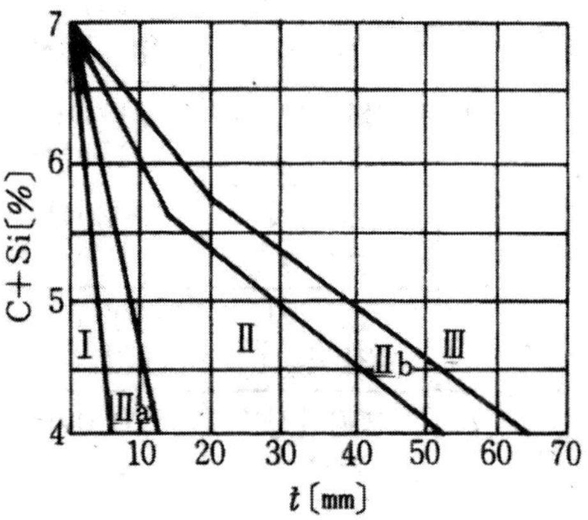


[그림 8-5] 두께와 조직의 관계

또한 Ⅰ의 범위는 백주철로서 유리 시멘타이트조직으로 되어 경하여 취약하다. $\text{Ⅱ}_a$의 범위는 혼재조직으로 반주철로 불리어진다. 두께는 C+Si 의 양적변화에 의해 조직의 달라짐을 그림 8-5에 표시한다. 그림 중에서 각  구역은 마우러(Maurer)조직도와 동일하다. 보통주철의 경우는 강도와 경도, 불순물 등은 그다지 강조되지 않고 일반주철용, 기계구조 및 부품용으로서 광범위하게 이용되어진다. 자동차부품으로는 실린더헤드, 클러치 압력판, 실린더블록, 밋션 케이스, 브레이크 드럼, 마스터 실린더, 휠 실린더 등에 사용된다.

## 3-2. 고급 주철

주철의 이용이 증가함에 따라 기계적 성질 및 특성의 향상, 개선이 요구되어지게 되고 그것에 따라 보통주철 이상의 강도를 가지고 내마모성, 내열 내식성 등의 특성이 주어진 주철을 고급주철이라 부르고 있다. 조직은 펄라이트 기지에 그림 8-4(a)(c)에 나타낸 것과 같이 흑연의 균일분포상태의 것으로서 앞에서 설명한 마우러(Maurer)조직도에서는 구역의 조직으로 실용상으로는 표 8-2의 제 4종 GC 250 이상의 강도를 가지고 있다. 고급주철을 만드는 경우 각각의 목적에 적합한 방법이 취해지지만 기지의 조절과 흑연상태의 개선이 중요하다. 이것을 만족시키기 위한 제조방법의 특징으로부터 주철명을 붙이고 있지만 연구자명으로 칭하는 경우도 있다.

어느 방법에서도 전탄소량을 줄이는 것이 필요하여 이 때문에 용해할 때의 강의 스크랩 배합비율이 큰 요소로 되고 다른 원소의 상태에도 영향을 미치는 것으로 된다. 강의 스크랩은 10~80% 정도까지 배합되어지지만 용해과정에 있어서 C의 변화가 있기 때문에 조정이 어렵다.

### 3-2-1. Lanz 펄라이트 주철

Lanz법으로 불리어지고 강의 스크랩의 배합을 많게 하고 특히 Si량을 적게 하여 C+Si= 4.2~4.6%를 표준으로 하여 주형을 예열하여 주입함으로서 냉각속도를 조절하여 펄라이트 기지를 좋게 하는 방법으로 인장강도가 270~340MPa(28~35$kg_f$/$mm^2$)로 되고 인성도 우수하다.

### 3-2-2. 저탄소 주철

Emmel법과 Corsalli법이 있고 C를 적게 하는 방법으로 강의 스크랩을 50% 이상을 배합하고 3% C 이하, 2~2.7% Si으로 하여 C+Si≒ 5%를 표준으로 한 것으로 인장강도는 290~340MPa(30~35$kg_f$/$mm^2$)이지만 인성은 낮다. 또한 반진정강(semi-steel)의 주물은 주로 이 방법으로 제조된다.

### 3-2-3. 고온 주철

Piwowarsky법으로 불리어지고 1500~1650℃의 고온용해로 흑연핵을 없애 흑연이 미세화하여 똑같이 분포하는 상태가 되어 이것을 이용하여 강한 조직을 만드는 것으로 C+Si= 4.3~5.7%를 표준으로 한 인장강도 290~390MPa(30~40$kg_f/mm^2$)의 강인주철이다.

### 3-2-4. 미이하나이트(meehanite) 주철

Meehan법으로 불리어지고 C, Si량이 적은 선철을 용제해서 이것을 그대로 주입하면 백주철이 되므로 용해주철에 FeSi와 CaSi을 첨가하여 흑연의 핵을 발생시켜 흑연을 가늘고 균일하게 분포시킨 것이다.

이와 같이 흑연의 씨를 만드는 것을 접종(inoculation)이라고 한다. 이 주철은 흑연이 편상 또는 입상으로 되어 인장강도가 350~440MPa(36~45$kg_f/mm^2$)의 양호한 기계적 성질을 가지며 강력 구조용, 내열용, 내마모용, 내부식용 등 그 목적에 따른 고급주철이 만들어진다. GC300, GC350 등이 여기에 속하며 이것을 사용하는 자동차 부품은 실린더 라이너, 클러치의 압력판 등이 있다.

## 4. 합금주철

합금주철은 특수주철로 불리어지고 주철에 특수원소를 첨가하여 기계적 성질을 향상시켜 내열 내식 내자성, 내마모성 등의 특성이 각각의 목적에 합치하게 한 것으로서 특수원소로서는 Ni, Cr, Mo, Si, Cu, V, B, Al, Mg, Ti 등이다. 또한 합금주철의 분류에는 화학조성, 조직, 용도에 의한 것 등이 있다.

### 4-1. 니켈 주철

주철에 Ni을 첨가하여 흑연을 미세하게 하고 균일 분포상태로 하게 하고 Ni량에 의해 내마모성, 피삭성을 좋게 하고 있다. 첨가량에 의해 분류되어 0.5~20% Ni의 범위에서 3종으로 되고 있지만 보통은 0.5~2% Ni로 낮은 것이다. Ni량 3% 정도까지는 펄라이트 조직으로 양호하지만 그 이상에서는 피삭성이 나쁘게 된다. 그러나 내열 내식 비자성을 특히 향상시키는 경우는 Ni 8% 정도 첨가하는 것이 있다.

### 4-2. 크롬 주철

주철중의 Cr의 작용은 Ni, Si과 다르게 복탄화물을 만들어서 흑연화를 억제하여 시멘타이트를 안정하게 하지만 균일한 조직으로 되기 때문에 인장강도, 경도 및 내마모성이 크게 된다. 또한 0.5~0.7% Cr 정도가 첨가되고 특히 내열성이 높은 주물에는 15~30% Cr 정도의 범위에서 첨가하는 것도 있다. 용도는 주로 내열주물이지만 자동차에는 브레이크 드럼, 실린더블록 등에도 사용된다.

### 4-3. 니켈-크롬 주철

합금주철 중에서 가장 많이 사용되고 있는 주철이고 Cr의 작용에 Ni의 흑연화 작용이 조직을 미세하게 하고 인성을 부여한다. 그래서 강인성이 얻어지고 내마모성, 내열성에 우수하고 더구나 피삭성이 좋은 주철로 된다. 이것에는 Ni 3% 이하, Cr 1% 이하를 첨가한 것이 보통이지만 표준비율은 2.5 : 1로 알려져 있다.

용도는 자동차용 실린더, 캠 샤프트, 피스톤 링, 차축, 로용(爐用)주물 등이 있고 더욱 강도, 내마모성을 높이기 위하여 Mo을 소량 첨가하여 이용되어지는 것도 있다.

### 4-4. 오스테나이트 주철

보통주철과 다른 오스테나이트 기지이지만 기계적 성질은 변함이 없다. 이 조직은 우수한 성질을 가지고 내열성, 내식성, 내산성이 크고 또한 비자성으로 큰 전기저항과 인성을 있어 전기 화학공업용주물로서 필요한 주철이다. 특히 전기용 주물로서 Nomag로 불리는 것은 15~20% Ni, 5~10% Mn 정도로 오스테나이트 + 흑연의 조직이다.

또한 화학공업용으로서 내식성이 높은 주물에 Ni-resist가 있지만 12~20% Ni, 1.5~8% Cr, 2.7~8% Cu를 포함한 것이다.

### 4-5. 고규소 주철

Si를 14% 정도 포함한 고규소 주철은 내산 주철로서 유명하다. 진한 열황산, 황산동액, 황산과 혼합액 등에 대하여도 사용할 수 있다.

염산에도 어느 정도 견디나 진한 열염산에는 견디지 못한다. 오스테나이트 주철보다 가격은 싸다. 절삭가공이 안되고 취성이 높은 것이 결점이다. Duriron은 이 종류의 주철이다.

## 5. 냉경 주철(chilled 주철)

주형에는 금형 또는 일부를 금형으로 한 것을 이용하여 용탕을 주입 급냉한다. 금형과 접하는 표층부는 흑연의 석출이 억제되어 백주철로 되어 응고하지만 내부는 냉각속도차가 크기 때문에 응고가 늦어 흑연을 석출하므로 연한 조직으로 된다.

이러한 현상을 칠드현상이라 하고 이 주물을 칠드주철이라고 한다. 또한 사용목적에 적합한 경도와 칠의 깊이는 내마모성, 내열성을 포함하는 내구성에 관계하기 때문에 C와 Si의 조정을 잘하지 않으면 안된다.

기계적 성질상으로부터 내충격 저항성이 크지 않으면 안된다. 이것에는 주물의 중간부분의 냉각속도차에 의해 생기는 전이층의 두께가 절대 필요로 되기 때문에 이 조직은 마우러(Maurer)조직도의 $\text{II}_a$ 범위에 상당한다. 칠의 깊이는 Si량을 조정하여 행하는 데 그 밖의 원소로 칠을 깊게 하는 것으로서는 Mn, Mo, Cr, Sn, V 등이 있고, 깊이를 줄이는 것으로는 C, Ni, Ti, Al 등이 있다.

또한 Mn은 칠을 깊게 전이층을 두껍게 한다. P는 용탕의 유동성을 좋게 하여 칠의 경도를 높인다. 보통 경도는 쇼아경도로 $H_S$가 65~75 정도이지만 Ni, Cr, Mo 등을 첨가하여 칠층의 조직을 시멘타이트+마르텐사이트의 혼합조직으로 하면 90 정도까지 높여진다. 칠의 깊이를 지배하는 요소로는 주입온도, 칠 부분의 주물의 두께, 거푸집의 온도와 두께, 쇳물이 쇠거푸집과 접촉하는 시간 등이 있다.

칠드주철은 냉각차에 의해 각부의 조직이 다르기 때문에 주조응력이 크고 각부의 수축에 의해 생긴 응력도 더해져 균열을 일으키는 것이 있다. 용도에 의해 열처리를 실시하여 응력제거를 하여 사용하지 않으면 안된다. 성분량은 3.0~3.8% C, 0.6~1.75% Si, 0.5~1.2% Mn 정도로 그 밖에 앞에서 서술한 원소를 첨가한 것도 있다.

주로 고내마모성, 고내식성이 요구되어지는 제강용 압연롤과 철도차륜 등에 사용된다.

## 6. 가단주철

가단주철(malleable cast iron)은 강도에 있어서 회주철과 주강의 중간에 있고 구상흑연주철과 거의 같다. 주철의 주조성과 주강의 강인성을 가진 단조성이 좋은 주물이다. 이것은 백선철을 주입하고 열처리를 하여 C의 상태를 변화시켜 강인성을 높게 한 것으로 피삭성도 좋은 이점을 가지고 있다.

또한 열처리 방법에 의해 그 파면이 백색인 것을 백심가단주철, 흑색인 것을 흑심가단주철, 입상흑연과 입상 펄라이트조직으로 한 펄라이트 가단주철 및 특수기지의 가단주철이 있다. 표 8-3에 가단주철의 분류를 표시한다.

[표 8-3] 가단주철의 분류

- 가단주철
  - 백심가단주철
    - 표준 백심가단주철
    - 특수 백심가단주철
      - 강력 백심가단주철
      - 질화 백심가단주철
  - 흑심가단주철
    - 표준 흑심가단주철
    - 특수 흑심가단주철
      - 고규소 가단주철
      - 함동 가단주철
      - 기타의 합금흑심가단주철
  - 펄라이트가단주철
    - 표준 펄라이트가단주철
    - 특수 펄라이트가단주철
      - 망간 가단주철
      - 유황 가단주철
      - 기타합금 펄라이트 가단주철
  - 특수기지가단주철
    - 오스테나이트 가단주철
    - 마텐자이트 가단주철
    - 베이나이트 가단주철

## 6-1. 백심 가단주철

백선철을 산화철 또는 철광석 등의 분말상으로 한 산화제로 둘러싸고 900~1000℃의 고온으로 약 80시간 가열하여 탈탄반응에 의해 가단주성을 부여한 것으로 $CO_2$와 $Fe_3C$와의 반응에 의한 것에서 온도가 높은 만큼 반응이 진행, 산화제중의 $O_2$와 주철중의 C가 있으면 연속적으로 반복되어진다. 그 열처리법은 그림 8-6에 나타낸다.

$$Fe_3C + CO_2 \rightarrow 3F + 2CO$$

$$2CO + O_2 \rightarrow 2CO$$

이 경우, 주철표면의 산화가 빠르게 되어 내부의 C의 확산상태가 불균형하게 되면 표면은 산화층이 생길 수 있다. 또한 완전한 탈탄은 어렵고 표면은 탈탄효과가 커서 페라이트로 되고 점차 펄라이트로부터 펄라이트+풀림 C의 조직으로 되어 있는 경우가 많다.

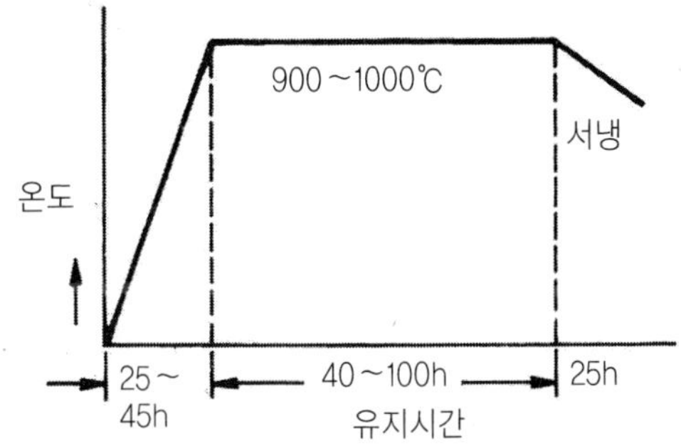


[그림 8-6] 백심가단주철의 열처리

## 6-2. 흑심 가단주철

백주철의 $Fe_3C$가 고온에서 풀림되어 $Fe_3C$의 분해에 의해 흑연화한다. 이것을 제1단 흑연화라고 하고 서냉한 후 $A_{r1}$점의 온도부근에서 펄라이트를 흑연화한다.

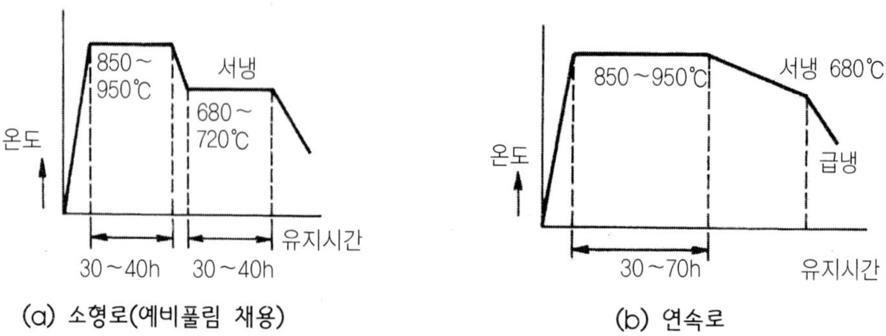


[그림 8-7] 흑심가단주철의 열처리

이것이 제2단 흑연화이고 이 조작에 의해 흑연화는 그림 8-7에 나타낸 것과 같이 $Fe_3C \rightarrow 3F + C$의 분해에 의한 것으로 풀림이 불충분하면 파면이 쥐색으로 되고 특히 제 2단 흑연화가 불충분한 경우는 펄라이트가 잔존하기 때문에 희게 바랜 흑색으로 된다.

또한 풀림에 요하는 시간은 백주철의 $Fe_3C$량 및 그의 크기에 좌우되어 주물의 대소에 의해서도 다르게 된다. 이것은 뜨임탄소(temper carbon)라 부르는 괴상흑연과 페라이트로 되어 있으므로 강도는 비교적 낮으나 연성, 인성이 좋고 구상흑연주철과 비슷하다. 특히 저온인성은 페라이트 중의 Si의 고용량이 적으므로 구상흑연주철보다 우수하다.

## 6-3. 펄라이트 가단주철

페라이트와 입상흑연의 조직을 720℃ 이상으로 가열하여 뜨임한 것으로 펄라이트와 흑연이 입상으로 되어 나타나고 강도가 높은 가단주철이다. 이 작용에 의해 효과를 향상시키기 위하여 펄라이트의 생성을 돕는 Mn, Cr, Mo 등을 소량첨가하면 고력(高力) 가단주철이 만들어지기 쉽게 된다.

이상의 이들 가단주철은 탄소주강 또는 연강에 가까운 강인성과 피삭성을 가지기 때문에 단조 및 기계 절삭성을 필요로 하는 주물로서 이용되어진다. 다만 두께가 두꺼운 경우는 가단성을 부여하는 열처리가 어렵게 된다. 자동차용 부품에는 흑심가단주철이 가장 많이 사용되고 그 다음이 펄라이트 가단주철이 사용되며 각 케이스류와 소물류가 그 대상이 된다.

### 6-4. 특수한 가단주철

합금 펄라이트 가단주철 중에는 Mn 0.85~1.10%를 첨가한 것, Ni 1.0~1.5%, Cr 0.3~0.2%, Mo 0.6%를 함유하는 Ni-Cr-Mo 가단주철, Ti-V 가단주철, Cu-Mo 가단주철 또는 항온 변태시켜서 얻은 베이나이트 가단주철 등이 있다.

## 7. 구상 흑연주철(spheroidal graphite cast iron)

용탕에 Ce 또는 Mg, Ca 등의 첨가에 의해 주철 중의 흑연을 구상화시킨 주철은 강인성이 높고 주조상태에서 구조용강과 주강에 가깝다. 종래 주철의 개념을 바꾸어 10% 이상의 신율과 390MPa(40kg$_f$/mm$^2$) 이상의 인장강도를 가진 강인재료로 된다. 기계적 성질은 C, Si 등의 주요원소에 의해 대개 성질이 변하지는 않는다.

[표 8-4] 구상흑연주철품의 기계적 성질(KS D 4302)(별도주입 공시재)

2011년

| 기호 | 화학성분(%) | | | | | | 인장강도 N/mm$^2$ | 항복강도 N/mm$^2$ | 연신 % | 샤르피 흡수 에너지 | | | 참 고 | |
|---|---|---|---|---|---|---|---|---|---|---|---|---|---|---|
| | C | Si | Mn | P | S | Mg | | | | 시험온도 ℃ | 3개월 평균값 J | 개개의 값 J | 경도 HB | 기지조직 |
| GCD 350-22 | 2.5 이상 | 2.7 이하 | 0.4 이하 | 0.08 이하 | 0.02 이하 | 0.09 이하 | 350 이상 | 220 이상 | 22 이상 | 23±5 | 17이상 | 14이상 | 150 이하 | 페라이트 |
| GCD 350-22L | | | | | | | | | | −40±2 | 12이상 | 9이상 | | |
| GCD 400-18 | | | | | | | 400 이상 | 250 이상 | 18 이상 | 23±5 | 14이상 | 11이상 | 130~180 | |
| GCD 400-18L | | | | | | | | | | −20±2 | 12이상 | 9이상 | | |
| GCD 400-15 | | – | – | – | | | | | 15 이상 | – | – | – | | |
| GCD 450-10 | | | | | | | 450 이상 | 280 이상 | 10 이상 | | | | 140~210 | |
| GCD 500-7 | | | | | | | 500 이상 | 320 이상 | 7 이상 | | | | 150~230 | 페라이트+펄라이트 |
| GCD 600-3 | | | | | | | 600 이상 | 370 이상 | 3 이상 | | | | 170~270 | 펄라이트+페라이트 |
| GCD 700-2 | | | | | | | 700 이상 | 420 이상 | 2 이상 | | | | 180~300 | 펄라이트 |
| GCD 800-2 | | | | | | | 800 이상 | 480 이상 | | | | | 200~330 | 펄라이트 또는 탬퍼링조직 |

다만 기지조직에 의해서 기계적 성질이 대폭 변경되기 때문에 Si와 같이 페라이트화를 촉진하는 원소는 신율을 증가시키고 Mn과 같은 펄라이트를 안정하게 하는 원소는 인장강도를 증가시킨다. 표 8-4, 8-5에서 기계적 성질을 나타낸다.

[표 8-5] 구상흑연주철품의 기계적 성질(KS D 4302)(본체 부착 공시재)

2011년

| 기호 | 화학성분(%) | | | | | | 주철품의 주요 살 두께 | 인장강도 N/mm² | 항복강도 N/mm² | 연신 % | 샤르피 흡수 에너지 | | | 참고 | |
|---|---|---|---|---|---|---|---|---|---|---|---|---|---|---|---|
| | C | Si | Mn | P | S | Mg | | | | | 시험온도 ℃ | 3개월 평균값 J | 개개의 값 J | 경도 HB | 기지조직 |
| GCD 400-18A | 2.5 이상 | – | – | – | 0.02 이하 | 0.09 이하 | 30초과 60이하 | 390 이상 | 250 이상 | 15 이상 | 23±5 | 14이상 | 11이상 | 120~180 | 페라이트 |
| | | | | | | | 60초과 200이하 | 370 이상 | 240 이상 | 12 이상 | | 12이상 | 9이상 | | |
| GCD 400-18AL | | 2.7 이하 | 0.4 이하 | 0.08 이하 | | | 30초과 60이하 | 390 이상 | 250 이상 | 15 이상 | −20±2 | | | | |
| | | | | | | | 60초과 200이하 | 370 이상 | 240 이상 | 12 이상 | | 10이상 | 7이상 | | |
| GCD 400-15A | | – | – | – | | | 30초과 60이하 | 390 이상 | 250 이상 | 15 이상 | | | | | |
| | | | | | | | 60초과 200이하 | 370 이상 | 240 이상 | 12 이상 | | | | | |
| GCD 500-7A | | – | – | – | | | 30초과 60이하 | 450 이상 | 300 이상 | 7 이상 | | | | 130~230 | 페라이트+펄라이트 |
| | | | | | | | 60초과 200이하 | 420 이상 | 290 이상 | 5 이상 | | | | | |
| GCD 600-3A | | – | – | – | | | 30초과 60이하 | 600 이상 | 360 이상 | 2 이상 | | | | 160~270 | 펄라이트+페라이트 |
| | | | | | | | 60초과 200이하 | 550 이상 | 340 이상 | 1 이상 | | | | | |

일반적으로 인장강도와 신율의 관계는 그림 8-8에 표시한 것과 같이 신율이 높은 것은 인장강도가 낮다. 이들의 변화는 주로 기지조직 중의 페라이트 와 펄라이트의 양적비율에 의해 결정된다.

또한 구상흑연주철의 특징은 보통주철만큼 두께에 민감하지는 않다는 점을 들 수 있다. 그림 8-9는 그 일례로서 12~75mm의 두께의 범위에서는 인장강도도 신율도 거의 변하지 않는다. 다만 GCD 500 이상의 등급에서는 인장강도가 두께의 증가에 따라 약간 저하한다.

경도는 $H_B$ 170~250 정도로 편상 흑연주철보다 경도값은 일반적으로 높지만 경도값으로부터 예상되는 것과 같이 피삭성이 떨어지는 등은 일어나지 않는다. 굽힘강도는 690~1180MPa(70~120$kg_f/mm^2$), 압축강도는 인장강도의 3.1~3.8배로 크다. 충격강도는 샤피충격치로 균열이 없는 경우는 59~147J, 균열이 있는 경우는 10~39J, 피로강도는 195~390MPa(20~40$kg_f/mm^2$)으로 균열의 영향은 적다.

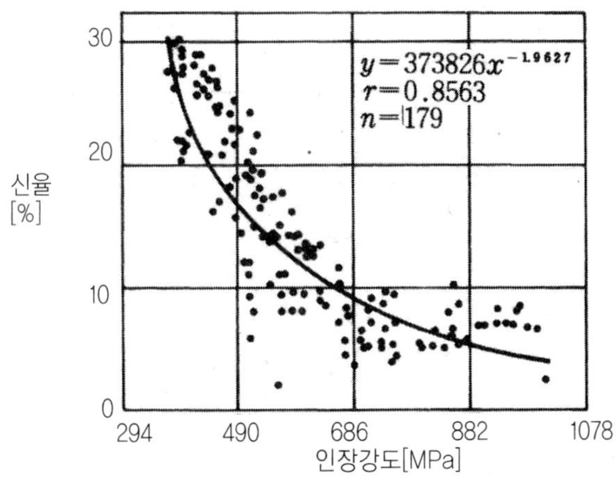


[그림 8-8] 구상흑연주철에 있어서 신율과 인장강도의 관계(두께 25mm)

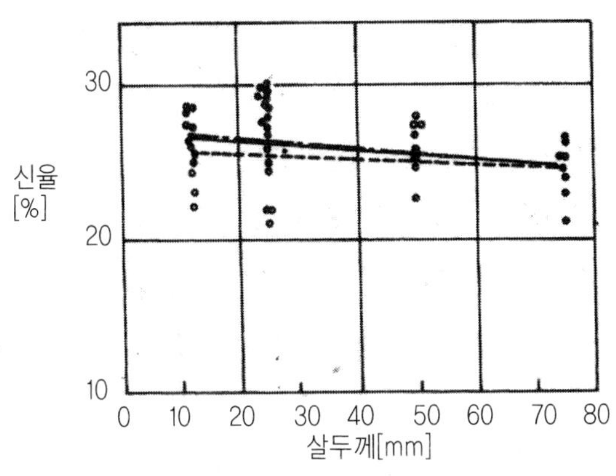


[그림 8-9] 구상흑연주철에 있어서 신율과 두께와의 관계(GCD 470의 경우)

구상 흑연주철의 물리적 성질은 조성, 조직에 의해 약간 변화한다. 비중은 7.1~7.3으로 편상 흑연주철과 큰 차이는 없다. 비열은 편상 흑연주철과 대개 같다.

열전도율은 33.5~37.7W/m·K로 강에 근사하고 편상 흑연주철에 비해 열전도율은 꽤 나쁘다. 전기저항은 30~70$\mu$·cm 로 편상 흑연주철의 약 1/2 정도로 보면 좋다.

공업적 성질은 흑연이 구상인 것의 효과가 크다. 내마모성은 페라이트 기지로 되면 편상 흑연주철보다 우수하다. 내열성은 성장이 감소되고 Si양이 많기 때문에 고온산화도 적다. 내식성은 페라이트 기지로 있으면 오히려 편상 흑연주철보다 양호하다. 피삭성은 편상 흑연주철에 비해 뒤떨어지지 않고 양호하지만, 시멘타이트가 약간 석출하면 피삭성을 현저히 악화시킨다. 감쇄능은 강에 가깝고 주철의 특징인 고감쇄능은 흑연의 구상화에 의해 거의 기대할 수 없다.

용도로서는 지금까지의 주철이 저강도에서 취약해서 과격한 사용조건의 부품에는 전혀 사용할 수 없었지만 흑연의 구상화에 의해 초래된 강인화로 인해 주조가공의 이점도 있고 복잡한 형상에 대응할 수 있고 또한 고도의 재료가 요구되어지는 기계재료로서 매년 생산량, 사용량이 증대되고 있다. 특히 자동차부품에서는 액슬 허브, 디퍼런셜 케이스, 스티어링기어 박스 등에 사용되어지고 있다.

## 8. CV 흑연주철(compacted vermicular graphite cast iron)

종종 용탕처리에 의해 편상흑연이 구상흑연으로 변하는 과정에서 벌레먹은 감자와 같은 흑연이 나타난다. 편상흑연과 구상흑연의 중간형의 흑연은 compacted 또는 vermicular흑연으로 불리어지고 있어 이것을 CV흑연주철이라고 한다.

인장강도가 390MPa(40$kg_f/mm^2$) 정도이며 신율은 수 %로서 주조성이 양호하고 열전도율도 좋기 때문에 구상흑연주철을 사용하는 만큼 신율을 필요로 하지 않는 경우이든가 열전도율이 양호하다는 것이 이점이 되는 부품에 적용되고 있다.

# 실 • 력 • 평 • 가

**01.** 주철의 결점인 여리고 약한 인성을 개선하기 위하여 먼저 백주철을 만들고 이것을 장시간 열처리하여 탄소상태를 분해 또는 소실시켜 인성 또는 연성을 증가시킨 주철은 ?[2008-1회 자동차 정비·검사산업기사]

㉮ 회주철　　㉯ 칠드 주철

㉰ 합금 주철　　㉱ 가단주철

**02.** 주철 조직에 유리 탄소(free carbon)와 $Fe_3C$가 혼재하고 있으며, 주조와 절삭이 쉬워 일반 공작기계의 베드용으로 사용되는 보통 주철은 ?[2010-3회 자동차 검사산업기사]

㉮ 반주철　　㉯ 백주철

㉰ 회주철　　㉱ 페라이트 주철

**03.** 주조할 때 주형에 접한 표면을 급랭시켜 표면은 시멘타이트가 되게 하고, 내부는 서서히 냉각시켜 펄라이트가 되게 한 주철은 ?[2010-4회 자동차 정비산업기사]

㉮ 백주철　　㉯ 회주철

㉰ 칠드주철　　㉱ 가단주철

**04.** 주철의 성장을 방지하는 방법이 아닌 것은 ?[2013-4회 컴퓨터응용가공산업기사]

㉮ 흑연의 미세화로서 조직을 치밀하게 한다.

㉯ C와 Si의 양을 많게 한다.

㉰ 편상 흑연을 구상흑연화 한다.

㉱ Cr, Mn, Mo 등을 첨가하여 펄라이트 중의 $Fe_3C$분해를 막는다.

**05.** 주조시 주형에 냉금을 삽입하여 주물 표면을 급냉시킴으로써 백선화하고, 경도를 증가시킨 내마모성 주철은 ?[2013-4회 컴퓨터응용가공산업기사]

㉮ 가단(malleable)주철
㉯ 구상흑연주철
㉰ 칠드(chilled)주철
㉱ 미해나이트(meehanite)주철

**06.** 주철에 대한 설명으로 바르지 못한 것은 ?[2013-2회 컴퓨터응용가공산업기사/기계설계산업기사]

㉮ 시멘타이트+펄라이트의 회주철과, 페라이트+펄라이트의 백주철이 있다.
㉯ 백주철을 열처리하여 연성을 부여한 주철을 가단주철이라 한다.
㉰ 주철중의 Si은 공정점을 저탄소강영역으로 이동시키는 역할을 한다.
㉱ 용융점이 낮고 주조성이 좋다.

**07.** 주철의 마우러 조직도를 바르게 설명한 것은 ?[2010-1회 컴퓨터응용가공산업기사/기계설계산업기사, 2013-1회 컴퓨터응용가공산업기사]

㉮ Si와 Mn량에 따른 주철의 조직 관계를 표시한 것이다.
㉯ C와 Si량에 따른 주철의 조직 관계를 표시한 것이다.
㉰ 탄소와 흑연량에 따른 주철의 조직 관계를 표시한 것이다.
㉱ 탄소와 $Fe_3C$량에 따른 주철의 조직관계를 표시한 것이다.

**08.** 백중철을 고온에서 장시간 열처리하여 시멘타이트 조직을 분해하거나 소실시켜 안성 또는 연성을 개선한 주철은 ?[2012-4회 컴퓨터응용가공산업기사]

㉮ 가단 주철　　㉯ 칠드 주철
㉰ 구상흑연 주철　　㉱ 합금 주철

**09.** 회주철(grey cast iron)의 조직에 가장 큰 영향을 주는 것은 ?[2010-1회 컴퓨터응용가공산업기사/기계설계산업기사]

㉮ C와 Si　　㉯ Si와 Mn
㉰ Si와 S　　㉱ Ti와 P

***10.*** 주조된 상태에서 구상 흑연 주철의 조직이 아닌 것은 ?[2009-4회 컴퓨터응용가공산업기사/기계설계산업기사]

㉮ 페라이트 형　　㉯ 마텐자이트 형
㉰ 시멘타이트 형　　㉱ 펄라이트 형

***11.*** 다음 회주철에 대한 설명 중 틀린 것은 ?[2008-1회 컴퓨터응용가공산업기사/기계설계산업기사]

㉮ 인장력에 약하고 깨지기 쉽다.
㉯ 탄소강에 비해 진동에너지의 흡수가 되지 않는다.
㉰ 주조와 절삭가공이 쉽다.
㉱ 유동성이 좋아 복잡한 형태의 주물을 만들 수 있다.

***12.*** 다음 중 주철의 흑연발생 촉진 원소는 어느 것인가 ?[2008-1회 기계설계산업기사]

㉮ Si　　㉯ Mn
㉰ P　　㉱ S

***13.*** 주철의 성장을 방지하는 일반적인 방법이 아닌 것은 ?[2008-1회 일반기계기사. 2012-1회 일반기계기사/기계설계기사]

㉮ 흑연을 미세하게 하여 조직을 치밀하게 한다.
㉯ C, Si 량을 감소시킨다.
㉰ 탄화물 안정원소인 Cr, Mn, Mo, V 등을 첨가한다.
㉱ 주철을 720℃ 정도에서 가열, 냉각시킨다.

***14.*** 구상흑연 주철에서 흑연을 구상으로 만드는데 사용하는 원소는 ?[2012-2회 일반기계기사/기계설계기사]

㉮ Ni　　㉯ Ti
㉰ Mg　　㉱ Cu

***15.*** 합금 주철에서 강한 탈산제인 동시에 흑연화를 촉진하며 주철의 성장을 지지하고 내마모성을 향상시키는 원인은 ?[2011-2회 일반기계기사/기계설계기사]

㉮ 니켈　　㉯ 티탄
㉰ 몰리브덴　　㉱ 바나듐

**16.** 선철의 파면 색깔이 백색을 나타낸 경우 함유된 탄소의 상태는 ?[2011-2회 기계설계기사]

㉮ 대부분이 흑연상태로 존재
㉯ 대부분이 산화탄소로 존재
㉰ 탄소함유량이0.02% 이하로 존재
㉱ 대부분이 $Fe_3C$ 금속간 화합물로 존재

**17.** 주조할 때 주물표면을 금속형 등으로 급냉하여 백선화시켜서 경도를 높이고 내마모성, 내압성을 향상시킨 주철은 ?[2010-2회 일반기계기사/기계설계기사]

㉮ 구상흑연주철 ㉯ 칠드주철
㉰ 가단주철 ㉱ 규소주철

**18.** 다음 중 가단주철을 설명한 것으로 가장 적합한 것은 ?[2010-2회 일반기계기사/기계설계기사]

㉮ 기계적 특성과 내식성, 내열성을 향상시키기 위해 Mn, Si, Ni, Cr, Mo, V, Al, Cu 등의 합금원소를 첨가한 것이다.
㉯ 탄소량 2.5% 이상의 주철을 주형에 주입한 그 상태로 흑연을 구상화한 것이다.
㉰ 표면을 칠(chill)상에서 경화시키고 내부조직은 펄라이트와 흑연인 회주철로 해서 전체적으로 인성을 확보한 것이다.
㉱ 백주철을 고온도로 장시간 풀림해서 시멘타이트를 분해 또는 감소시키고 인성이나 연성을 증가시킨 것이다.

**19.** 충격에는 약하나 압축강도는 크므로 공작기계의 베드, 프레임, 기계 구조물의 몸체 등에 가장 적합한 재질은 ?[2008-2회 일반기계기사/기계설계기사]

㉮ 합금공구강 ㉯ 탄소강
㉰ 고속도강 ㉱ 주철

**20.** 미하나이트 주철(Meehanite cast iron)의 바탕조직은 ?[2008-2회 일반기계기사/기계설계기사]

㉮ 오스테나이트 ㉯ 펄라이트
㉰ 시멘타이트 ㉱ 페라이트

**21.** 압연용 롤, 분쇄기 롤, 철도 차량 등 내마멸성이 필요한 기계 부품에 사용되는 가장 적합한 주철은 ?[2007-2회 기계설계기사, 2009-4회, 2012-4회 일반기계기사]

| | |
|---|---|
| 가 칠드 주철 | 나 구상흑연 주철 |
| 다 회 주철 | 라 펄라이트 주철 |

**22.** 주철 중에 함유되어 있는 유리탄소는 무엇인가 ?[2013-1회 일반기계기사]

| | |
|---|---|
| 가 $Fe_3C$ | 나 화합탄소 |
| 다 전탄소 | 라 흑연 |

**23.** 다음 중 구상흑연 주철을 설명한 것으로 틀린 것은 ?[2013-1회 일반기계기사]

가 용선에 마그네슘(Mg)을 첨가함으로써 구상흑연 조직을 얻는다.
나 세륨(Cu)을 첨가하여도 구상흑연 조직을 얻는다.
다 구상흑연 주철은 흑연에 의한 노치(notch)작용이 적기 때문에 강인하다.
라 구상흑연 주철은 편상흑연 주철 보다 연성이 낮다.

**24.** 강력하고 인성이 있는 기계주철 주물을 얻으려고 할 때 주철 중의 탄소를 어떠한 상태로 하는 것이 가장 적합한가 ?[2010-1회, 2012-1회 일반기계기사]

가 구상 흑연
나 유리의 편상 흑연
다 탄화물($Fe_3C$)의 상태
라 입상 또는 괴상 흑연

**25.** 다음 주철에 관한 설명 중 틀린 것은 ?[2012-1회 일반기계기사]

가 주철중에 전 탄소량은 유리탄소와 화합탄소를 합한 것이다.
나 탄소(C)와 규소(Si)의 함량에 따른 주철의 조직관계를 마우러 조직도라 한다.
다 주강은 일반적으로 전기로에서 용해한 용강을 주형에 부어 풀림 열처리 한다.
라 C, P양이 적고 냉각이 빠를수록 흑연화하기 쉽다.

**26.** 공정주철(eutectic cast iron)의 탄소함량으로 적합한 것은 ?[2011-1회 일반기계기사]

| | |
|---|---|
| 가 4.3% | 나 4.3% 이상 |
| 다 2.0 ~ 4.3% | 라 0.86% 이하 |

*27.* 황(S) 성분이 적은 선철을 용해로, 전기로부터 용해한 후 주형에 주입 전 마그네슘, 세튬, 칼슘 등을 첨가시켜 흑연을 구상화 한 것은 ?[2010-4회, 2012-1회 일반기계기사]

㉮ 합금주철　　㉯ 구상흑연주철
㉰ 칠드주철　　㉱ 가단주철

*28.* 회주철의 탄소당량(Carbone quivalent)이 상태도의 공정정 이하의 값을 갖는다면, 회주철 제품생산 시 탄소당량의 변화에 따른 설명으로 틀린 것은 ?[2010-1회 일반기계기사]

㉮ 탄소당량이 감소할수록 흑연크기는 작아진다.
㉯ 탄소당량이 감소할수록 유동성은 감소한다.
㉰ 탄소당량이 감소할수록 응고개시 온도는 감소한다.
㉱ 탄소당량이 증가할수록 유리 페라이트는 증가한다.

*29.* 주로 표면이 시멘타이트($Fe_3C$)조직으로서 경도가 높고 내마멸성과 압축강도가 커서 기차의 바퀴, 분쇄기의 롤 등에 많이 쓰이는 주철은 ?[2008-4회 일반기계기사]

㉮ 가단주철　　㉯ 구상흑연주철
㉰ 미헤나이트주철　　㉱ 칠드주철

*30.* 주철에서 쇳물의 유동성을 감소시키는 가장 주된 원소는 ?[2008-1회, 2013-2회 일반기계기사]

㉮ P　　㉯ Mn
㉰ S　　㉱ Si

*31.* 백주철을 열처리로해서 가열한 후 탈탄시켜, 인성을 증가시킨 주철은 ?[2007-4회 일반기계기사]

㉮ 가단주철　　㉯ 회주철
㉰ 보통주철　　㉱ 구상흑연주철

*32.* 합금효과가 없더라도 결정의 핵생성을 촉진시키는 레이들 첨가법이며, 주철에서는 칠드(chill)화 방지, 흑연형상의 개량, 기계적 성질 향상 등을 목적으로 하는 것은 ?[2013-3회 기계설계산업기사]

㉮ 접종　　㉯ 구상화
㉰ 상률　　㉱ 금속의 이온화

**33.** 다음 중 주강과 주철의 설명으로 바르지 못한 것은 ?[2013-3회 기계설계산업기사]

㉮ 주강의 종류에는 저탄소 주강, 중탄소 주강, 고탄소 주강이 있다.

㉯ 주강은 주철에 비해 용융점이 높다.

㉰ 주철 중에 함유되는 탄소량은 보통 2.5~4.5% 정도이다.

㉱ 주철은 주강에 비하여 기계적 성질이 월등하게 좋고, 용접에 의한 보수가 용이하다.

**34.** 주철에 함유된 원소 중 Mn이 소량일 때 Fe와 화합하여 백주철화를 촉진하는 원소는 ?[2009-2회 기계설계산업기사]

㉮ Si　　㉯ Cu

㉰ S　　㉱ C

**35.** 주철 중에서 유리(遊離)된 탄소와 $Fe_3C$가 혼재하고 있는 주철은 어느 것인가 ?[2004-2회 자동차 정비·검사산업기사]

㉮ 백주철　　㉯ 회주철

㉰ 반주철　　㉱ 적주철

**36.** 다음 주철중 인장 강도가 높아 차량의 프레임이나 캠 및 기어용 부품 등에 적합한 것은 ?[2004-3회 자동차 검사산업기사]

㉮ 회주철　　㉯ 칠드 주철

㉰ 백 주철　　㉱ 가단 주철

**37.** 다음 중 인장강도가 가장 높은 주철은 ?[2006-4회 자동차 정비산업기사]

㉮ 합금주철　　㉯ 가단주철

㉰ 고급주철　　㉱ 구상 흑연주철

**38.** C와 Si 의 함량에 따른 주철의 조직을 나타낸 조직 분포도는 ?[2013-4회 일반기계기사]

㉮ Gueiner, Klingenstein조직도

㉯ 마우러(Maurer)조직도

㉰ Fe-C 상태도

㉱ Guilet조직도

**39.** 흑심가단주철은 풀림온도를 850~950℃와 680~730℃의 2단계로 나누어 각 온도에서 30~40시간 유지시키는데 제2단계 풀림의 목적으로 가장 알맞은 것은?[2013-4회 일반기계기사]

㉮ 펄라이트 중의 시멘타이트의 흑연화

㉯ 유리 시멘타이트의 흑연화

㉰ 흑연의 구상화

㉱ 흑연의 치밀화

**정답**

01. ㉱ 02. ㉰ 03. ㉰ 04. ㉯ 05. ㉱ 06. ㉮ 07. ㉯ 08. ㉮ 09. ㉮
10. ㉯ 11. ㉯ 12. ㉮ 13. ㉱ 14. ㉰ 15. ㉯ 16. ㉱ 17. ㉯ 18. ㉱
19. ㉱ 20. ㉯ 21. ㉮ 22. ㉱ 23. ㉱ 24. ㉮ 25. ㉱ 26. ㉮ 27. ㉯
28. ㉰ 29. ㉱ 30. ㉰ 31. ㉮ 32. ㉮ 33. ㉱ 34. ㉱ 35. ㉯ 36. ㉱
37. ㉱ 38. ㉯ 39. ㉮

# 03 비철금속 재료

MACHINE MATERIALS

- 알루미늄과 그 합금
- 마그네슘과 그 합금
- 구리와 합금
- 아연, 납, 주석, 니켈 등과 그 합금
- 소결재료

# 01 CHAPTER 알루미늄과 그 합금

## 1. 알루미늄과 그 합금의 일반적 특성

### 1-1. 알루미늄과 그 합금의 성질

Al은 산화물, 수산화물 등으로서 지구상의 표면에는 많이 존재하는 금속원소이다. 원료광물로서는 보크사이트($Al_2O_3 \cdot 2H_2O$), 빙정석(氷晶石 : $AlF_3 \cdot 3NaF$), 명반석($K_2SO_4 \cdot Al(SO_4) \cdot 4Al(OH)_3$) 등이 있지만 대부분 보크사이트(bauxite)를 많이 사용한다.

제조방법은 보크사이트를 화학처리하여 용융 중에 알루미나($Al_2O_3$)를 침전시키든가 또는 전열(電熱)에 의해 환원제를 사용하여 환원 용융하여 알루미나를 추출하든가 한 후 어느 방법으로든 알루미나를 전기분해해서 Al을 제조한다.

Al은 비중이 2.7로 구조재로서는 Mg의 1.74 다음으로 가볍고 전도율은 Cu의 약 60%이지만 가벼워서 같은 량의 전류를 흐르는 데는 Cu의 1/2 정도의 중량으로도 가능하다. 또한 비자성으로 열팽창율도 비교적 크고 열전도성, 내식성 및 광, 열, 전파의 반사성에도 우수한 것 등의 특징이 있다. Al 및 Al합금의 강도는 순 Al의 70MPa($7kg_f/mm^2$)에서 Al-Zn-Mg합금의 570MPa($58kg_f/mm^2$)까지 범위가 넓어 용도에 따라 선택하는 것이 가능하다. 소성가공은 전연성이 풍부하여 양호하고, 열간가공과 냉연가공으로 각종 형상의 제품이 제조되고 있다.

또한 전단, 굽힘, 드로잉 등의 성형가공도 용이하게 행한다. 절삭가공성은 절삭저항이 낮고 열전도성이 양호하다.

## 1-2. 알루미늄의 부식과 방식

Al은 대기 중에서 표면에 얇지만 내식성이 양호한 산화피막을 형성하여 자기보호하기 때문에 다른 금속에 비해서 내식성은 아주 우수하다. Al합금의 내식성은 순 Al에 비하면 일반적으로 저하한다. 내식성에 나쁜 영향을 끼치는 합금원소로서는 Cu, Fe, Zn이 있고 Si은 조금 나쁜 영향을 끼친다. 또한 Mg, Mn은 대개 영향을 미치지 않고 Cl이온이 많은 환경에서는 오히려 내식성을 향상시키는 효과가 있다. 대기 중에서의 Al 합금의 내식성은 Al-Cu-Mg 합금 및 Al-Zn-Mg 합금을 제외하고는 양호하다. 특히 방식대책을 필요로 하지 않지만 해상과 해안 등의 Cl이온이 많은 대기 중에서는 Al-Mg 합금과 Al-Mn 합금은 방식처리를 하여 사용하는 것이 바람직하다. 해수에 대한 내식성은 Al-Mg 합금이 가장 우수하고 다음에 Al-Mn 합금, 순Al의 순이다.

각 약품액 및 용액에 대한 내식성은 pH 5~8의 중성액에서는 산화피막이 안정하여 침해되지 않기 때문에 양호하지만 Cl이온이 존재하면 중성액 중에서도 공식(孔蝕)에 의해 부식한다. 산과 알칼리에 대해서는 산화피막이 침식되어 $H_2$를 발생하여 녹지만 특수한 경우로서 고 PH의 규산나트륨 수용액, pH 13의 암모니아수, pH 1의 질산, pH 3 이하의 빙초산 등에는 침해되지 않는다.

Al 및 Al합금의 방식법은 양극산화, 화성처리, 도장 등이 일반적으로 이용되어지지만 그 밖의 음극방식법을 이용한 합판이 있다. Al은 전국전위가 낮아 양극적이기 때문에 보다 전극전위가 높은 음극적인 금속과 접촉하고 접촉부위에 수분이 있으면 은 양극, 접촉한 금속은 음극으로 되어 국부전지가 구성되어져 Al의 부식은 촉진되어진다. 이 같은 부식을 접촉부식이라 한다. 엄밀하게는 접촉하는 금속의 종류만으로는 접촉부식의 촉진도는 결정되어지지 않지만 일반적으로는 접촉하는 금속에 의해 촉진도가 달라지기 때문에 금속의 관계를 표 1-1에 나타낸다.

또한 접촉부식의 방식대책을 표 1-2에 나타내지만 가장 유리한 방법은 전극전위차가 작은 금속을 선택하는 하는 것이고 이와 같은 금속을 선택하지 않는 경우는 몇 가지 방식대책을 세워서 이용하는 것이 바람직하다.

[표 1-1] 접촉부식의 촉진도와 접촉금속

| 촉진도 | | 금속의 종류 |
|---|---|---|
| 촉진하지 않음 | | Zn(억제 효과가 있음), Cd |
| 촉진도 | 소 | Pb, 스테인리스강, Mg, Cr, Ti, 철강($Cl^-$이 적은 경우) |
| | 중 | Ni, Sn, C |
| | 대 | Hg, Cu, 철강($Cl^-$이 많은 경우) |

[표 1-2] 접촉부식의 방식 대책

| 방식 방법 | 방식 대책 |
|---|---|
| 용액과의 접촉을 방지 | 실리콘 파운드 등으로 접촉부를 밀봉시킨다. |
| 전극전위차를 작게 한다. | Al합금과의 전극전위차가 작은 금속을 선택, 전극전위차가 큰 금속과의 접촉을 피할 수 없는 경우는 접촉금속을 Zn 또는 Cd도금을 한다. |
| 접촉점의 절연 | 절연개스킷(합성고무, 에틸 셀루로스, 폴리에틸렌)을 사용하기도 하고, 절연도료(징크로메트, 에나멜, 라카)를 바른다. |

## 1-3. 알루미늄 합금의 용접

Al 합금은 산화하기 쉽고 열전도율, 열팽창율이 크다는 등의 성질이 있기 때문에 강에 비하면 용접하기 어렵지만 현재는 주로 아크용접, 저항용접에 의해 쉽게 용접하는 것이 가능하다.

아크용접은 그림 1-1에 표시한 것과 같이 TIG용접과 MIG용접이 있다. TIG용접은 알곤 등의 불활성가스 분위기 중에서 텅스텐 전극과 모재와의 사이에 아크를 발생시켜 모재 및 용접봉을 녹여서 접합하는 방법이고, MIG용접은 불활성가스 분위기 중에서 용접봉으로 되는 전극와이어와 모재와의 사이에 아크를 발생시켜 자동 송급되는 전극와이어와 모재를 녹여서 접합하는 방법이다.

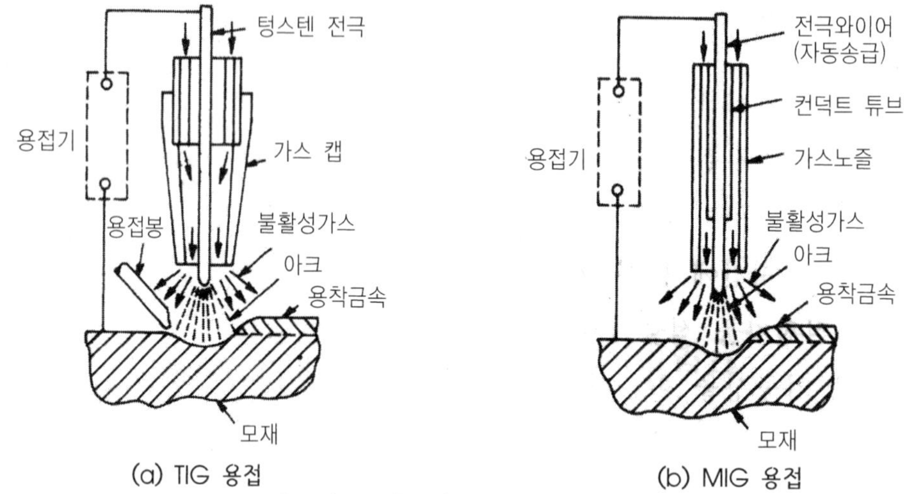


[그림 1-1] 아크 용접의 원리

그림 1-2는 순도 99.7%의 순 Al가공재를 맞대어 용접한 경우 용접부의 경도분포를 나타낸 것이지만 용접부 부근은 열의 영향을 받아서 가공재에는 재결정 등에 의해, 열처리재(시효경화재)는 과시효에 의해 연화(軟化)하기 때문에 용접구조의 경우는 풀림재를 사용해야 한다.

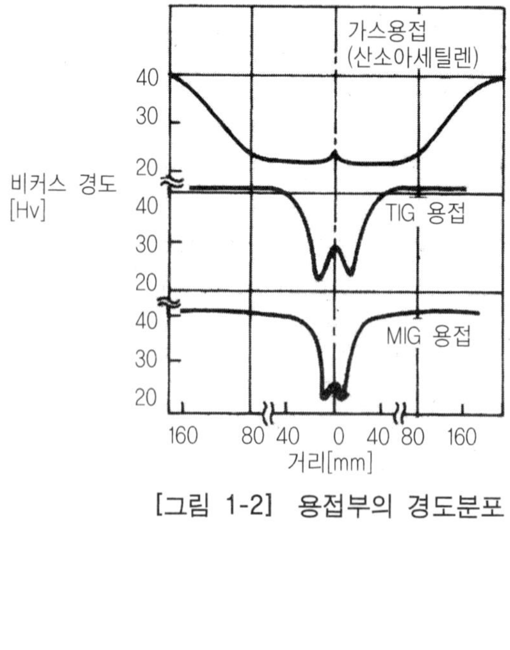


[그림 1-2] 용접부의 경도분포

저항 스폿용접은 여러 가지 방법이 이용되어지고 있지만 여기서는 가장 널리 이용되고 있는 저항 스폿용접에 대해서 서술한다. 스폿용접은 그림 1-3에 표시한 것과 같이 수냉한 Cu합금의 전극간에 판을 끼워서 가압하여 단시간에 큰 전류를 통하면 열에 의해 접합부에 너겟(nugget)이라 부르는 용접점이 생겨서 접합하는 방법이다. 이 용접은 모재의 열영향이 적어서 아크용접에서는 어려운 Al-Cu-Mg 합금의 용접과 이종금속과의 용접이 가능하다. 그 밖의 용접방법으로는 플라즈마 아크용접, 레이저용접이 있다.

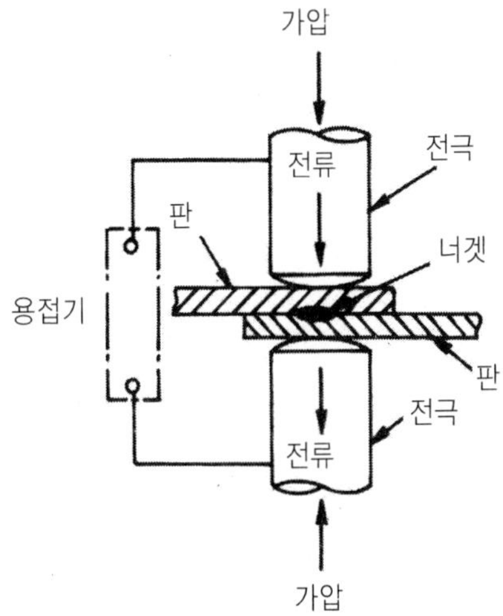


[그림 1-3] 저항 스폿용접의 원리

## 1-4. 알루미늄 합금의 열처리

### 1-4-1. 균질화 처리

주괴를 열간가공하기 전에 적당한 온도와 시간에서 가열하여 주조변형 및 편석을 없도록 하는 것과 동시에 과포화로 고용한 용질원자를 석출시켜서 가공하기 쉬운 조직으로 하기 위한 열처리이다. 균질화 처리는 주괴의 가공성을 향상시키는 것만이 아니고 가공 후의 강도와 이방성(異方性)을 개선하고 재결정립을 미세화하는 효과를 가져온다.

### 1-4-2. 풀림

가공경화한 재료를 적당한 온도로 가열하여 회복, 재결정시켜서 가공변형을 제거하여 연화시킨 상태로 하기 위한 열처리로 풀림이라고 부르고 있다. 연화의 정도는 풀림온도와 시간에 의해 조정된다. 소성가공에서 행하는 풀림은 중간풀림이라 한다.

### 1-4-3. 안정화 처리

비열처리형 합금의 Al-Mg 합금은 가공재를 그대로 사용하는 경우가 많지만 가공재는 잔류변형이 존재하기 때문에 불안정하고 상온중에서 장시간 방치하면 시효변화가 일어나 인장강도, 내력이 감소하고 신율이 증대한다. 이 같은 변화를 방지하기 위하여 냉간가공 후 127~167℃로 가열하는 처리를 안정화처리라고 한다.

### 1-4-4. 용체화 처리

합금을 용해도곡선 이상의 온도로 가열 유지하여 석출물을 녹게 하여 고용체 단상(單相)으로 하는 처리로서 열처리형 합금에 대해서 실시한다. 이 처리에서 주의할 점은 국부용해가 일어나지 않는 온도를 선정하여 처리시간을 최소한으로 하여 결정립의 조대화를 방지하는 것이다.

### 1-4-5. 담금질

합금을 용체화 처리 온도로부터 상온까지 급냉하여 용질원자의 석출을 방지하고 과포화 고용체를 얻기 위한 조작이다. 담금질은 일반적으로 수(水)담금질이 이용되지만 수온은 27℃ 이상으로 되면 담금질효과를 저하하기 때문에 17℃ 이하로 유지하는 것이 바람직하다. 또한 담금질 온도가 저하하지 않도록 빠르게 담금질할 필요가 있다.

### 1-4-6. 시효처리

담금질한 합금을 실온에 방치하기도 하고 실온 이상의 온도에서 뜨임하여 시효경화시키는 처리로 실온에서 방치하는 경우를 실온시효 또는 자연시효라고 하고 실온보다 높은 온도에서 뜨임하는 경우를 고온시효 또는 인공시효라고 한다.

## 2. 가공용 알루미늄 합금

Al 합금은 판, 봉, 관, 형재 등의 전신재로 하여 이용되어지는 가공용 Al합금과 사형, 금형, 다이캐스팅 등의 주물로 하여 이용되어지는 주물용 Al합금으로 대별된다. 가공용 Al 합금은 표 1-1에 표시한 것같이 분류된다.

KS에서는 가공용 Al합금의 전신재를 다음과 같이 표시하고 있다.

| A | 5052 | P | - | H 34 |
|---|---|---|---|---|
| | 합금번호 | 형상기호 | | 질별기호 |

맨 앞의 A는 Al합금을 표시하고, 다음의 합금번호는 4자리 숫자로 표시하는데 첫째자리 숫자는 합금계를 표시하고, 두번째 숫자는 세번째와 네번째의 숫자로 식별되어지는 합금의 개량 또는 파생합금을 표시하고, 개량합금은 0~9를 이용한다. 세번째, 네번째의 숫자는 합금의 식별을 나타내지만 순 Al에 대해서는 순도를 표시한다. 형상기호는 표 1-4에 표시하고 있다.

가공용 Al합금은 표 1-1과 같이 비열처리형 합금과 열처리형 합금으로 나눌 수 있다.

[표 1-1] 가공용 알루미늄 합금의 분류

| | | |
|---|---|---|
| 비열처리형 합금 | 1000계 | 순 Al |
| | 3000계 | Al-Mn 합금 |
| | 4000계 | Al-Si 합금 |
| | 5000계 | Al-Mg 합금 |
| 열처리형 합금 | 2000계 | Al-Cu-Mg 합금 |
| | 6000계 | Al-Mg-Si 합금 |
| | 7000계 | Al-Zn-Mg 합금 |

[표 1-2] 형상기호

| 기호 | 의 미 | 기호 | 의 미 |
|---|---|---|---|
| P | 판, 조, 원판 | TW | 용접관 |
| PC | 합판 | TWA | 아크용접관 |
| BE | 압출봉 | S | 압출형재 |
| BD | 인발봉 | BR | 리벳재 |
| W | 인발선 | FD | 형타단조품 |
| TE | 압출 이음매 없는 관 | FH | 자유단조품 |
| TD | 인발 이음매 없는 관 | | |

질별기호는 냉간가공과 열처리에 의한 조질의 종류를 나타내는 기호로 표 1-3에서 정의하고 있다.

[표 1-3] 가공용 알루미늄 합금의 질별기호

| 기 호 | | 정 의 |
|---|---|---|
| $F$ | | 제조 그대로의 것<br>-가공경화와 열처리에 의해 조질되지 않은 것 |
| $O$ | | 완전 풀림한 것<br>-전신재 : 가장 부드러운 상태로 풀림한 것<br>-주물 : 신율과 치수안정화를 위해 풀림한 것 |
| $H$ | $H_{1n}$ | 가공경화만 한 것 |
| | $H_{2n}$ | 가공 경화 후, 적당한 연화처리를 한 것 |
| | $H_{3n}$ | 가공경화 후, 안정화 처리한 것 |
| | $n$ | $n$은 1에서 9까지의 숫자로 표시되고<br>1. 1/8경질, 2. 1/4경질, 3. 3/8경질<br>4. 1/2경질, 5. 5/8경질, 6. 3/4경질<br>7. 7/8경질, 8. 경질, 9. 특경질을 나타낸다. |

| 기 호 | | 정 의 |
|---|---|---|
| $T$ | $T_{361}$ | $T_3$처리의 단면 감소율을 약 6%로 한 것 |
| | $T_4$ | 용체화 처리 후 자연 시효시킨 것 |
| | $T_{42}$ | $T_4$처리를 사용자가 행한 것 |
| | $T_5$ | 고온가공에서 냉각 후 인공 시효한 것 |
| | $T_6$ | 용체화처리 후 인공 시효한 것 |
| | $T_{61}$ | -전신재 : 온수 담금질에 의한 용체화 처리 후 인공 시효한 것<br>-주물 : 용체화 처리 후 인공 시효한 것 |
| | $T_{62}$ | $T_6$처리를 사용자가 행한 것 |
| | $T_7$ | 용체화 처리 후 안정화 처리한 것 |
| | $T_{73}$ | 용체화 처리 후 과시 효처리한 것 |

| 기 호 | | 정 의 |
|---|---|---|
| $H$ | $n$ | $H_{112}$는 적극적인 가공경화를 가하지 않고 제조된 그대로의 상태로 기계적 성질을 보증한 것 |
| $T$ | $T_1$ | 고온가공에서 냉각 후 자연 시효시킨 것 |
| | $T_2$ | 고온가공에서 냉각 후 냉간가공을 행하고 자연 시효시킨 것 |
| | $T_3$ | 용체화 처리 후 냉간가공을 행하고 자연 시효시킨 것 |

| 기 호 | | 정 의 |
|---|---|---|
| $T$ | $T_{7352}$ | 용체화 처리 후 압축가공에 의해 잔류응력을 제거하고 과시효 처리한 것 |
| | $T_8$ | 용체 화처리 후 냉간가공을 행하고 인공 시효한 것 |
| | $T_{83}$ | $T_8$처리의 단면 감소율을 약 3%로 한 것 |
| | $T_{861}$ | $T_{361}$을 인공 시효한 것 |
| | $T_9$ | 용체화 처리 후 인공시효하고 냉간가공을 행한 것 |
| | $T_{10}$ | 고온가공에서 냉각 후 냉간가공을 행하고 인공시효한 것 |

## 2-1. 비열처리형 합금

비열처리형 합금은 고용체경화와 가공경화에 의해 강도를 부여하고 있기 때문에 냉간가공과 풀림, 안정화처리 등의 열처리에 의해 조절하여 사용된다. 열처리형 합금에 비하면 일반적으로 내식성은 양호하지만 강도가 낮다.

순 Al(1000계)은 가공성, 용접성, 내식성, 양극산화성에 우수하지만 강도가 낮기 때문에 구조재로서는 적합하지 않다. 대표적인 재료는 1100과 1200으로 1100은 양극산화 후의 광택을 얻기 위해 미량의 Cu가 첨가되어 있기 때문에 1200보다도 다소 강도가 높지만 내식성은 약간 떨어지는 경향이다. 용도는 식품과 화학용 탱크, 가정용품, 전기용품, 장식품 등이다. 고순도의 1060은 도전율, 열전도율이 높기 때문에 송배전 재료, 방열판으로서 사용되어지고 있다.

Al-Mn 합금(3000계)은 Mn첨가에 의해 내식성과 가공성을 손상시키지 않고 강도를 약간 개선한 합금이다. 3003이 대표적인 합금으로 건축, 차량, 가정전기기구 등 용도는 다양하다. 또한 3004는 3003에 Mg을 1% 정도 첨가하여 강도를 향상시킨 합금으로 내식성, 딥 드로잉성에 우수하기 때문에 일반용기류, 전구낌쇠, 칼라알루미늄 등에 사용되어진다.

Al-Si 합금(4000계)의 4032는 Si는 11.0~13.5% 첨가하여 내마모성의 향상과 열팽창율을 감소시키고 또 Cu, Ni, Mg을 미량첨가하여 내열성을 개선한 내열용 단조합금으로 피스톤, 실린더헤드 등에 사용된다.

Al-Mg 합금(5000계)은 Mg의 첨가량에 의해 각종의 성질이 변하기 때문에 용도에 맞는 합금을 선정할 필요가 있다. 내식성은 Mg의 첨가에 의해 내공식성이 향상하기 때문에 양호하고 특히 Cl이온이 많은 환경 하에서의 내식성에 우수하기 때문에 해양구조물과 선박 등에 이용된다. 이 계의 합금은 시효변화를 일으키고 있기 때문에 안정화처리를 실시할 필요가 있다. Mg량이 적은 합금으로는 5N01, 5005가 있지만 5005는 가공성, 내식성이 우수하고 양극산화의 마무리도 아름다워 건축용 내외장재, 차량, 선박의 내장재로서 사용된다. 중간정도의 Mg량을 첨가한 합금에는 5052가 있는데 가공성이 우수하고 중정도의 강도이지만 강도/피로강도가 높고 내식성도 양호하며 특히 내해수성에 우수하다.

용도는 일반판금, 선박, 차량, 건축 등 광범위하다. Mg량이 많은 합금에는 5083이 있는데 비열처리형 합금 중 최대의 강도를 가지며 용접성, 내해수성, 저온특성 등이 우수하기에 선박, 차량, 저온탱크, 압력용기 등에 이용되어지고 있다.

그러나 이 합금은 가공재의 원상태로 고온에서 사용하면 응력부식균열을 일으키기 때문에 구조재에는 경질재를 사용해야 한다. 응력부식균열은 부식환경 하에서 잔류인장응력과 외부로부터의 인장응력의 작용이 일정시간 지속하면 취성파괴하는 현상으로 Al합금에서는 입계석출물에 의한 입계부식이 원인이라고 생각하고 있지만 그 기구는 아직 해명되고 있지는 않다.

표 1-4에는 알루미늄 및 알루미늄 합금에 대한 종류와 특징을 나타내고 있다.

[표 1-4] 알루미늄 및 알루미늄 합금의 판 및 띠(KS D 6701)

2012년

| 종 류<br>합금번호 | 등급 | 기 호 | 참 고<br>특성 및 용도 보기 |
|---|---|---|---|
| 1085 | - | A 1085 P | 순 알루미늄으로 강도는 낮지만 성형성, 용접성 및 내식성이 좋다. 반사판, 조명기구, 장식품, 화학공업용 탱크, 전도 재료 등 |
| 1080 | - | A 1080 P | |
| 1070 | - | A 1070 P | |
| 1050 | - | A 1050 P | |

| 종 류<br>합금번호 | 등급 | 기 호 | 참 고<br>특성 및 용도 보기 |
|---|---|---|---|
| 1050A | – | A 1050 AP | 1050보다 약간 강도가 높은 합금 |
| 1060 | – | A 1060 P | 도체용 순 알루미늄으로 전기 전도성이 높다. 버스 바 등 |
| 1100 | – | A 1100 P | 강도는 비교적 낮지만 성형성, 용접성 및 내식성이 좋다. 일반 기물, 건축용재, 전기기구, 각종 용기, 인쇄판 등 |
| 1200 | – | A 1200 P | |
| 1N00 | – | A 1N00 P | 1100보다 약간 강도가 높고 성형성도 뛰어나다. 일용품 등 |
| 1N30 | – | A 1N30 P | 전연성, 내식성이 좋아 알루미늄 박지 등 |
| 2014 | – | A 2014 P | 강도가 높아 열처리 합금 합금이다. 접합판은 표면에 6003을 개선한 것이다. 항공기용 재료, 각종 구조재료 등 |
| | – | A 2014 PC | |
| 2014A | – | A 2014 AP | 2014보다 약간 강도가 낮은 열처리 합금 |
| 2017 | – | A 2017 P | 열처리 합금으로 강도가 높고 절삭 가공성도 좋다. 항공기용 재료, 각종 구조재료 등 |
| 2017A | – | A 2017 AP | 2017보다 강도가 높은 합금 |
| 2219 | – | A 2219 P | 강도가 높아 내열성 및 용접성도 좋다. 항공우주기기 등 |
| 2024 | – | A 2024 P | 2017보다 강고가 높고 절삭 가공성도 좋다. 접합판은 표면에 1230을 상호 맞대어 내식성을 개선한 것이다. 항공기용 재료, 각종 구조재료 등 |
| | – | A 2024 PC | |
| 3003 | – | A 3003 P | 1100보다 약간 강도가 높고 성형성, 용접성 및 내식성도 좋다.<br>일반용 기물, 건축용재, 선박용재, 핀 재료, 각종 용기 등 |
| 3103 | – | A 3103 P | |
| 3203 | – | A 3203 P | |
| 3004 | – | A 3004 P | 3003보다 강도가 높고, 성형성이 뛰어나고 내식성도 좋다. 음료 캔, 지붕 관, 도어 패널 재료, 컬러 알루미늄, 전구 꼭지쇠 등 |
| 3104 | – | A 3104 P | |
| 3005 | – | A 3005 P | 3003보다 강도가 높고 내식서도 좋다. 건축용 재료, 컬러 알루미늄 등 |
| 3105 | – | A 3105 P | 3003보다 약간 강도가 높고 성형성 및 내식성이 좋다. 건축용 재료, 컬러 알루미늄, 캡 등 |
| 5005 | – | A 5005 P | 3003보다 같은 정도의 강도가 있고 내식성, 용접성 및 가공성이 좋다. 건축 내·외장 재료, 차량 내장 재료 등 |
| 5021 | – | A 5021 P | 5052과 같은 정도의 강도이며 내식성 및 성형성이 좋다. 음료캔용 재료 등 |
| 5042 | – | A 5042 P | 5052과 5182의 중간 정도의 강도를 가진 합금으로 내식성 및 성형성이 좋다. 음료캔 용 재료 등 |
| 5052 | – | A 5052 P | 중간 정도의 강도를 가진 대표적인 합금으로 내식성, 성형성 및 용접성이 좋다. 선박· 차량· 건축용 재료, 음료캔 등 |
| 5652 | – | A 5652 P | 5052의 불순물 원소를 규제하고 과산화수소의 분해를 억제한 합금이며, 그 외의 특성은 5052와 같은 정도. 과산화수소 용기 등 |

| 종 류<br>합금번호 | 등급 | 기 호 | 참 고<br>특성 및 용도 보기 |
|---|---|---|---|
| 5154 | – | A 5154 P | 5052와 5083의 중간 정도의 강도를 가진 합금으로 내식성, 성형성 및 용접성이 좋다. 선박· 차량용 재료, 압력용기 등 |
| 5254 | – | A 5254 P | 5154의 불순물 원소를 규제하고 과산화수소의 분해를 억제한 합금이며, 그 외의 특성은 5154와 같은 정도. 과산화수소 용기 등 |
| 5454 | – | A 5454 P | 5052보다 강도가 높고 내식성, 성형성 및 용접성이 좋다. 자동차용 휠 등 |
| 5754 | – | A 5754 P | 5052와 5054의 중간 정도의 강도를 가진 합금 |
| 5082<br>5182 | – | A 5082 P<br>A 5182 P | 5083과 거의 같은 정도의 강도가 있으며 성형성 및 내식성이 좋다. 음료 캔 등 |
| 5083 | 보통급 | A 5083 P | 비열처리합금 중에서 최고의 강도를 갖고 있으며 내식성 및 용접성이 좋다. 선박· 차량용 재료, 저온용 탱크, 압력 용기 등 |
|  | 특수급 | A 5083 PS | 액화천연가스 저장조 |
| 5086 | – | A 5086 P | 5154보다 강도가 높고 내식성이 뛰어난 용접 구조용 합금이다. 선박용 재료, 압력용기, 자기 디스크 등 |
| 5N01 | – | A 5N01 P | 3003과 같은 정도의 강도가 있으며, 화갛ㄱ 또는 전해 염마 등의 광택 처리 후의 양극 산화 처리로 높은 광택성을 얻을 수 있다. 성형성 및 내식성도 좋다. 장식품, 부엌용품, 명판 등 |
| 6101 | – | A 6101 P | 고강도 도체용 합금으로 전기 전도성이 높다. 버스바 |
| 6061 | – | A 6061 P | 내식성이 양호하고 주로 볼트 및 리벳 접합의 구조용 재료로 이용할 수 있다. 선박 및 차량용재나 육상 구조물 등 |
| 6082 | – | A 6082 P | 6061과 거의 같은 정도의 강도가 있으며 내식성도 좋다. 스키 등 |
| 7010 | – | A 7010 P | 7075와 거의 같은 정도의 강도를 가진 합금 |
| 7075 | – | A 7075 P<br>A 7075 PC | 알루미늄 합금 중 높은 강도를 가진 합금 중 하나이지만 접합판은 표면에 7072를 서로 맞대어 내식성을 개선한 것이다. 항공기용재, 스키 등 |
| 7475 | – | A 7475 P | 7075와 거의 같은 정도의 강도가 있으며 인성이 좋다. 초소성 재료, 항공기용 재료 등 |
| 7178 | – | A 7178 P | 7075보다 강도가 높은 합금. 배트용 재료, 스키 등 |
| 7N01 | – | A 7N01 P | 강도가 높고 내식성도 양호한 용접 구조용 합금이다. 차량이나 그 외의 육상 구조물 등 |
| 8021 | – | A 8021 P | 1N30보다 강도가 전연성 및 내식석이 좋다. 알루미늄 박지 등. 장식용, 전기통신용, 포장용 등 |
| 8079 | – | A 8079 P |  |

## 2-2. 열처리형 합금

열처리형 합금은 시효경화에 의해 강도를 부여하고 있기 때문에 담금질, 뜨임 등의 열처리를 실시하여 사용하지만 더욱 강도를 필요로 하는 경우는 열처리와 냉간가공을 겸해서 실시하는 경우도 있다.

Al-Cu-Mg 합금(2000계)의 시효경화는 S상($Al_2CuMg$)과 $\theta$상($CuAl_2$)의 G.P.(Guinier Preston) zone과 중간상이 석출하는 것에 의해 일어난다. 이 계의 합금에는 듀랄루민(duralumin), 초(超) 듀랄루민(super duralumin)으로 알려져 있는 2017, 2024가 있고 탄소강에 필적하는 강도를 가지고 있기 때문에 구조재로서 사용되지만 내식성이 나쁘기 때문에 방식처리를 하여 사용할 필요가 있고 판재에서는 후술하는 합판으로 이용된다.

또한 용접성이 나쁘기 때문에 접합에는 리벳, 볼트결합, 저항용접이 이용된다. 용도에는 항공기, 기어, 유압부품 등이 있다. 2014와 2025는 고강도 단조용 합금으로 2025는 2024와 비교하면 강도는 낮지만 단조성이 좋다. 또한 2218, 2N01은 고온강도가 우수하기에 내열용 단조 합금으로 이용되고 있다.

Al-Mg-Si 합금(6000계)은 상($Mg_2Si$)의 G.P. zone과 중간상이 석출하는 것에 의해 시효경화한다. 이 계의 합금은 강도, 내식성이 우수하다. 대표적인 합금으로는 6061, 6063이 있다. 6061은 내식성에 손상 입히지 않을 정도로 Cu를 첨가하여 강도를 높인 합금으로 T6처리로 꽤 높은 강도를 얻어 선박, 차량, 육상구조물 등에 이용한다. 6063은 내식성, 표면처리성이 좋고 압출성에 우수하여 압출용 합금으로서 이용되고 건축용 샤시, 가전제품, 가구 등에 사용된다.

Al-Zn-Mg 합금(7000계)는 상($MgZn_2$)의 G.P. zone과 중간상의 석출에 의해 시효경화하여 고강도를 가진 Al-Zn-Mg-Cu 합금과 용접가능한 Al-Zn-Mg 합금으로 분류된다. Al-Zn-Mg-Cu 합금에는 초초(超超) 듀랄루민(extra super duralumin)이라고 불리는 7075가 있다. 이 합금은 Al합금 중 최대의 강도를 가지지만 내식성이 나쁘기 때문에 방식처리가 필요하고 판재는 합판으로서 사용된다. 또한 이 합금은 응력부식을 일으키기 때문에 Cr, Mn을 첨가하여 억제하고 있지만 T73처리도 유효하다. 용도로는 항공기와 스키판과 스트랩, 양궁 등의 스포츠 용품으로 이용되고 있다.

### 2-3. 합판

2014, 2024과 7075는 강도는 높지만 내식성이 나쁘기 때문에 합판으로서 이용된다. Al합금의 합판은 alclad로 불리어지고 전기화학적으로 내식성이 양호한 판으로 표면을 피복하므로 것으로 피복재가 손상되어 심재가 노출되어도 피복재가 양극으로 되어 부식하기 때문에 심재는 보호된다. 이와 같은 방식법을 음극방식법이라고 한다.

## 3. 주물용 알루미늄 합금

Al 합금주물의 주조법은 표 1-5에 표시한 방법이 이용되고 주물용Al합금으로서는 사형, 금형, 셀(shell)형의 Al 합금주물과 Al 합금다이캐스팅이 KS에 규정되어 있다.

[표 1-5] Al 합금주물의 주조법

- 상압주조법
  - 사형주조법
  - 금형주조법
  - 셀형주조법
  - 로스트 왁스법
- 가압주조법
  - 저압주조법
  - 다이캐스팅주조법
  - 스키즈 케스팅(squeeze casting)

### 3-1. 주물용 알루미늄 합금

주물용 Al 합금은 Al-Cu 합금, Al-Si 합금, Al-Mg 합금을 기본으로 이들을 조합시키기도 하고 Mn, Ni을 첨가하기도 한 다원계 합금이다. 표 1-6에 Al 합금주물의 종류와 기호 등을 표시한다.

[표 1-6] Al 합금주물의 종류와 기호 및 특징(KS D 6008)

2002년

| 종 류 | 기호 | 합금계 | 주형의 구분 | 참 고 | | |
|---|---|---|---|---|---|---|
| | | | | 상당 합금명 | 합금의 특색 | 용도 보기 |
| 주물 1종A | AC1A | Al-Cu계 | 금 형, 사형 | ASTM : 295.0 | 기계적 성질이 우수하고 절삭성도 좋으나 주조성이 좋지 않다. | 가선용 부품, 자전거 부품, 항공기용 유압 부품, 전송품 등 |
| 주물 1종B | AC1B | Al-Cu-Mg계 | 금 형, 사형 | ISO : AlCu4MgTi NF : AU5GT | 기계적 성질이 우수하고 절삭성도 좋으나 주조성이 좋지 않으므로 주물의 모양에 따라 용해, 주조방안에 주의를 요한다. | 가선용 부품, 자전거 부품, 항공기용 부품 등 |
| 주물 2종A | AC2A | Al-Cu-Si계 | 금 형, 사형 | | 주조성이 좋고, 인장강도는 높으나 연신율이 적다. 일반용으로 우수하다. | 매니폴드, 디피캐리어, 펌프 보디, 실린더헤드, 자동차용 하체 부품 등 |
| 주물 2종B | AC2B | Al-Cu-Si계 | 금 형, 사형 | | 주조성이 좋고, 일반용으로 널리 사용되고 있다. | 실린더헤드, 밸브 보디, 크랭크 케이스, 클러치 하우징 등 |
| 주물 3종A | AC3A | Al-Si계 | 금 형, 사형 | | 유동성이 우수하고 내식성도 좋으나 내력이 낮다. | 케이스류, 커버류, 하우징류의 얇은 것, 복잡한 모양의 것, 장막벽 등 |
| 주물 4종A | AC4A | Al-Si-Mg계 | 금 형, 사형 | | 주조성이 좋고, 인성이 우수하며 강도가 요구되는 대형 주물에 사용된다. | 매니폴드, 브레이크 드럼, 미션 케이스, 크랭크케이스, 기어박스, 선박용·차량용 엔진 부품 등 |
| 주물 4종B | AC4B | Al-Si-Cu계 | 금 형, 사형 | ASTM : 333.0 | 주조성이 좋고 인장강도는 높으나 연신율은 적다. 일반용으로 널리 사용된다. | 크랭크케이스, 실린더헤드, 매니폴드, 항공기용 전장품 등 |
| 주물 4종C | AC4C | Al-Si-Mg계 | 금 형, 사형 | ISO : AlSi7Mg (Fe) | 주조성이 우수하고, 내압성, 내식성도 좋다. | 유압 부품, 미션 케이스, 플라이휠 하우징, 항공기 부품, 소형용 엔진 부품, 전장품 등 |

| 종 류 | 기호 | 합금계 | 주형의 구분 | 참 고 | | |
|---|---|---|---|---|---|---|
| | | | | 상당 합금명 | 합금의 특색 | 용도 보기 |
| 주물 4종CH | AC4CH | Al-Si-Mg계 | 금형, 사형 | ISO : AlSi7Mg ASTM : A356.0 | 주조성이 우수하고, 기계적 성질도 우수하다. 고급 주물에 사용된다. | 자동차용 바퀴, 기선용 쇠붙이, 항공기용 엔진 부품, 전장품 등 |
| 주물 4종D | AC4D | Al-Si-Cu-Mg계 | 금형, 사형 | ISO : AlSi5CuMg ASTM : 355.0 | 주조성이 우수하고, 기계적 성질도 좋다. 내압성이 요구되는 것에 사용된다. | 수냉 실린더헤드, 크랭크케이스, 실린더블록, 연료펌프 보디, 블로어 하우징, 항공기용 유압부품 및 전장품 등 |
| 주물 5종A | AC5A | Al-Si-Ni-Mg계 | 금형, 사형 | ISO : AlCu4Ni2Mg2 ASTM : 242.0 | 고온에서 인장 강도가 높다. 주조성은 좋지 않다. | 공랭식 실린더헤드, 디젤기관용 피스톤, 항공기용 엔진부품 등 |
| 주물 7종A | AC7A | Al-Mg계 | 금형, 사형 | ASTM : 514.0 | 내식성이 우수하고 인성과 양극 산화성이 좋다. 주조성은 좋지 않다. | 가선용 쇠붙이, 선박용 부품, 조각 소재 건축용 쇠붙이, 사무기기, 의자, 항공기용 전장품 등 |
| 주물 8종A | AC8A | Al-Si-Cu-Ni-Mg계 | 금형 | | 내열성이 우수하고 내마모성도 좋으며 열팽창계수가 작다. 인장강도는 높다. | 자동차· 디젤기관용 피스톤, 선박용 피스톤, 도르래, 베어링 등 |
| 주물 8종B | AC8B | Al-Si-Cu-Ni-Mg계 | 금형 | | 내열성이 우수하고 내마모성도 좋으며 열팽창계수가 작다. 인장강도는 높다. | 자동차용 피스톤, 도르래, 베어링 등 |
| 주물 8종C | AC8C | Al-Si-Cu-Mg계 | 금형 | ASTM : 332.0 | 내열성이 우수하고 내마모성도 좋으며 열팽창계수가 작다. 인장강도는 높다. | 자동차용 피스톤, 도르래, 베어링 등 |
| 주물 9종A | AC9A | Al-Si-Cu-Ni-Mg계 | 금형 | | 내열성이 우수하고 열팽창계수가 작다. 내마모성은 좋으나 주조성이나 절삭성은 좋지 않다. | 피스톤(공랭 2사이클용) 등 |
| 주물 9종B | AC9B | Al-Si-Cu-Ni-Mg계 | 금형 | | 내열성이 우수하고 열팽창계수가 작다. 내마모성은 좋으나 주조성이나 절삭성은 좋지 않다. | 피스톤(디젤기관용, 수냉 2사이클용), 공랭 실린더 등 |

### 3-1-1. Al-Cu 합금을 기본으로 한 합금

Al-Cu 합금에는 AC 1A가 있지만 이 합금은 시효경화에 의해 높은 강도와 인성이 얻어지지만 주조성이 나쁘기 때문에 송전용부품 등에 이용되어지고 있을 뿐이다. Al-Cu합금에 Si를 첨가하여 주조성을 개선한 합금이 AC 2A, AC 2B로 로텔(lautal)의 명칭으로 알려져 있다. AC 2B는 재생 괴의 사용을 목적으로 한 합금으로 불순물의 허용량이 많다. 이 밖의 합금으로는 Al-Cu 합금에 Ni, Mgh을 첨가한 AC 5A가 있다. 이 합금은 Y합금으로 불리어지고 주조성이 꽤 나쁘지만 강도가 높고 특히 고온강도에 우수하기 때문에 내열용 합금으로서 이용되고 있다.

### 3-1-2. Al-Si 합금을 기본으로 한 합금

Al-Si 합금은 그림 1-4에 나타낸 것과 같이 577℃에서 11.7% Si에 공정점을 가진 공정형 합금이다. 그 공정조성 합금의 주조조직은 그림 1-5(a)에 나타낸 것과 같이 침상의 Si가 조대하게 분포하고 있어 취약하지만 Na을 0.05~0.1% 첨가하면 그림 1-5(b)와 같이 미세화되어 조밀공정조직이 얻어진다.

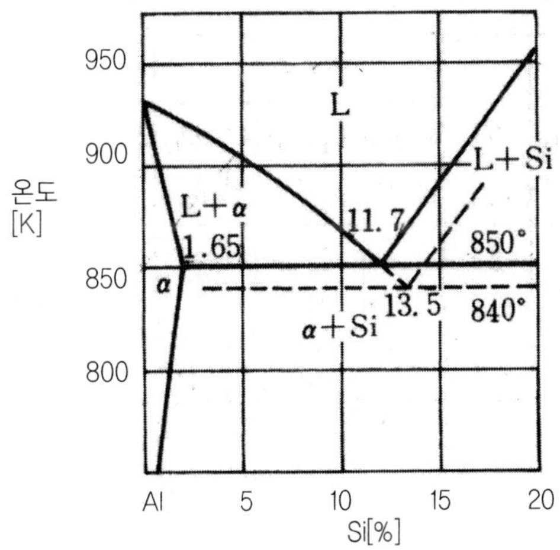


[그림 1-4] Al-Si합금상태도

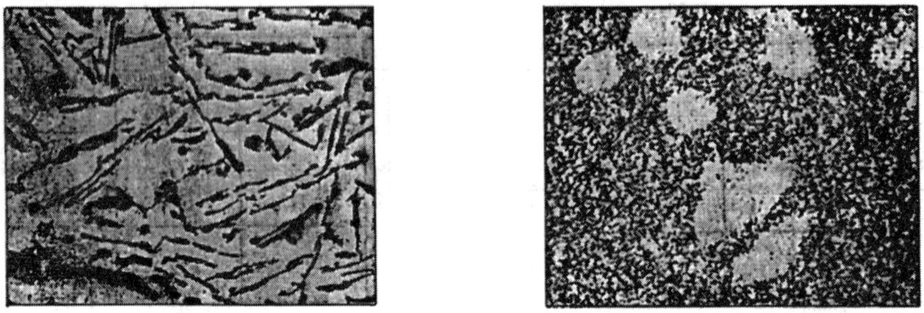

(a) 개량처리하지 않은 경우 (b) 개량처리한 경우

[그림 1-5] Al-Si 합금의 주조조직(X200)

또한 공정점도 그림 1-4의 파선으로 표시한 것과 같이 이동한다. 이 처리를 Na 개량처리라고 한다. 주물의 기계적 성질도 그림 1-6에 표시한 것과 같이 개선되어 진다.

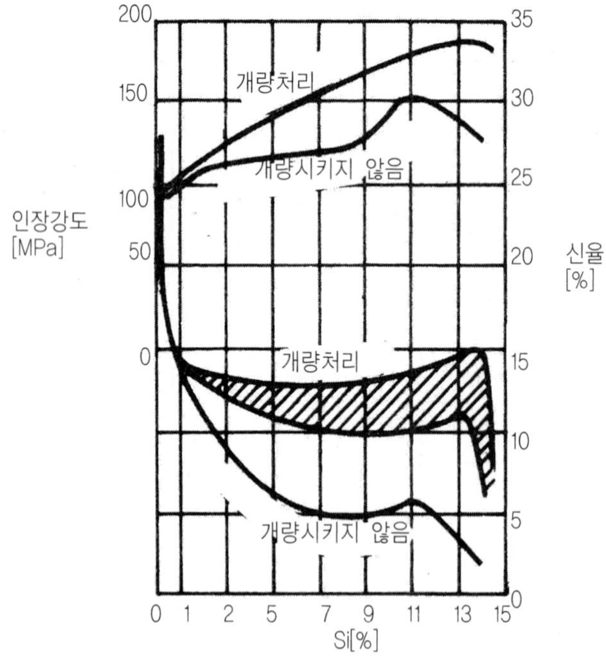


[그림 1-6] Al-Si 합금의 기계적 성질

Al-Si합금에는 AC 3A가 있고 이것을 실루민(silumin)이라고 부르며 주조성이 우수하고 열팽창율도 작고, 전기와 열의 전도성과 내식성도 양호한 등의 우수한 성질을 가지고 있지만 경도가 낮고 절삭면의 상태가 나쁜 등의 결점도 있다. Al-Si합금에 Mg을 첨가하여 열처리효과를 개선한 AC4A는 실루민이라고 부르며 내식성, 강인성이 우수하다.

AC4C는 AC4A의 Si와 Mg을 작게 하여 인성을 가지게 한 합금으로 자동차의 알루미늄휠 등에 이용되고 있다. 이 합금은 Cu를 함유하고 있어 AC4A보다 내식성은 떨어지지만 강도가 높고 주조성도 양호하다. AC4D는 AC4B의 Si와 Cu의 양을 작게 하고 Mg을 첨가하여 열처리효과를 높인 합금으로 고강도이면서 강인성이 있고 내열성도 비교적 양호하다. 또한 AC4D의 Si량을 증가한 AC8A, AC8B는 Lo-Ex합금이라고 부르며 주조성이 양호하고 열팽창율도 작고 내열성, 내마모성에 우수한 합금이다

### 3-1-3. Al-Mg 합금을 기본으로 한 합금

Al-Mg 합금은 하이드로날륨(hydronalium) 또는 마그날륨(margnalium)이라고 부르며 산화성이 강하기 때문에 산화물을 끌어넣기 쉽기 때문에 주조성이 나쁘지만 내식성과 양극산화성이 우수하고 강도와 인성도 양호한 합금이다.

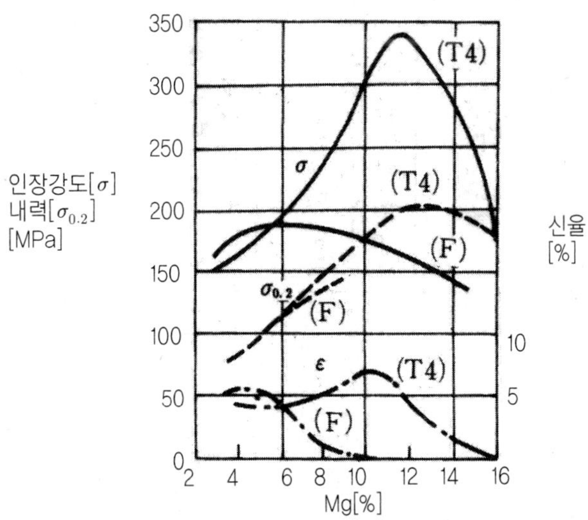


[그림 1-7] Al-Mg 합금의 Mg량과 기계적 성질의 관계

그림 1-7에 사형주물의 Mg량과 기계적 성질의 관계를 표시하고 있으나 Mg량이 6% 이하에서는 열처리효과는 기대할 수 없다. AC 7A는 3.5~5.5%의 Mg을 함유한 합금으로 F재로서는 다른 합금에 비해 강도가 높고 신율도 크다. AC 7B는 9.5~11.0%의 Mg을 함유하기 때문에 열처리효과가 크고 특히 높은 강도와 신율이 얻어지지만 주조성이 나쁘다.

## 3-2. 다이캐스팅용 알루미늄 합금

다이캐스팅은 용탕을 금형 내에 압입하여 가압 급냉 응고하는 주조법으로 치수정도(精度)와 기계적 성질이 높고 얇은 두께로 복잡한 형상의 주물에서도 주조할 수 있다. 다이캐스팅용 합금은 주물용 합금의 일반적 특성 외에 유동성이 좋고 금형으로의 용착이 적어야 하고 또한 수축이 적고 열간균열을 일으키지 않아야 하고 조직 미세화용 원소는 필요 없어야 하는 등이 요구되어진다.

표 1-9에 KS가 규정하고 있는 다이캐스팅용 알루미늄 합금의 화학성분, 합금특성, 대표적인 용도를 나타낸다.

[표 1-9] 다이캐스팅용 알루미늄 합금의 화학성분, 합금특성, 용도(KS D 6006)

2009년

| 종 류 | 기 호 | 참 고 | |
|---|---|---|---|
| | | 합금계 | 합금의 특색 |
| 다이캐스팅용 알루미늄합금 1종 | ALDC 1 | Al-Si계 | 내식성, 주조성은 좋다. 항복강도는 어느 정도 낮다. |
| 다이캐스팅용 알루미늄합금 3종 | ALDC 3 | Al-Si-Mg계 | 충격값과 항복강도가 좋고 내식성도 1종과 거의 동등하지만 주조성은 좋지 않다. |
| 다이캐스팅용 알루미늄합금 5종 | ALDC 5 | Al-Mg계 | 내식성이 가장 양호하고 연신율, 충격값이 높지만 주조성은 좋지 않다. |
| 다이캐스팅용 알루미늄합금 6종 | ALDC 6 | Al-Mg-Mn계 | 내식성은 5종 다음으로 좋고, 주조성은 5종보다 약간 좋다. |
| 다이캐스팅용 알루미늄합금 10종 | ALDC 10 | Al-Si-Cu계 | 기계적 성질, 피삭성 및 주조성이 좋다. |

| 종 류 | 기 호 | 참 고 | |
|---|---|---|---|
| | | 합금계 | 합금의 특색 |
| 다이캐스팅용 알루미늄합금 10종 Z | ALDC 10Z | Al-Si-Cu계 | 10종보다 주조 갈라짐성과 내식성은 약간 좋지 않다. |
| 다이캐스팅용 알루미늄합금 12종 | ALDC 12 | Al-Si-Cu계 | 기계적 성질, 피삭성, 주조성은 좋다. |
| 다이캐스팅용 알루미늄합금 12종 Z | ALDC 12Z | Al-Si-Cu계 | 12종보다 주조 갈라짐성 및 내식성이 떨어진다. |
| 다이캐스팅용 알루미늄합금 14종 | ALDC 14 | Al-Si-Cu-Mg계 | 내마모성, 유동성은 우수하고 항복강도는 높으나 연신율이 떨어진다. |
| 다이캐스팅용 알루미늄합금 Si9종 | Al Si9 | Al-Si계 | 내식성이 좋고, 연신율, 충격치도 어느 정도 좋지만, 항복강도가 어느 정도 낮고 유동성이 좋지 않다. |
| 다이캐스팅용 알루미늄합금 Si12Fe종 | Al Si12(Fe) | Al-Si계 | 내식성, 주조성이 좋고, 항복 강도가 어느 정도 낮다. |
| 다이캐스팅용 알루미늄합금 Si10MgFe종 | Al Si10Mg(Fe) | Al-Si-Mg계 | 충격치와 항복강도가 높고, 내식성도 1종과 거의 동등하며, 주조성은 1종보다 약간 좋지 않다. |
| 다이캐스팅용 알루미늄합금 Si8Cu3종 | Al Si8Cu3 | Al-Si-Cu계 | 10종보다 주조 갈라짐 및 내식서이 나쁘다. |
| 다이캐스팅용 알루미늄합금 Si9Cu3Fe종 | Al Si9Cu3(Fe) | Al-Si-Cu계 | 10종보다 주조 갈라짐 및 내식서이 나쁘다. |
| 다이캐스팅용 알루미늄합금 Si9Cu3FeZn종 | Al Si9Cu3(Fe)(Zn) | Al-Si-Cu계 | 10종보다 주조 갈라짐 및 내식서이 나쁘다. |
| 다이캐스팅용 알루미늄합금 Si11Cu2Fe종 | Al Si11Cu2(Fe) | Al-Si-Cu계 | 기계적 성질, 피삭성, 주조성이 좋다. |
| 다이캐스팅용 알루미늄합금 Si11Cu3Fe종 | Al Si11Cu3(Fe) | Al-Si-Cu계 | 기계적 성질, 피삭성, 주조성이 좋다. |
| 다이캐스팅용 알루미늄합금 Si12Cu1Fe종 | Al Si12Cu1(Fe) | Al-Si-Cu계 | 12종보다 연신율이 어느 정도 높지만, 항복강도는 다소 낮다. |

| 종 류 | 기 호 | 참 고 | |
|---|---|---|---|
| | | 합금계 | 합금의 특색 |
| 다이캐스팅용 알루미늄합금 Si17Cu4Mg종 | Al Si17MgCu4Mg | Al-Si-Cu-Mg계 | 내마모성, 유동성이 좋고, 항복강도가 높지만 연신율이 낮다. |
| 다이캐스팅용 알루미늄합금 Mg9종 | Al Mg9 | Al-Mg계 | 5종과 같이 내식성이 좋지만 주조성이 나쁘고, 응력부식균열 및 경시변화에 주의가 필요하다. |

# 실 • 력 • 평 • 가

**01.** 강과 비교한 알루미늄의 성질 설명으로 틀린 것은 ?[2008-2회 자동차 정비·검사산업기사]

㉮ 비중이 작다.
㉯ 용융점이 낮다.
㉰ 유동성이 양호하고, 수축율이 적다.
㉱ 표면에 산화막이 형성되어 내식성이 우수하다.

**02.** 내열용 Al합금에 해당되지 않는 것은 ?[2009-1회 자동차 정비·검사산업기사]

㉮ Y합금(Y alloy)
㉯ 두랄루민(duralumin)
㉰ 로우엑스(Lo-Ex)
㉱ 코비탈륨(cobitalium)

**03.** 비중이 2.7인 이 금속은 합금원소를 첨가하여 높은 강도, 가벼운 무게와 내부식성이 강한 합금으로 개선하여 자동차 트랜스미션 케이스, 피스톤, 엔진블록 등으로 사용되는 것은 ?[2010-1회 자동차 정비·검사산업기사]

㉮ 납
㉯ 아연
㉰ 마그네슘
㉱ 알루미늄

**04.** 독일에서 발명된 고강도 Al합금으로 $CuAl_2$ 및 $Mg_2Si$ 등의 석출에 의한 시효경화성 Al합금은 ?[2010-4회 자동차 정비산업기사]

㉮ 건메탈(포금)
㉯ 다우메탈
㉰ 델타메탈
㉱ 두랄루민

**05.** 알루미늄(Al)에 약 10%까지 마그네슘(Mg)을 첨가한 합금으로 내식성, 강도, 연신율이 우수하며 비중이 작은 합금은 ?[2013-4회 컴퓨터응용가공산업기사]

㉮ 실루민 ㉯ 하이드로날륨
㉰ 톰백 ㉱ 스텔라이트

**06.** 다음 알루미늄에 관한 설명으로 틀린 것은 ?[2013-4회 컴퓨터응용가공산업기사]

㉮ 비중 약 2.7의 금속이다.
㉯ 마그네사이트(magnesite) 광석에서 $Al_2O_3$를 정제하여 용융염에서 전해하여 제조한다.
㉰ 내식성, 열전도성, 전기전도도 및 가공성이 우수하고 경금속에 속한다.
㉱ 항공기, 차량, 송전선 등에 이용된다.

**07.** 두랄루민 Al에 어떤 원소를 첨가한 합금인가 ?[2013-2회 컴퓨터응용가공산업기사]

㉮ Cu + Mg + Mn ㉯ Fe + Mo + Mn
㉰ Zn + Ni + Mn ㉱ Pb + Sn + Mn

**08.** 알루미늄(Al)합금의 특징을 잘못 설명한 것은 ?[2013-1회 컴퓨터응용가공산업기사]

㉮ 가볍고 전연성이 좋아 성형가공이 용이하다.
㉯ 우수한 전기 및 열의 양도체이다.
㉰ 용융점이 1083℃로 고온가공성이 높다.
㉱ 대기 중에서는 일반적으로 내식성이 양호하다.

**09.** 다음 중 두랄루민 합금과 관계없는 것은 ?[2013-1회 컴퓨터응용가공산업기사]

㉮ Al-Cu-Mg-Mn계 합금이다.
㉯ 시효경화 처리하면 인장강도가 연강과 같은 정도가 된다.
㉰ 가볍고 강인하여 단조용으로 사용된다.
㉱ Y-합금이라고도 한다.

**10.** Al-Cr-Mo강을 가스질화 할 때 처리온도로 적당한 것은 ?[2012-4회 컴퓨터응용가공산업기사]

㉮ 370 ~ 450℃ ㉯ 500 ~ 550℃
㉰ 650 ~ 700℃ ㉱ 850 ~ 900℃

*11.* 다음 알루미늄 합금 중 내열성이 있는 주물로 공랭 실린더헤드 및 피스톤 등에 널리 사용되는 것은 ?[2012-2회 컴퓨터응용가공산업기사]

㉮ Y합금　　　　　　　　　　　　　㉯ 라우탈

㉰ 하이드로날륨　　　　　　　　　　㉱ 고력 Al합금

*12.* 두랄루민은 기계적 성질이 탄소강과 비슷하며 비중은 1/3 정도로 가벼워서 항공기용 재료로 많이 사용되고 있다. 두랄루민의 성분을 올바르게 나타낸 것은 ? [2011-1회 컴퓨터응용가공산업기사/기계설계산업기사]

㉮ Al-Mg-Pb-Ni　　　　　　　　　㉯ Al-Fe-Mg-Cu

㉰ Al-Cu-Mg-Mn　　　　　　　　　㉱ Al-Mn-Co-Mg

*13.* 알루미늄-규소계 합금으로 알팩스라고도 하며, 주조성은 좋으나 절삭성이 좋지 않은 것은 ?[2010-2회 컴퓨터응용가공산업기사]

㉮ 라우탈　　　　　　　　　　　　㉯ 콘스탄탄

㉰ 실루민　　　　　　　　　　　　㉱ 하이드로날륨

*14.* 다음 중 합금이 아닌 것은 ?[2010-1회 컴퓨터응용가공산업기사]

㉮ 니켈　　　　　　　　　　　　　㉯ 황동

㉰ 두랄루민　　　　　　　　　　　㉱ 켈밋

*15.* 알루미늄의 특징을 설명한 것으로 틀린 것은 ?[2009-4회 컴퓨터응용가공산업기사/기계설계산업기사]

㉮ 광석 보크사이트로부터 제련하여 만든다.

㉯ 염화를 용액에서 내식성이 좋고, 염산, 황산 및 인산 중에서도 침식이 되지 않는다.

㉰ 융점이 약 660℃이며 비중이 2.7의 경금속이다.

㉱ 대기 중에서 내식성이 좋고 전기 및 열의 양도체이다.

*16.* 알루미늄 합금으로 피스톤 재료에 사용되는 Y 합금의 성분을 바르게 표현한 것은 ?[2008-4회 컴퓨터응용가공산업기사/기계설계산업기사. 2011-2회 기계설계산업기사]

㉮ Al - Cu - Ni - Mg　　　　　　　㉯ Al - Mg - Fe

㉰ Al - Cu - Mo - Mn　　　　　　　㉱ Al - Si - Mn - Mg

*17*. 다음 중 내식성 알루미늄 합금이 아닌 것은 ?[2008-4회 컴퓨터응용가공산업기사]

㉮ 알민(almin)
㉯ 알드레이(aldrey)
㉰ 엘린바(elinvar)
㉱ 하이드로날륨(hydronalium)

*18*. 가공용 알루미늄합금 중 항공기나 자동차 몸체용 고강도 Al-Cu-Mg-Mn계의 합금은 ?[2008-1회 컴퓨터응용가공산업기사]

㉮ 두랄루민
㉯ 하이드로날륨
㉰ 라우탈
㉱ 실루민

*19*. 다음 재료 중 고강도 합금으로써 항공기용 재료에 사용되는 것은 ?[2012-2회 일반기계기사/기계설계기사]

㉮ Naval brass
㉯ 알루미늄 청동
㉰ 베릴륨 동
㉱ Extra Super Duralumin(ESD)

*20*. 다음 중 ESD(Extra Super Duralumin)합금계는 ?[2011-1회 일반기계기사]

㉮ Al-Cu-Zn-Ni-Mg-Co
㉯ Al-Cu-Zn-Ti-Mn-Co
㉰ Al-Cu-Sn-Si-Mn-Cr
㉱ Al-Cu-Zn-Mg-Mn-Cr

*21*. 알루미늄 합금의 열처리 방법과 관계없는 것은 ?[2013-3회 기계설계산업기사]

㉮ 용체화 처리
㉯ 인공시효 처리
㉰ 어닐링
㉱ 세라다이징

*22*. 두랄루민은 Al에 어떤 원소를 첨가한 합금인가 ?[2013-2회 기계설계산업기사]

㉮ Cu + Mo + Mn
㉯ Fe + Mo + Mn
㉰ Zn + Ni + Mn
㉱ Pb + Sn + Mn

*23*. 다음 알루미늄 합금 중 내열성이 있는 주물로 공랭 실린더 헤드 및 피스톤 등에 널리 사용되는 것은 ?[2012-2회 기계설계산업기사]

㉮ Y합금
㉯ 라우탈
㉰ 하이드로날륨
㉱ 고력 Al합금

**24.** 알루미늄 합금인 두랄루민의 표준성분에 포함된 금속이 아닌 것은 ?[2010-4회 기계설계산업기사]

| | |
|---|---|
| 가 Mg | 나 Cu |
| 다 Ti | 라 Mn |

**25.** 알루미늄-규소계 합금으로 알팩스라고도 하며, 주조성은 좋으나 절삭성이 좋지 않는 것은 ?[2010-2회 기계설계산업기사]

| | |
|---|---|
| 가 라우탈 | 나 콘스탄탄 |
| 다 실루민 | 라 하이드로날륨 |

**26.** 다음 중 내식성 알루미늄 합금이 아닌 것은 ?[2008-4회 기계설계산업기사]

| | |
|---|---|
| 가 알루민(almin) | 나 알드레이(aldrey) |
| 다 엘린바(elinvar) | 라 하이드로날륨(hydronalium) |

**27.** 가공용 알루미늄합금 중 항공기나 자동차 몸체용 고강도 Al-Cu-Mg-Mn계의 합금은 ?[2008-1회 기계설계산업기사]

| | |
|---|---|
| 가 두랄루민 | 나 하이드로날륨 |
| 다 라우탈 | 라 실루민 |

**28.** 다음 금속의 합금 중 시효경과를 일으킬 수 있는 것은 ?[2003-1회 자동차 정비·검사산업기사]

| | |
|---|---|
| 가 동합금 | 나 알루미늄합금 |
| 다 마그네슘합금 | 라 니켈합금 |

**29.** 다음 중 시효경화(時效硬化)가 가장 잘 일어나는 금속은 ?[2004-1회, 2006-2회 자동차 정비·검사산업기사]

| | |
|---|---|
| 가 Y합금 | 나 두랄루민 |
| 다 배빗메탈 | 라 고속도강 |

**30.** 다음 중 Al 합금으로 자동차나 항공기의 실린더에 많이 사용되는 합금은 ?[2005-4회 자동차 정비산업기사]

| | |
|---|---|
| 가 고속도강 | 나 KS강 |
| 다 실루민 | 라 Y합금 |

**31.** 다음 중 알루미늄 합금인 것은 ?[2006-4회 자동차 정비산업기사]

㉮ 포금(건 메탈)　　㉯ 다우메탈
㉰ 델타메탈　　㉱ 두랄루민

**32.** Al, CU 및 Mg로 구성된 합금으로 인장강도가 크고 시효경화를 일으키는 고력(고강도) 알루미늄 합금은 ?[2007-1회 자동차 정비·검사산업기사]

㉮ 두랄루민　　㉯ 로우엑스
㉰ 실루민　　㉱ Y합금

**33.** 높은 강도 및 가벼운 무게와 내부식성이 강한 합금으로 자동차 트랜스미션 케이스, 피스톤, 엔진블록 등의 사용에 가장 적합한 것은 ?[2007-2회 자동차 정비·검사산업기사]

㉮ 납 기본 합금
㉯ 마그네슘 기본 합금
㉰ 아연 기본 합금
㉱ 알루미늄 기본 합금

**34.** Y합금의 구성성분이 아닌 것은 ?[2007-2회 자동차 정비·검사산업기사]

㉮ 알루미늄　　㉯ 니켈
㉰ 주석　　㉱ 구리

**35.** 피스톤용 알루미늄 합금의 구비조건으로 틀린 것은 ?[2007-2회 자동차 정비·검사산업기사]

㉮ 열전도도가 클 것
㉯ 고온에서 감도가 클 것
㉰ 팽창계수와 마찰계수가 작을 것
㉱ 비중이 크고 내식성이 있을 것

**36.** 알루미늄(Al)+구리(Cu)+마그네슘(Mg)의 합금으로 시효경화를 일으키며 인장강도가 큰 알루미늄합금은 ?[2007-3회 자동차 검사산업기사]

㉮ 하이드로날륨　　㉯ Y-합금
㉰ 두랄루민　　㉱ 라우탈

***37.*** 마그네슘-알루미늄계 합금이며 7% 이상의 알루미늄을 함유하여 인장강도, 연신율이 매우 큰 것은 ?[2007-4회 자동차 정비산업기사]

㉮ 포금 ㉯ 실루민

㉰ 다우메탈 ㉱ 두랄루민

***38.*** 용융금속을 금속주형에 고속, 고압으로 주입하여 정밀도가 높은 알루미늄합금 주물을 다량 생산하고자 할 때 가장 적합한 주조방법은 ?

㉮ 칠드주조 ㉯ 원심주조법

㉰ 다이캐스팅 ㉱ 셀주조

**정답**

01. ㉰ 02. ㉯ 03. ㉱ 04. ㉱ 05. ㉯ 06. ㉯ 07. ㉮ 08. ㉰ 09. ㉱
10. ㉯ 11. ㉮ 12. ㉰ 13. ㉰ 14. ㉮ 15. ㉯ 16. ㉮ 17. ㉰ 18. ㉮
19. ㉱ 20. ㉱ 21. ㉱ 22. ㉮ 23. ㉮ 24. ㉰ 25. ㉰ 26. ㉰ 27. ㉮
28. ㉯ 29. ㉯ 30. ㉱ 31. ㉱ 32. ㉮ 33. ㉱ 34. ㉰ 35. ㉱ 36. ㉰
37. ㉰ 38. ㉰

CHAPTER 02

# 마그네슘과 그 합금

## 1. 마그네슘과 그 합금의 일반적 특성

### 1-1. 마그네슘과 그 합금의 성질

Mg은 비중이 1.74로 실용합금 중에서 가장 가볍고 열전도율, 열팽창율, 도전율이 비교적 높고 비자성이다. 또한 감쇄능이 크기 때문에 진동을 잘 흡수한다. 인장강도는 높지는 않지만 가볍기 때문에 강도대중량비는 현저히 높다. 소성가공성은 냉간가공에서는 나쁘지만 열간가공에서는 꽤 양호하다.

냉간 압연판은 저면이 압연면에 평행으로 되기 때문에 이방성이 아주 강하다. 절삭가공성은 극히 양호하고, 깊게 들어가서 고속절삭이 가능하고 절삭면도 깨끗하게 마무리된다. 그러나 공작기계로 절삭할 때에 절삭열로 인하여 깎은 부스러기가 연소할 때가 있으며 여기에 물을 뿌리면 화력이 더욱 커져서 매우 위험하므로 주철의 부스러기를 준비해 두었다가 이것으로 불을 끈다.

### 1-2. 마그네슘의 부식과 방식

Mg은 알칼리 수용액에 대해서는 비교적 침식되어지지 않지만 산과 염류의 수용액에 대해서는 침식되어 특히 내해수성은 아주 나쁘다. 내식성을 저하시키는 원소로서는 Fe, Ni, Cu가 있지만 Fe는 내식성을 아주 나쁘게 하기 때문에 Mn을 첨가하여 방지하고 있다.

방식법(防蝕法)으로서는 화성처리, 양극산화, 도금, 도장이 있지만 화성처리는 가방식(假防蝕)과 도장하지(下地)처리로 실시하고 장기적인 방식으로서는 도장, 양극산화가 이용되어지고 있다.

### 1-3. 마그네슘합금의 용해와 주조

Mg합금을 용해하여 주조할 때에 주의를 요하는 사항은 다음과 같다.

① 고온에서 산화되기 쉽고 온도가 상승하면 연소하므로 산화방지책이 필요하다.

② 수소가스를 흡수하기 쉬우므로 탈가스 처리를 해야 한다.

③ 규사 등을 환원하여 Si의 불순물이 많아지므로 특히 주물층을 사용할 때에는 모래를 잘 제거해야 한다.

④ 주조조직 미세화를 위하여 용탕온도를 적온까지 가열해야 한다.

산화방지책으로는 용탕면에 유황분말을 뿌려서 $SO_2$가스를 발생시켜 탕면을 보호하는 방법도 다이캐스팅에서는 때때로 이용되나 보통은 용제로 탕면을 피복보호하는 방법이 취해지며 이 용제는 또한 산화물 등의 불순물을 반응제거하여 슬러지(sludge)로서 침강시키는 작용도 한다. 요즈음 소량의 Be, Ca 등을 마그네슘 합금에 첨가해서 용탕의 산화연소를 완화, 방지하는 방법이 알려져 작업이 간편하게 되었다.

주조형 사형은 이 합금이 가벼우므로 통기도가 특히 좋아야 하며 또 합금의 산화방지를 위하여 주물사 중에 3~6%의 산화방지제(황분말, 붕산, 암모늄염의 혼합물)를 혼합한다. 다이캐스팅을 할 때에는 용탕의 산화를 방지하기 위하여 0.001% 이하의 Be를 첨가하는 것이 편리하다.

## 2. 가공용 마그네슘 합금

ASTM규격(미국재료시험협회규격)의 가공용 Mg 합금은 Mg-Mn 합금, Mg-Al 합금, Mg-Zn합금, Mg-Th 합금 및 Mg-R.E.(희토류 원소) 합금으로 대별되지만 JIS에서는 Mg-Al 합금의 일부합금이 규정되어 있을 뿐이다.

## 2-1. Mg-Mn 합금

이 합금계에는 M 1A가 있고 판재와 압출재로서 사용되고 있지만 Mn의 고용량이 적고 열처리효과를 기대할 수 없기 때문에 강도가 비교적 낮고 그 사용량도 적다.

## 2-2. Mg-Al 합금

이 계의 주요합금으로는 AZ31B, AZ31C, AZ61A, AZ80A가 있다. AZ31B는 고용체 경화와 결정의 미세화를 위하여 Al 3%, Zn 1%를 첨가한 합금으로서 냉간가공에 의한 가공변형을 적당히 남게 하는 것에 의해 강도와 연성의 조화를 이룬 성질을 얻는 것이 가능하고 압연재, 압출재, 단조재로서 광범위하게 사용되어져 그 사용량도 가장 많다. AZ31C는 AZ31A보다 불순물량이 많은 합금이다.

AZ61A는 Al 6%, Zn 1%를 첨가한 합금으로 Al량이 많기 때문에 압연이 약간 어려워 압출재, 단조재로서 이용되고 있다. 강도를 높이기 위해서는 냉간가공과 결정립의 미세화에 의하지만 시효처리에 의해서도 기계적 성질을 개선하는 것이 가능하고 강도, 연성도 함께 우수하다.

AZ80A는 Al 8 를 첨가한 합금으로 압출재, 단조재로서 이용되고 T5처리에 의해 연성을 그다지 손상시키는 것 없이 강도를 향상시키는 것이 가능하다. JIS에서는 판상으로서 AZ31C를, 관, 봉, 형재로서 AZ31C, AZ61A를 규정하고 있다.

## 2-3. Mg-Zn 합금

이 계의 합금은 Zr을 첨가한 ZK60A와 희토류 원소를 첨가한 ZE10A가 있다. ZK60A는 결정립의 미세화를 위하여 Zr을 첨가한 합금으로 압출재, 단조재로서 이용되고 있다. 강도, 연성이 함께 우수하고 T5처리에 의해 더욱 강도를 향상시켜 강도대 중량비가 높기 때문에 항공기재로서 이용되고 있다.

ZE10A는 판재로서 사용되고 강도는 M1A보다 우수하지만 AZ31B보다 떨어지고 연성은 Mg 합금의 박판 중에서 가장 우수하다. 용접 후의 응력부식 균열에는 둔감하여 용접 후의 변형제거는 필요 없다.

### 2-4. Mg-Th 합금

이 합금계에는 판재, 단조재용의 HM21A, 압출재용의 HM31A, 판재용의 HK31A가 있고 재결정온도가 높아 내(耐) 크리프성도 우수하기 때문에 내열용 합금으로 사용되어지고 있다.

그림 2-1은 Mg-Th 합금과 AZ31B의 고온에서의 내력을 비교한 것이 있지만 사용온도의 한계는 AZ31B가 147℃인데 비해서 Mg-Th 합금은 297℃이다.

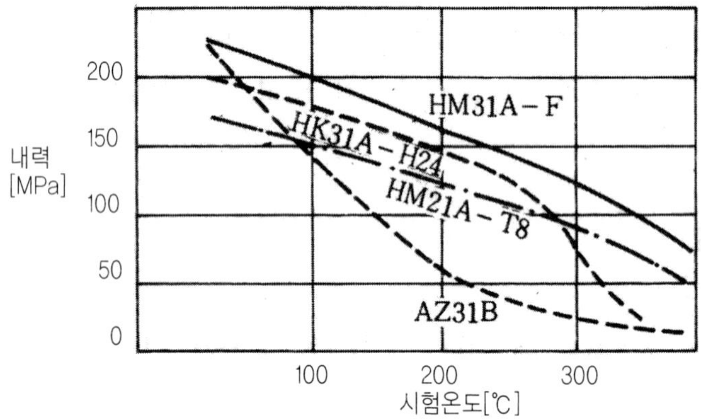


[그림 2-1] Mg-Th 합금과 AZ31B의 고온에서의 내력

## 3. 마그네슘합금 합금

마그네슘합금 주물은 Mg-Al 합금, Mg-Zn 합금, Mg-R.E.(희토류 원소), Mg-Th 합금으로 분류되어지지만 KS에서는 Mg-Al 합금으로는 MgC1, MgC2, MgC3, MgC5이 있고, Mg-Zn합금으로는 MgC6, MgC7가, Mg-R.E.로서는 MgC8가 규정되어 있다.

표 2-1에 마그네슘 합금 주물에 대한 KS 규격에서 나타내는 종류와 기호를 표시한다.

[표 2-1] 마그네슘 합금 주물의 종류와 기호(KS D 6016)

2002년

| 종 류 | 기 호 | 주형 구분 | 참 고 | | |
|---|---|---|---|---|---|
| | | | 합금의 특색 | 용도 보기 | 유사 합금명 |
| 마그네슘합금 주물 1종 | MgC1 | 사형 금형 | 강도와 인성은 있으나 주조성은 약간 떨어진다. 비교적 단순한 모양의 주물에 적합하다. | 일반용 주물, 3륜차용 하부 휠, 텔레비전 카메라 몸체, 직기용 부품 등 | AZ63A |
| 마그네슘합금 주물 2종 | MgC2 | 사형 금형 | 인성이 있고 주조성이 좋으며 내압 주물에 적합다. | 일반용 주물, 크랭크케이스, 트랜스미션, 기어박스, 텔레비전 카메라 부품, 레이더용 부품, 공구용 지그 등 | AZ91C |
| 마그네슘합금 주물 3종 | MgC3 | 사형 금형 | 강도는 있으나 인성이 약간 떨어진다. 주조성은 좋다. | 일반용 주물, 엔진용 부품, 인쇄용 새들 등 | AZ92A |
| 마그네슘합금 주물 5종 | MgC5 | 사형 | 강도 및 인성이 있으며, 내압 주물에 적합하다. | 일반용 주물, 엔진용 부품 | AM100A |
| 마그네슘합금 주물 6종 | MgC6 | 사형 | 강도와 인성이 요구되는 경우에 사용한다. T5 처리시 인성이 좋아진다. | 고력 주물, 경기용 차륜 산소통 브래킷 등 | ZK51A |
| 마그네슘합금 주물 7종 | MgC7 | 사형 | 강도와 인성이 요구되는 경우에 사용한다. T5 및 T6처리시 인성이 증가한다. | 고력 주물, 인렛 하우징 등 | ZK61A |
| 마그네슘합금 주물 8종 | MgC8 | 사형 | 주조성, 용접성 및 내압성이 있다. 상온 강도는 낮지만 고온에서의 강도의 저하는 적다. | 내열용 주물, 엔진용 부품 기어 케이스, 컴프레서 케이스 등 | EZ33A |

### 3-1. Mg-Al 합금

이 계의 합금은 Mg-Al 합금과 Zn을 첨가한 Mg-Al-Zn 합금이 있다. Mg에 Al을 첨가하면 주조조직이 미세화됨과 동시에 시효경화가 일어나기 때문에 기계적 성질이 향상되고 Zn도 공용체 경화와 시효경화에 의해 강도를 향상시키기 때문에 소량의 첨가로도 유효하다.

시효경화는 Mg17Al12를 석출하는 과정에서 일어나지만 Mg17Al12는 고용 또는 석출하는 속도가 느려 Al 합금보다도 용체화 처리시간을 길게 할 필요가 있고 또한 담금질은 공냉으로도 좋다.

Mg-Al 합금에는 AM100A가 있고 T4처리에 의해 강도와 연성이 현저하게 향상하고 금형주물에 이용되어진다. Mg-Al-Zn 합금에는 AZ63A, AZ91, AZ92A가 있고 AZ91에는 다이캐스팅용의 AZ91A, AZ91B와 사형, 금형용의 AZ 91C가 있다. AZ63A, AZ92A는 사형, 금형용 합금으로 열처리에 의해 강도가 현저히 향상하기 때문에 일반적으로 열처리하여 사용한다. AZ91C는 강도, 연성도 양호하고 내압성에 우수하다. KS에서는 AZ63A를 MgC1, AZ91C를 MgC2, AZ92A를 MgC3, AM100A를 MgC 5로 규정하고 있다.

### 3-2. Mg-Zn 합금

Mg-Zn 합금은 주조조직이 조대하여 실용합금으로는 사용되지 않지만 Zr의 첨가에 의해 결정립의 미세화가 행해져 실용합금으로서 이용되도록 되었다. Mg에 Zn을 첨가하면 고용체경화와 시효경화에 의해 강도가 향상하지만 시효경화는 MgZn을 석출하는 과정에서 생긴다.

이 계의 합금에는 ZK51A, ZK61A가 있고 상온에서의 강도와 연성에 우수한 고강도합금이지만 Zn량이 많기 때문에 열간균열과 microprosity가 생기기 쉽기 때문에 Th 또는 희토류 원소를 첨가하여 주조성을 개선한 것이 ZH62A 및 ZE41A이다. Mg-Zn 합금은 온도의 상승에 따라 강도의 저하가 급격하기 때문에 147℃ 이하에서 사용하는 것이 바람직하다. KS에서는 ZK51A를 MgC6, ZK61A를 MgC7로 규정하고 있다.

### 3-3. Mg-R.E.합금 및 Mg-Th 합금

Mg에 희토류 원소(R.E.)와 Th을 첨가하면 내(耐)크리프성이 현저하게 개선되기 때문에 Mg- R.E.합금, Mg-Th 합금은 내열용 주물합금으로서 이용되어진다. 또한 양합금계 모두 Zr을 첨가하여 주조조직을 미세화하는 것에 의해 주조성을 개선하고 있다. Mg으로의 희토류 원소의 첨가는 mischmotal과 Th는 특히 산화하기 쉽기 때문에 용해, 주조에는 산화방지에 주의할 필요가 있다.

Mg-R.E.합금 및 Mg-Th 합금의 대표적 합금으로서는 각각 EZ 33A 및 HZ32A, HK31A가 있다. EZ33A, HZ32A는 T5처리, HK 31A는 T6처리하여 사용하고 HZ32A는 HK 31A보다 내크리프성이 좋기 때문에 장시간 고온에 흔히 사용되는 경우는 HZ32A를 사용하면 좋다.

그림 2-2에 이들의 내열용 합금의 고온강도를 AZ92A와 비교하여 표시하지만 사용온도 한계는 EZ33A가 247℃, HZ32A, HK31A가 397℃이다. KS에서는 EZ33A를 MgC8로 규정하고 있다.

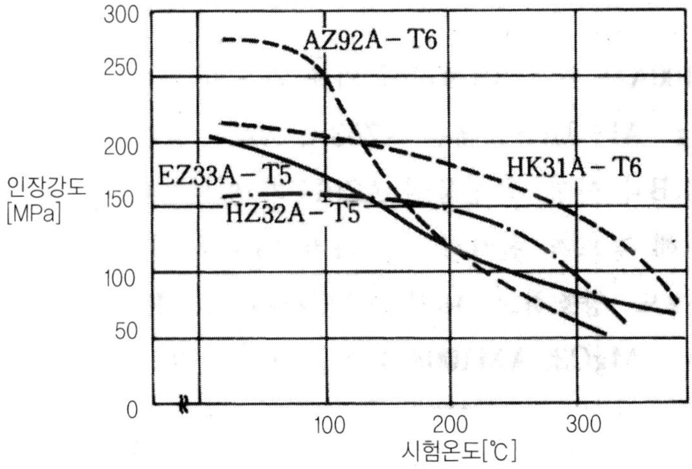


[그림 2-2] Mg-R.E.합금, Mg-Th합금의 고온강도

# 실 • 력 • 평 • 가

**01.** 마그네슘(Mg)에 대한 설명으로 틀린 것은 ?[2011-1회 컴퓨터응용가공산업기사/기계설계산업기사]

㉮ 비중은 상온에서 1.74이다.

㉯ 열전도율과 전기전도율은 Cu, Al보다 낮다.

㉰ 해수에 대해 내식성이 풍부하다.

㉱ 절삭성이 우수하다.

**02.** 비중이 1.74 정도이며, 가벼워 항공기 및 자동차 부품 등에 사용되는 합금의 재료는 ?[2008-1회 컴퓨터응용가공산업기사/기계설계산업기사]

㉮ Sn ㉯ Cu

㉰ Mg ㉱ Ni

**03.** 실용금속 중 비중이 가장 작아 항공기 부품이나 전자 및 전기용 제품의 케이스 용도로 사용되고 있는 합금재료는 ?[2010-4회, 2013-4회 일반기계기사]

㉮ Ni합금 ㉯ Cu합금

㉰ Pb합금 ㉱ Mg합금

**04.** 비중이 1.74로서 실용 금속재료 중 가장 가볍고 열전도율과 전기 전도율은 Cu, Al 보다 낮고 강도는 작으나 절삭성이 좋은 비철 금속은 ?[2007-2회 기계설계산업기사]

㉮ Zn ㉯ Mg

㉰ Si ㉱ Ni

**정답**

01. ㉰ 02. ㉰ 03. ㉱ 04. ㉯

# 03 CHAPTER 구리와 그 합금

## 1. 구리

### 1-1. 동과 그 합금의 성질

구리는 광석에서 조동(組銅)으로 하여 통상 전해정련하여 전기 동지금(銅地金)으로 한다. 동은 전기 및 열전도성이 높고 내식성이 우수하고 소성가공이 아주 용이하다. 도전율이 높은 성질을 이용하여 동의 전수요의 1/2 이상은 전선 등의 전기공업용으로 선, 판, 관, 박스 등에 제조되어지고 있다.

또한 열전도성과 내식성의 양호한 것 등으로 선박, 화학장치용으로도 사용된다. 동의 도전율은 20℃에서 $1.7241\mu\Omega\cdot cm$의 저항비를 가지는 것을 IACS 100%하고 이것을 기준으로 하여 호칭되는 것이 많고 전기공업용으로는 101~102% 정도의 도전율을 가진 것이 제공되어진다.

구리 재료로서는 타프피치동(tough pitch copper), 무산소동(無酸素銅), 인탈산동(표 3-1) 3가지가 있다. 타프피치동은 전기동 중의 As, Sb, Bi, Pb, S, Fe 등의 불순물을 도전율 향상을 위해 무해화하기 위하여 용해에 의해 약 0.03%의 산소를 함유하는 것으로 전선에는 일반적으로 사용되어지고 있다.

그러나 고온의 含수소환원성 분위기 중에서는 산소와 반응하여 수증기로 되고 이 수증기가 팽창하여 균열을 일으키기 때문에 주의를 요한다. 이것을 환원취성 또는 수소취성이라고 부르기도 한다. 무산소동은 산소함유량을 0.006% 이하로 억제하기 때문에 인탈산동과 함께 관용(管用)으로 주로 이용되어진다.

[표 3-1] 가공용 구리합금의 예

| 종 류 | 화학 조성 예[%] | 인장시험 | |
|---|---|---|---|
| | | 인장강도 [$kgf/mm^2$] | 신율[%] |
| 무산소 동 | 〉99.96Cu | H 〉 28 | - |
| 타프피치 황동 | 〉99.90Cu | H 〉 28 | - |
| 인탈산동 | 〉99.90Cu, 0.01P | H 〉 28 | - |
| 단동 | 85Cu, 15Zn | H 〉 29 | - |
| 황동 | 70Cu, 30Zn | O 〉 28 | 〉 40 |
| | 65Cu, 35Zn | O 〉 28 | 〉 40 |
| | 60Cu, 40Zn | O 〉 33 | 〉 35 |
| 쾌삭황동 | 62Cu, 35.5Zn, 2.5Pb | H 〉 43 | - |
| 특수 알루미늄 청동 | 81Cu, 2.5Fe, 9.5Al, 5.5Ni, 1Mn | F 〉 62 | 〉 10 |
| 백동 | 88Cu, 10Ni, 0.5Mn, 1.5Fe | F 〉 28 | 〉 30 |
| 인청동 | 93Cu, 6Sn, 0.2P | H 〉 60 | 〉 8 |
| 양백 | 72Cu, 10Zn, 18Ni | 1/2 H40~52 | 〉 5 |
| 스프링용 바륨동 | 98Cu, 1.7Be | H70~80 | 〉 2 |
| 스프링용 인청동 | 91Cu, 88Sn, 0.2P | H60~71 | 〉 20 |
| 스프링용 양백 | 56Cu, 18Ni, 26Zn | H63~74 | 〉 6 |

## 1-2. 동과 그 합금의 내식성

구리와 구리합금은 일반적으로 내식성이 양호하고 대기, 물, 토양, 중성, 알칼리성, 산성의 염류, 유기산 등에서는 전면부식을 일으키지만 그 부식은 극히 적다. 그러나 표면에 불안정한 부식생성물이 생기기도 하고 장기(長期)에 걸쳐서 이물과 접촉하기도 할 때에 공식을 일으키는 것이 있다. 특히 저농도의 유황 화합물을 함유하는 환경과 그들에 오염된 물과 접촉할 때에 공식을 일으키기 쉽다.

황동계에서는 탈아연 부식에 의해 국부부식과 응력부식균열을 일으키는 것이다. 탈아연 부식은 합금성분 내에 Zn만이 용해하고 Cu는 재석출하여 Cu의 소괴를 만들고 그것이 음극으로 되어 국부적으로 부식이 진행하는 현상으로 관, 판 등에 구멍이 뚫리는 것이 있다. 이것은 Zn가 많은 $\alpha+\beta'$조직의 황동이 일으킨다.

Naval황동은 Sn을 소량 첨가하여 해수 중에 탈아연을 억제한 재료이다. 동합금의 응력부식균열은 암모니아 또는 그의 화합물을 미량 함유한 부식환경에서 일어나는 것이 있다. 특히 문제가 있는 것은 황동이고 인장응력하에서 부식에 의한 미세한 손상의 발생은 응력 집중원으로 되어 발생한다. 잔류 인장응력을 가진 냉간가공 제품에 이 현상이 일어남을 방지하는 것은 인장응력이 어떤 한도 이상으로 되지 않으면 안되기 때문에 예를 들면 프레스가공품 등에서는 비교적 저온에서 응력제거 풀림을 행한다.

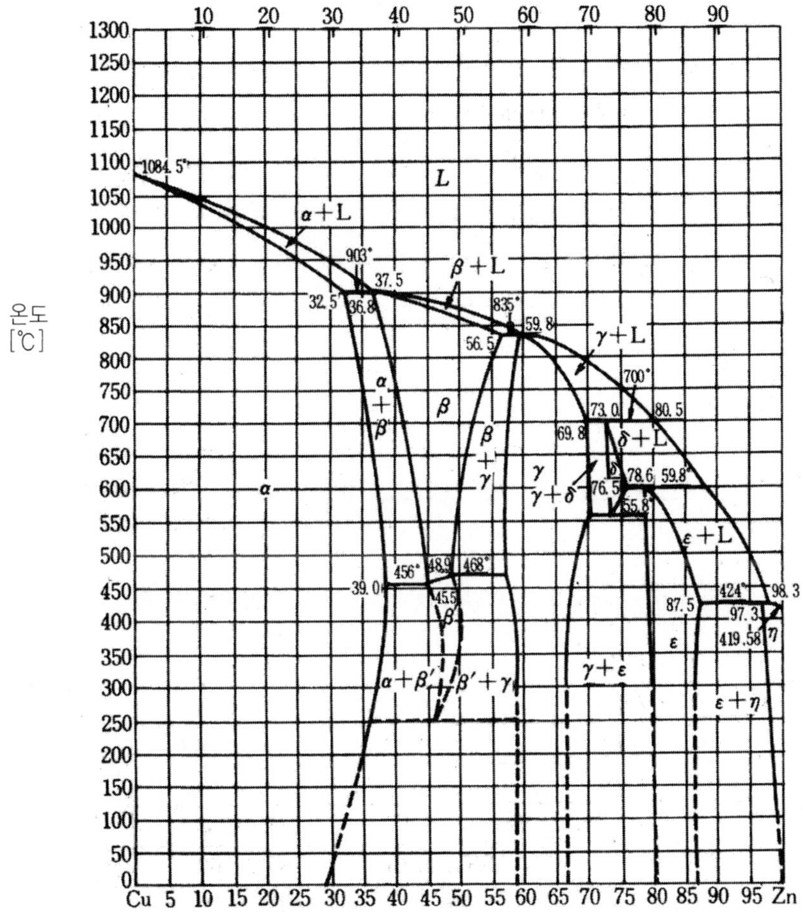


[그림 3-1] Cu-Zn 합금 상태도

# 2. 가공용 동 합금

## 2-1. 황동

황동(brass)은 진유(眞鍮)라고도 하며 Cu와 Zn로 된 황색의 합금으로 실제 사용에는 Zn가 대개 40% 이하로 포함되어 있다. Cu-Zn계의 상태도를 그림 3-1에 표시한다. $\beta'-\beta$의 변태는 규칙불규칙변태이다. 실용에 제공되어지는 합금은 $\alpha$상이든가 $\alpha+\beta'$의 2상의 것이다. $\alpha$상은 부드럽고 연성이 풍부하고 $\beta'$상은 경해서 연성이 낮지만 650~800℃의 고온에서는 $\beta$상으로 되어 연성을 증가시키기 때문에 압연 또는 단조하는 것이 가능하다.

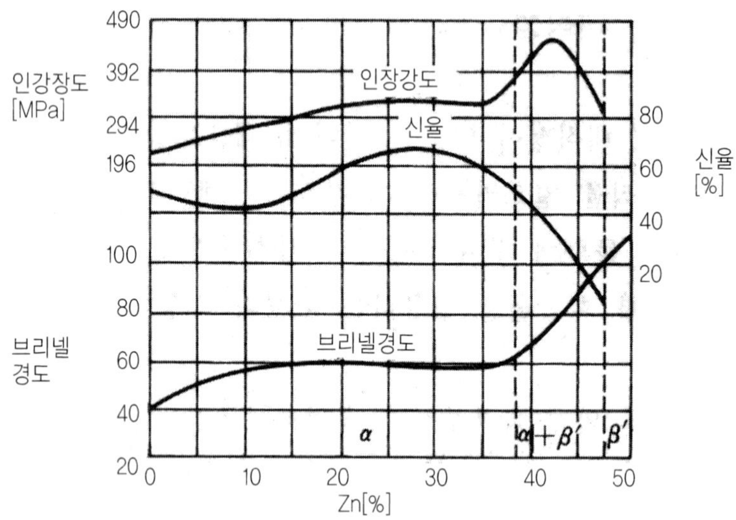


[그림 3-2] 황동의 Zn 함유량과 기계적 성질과의 관계

황동판의 제성질과 Zn함량과의 관계를 그림 3-2에 표시한다. 그림에서 Zn 30% 부근에서 최대의 신율을 나타내고 $\beta'$상이 나타나기 시작하면 신율은 빠르게 감소한다. 인장강도는 45% 부근에서 최대치를 나타내고 그 후 빠르게 감소한다.

70/30 황동에 상온에서 압연 또는 인발가공을 행하면 그림 3-3과 같이 인장강도, 경도가 증가하고 신율은 감소한다. 이 가공경화한 재료를 뜨임하면 250℃ 부근에서 연화를 시작하여 600℃ 부근에서 대개 완료한다(그림 3-4).

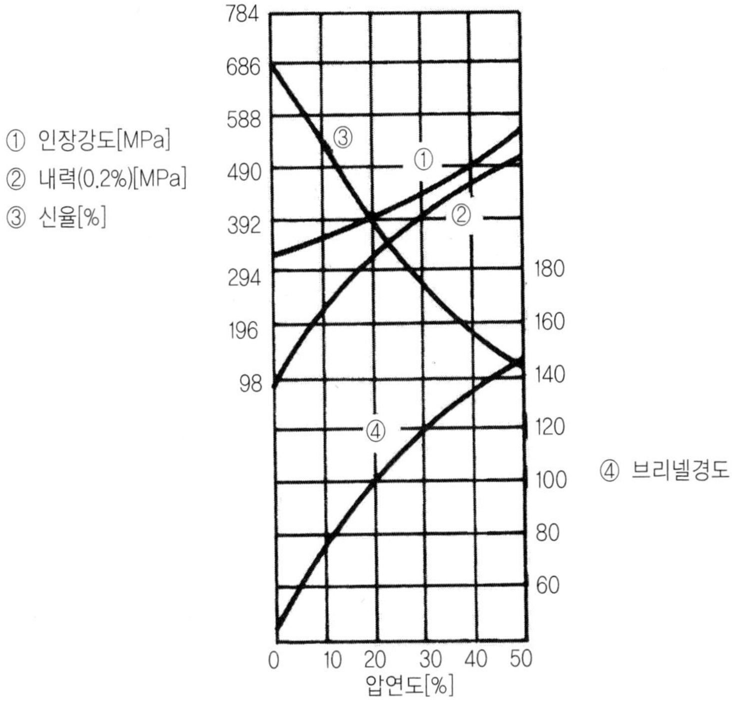


[그림 3-3] 70/30황동의 냉간압연에 의한 기계적 성질의 변화

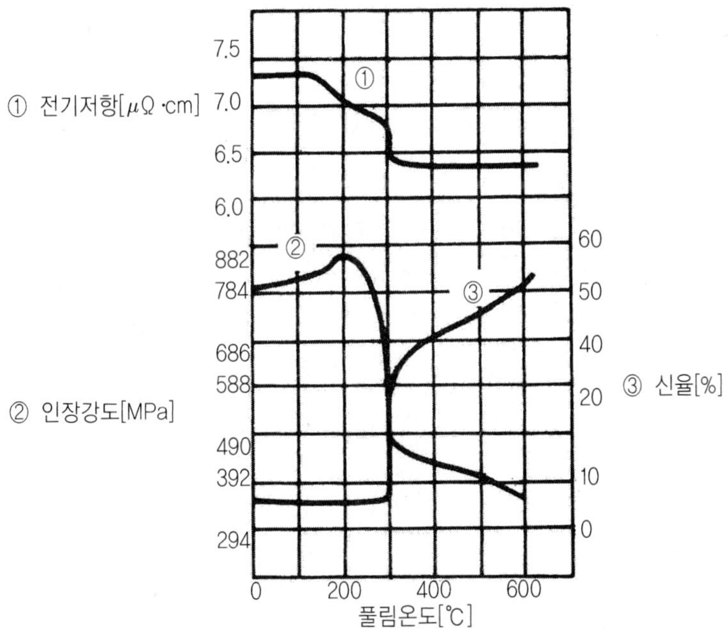


[그림 3-4] 냉간가공에 의한 70/30 황동 관계의 풀림에 의한 성질의 변화

또한 냉간 가공한 황동을 상온에 방치하면 기계적 성질의 시효변화가 일어나는 것을 볼 수가 있기 때문에 정밀한 부품에 이용할 때에는 주의를 요한다. 황동계로서 단동(丹銅 : Zn 10~15%)은 끈끈하고 부드러워서 딥드로잉 가공이 용이하지만 강도가 비교적 낮다. 강도와 딥드로잉 가공성이 양호한 재료로서는 70/30 황동이 적합하고 넓은 용도가 있고, 65/35 황동도 이것과 유사하다.

딥드로잉 재료에서는 그 결정립도를 적당히 선택할 필요가 있고 드로잉의 크기만큼 입도가 큰 판이 적합하지만 표면이 거칠은 경향이 있다. 60/40 황동으로 되면 $\alpha+\beta'$조직으로 되고 딥드로잉 가공에는 부적합하지만 열간가공성이 좋기 때문에 판, 봉, 관 또는 단조품으로서 각종 용도에 제공된다.

## 2-2. 특수 황동

쾌삭성 황동으로 Pb 1~3% 함유한 $\alpha+\beta'$조직의 합금이 일반적으로 사용된다. Se 또는 Te을 첨가하여 쾌삭성을 가지게 한 합금이다. Zn함량이 높은 황동은 탈 아연 부식을 일으켜 국부적으로 침적되는 것이 있지만 Sn을 첨가하면 이러한 부식에 대해서 억제하는 효과가 있다. 실용재료로서 1% 내외의 Sn을 첨가한 Naval 황동(brass)이 있고 내해수성을 필요로 하는 용도에 적합하다.

또한 28% Zn, 1% Sn을 함유한 Admiralty 황동도 관재(管材)로서 복수기(復水器), 열교환기 등의 관에 이용되어진다. 캐비테이션(cavitation) 침식을 받기 어려운 재료로서는 약 2 의 Al을 첨가한 알루미늄 황동(22% Zn)도 복수기용(復水器用) 관으로서 이용되어진다. 특히 강도를 필요로 하는 황동으로서는 고장도 황동(high strength brass)이 있다. 이것은 $\alpha+\beta'$조직에서 Al, Fe, Mn, Sn 등을 적량 첨가한 합금이고 봉 등으로서 제공된다.

## 2-3. 알루미늄 청동

Al을 11% 이하 함유하는 Cu합금을 알루미늄 청동이라고 한다. 이것은 황동과 Cu-Sn계의 청동에 비해서 기계적 성질, 내식성, 내열성 등에 우수하지만 용접성은 떨어진다. 통상 7~10% Al 외에 Fe, Ni, Mn을 소량 함유하는 특수 알루미늄 청동으로서 경도, 강도, 내식성, 내마모성을 개선시켜 습동부품, 전기부품 등에 이용된다.

### 2-4. 인 청동

3~9% Sn, 0.03~0.35% P를 함유하고 판, 조, 봉, 선으로서 제조되고 탄성, 내마모성, 내식성을 필요로 하는 용도로 제공된다.

### 2-5. 양백(洋白)

Cu-Ni-Zn계 합금으로 양은이라고도 불리어지고 있고 판, 조, 봉, 선 등으로 제조되어진다. 광택이 아름답고 전연성, 내피로성, 내식성이 좋다.

### 2-6. 기타 동합금

규소 동은 3% Si, 1% Sn을 함유하는 동합금으로 내산성에 우수하고 관재로 하여 화학장치용에 적합하다. 백동(cupronickel)은 10~30% Ni을 함유하는 동합금으로서 전연성, 내식성, 내침식성이 우수하기 때문에 복수기 관, 화학장치용으로 사용된다.

스프링용 재료로서는 반복응력에 대해서 잔류변형, 탄성이력이 작은 것이 요구되어지지만 동시에 시효변화가 없고 내식성이 양호하여 용도에 따라 도전율, 납땜성에 우수한 것이 요구되어진다. 스프링용의 동합금을 표 3-1에 표시한다.

스프링용 인청동, 스프링용 양백은 모두 냉간 가공재를 적당하게 저온 풀림하여 스프링용으로 사용되지만 스프링용 베릴륨동은 석출경화성이 특히 현저하고 열처리해서는 예를 들면 약 800℃에서 용체화처리 후 약 35% 냉간가공하고 315~370℃에서 시효경화시켜서 사용한다.

## 3. 주물용 동합금

### 3-1. 황동 주물

이것은 청동 주물에 비해서 기계적 성질, 내식성이 약간 떨어지지만 피삭성, 주조성이 좋다. 사용 예 등을 표 3-2에 표시한다.

[표 3-2] 동합금 주물의 예

| 종 류 | | 화학 조성 예[%] | 인장시험 | |
|---|---|---|---|---|
| | | | 인장강도 [kgf/$mm^2$] | 신율 [%] |
| 황동 주물 | 2종 | 68Cu, 30Zn, 2Pb | 〉 20 | 〉 20 |
| | 3종 | 63Cu, 35Zn, 2Pb | 〉 25 | 〉 20 |
| 고강도 황동주물 | 1종 | 59.5Cu, 37.5Zn, 1Mn, 1Fe, 1Al | 〉 44 | 〉 20 |
| | 3종 | 60Cu, 30Zn, 3Mn, 3Fe, 4Al | 〉 64 | 〉 15 |
| 청동주물 | 2종 | 88Cu, 8Sn, 4Zn | 〉 25 | 〉 20 |
| | 6종 | 85Cu, 5Sn, 5Zn, 5Pb | 〉 20 | 〉 15 |
| 인청동주물 | 2종 | 89Cu, 10Sn, 0.1Pb(사형) | 〉 20 | 〉 5 |
| | 2종B | 89Cu, 10Sn, 0.3Pb(사형) | 〉 30 | 〉 5 |
| 알루미늄 청동주물 | 2종 | 85Cu, 9.5Al, 3.5Fe, 2Ni | 〉 50 | 〉 20 |
| | 3종 | 80.5Cu, 9.5Al, 5Fe, 5Ni | 〉 60 | 〉 15 |
| 연청동주물 | 3종C | 80Cu, 10Zn, 10Pb | 〉 23 | 〉 10 |
| | 4종C | 77Cu, 8Zn, 15Pb | 〉 22 | 〉 8 |
| 베어링용 동·연합금 주물 | 1종 | 40Pb, 1Ni 또는 Ag, 59Cu | – | – |
| | 4종 | 25Pb, 1Ni 또는 Ag, 74Cu | – | – |

## 3-2. 고강도 황동 주물

황동에 Fe, Al, Mn, Sn 등을 첨가하여 기계적 강도를 향상시킨 것이다. 고강도와 내식성, 더욱 내마모성을 필요로 하는 것에 적합하다.

## 3-3. 청동 주물

청동 주물은 KS에서는 5종류가 규정되어 있다. 2~11% Sn, 1~12% Zn를 함유하는 동합금 주물로서 역사적으로도 12세기 이래 대포를 제조하기도 한 때문에 포금(gun metal)이라고 불리어지는 것도 있다. 1종의 BIC 1은 유동성, 피삭성이 좋아 급배수 기구, 건축용 기구 등에 이용되어진다. BIC 2, BIC 3은 내압성, 내마모성, 내식성이 좋고 기계적 강도도 높다.

BIC 4, BIC 5는 없고 BIC 6는 내압성, 내마모성, 피삭성, 주조성이 좋다. BIC 7은 BIC 6보다 기계적 성질이 약간 높고 베어링, 소형 펌프부품, 밸브 등에 이용되어진다.

## 3-4. 인 청동 주물

0.05~0.50% 정도의 P를 함유하지만 주조조직 중에 $Cu_3P$ 화합물이 미세하게 분산하여 높은 경도를 가진다. 내식성과 내마모성이 양호하기 때문에 그것을 필요로 하는 기계부품용으로 적합하다.

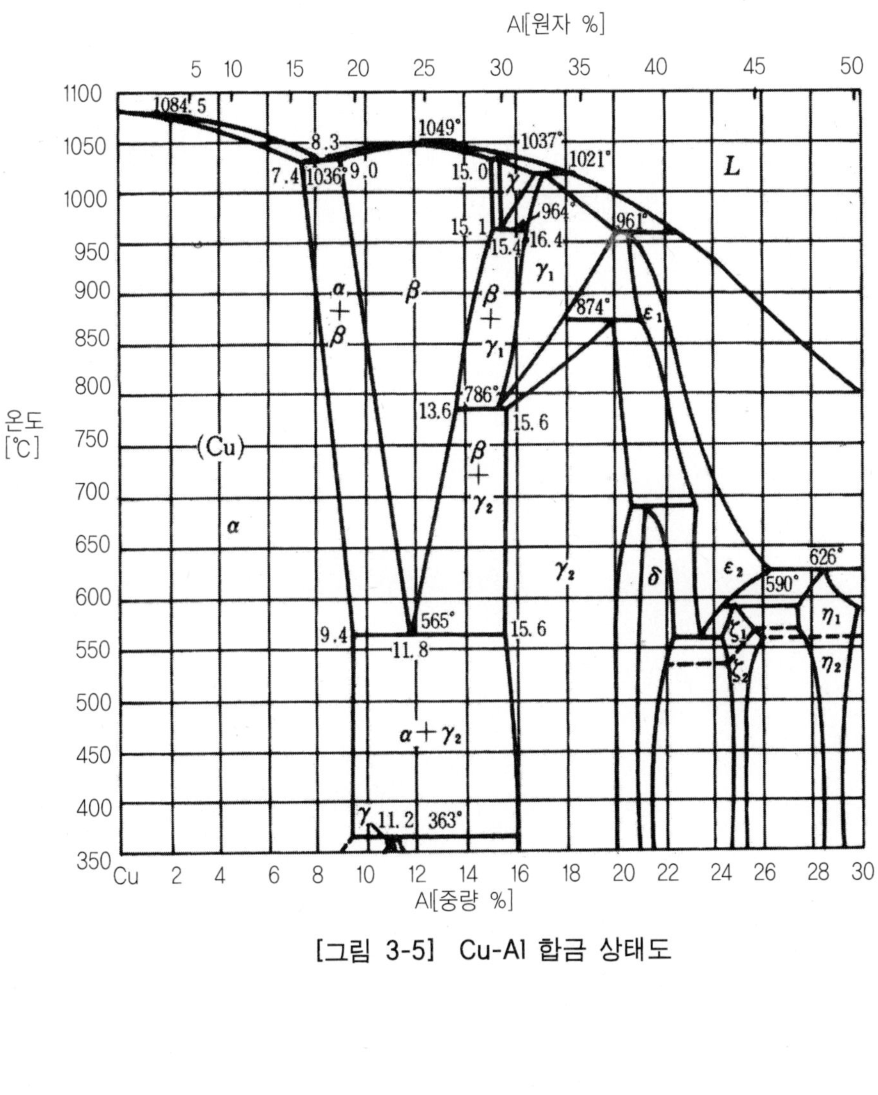


[그림 3-5] Cu-Al 합금 상태도

### 3-5. 알루미늄 청동 주물

기계적 강도와 점성이 아주 우수하고 경도도 크고 내식성, 내침식성, 내마모성도 크고 비중이 작아 각종 용도에 적합하다. 다만 주조시에 산화물 피막을 넣기 쉬워 기계적 성질을 해치는 것이 있기 때문에 주조시에 충분한 주의를 할 필요가 있다. 대형주물에서는 서냉에 의해 상의 공석변태(그림 3-5)에 의해 취화(脆化)를 동반하기 때문에 $\beta$상을 함유하지 않는 단상의 AIBC 4 또는 Ni을 많이 함유한 AIBC 3을 사용한다.

### 3-6. 연(鉛) 청동 주물

이것은 경도, 항압력 등의 기계적 강도가 있는 미끄럼 베어링 재료로서 각종 기계에 이용되어진다. Pb함량은 4~22% 정도로 Pb가 많은 만큼 윤활특성이 우수하여 고속에 적합하지만 경도는 낮게 된다. 기타 베어링용 동합금으로서 베어링용 구리·납 합금과 분말 야금법에 의해 제조되는 것이 있다.

# 실 • 력 • 평 • 가

**01.** 구리의 일반적인 성질 설명으로 틀린 것은 ?[2008-1회 자동차 정비·검사산업기사]

㉮ 용융점 이외는 변태점이 없다.

㉯ 전기 및 열전도도가 높다.

㉰ 연하고 전·연성이 커서 가공하기 어렵다.

㉱ 철강 재료에 비하여 내식성이 커서 공기 중에서는 거의 부식되지 않는다.

**02.** 구리의 일반적인 성질에 관한 설명으로 올바른 것은 ?[2008-3회 자동차 검사산업기사]

㉮ 전성·연성이 낮아 가공이 어렵다.

㉯ 전기와 열의 전도성이 나쁘다.

㉰ 화학적 저항력이 약하여 매우 잘 부식된다.

㉱ Zn, Sn, Ni, Ag 등과 용이하게 합금을 만든다.

**03.** 구리의 일반적인 성질로 맞는 것은 ?[2008-4회 자동차 정비산업기사]

㉮ 열의 전도성이 나쁘다.

㉯ 전연성이 좋아 가공이 용이하다.

㉰ 화학적 저항력이 작아서 잘 부식된다.

㉱ 강도가 철강보다 강하므로 구조용 재료로 적당하다.

**04.** 일반적으로 양백 또는 양은이라 부르는 동합금의 성분은 ?[2008-4회 자동차 정비산업기사]

㉮ Cu + Sn + Zn　　㉯ Cu + Zn

㉰ Cu + Ni + Zn　　㉱ Cu + Ni

**05.** 6·4 황동에 1~2%의 철을 첨가한 것으로 강도가 크고 내식성이 좋아 광산, 선박, 화학기계에 쓰이는 것은 ?[2005-3회 자동차 검사산업기사]

㉮ 7·3황동　　㉯ 톰백
㉰ 델타메탈　　㉱ 인청동

**06.** 다음 중 청동의 특징을 황동과 비교하여 나타낸 것으로 틀린 것은 ?[2013-4회 컴퓨터응용가공산업기사/기계설계산업기사]

㉮ 구리(Cu)와 주석(Sn)의 합금이다.
㉯ 내식성이 양호하다.
㉰ 마찰저항이 적고 광택이 있다.
㉱ 주조하기 쉬워 선박용 부품이나 밸브류, 동상, 베어링 등에 사용된다.

**07.** 황동에서 잔류응력에 의해서 발생하는 현상은 ?[2010-4회, 2013-2회 컴퓨터응용가공산업기사/기계설계산업기사]

㉮ 탈 아연부식　　㉯ 고온 탈아연
㉰ 저온 풀림경화　　㉱ 자연균열

**08.** 구리합금 중 6:4 황동에 약 0.8% 정도의 주석을 첨가하여 내해수성이 강하기 때문에 선박용 부품에 사용하는 특수 황동은 ?[2012-4회 컴퓨터응용가공산업기사/기계설계산업기사]

㉮ 네이벌 황동　　㉯ 강력 황동
㉰ 납 황동　　㉱ 애드미럴티 황동

**09.** 다음 금속 중 가공성과 전도성이 우수하여 방전용 전극 재료로 가장 많이 사용되고 있는 재료는 ?[2012-2회 컴퓨터응용가공산업기사/기계설계산업기사]

㉮ 구리(Cu)
㉯ 알루미늄(Al)
㉰ 아연(Zn)
㉱ 마그네슘(Mg)

**10.** 전연성이 좋고 색깔도 아름답기 때문에 장식용 금속잡화 악기 등에 사용되고, 박(foil)으로 압연하여 금박의 대용으로도 사용되는 것은 ?[2009-4회, 2011-1회 컴퓨터응용가공산업기사/기계설계산업기사]

㉮ 90%Cu ~ 10%Zn 합금

㉯ 80%Cu ~ 20%Zn 합금

㉰ 60%Cu ~ 40%Zn 합금

㉱ 50%Cu ~ 50%Zn 합금

**11.** 6:4황동에 1~2% Fe을 첨가한 것으로, 강도가 크고 내식성이 좋아서 광신기계, 선박용 기계, 화학기계 등에 사용되는 황동은 ?[2010-1회 컴퓨터응용가공산업기사/기계설계산업기사]

㉮ 에드미럴티 황동 ㉯ 네이벌 황동

㉰ 델타메탈 ㉱ 톰백

**12.** 구리에 5~20% Zn을 첨가한 것으로 전연성이 좋고 색깔도 아름답기 때문에 장식용 금속 잡화, 모조금 등에 사용되는 황동은 ?[2008-4회 컴퓨터응용가공산업기사/기계설계산업기사]

㉮ 네이벌 황동 ㉯ 양은

㉰ 델타메탈 ㉱ 톰백

**13.** 구리에 대한 설명으로 틀린 것은 ?[2008-4회 컴퓨터응용가공산업기사/기계설계산업기사]

㉮ 전기 및 열의 전도성이 우수하다.

㉯ 전연성이 좋아 가공이 용이하다.

㉰ 아름다운 광택과 귀금속적 성질이 우수하다.

㉱ 결정격자가 체심입방격자이며 변태점이 있다.

**14.** 켈밋(Kelmet)은 Cu에 무엇을 첨가한 합금인가 ?[2007-2회 컴퓨터응용가공산업기사/기계설계산업기사]

㉮ Pb ㉯ Sn

㉰ Sb ㉱ Zn

**15.** 구리에 65~70% Ni을 첨가한 것으로 내열·내식성이 우수하므로 터빈 날개, 펌프 임펠러 등의 재료로 사용되는 합금은 ?[2009-2회 일반기계기사/기계설계기사. 2013-1회 일반기계기사]

㉮ 콘스탄탄 ㉯ 모넬메탈
㉰ Y 합금 ㉱ 문쯔메탈

**16.** 베어링에 사용되는 구리합금의 대표적인 켈밋의 주성분은 ?[2008-2회 일반기계기사/기계설계기사. 2012-1회 일반기계기사]

㉮ 구리 - 주석 ㉯ 구리 - 납
㉰ 구리 - 알루미늄 ㉱ 구리 - 니켈

**17.** 대량 생산하는 부품이나 시계용 기어와 같은 정밀 가공을 요하는 것으로 황동에 Pb 1.5~3.0%를 첨가한 합금은 ?[2008-2회 일반기계기사/기계설계기사]

㉮ 쾌삭황동 ㉯ 강력황동
㉰ 델타메탈 ㉱ 애드미럴티 황동

**18.** 델타 메탈 이라고도 하며 강도가 크고 내식성이 좋아 광산기계, 선박용 기계, 화학기계 등에 사용되는 것은 ?[2008-2회 일반기계기사/기계설계기사]

㉮ 규소 황동 ㉯ 네이벌 황동
㉰ 애드미럴티 황동 ㉱ 철 황동

**19.** 5~20%의 Zn의 황동을 말하며, 강도는 낮으나 전연성이 좋고 색깔이 금색에 가까우므로, 모조금이나 판 및 선 등에 사용되는 구리합금은 ?[2007-2회 기계설계기사. 2011-4회 일반기계기사]

㉮ 톰백 ㉯ 7:3 황동
㉰ 6:4 황동 ㉱ 니켈 황동

**20.** 특수청동 중 열전대 및 뜨임시효 경화성 합금으로 사용되는 것은 ?[2009-4회, 2013-1회 일반기계기사]

㉮ 인청동 ㉯ 알루미늄청동
㉰ 베릴륨청동 ㉱ 니켈청동

**21.** 다음 중 인청동의 특징이 아닌 것은 ?[2012-4회 일반기계기사]

㉮ 내식성이 좋다.
㉯ 연성이 좋다.
㉰ 탄성이 좋다.
㉱ 내마멸성이 좋다.

**22.** 구리합금 중에서 가장 높은 경도와 강도를 가지며, 피로한도가 우수하여 고급스프링 등에 쓰이는 것은 ?[2010-1회 일반기계기사]

㉮ Cu – Be 합금
㉯ Cu – Cd 합금
㉰ Cu – Si 합금
㉱ Cu – Ag 합금

**23.** 아연 32.5%의 Cu-Zn합금이 확산을 수반하지 않는 변태를 하여 마텐자이트(martensite)조직으로 되는 경우는 ?[2009-4회 일반기계기사]

㉮ 800℃에서 풀림 하였을 때
㉯ 850℃에서 뜨임 하였을 때
㉰ 900℃에서 염수 중에서 담금질 하였을 때
㉱ 950℃에서 질산용액 중에서 불림 하였을 때

**24.** 다음 중 구리(Cu)에 함유되어 전기전도율을 가장 많이 감소시키는 원소는 ?
[2008-4회 일반기계기사]

㉮ Ag
㉯ P
㉰ Cd
㉱ Zn

**25.** 황동의 종류를 설명한 것이다. 틀린 것은 ?[2007-4회 일반기계기사]

㉮ 톰백 : Zn 8~20%로 색깔이 황금색에 가깝고 냉간가공이 쉬어 단추, 금박, 금모조품, 건축용 금속에 주로 사용
㉯ 카트리지메탈 : 전구의 소켓, 탄피 같은 복잡한 가공물에 적합
㉰ 하이브래스 : Zn 30%로 7 · 3 황동과 용도가 거의 비슷하며 냉간가공 하기 전에 400~500℃의 풀림으로서 B를 소멸시킬 필요가 있다.
㉱ 문쯔메탈 : Zn 35~40%로 Zn의 양이 많으므로 가격이 고가이나 가공하기 어렵고 판재, 봉재, 선재, 볼트, 너트, 밸브 등에 사용

**26.** 다음 중 황동 합금의 주성분은 ? [2013-3회 기계설계산업기사]

㉮ Cu-Si ㉯ Cu-Al

㉰ Cu-Zn ㉱ Cu-Sn

**27.** 양은 또는 양백으로 불리우는 합금은 ?[2013-3회 기계설계산업기사]

㉮ Fe-Ni-Mn계 합금 ㉯ Ni-Cu-Zn계 합금

㉰ Fe-Ni계 합금 ㉱ Ni-Cr계 합금

**28.** 다음 중 양은(洋銀)의 주요 성분은 ?[2011-2회 기계설계산업기사]

㉮ Cu-Ni-Fe ㉯ Cu-Ni-Zn

㉰ Cu-Ni-Mg ㉱ Cu-Ni-Pb

**29.** 다음 중 구리의 전도성을 가장 많이 감소시키는 원소는 ?[2009-2회 컴퓨터응용가공산업기사/기계설계산업기사]

㉮ P ㉯ Ag

㉰ Zn ㉱ Cd

**30.** Cu-Sn의 평형상태도에서 γ상이 520℃에서 일으키는 변태는 어떤 변태인가 ? [2009-1회 기계설계산업기사]

㉮ 포정변태 ㉯ 포석변태

㉰ 공정변태 ㉱ 공석변태

**31.** 다음 중 장신구, 무기, 불상, 종 등의 금속 제품으로 오래 전부터 사용되어 왔으며 내식성과 내마모성이 좋아 각종 기계주물용이나 미술공예품으로 사용되는 금속은 ?[2007-2회 기계설계산업기사]

㉮ 철 ㉯ 청동

㉰ 납 ㉱ 알루미늄

**32.** 구리(Cu)의 성질을 설명하였다. 옳지 않은 것은 ?[2007-2회 기계설계산업기사]

㉮ 황산, 염산에 대한 내식성이 크다.

㉯ 전기전도율과 열전도율은 금속 중에서 은(Ag) 다음으로 높다.

㉰ 연성과 전성이 풍부하다.

㉱ Ni, Sn, Zn 등과 합금이 잘된다.

**33.** 황동계 실용 합금인 톰백에 관한 설명으로 틀린 것은 ?[2007-2회 컴퓨터응용가공산업기사/기계설계산업기사]

㉮ 8~20%의 Zn을 함유하는 황동이다.
㉯ 색깔이 금색에 가까워서 모조금으로 사용된다.
㉰ 전연성이 나쁘다.
㉱ 냉간가공이 쉽다.

**34.** 동 및 동합금에 대한 다음 설명 중 올바른 것은 ?[2003-1회 자동차 정비·검사산업기사]

㉮ 황동은 구리와 주석의 합금이다.
㉯ 전기 전도율이 은(Ag) 다음으로 크다.
㉰ 청동은 구리와 아연의 합금이다.
㉱ 인청동은 내마멸성이 나쁘며 베어링으로 사용할 수 없다.

**35.** 용해온도가 낮은 동, 황동, 청동 등 비철금속을 용해시키는데 주로 이용되는 용해로는 ?[2003-1회 자동차 정비·검사산업기사]

㉮ 큐플라(cupola)
㉯ 전기로(electric furnace)
㉰ 반사로(reverberatory furnace)
㉱ 평로(open heat furnave)

**36.** 동과 동합금에 관한 설명 중 틀린 것은 ?[2003-3회 자동차 검사산업기사]

㉮ 황동은 구리와 아연의 합금이다.
㉯ 인청동은 내식성, 내마모성을 필요로 하는 펌프 부품, 캠, 축, 베어링 등에 사용된다.
㉰ 청동은 구리와 주석의 합금이다.
㉱ 전기 전도율이 알루미늄 다음으로 크다.

**37.** 비철금속 중 황동(놋쇠)은 Cu와 어떤 원소를 첨가하여야하는가 ?[2005-1회 자동차 정비·검사산업기사]

㉮ Zn　　㉯ Si
㉰ Fe　　㉱ Al

**38.** Kelmet 메탈을 옳게 설명한 것은 ?[2005-4회 자동차 정비산업기사]

㉮ 동에 주석을 30~40%가한 것이다.
㉯ 동에 철물 30~40%가한 것이다.
㉰ 동에 인을 30~40%가한 것이다.
㉱ 동에 납을 30~40%가한 것이다.

**39.** 황동에는 7:3황동과 6:4황동이 있다. 황동의 주성분으로 가장 적당한 것은 ?
[2006-3회 자동차 정비·검사산업기사]

㉮ 구리(Cu) + 망간(Mn)
㉯ 구리(Cu) + 아연(Zn)
㉰ 구리(Cu) + 니켈(Ni)
㉱ 구리(Cu) + 규소(Si)

**40.** 켈밋 합금(kelmet alloy)데 대한 사항 중 옳은 것은 ?[2011-2회 일반기계기사/기계설계기사]

㉮ Pb-Sn 합금, 저속 중하중용 베어링합금
㉯ Cu-Pb 합금, 고속 고하중용 베어링합금
㉰ Sn-Sb 합금, 인쇄용 활자합금
㉱ Zn-Al-Cu 합금, 다이캐스팅용 합금

**정답**

01. ㉰ 02. ㉱ 03. ㉯ 04. ㉰ 05. ㉰ 06. ㉰ 07. ㉱ 08. ㉮ 09. ㉮
10. ㉯ 11. ㉰ 12. ㉱ 13. ㉱ 14. ㉮ 15. ㉯ 16. ㉯ 17. ㉮ 18. ㉱
19. ㉰ 20. ㉱ 21. ㉮ 22. ㉮ 23. ㉰ 24. ㉯ 25. ㉱ 26. ㉰ 27. ㉯
28. ㉯ 29. ㉮ 30. ㉱ 31. ㉯ 32. ㉮ 33. ㉰ 34. ㉯ 35. ㉰ 36. ㉱
37. ㉮ 38. ㉱ 39. ㉯ 40. ㉯

04 CHAPTER

# 아연, 납, 주석, 니켈 등과 그 합금

## 1. 아연과 그 합금

### 1-1. 아연의 용도와 성질

아연의 주요한 용도는 철강의 방식용으로 아연철판, 아연도금 강관, 아연도금 철선, 구조물도금 등 광범위하게 이용되어지는 외에 동합금, 알루미늄합금 등에 합금원소로서 첨가되어진다. 또한 아연합금으로서 다이캐스팅, 형주물 등에 이용되어지는 외에 아연판으로서 凸판, 평판 등의 인쇄재로서, 게다가 건전지, 퓨즈, 지붕판용에, 합금으로서 초소성합금판에, 아연선으로 하여 용사용(溶射用)으로 사용되어진다.

이 밖에 선박, 지하배관, 보일러 등의 방식용으로 또한 아연분말은 제련, 염료공업의 환원제로 그리고 도료의 안료로서도 이용되어지고 있다. 표 4-1에 아연 잉곳의 화학성분을 표시한다.

아연은 순도에 의해 다소 차이가 있지만 그 재결정 온도가 상온부근이기 때문에 주조조직을 열간 소성가공으로 파괴해 버리면 상온에서의 소성가공은 용이하다. 그러나 0℃보다 저온으로 되면 서서히 변형하기 어렵게 되고 -35℃보다 저온이 되면 취성파괴를 일으킨다. 이 때문에 아연을 저온에서 사용하는 경우에는 주의하지 않으면 안 된다. 이 온도는 불순물이든가 합금원소를 함유하면 변한다.

[표 4-1] 아연 잉곳의 화학성분(KS D 2351)

2001년

| 종 류 | | 화학성분 % | | | | | 비 고 |
|---|---|---|---|---|---|---|---|
| 종류 | 기호 | Zn | Pb | Fe | Cd | Sn | |
| 1종 | Zn1E | 99.995이상 | 0.003이하 | 0.002이하 | 0.002이하 | 0.001이하 | 고순도 아연지금 |
| 2종 | Zn2E | 99.99이상 | 0.07이하 | 0.005이하 | 0.004이하 | - | 특종 아연지금 |
| 3종 | Zn3E | 99.97이상 | 0.02이하 | 0.01이하 | 0.005이하 | - | 보통 아연지금 |
| 4종 | Zn4E | 99.6이상 | 0.3이하 | 0.02이하 | 0.1이하 | - | 증류 아연지금 특종 |
| 5종 | Zn5E | 99.5이상 | 1.3이하 | 0.025이하 | 0.4이하 | - | 증류 아연지금 1종 |
| 6종 | Zn6E | 98.0이상 | 1.8이하 | 0.1이하 | 0.5이하 | - | 증류 아연지금 2종 |

또한 아연은 조밀육방격자이고 가공한 판 등에 집합조직이 있기 때문에 가공재에 기계적 성질과 전기저항, 열팽창 등에 이방성이 나타나는 것이 있다.

## 1-2. 주물용 아연합금

대표적인 것이 다이캐스팅용 아연합금으로 이것으로 제작한 주물 제품을 아연합금 다이캐스팅이라고 부른다. 다이캐스팅법으로는 금형 내에 고압의 용탕을 사출하여 목적으로 하는 제품형상의 주물을 만드는 방법을 말한다. 아연합금 다이캐스팅은 복잡하면서 치수정도가 높은 주물을 만드는 것이 가능하고 우수한 내식성이 있는 외에 각종의 표면처리도 가능하다. 그리고 두께 1mm 이하의 얇은 주물을 고속도로 생산할 수 있고 금형수명이 길다는 등의 많은 이점을 가지고 있다. 이를 위해서는 표 4-2에 표시한 것과 같이 Al을 주성분으로 하는 합금이 사용되어진다.

Al은 합금의 강도, 경도를 증가함과 동시에 유동성을 개선한다. 저순도의 아연합금 다이캐스팅은 습기 있는 장소나 특히 고온에서 입간부식을 일으키므로 고순도의 아연 잉곳을 사용하고 또 Cu, Mg 등을 넣어 입간부식을 억제함과 동시에 강도, 경도도 개선된다. 입간부식에 해로운 불순물은 Pb, Sn, Cd 등이다.

Mg은 첨가량이 많아질수록 용탕에 Mg산화물이 증가하고 유동성이 나빠져서 얇고 복잡한 다이캐스팅 주조가 곤란해지므로 Mg %는 낮은 편이 좋으며 따라서 고순도의 아연합금을 사용할 필요가 있다. 순도가 낮은 아연합금 다이캐스팅을 95℃ 수증기 중에서 처리하면 입간부식을 일으켜 기계적 성질이 저하하고 또 길이의 변화를 일으킨다. 길이변화에 가장 심한 영향을 주는 원소는 Li, Ni, Si, Mn 등이다.

아연합금 다이캐스팅은 주조 후 시간이 경과함에 따라서 기계적 성질과 치수에 상당한 변화를 일으킨다. 이 이유는 이 합금의 조직의 변화에 기인하는 것이며 이러한 시효에 의한 치수의 변화는 90℃에서 약 5시간 정도 처리하면 안정성이 증가한다.

표 4-2에 나타낸 아연합금 다이캐스팅의 ZDC 1은 기계적 강도는 크지만 시효에 의해 치수변화가 크다. 그 때문에 ZDC 2가 주로 사용되어지고 있다.

[표 4-2] 아연합금 다이캐스팅의 화학성분과 특색(KS D 6005)

2011년

<table>
<tr><th rowspan="3">종 류</th><th rowspan="3">기호</th><th colspan="8">화학 성분 %</th></tr>
<tr><th rowspan="2">Al</th><th rowspan="2">Cu</th><th rowspan="2">Mg</th><th rowspan="2">Fe</th><th rowspan="2">Zn</th><th colspan="3">불순물</th></tr>
<tr><th>Pb</th><th>Cd</th><th>Sn</th></tr>
<tr><td>아연합금 다이캐스팅 1종</td><td>ZDC1</td><td>3.5 ~ 4.3</td><td>0.75 ~ 1.25</td><td>0.020 ~ 0.06</td><td>0.10 이하</td><td>나머지</td><td>0.005 이하</td><td>0.004 이하</td><td>0.003 이하</td></tr>
<tr><td>아연합금 다이캐스팅 2종</td><td>ZDC2</td><td>3.5 ~ 4.3</td><td>0.25 이하</td><td>0.020 ~ 0.06</td><td>0.10 이하</td><td>나머지</td><td>0.005 이하</td><td>0.004 이하</td><td>0.003 이하</td></tr>
</table>

<table>
<tr><th rowspan="2">종 류</th><th rowspan="2">기호</th><th colspan="4">참 고</th></tr>
<tr><th>합금계</th><th>유사 합금</th><th>합금의 특색</th><th>사용 부품 보기</th></tr>
<tr><td rowspan="2">아연합금 다이캐스팅 1종</td><td rowspan="2">ZDC1</td><td rowspan="2">Zn-Al-Cu계</td><td>ASTM</td><td rowspan="2">기계적 성질 및 내식성이 우수하다</td><td rowspan="2">자동차 브레이크 피스톤, 시트벨트 감김쇠, 캔버스 플라이어</td></tr>
<tr><td>AC41A</td></tr>
<tr><td rowspan="2">아연합금 다이캐스팅 2종</td><td rowspan="2">ZDC2</td><td rowspan="2">Zn-Al계</td><td>ASTM</td><td rowspan="2">주조성 및 도금성이 우수하다</td><td rowspan="2">자동차 라디에이터 그릴 몰, 카뷰레터, VTR 드럼베이스, 테이프 헤드, CP 커넥터</td></tr>
<tr><td>AG40A</td></tr>
</table>

이 밖에 Cu를 1~1.5%, Ti, Cr을 소량함유하는 아연합금, Cu 10~20%, Mn 20~30%, Al 1~5%를 주성분으로 하는 고망간 아연합금 등도 다이캐스팅용 합금이다. 고망간 아연합금은 기어와 같은 내마모성을 요하는 부품에 적용할 수 있는 합금이다.

### 1-3. 가공용 아연합금

가공용 아연합금에는 Zn-Cu-Mg 합금 및 Zn-Cu-Ti 합금 등이 있다. 열간압연 온도는 175~300℃ 및 150~300℃이며 취성온도범위는 어느 것이나 300~420℃이다. Zn-Cu-Ti 합금은 미국의 Hydrometal사에서 개발한 합금이며 Hydro-T-Metal(0.15% Cu, 0.12% Ti소량의 Mn, Cr)이라 한다. Ti첨가에 의하여 합금 중에 TiZn15상이 미세하게 분산하여 분산강화형 합금이 되고 강도와 고온 크리프성이 개선된다. 판, 선, 봉, 형재로 가공되며 심한 가공과 용접, 납땜을 할 수 있으므로 건축용 탱크용 전기기기 부품, 자동차 부품, 일용품 등에 널리 쓰인다.

## 2. 납(Pb)과 그 합금

### 2-1. 납(Pb)의 성질과 용도

납의 기계적 성질은 그의 순도, 시험조건 등으로 크게 변화하지만 인장강도 12~22MPa, 신율 40~50%, 브리넬 경도 4~6이다. Pb는 일반 공업용 금속 중 비중이 가장 크고 가소성이 풍부하고 부드럽고 연성이 커서 상온에서 쉽게 박판으로 압연한다. 공기 중에서는 곧 산화하여 광택을 잃는다. Pb가 우수한 내식성을 갖는 것은 불용성, 피막이 표면에 형성되기 때문이다. 보통의 물은 탄산염, 규산염을 품고 있어 납 표면에 보호피막을 형성한다. 그러나 이러한 연(沿)류를 조금밖에 품지 않는 물에서는 Pb는 용해하여 음료로 하면 해로운 연 함량의 최저값은 0.1ppm 정도라고 한다. 그래서 수도용 관으로 사용되기도 했으나 현재는 스테인리스강 또는 플라스틱으로 한 관을 사용한다.

순수한 물 중에 산소가 용존할 때는 Pb는 심하게 부식하나 자연수나 해수에는 거의 부식되지 않는다. 수용액에서의 부식률은 PH값에 따라 다르며 중성액에서 내식성이 우수하다.

황산에는 온도와 농도가 낮을수록 내식성이 좋고 염산, 질산에는 부식된다. 많은 유기산에는 견디나 초산, 개미산에 산소가 용존할 때는 심하게 침식된다. 인산, 아황산, 크롬산에는 잘 견딘다. 99.90% 이상의 Pb판은 내산성, 방습성을 요하는 화학공업용 및 건축용에 사용된다.

Pb는 방사선을 잘 흡수하는 성질이 있어 X선 차단용, 원자력공업에서의 방사선 차단용 등에 이용되어진다. 또한 밀도가 크고 음의 흡수도 양호하여 차음판으로서의 용도도 있다.

## 2-2. Pb합금

### 2-2-1. 축전지용 Pb합금

납의 사용량 중 축전지에서의 용도가 가장 많다. 축전지의 음 양극판의 격자체재료, 활물질의 원료 및 구성재료로 이용되어진다. 활물질로서는 순도가 높은 연분과 PbO, $Pb_3O_4$ 등이 이용되어지지만 격자체용으로서 기계적 강도와 내식성의 점에서 Pb합금이 이용된다. 통상 Sb 4~8% 합금이 사용되어지지만 이 Sb는 Pb의 주조성을 개선하고 정밀한 주물의 제조를 가능하게 함과 동시에 경도, 인장강도를 증가시킨다.

그러나 축전지의 사용 중에 격자체에서 Sb가 전해액중으로 용출하고 충전할 대 음극판의 페이스트 Pb위에 석출한다. 그 때문에 개로시에 자기방전을 일으키기 때문에 용도에 따라서는 바람직하지 않다. 따라서 Sb가 적은 합금이 필요하여 Sb 3%, Sn 1%의 합금과 As 〈 0.3 , Ag 〈 0.1 정도를 첨가한 Pb합금도 이용되어진다.

Sb를 함유한 것으로는 Sb의 용존(溶存)에 의해 다소는 자기방전과 수소가스의 발생을 동반한다. 이것을 방지하기 위해 Pb보다 전기화학적으로 낮고 수소과전압이 높은 것으로 하여 Pb-Ca 합금(Ca 0.1%)이 이용된다. 이것은 자기방전이 적다는 특징이 있고 전지를 장기간 사용할 때의 충전시의 수분해가 감소되는 것에 의해 물을 보충하는 것이 생략되는 이점이 있다.

## 2-2-2. 베어링용 Pb합금

Pb는 부드럽고 다른 금속과의 사이에 마찰계수가 작기 때문에 베어링으로서 사용된다. Pb베어링합금을 분류하면 Pb-Sn-Sb계를 주체로 한 화이트메탈(white metal)(표 4-3)과 Pb에 소량의 알칼리 또는 알칼리토류금속을 첨가한 합금으로 나눌 수 있다.

일반적으로 Sn이 많은 것만큼 양호하여 고속도, 고하중에 사용될 수 있지만 Pb가 많은 것은 약간 성능이 떨어져 중속도, 소하중량에 사용된다. Sn은 고가이지만 윤활성이 좋고 타 금속과의 납땜성이 좋아서 옛부터 배빗메탈(babbitt metal)로 알려져 있고 배빗메탈의 성분 범위는 Sn 75~90%, Sb 3~15%, Cu 3~10%으로 Sn-Sb-Cu계가 주체이지만 Sn는 고가이기 때문에 Pb를 첨가하여 Sn-Sb-Pb-Cu계로 한 합금도 있다.

Sn가 고가이므로 Sn을 함유하지 않은 베어링용으로 개발한 것이 Pb와 알칼리 또는 알칼리 토류금속과의 합금이다. 베인메탈(bahn metal)(Al 0.2%, Ca 약 0.7%, Na 약 0.6%, Li 0.04%, 나머지 Pb)이 그 대표적인 것이다. 시효경화성이 있고 고온경도가 높은 것이 장점이지만 제조, 용해 등에 많은 어려움이 따른다.

[표 4-3] 화이트메탈의 화학성분과 용도(KS D 6003)

2002년

| 종류 | 기호 | 화학 성분(%) | | | | | | | | | | | | | 적용 |
|---|---|---|---|---|---|---|---|---|---|---|---|---|---|---|---|
| | | Si | Sb | Cu | Pb | Zn | As | 불순물 | | | | | | | |
| | | | | | | | | Pb | Fe | Zn | Al | Bi | As | Cu | |
| 1종 | WM1 | 나머지 | 5.0~7.0 | 3.0~5.0 | - | - | - | 0.50 이하 | 0.08 이하 | 0.01 이하 | 0.01 이하 | 0.08 이하 | 0.01 이하 | - | 고속 고하중용 |
| 2종 | WM2 | 나머지 | 8.0~10.0 | 5.0~6.0 | - | - | - | 0.50 이하 | 0.08 이하 | 0.01 이하 | 0.01 이하 | 0.08 이하 | 0.01 이하 | - | |
| | WM2B | 나머지 | 7.5~9.5 | 7.5~8.5 | - | - | - | 0.50 이하 | 0.08 이하 | 0.01 이하 | 0.01 이하 | 0.08 이하 | 0.01 이하 | - | |
| 3종 | WM3 | 나머지 | 11.0~12.0 | 4.0~5.0 | 3.0 이하 | - | - | - | 0.01 이하 | 0.01 이하 | 0.01 이하 | 0.08 이하 | 0.01 이하 | - | 고속 중하중용 |
| 4종 | WM4 | 나머지 | 11.0~13.0 | 3.0~5.0 | 13.0~15.0 | - | - | - | 0.01 이하 | 0.01 이하 | 0.01 이하 | 0.08 이하 | 0.01 이하 | - | 중속 중하중용 |
| 5종 | WM5 | 나머지 | - | 2.0~3.0 | - | 28.0~29.0 | - | - | 0.01 이하 | - | 0.05 이하 | - | - | - | |

| 종류 | 기호 | 화학 성분(%) | | | | | | | | | | | | | 적용 |
|---|---|---|---|---|---|---|---|---|---|---|---|---|---|---|---|
| | | Si | Sb | Cu | Pb | Zn | As | 불순물 | | | | | | | |
| | | | | | | | | Pb | Fe | Zn | Al | Bi | As | Cu | |
| 6종 | WM6 | 44.0 ~46.0 | 11.0 ~13.0 | 1.0~ 3.0 | 나머지 | – | – | – | 0.01 이하 | 0.05 이하 | 0.01 이하 | – | 0.02 이하 | – | 고속 중하중용 |
| 7종 | WM7 | 11.0 ~13.0 | 13.0 ~15.0 | 1.0 이하 | 나머지 | – | – | – | 0.01 이하 | 0.05 이하 | 0.01 이하 | – | 0.02 이하 | – | 중속 중하중용 |
| 8종 | WM8 | 6.0 ~8.0 | 16.0 ~18.0 | 1.0 이하 | 나머지 | – | – | – | 0.01 이하 | 0.05 이하 | 0.01 이하 | – | 0.02 이하 | – | |
| 9종 | WM9 | 5.0 ~7.0 | 9.0 ~11.0 | – | 나머지 | – | – | – | 0.01 이하 | 0.05 이하 | 0.01 이하 | – | 0.02 이하 | 0.30 이하 | 중속 소하중용 |
| 10종 | WM10 | 0.8 ~1.2 | 14.0 ~15.5 | 0.1 ~0.5 | 나머지 | – | 0.75 ~1.25 | – | 0.01 이하 | 0.05 이하 | 0.01 이하 | – | – | – | |
| 11종 | WM11 | 나머지 | 4.0 ~5.0 | 4.0 ~5.0 | – | – | – | 0.35 이하 | 0.08 이하 | 0.005 이하 | 0.005 이하 | 0.08 이하 | 0.10 이하 | – | 항공기 엔진용 |
| 12종 | WM12 | 나머지 | 7.0 ~8.0 | 3.0 ~4.0 | – | – | – | 0.35 이하 | 0.10 이하 | 0.10 이하 | 0.10 이하 | 0.08 이하 | 0.10 이하 | – | 고속 중하중용 (자동차 엔진용) |
| 13종 | WM13 | 나머지 | 11.0 ~13.0 | 5.0 ~7.0 | 1.0 ~3.0 | – | – | – | 0.10 이하 | 0.10 이하 | 0.10 이하 | 0.08 이하 | 0.10 이하 | – | 고저속 중하중용 |
| 14종 | WM14 | 9.0 ~11.0 | 14.0 ~16.0 | – | 나머지 | – | – | – | 0.10 이하 | 0.10 이하 | 0.10 이하 | 0.10 이하 | 0.60 이하 | 0.70 이하 | 중속 중하중용 |

## 2-2-3. 활자용 Pb합금

Pb는 인쇄에 사용하는 활자합금으로도 이용되어진다. 활자합금의 주체는 Pb-Sb-Sn계 합금으로(표 4-4), 특히 경도를 필요로 할 때에는 Cu가 첨가되어진다. 활자금속으로서의 조건은 다음과 같다.

① 주조할 때에 선명하게 나타나야 한다.

② 융점이 낮아야 한다.

③ 적당한 강도와 내마모성 및 내식성을 가질 것

④ 값이 싸야 한다.

Sn을 첨가한 것은 합금을 경화시키고 응고 수축률을 감소시키며 유동성을 좋게 한다. 또 주조조직을 미세화시켜 인성을 증가시킨다.

[표 4-4] 활자합금의 예

| 종 류 | 화학조성(%) | | | $H_B$ |
|---|---|---|---|---|
| | Pb | Sn | Sb | |
| 전주판용 | 94~93 | 3~4 | 3 | 12.5 |
| 활판(평면) | 80 | 6 | 14 | 22 |
| 활판(곡면) | 77 | 8 | 15 | 25 |
| linotype | 86 | 3 | 11 | 19 |
| linotype | 84 | 5 | 11 | 22 |
| 활자 | 78 | 7 | 15 | 24 |
| 활자(지형용) | 60.5 | 13 | 25 | 1.5%Cu |

불순물로서 Zn을 될 수 있는 대로 피하는 것이 좋다. 이 계의 합금도 Pb-Sb 합금과 같이 시효경화성이 있으며 특히 Sb, Sn함량이 낮은 합금에서 경화현상이 현저하다. 예를 들면 235℃에서 30분간 용체화 처리하여 물에 담가서 상온시효하면 그림 4-1에서와 같이 경화한다. 이 경화속도는 시효온도가 높아지면 빨라지며 예컨대 85℃에서 시효시키면 약 1시간으로 최대경도에 이른다. 표 4-4에서와 같이 요구특성에 따라 적당한 조성의 것을 사용한다.

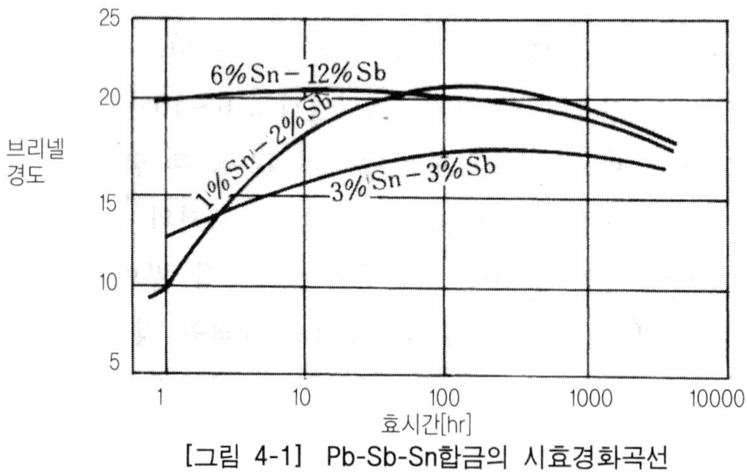


[그림 4-1] Pb-Sb-Sn합금의 시효경화곡선

### 2-2-4. 케이블 피복용 합금

전자와 통신 케이블을 외측에 피복하여 습기가 들어가는 것을 방지하고 내부의 절연성능을 저하시키지 않도록 하기 위해 케이블에 Pb피복을 행한다. 이 Pb피복용 합금으로서 순Pb에는 너무 유연하기 때문에 Sb 1%의 합금, As 0.15%-Sn 0.1%-Bi 0.1%의 합금, Ca 0.03%의 합금 등을 이용한다. 또한 Terne plate(철판에 소량의 Sn을 함유한 Pb합금을 피복한 판)에도 이용되어진다.

## 3. 주석(Sn)과 그 합금

### 3-1. 주석의 성질과 용도

주석은 백색의 금속으로 굽히면 음을 내는데 이것을 tin cry라고 부르고 있다. 이것은 특이의 결정계의 쌍정변형에 관계한 현상이다. 주석은 Pb와 같이 유연하고 융점이 낮고 내식성이 우수하다. 주석 잉곳의 화학성분은 표 4-5에 표시한다.

기계적 성질은 인장강도 17~34MPa, 신율은 약 40%, 브리넬경도 6~10이다. 그러나 Pb와 같이 인체에 유해하지 않기 때문에 식료품, 식기관계의 용도가 많다. 그 중에서도 주석도금을 한 용도는 가장 많다.

[표 4-5] 주석지금의 종류 및 화학성분(KS D 2305)

2004년

| 종 류 | | 화학 성분(%) | | | | | |
|---|---|---|---|---|---|---|---|
| | | Sn | Pb | Sb | As | Cu | Fe |
| 특종 | A | 99.99 이상 | 0.0030 이하 | 0.0020 이하 | 0.0010 이하 | 0.0020 이하 | 0.0030 이하 |
| | B | 99.95 이상 | 0.020 이하 | 0.010 이하 | 0.010 이하 | 0.010 이하 | 0.010 이하 |
| 1종 | | 99.90 이상 | 0.040 이하 | 0.020 이하 | 0.030 이하 | 0.030 이하 | 0.010 이하 |
| 2종 | | 99.80 이상 | 0.050 이하 | 0.040 이하 | 0.050 이하 | 0.040 이하 | 0.050 이하 |
| 3종 | | 99.50 이상 | - | - | - | - | - |

세계의 주석 소비량의 약 40%는 양철판으로서의 용도이다. 주철, 알루미늄합금 피스톤 등의 표면에 도금하여 윤활성을 부여하고 전기부품에 주석 도금하여 납땜성을 증가시킨다. 전기용 동선에 주석도금을 행하는 것은 피복재료인 고무가 Cu와의 직접접촉에서 변질하여 절연저항을 떨어뜨리는 것을 방지하기 위함이다. 이 밖에 화장품, 식료품의 포장용 등에 사용되어진다.

### 3-2. Sn합금

Sn을 주성분으로 하여 이것에 Cu, Sb를 첨가한 합금은 Pewter 등으로 불리어지고 옛부터 영국 등에서 식기용, 식탁장식품, 장신구 등에 광범위하게 사용되었다. 표준조성은 Sn 90~95%, Cu 1~3%, Sb 2~9% 정도의 것이다. 주조는 석고형, 청동금형을 사용한다. 성형가공은 압연, 단조, 프레스도 용이하다. 다이캐스팅용 주석합금으로는 Sb 13%, Cu 5%, 나머지 Sn가 이용되어 인장강도 70MPa, 신율 1%, 브리넬 경도 29 정도이다.

### 3-3. 땜납

땜납은 접합 금속의 종류에 따라 여러 가지가 있으나 어느 것이나 붙일 모재보다도 낮은 온도에서 녹아야 하며 합금을 만들어 잘 밀착되는 것이 중요하다. 이것은 용융점 및 경도에 따라 연납(soft solder)과 경납(hard solder)으로 되며 어느 것이나 녹기 쉽고 합금과 잘 밀착될 수 있다.

기호의 첨가방법은 KS규격에서 아래와 같이 표기하고 있다.

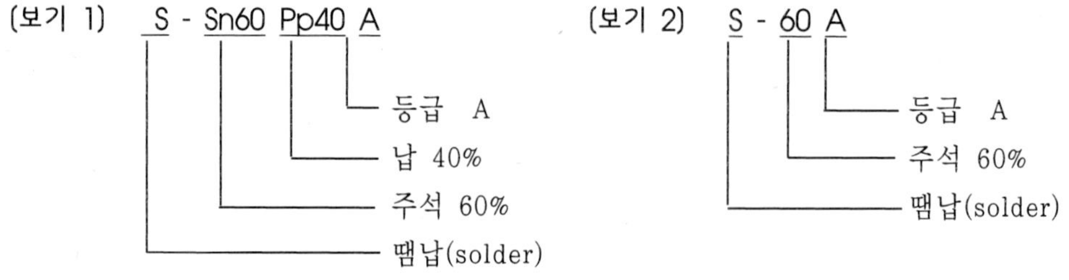

### 3-3-1. 연납

땜납용 Sn-Pb 합금의 총칭으로 보통은 땜납이라고 하고 접합력은 강하다. 그 종류는 표 4-6에 표시한다. 땜납이 접착면에 잘 녹아서 퍼지기 위해서는 융체의 표면 장력이 적은 것이 필요하고 Sn가 많으면 이와 같은 성질이 좋아지지만 가격은 높아진다.

[표 4-6] 땜납의 종류와 기호(KS D 6704)

2001년

| 합금계 | 종 류 | 등급 | 기 호 | | 참 고 | | |
|---|---|---|---|---|---|---|---|
| | | | (1) | (2) | 고상선 온도 ℃ | 액상선 온도 ℃ | 비 중 |
| Sn-Pb계 | S-Sn95Pb5 | E | S-Sn95Pb5E | S95E | 약 183 | 약 224 | 약 7.4 |
| | | A | S-Sn95Pb5A | S95A | | | |
| | S-Sn90Pb10 | E | S-Sn90Pb10E | S90E | 약 183 | 약 220 | 약 7.6 |
| | | A | S-Sn90Pb10A | S90A | | | |
| | S-Sn65Pb35 | E | S-Sn65Pb35E | S65E | 약 183 | 약 186 | 약 8.3 |
| | | A | S-Sn65Pb35A | S65A | | | |
| | S-Sn63Pb37 | E | S-Sn63Pb37E | S63E | 약 183 | 약 184 | 약 8.4 |
| | | A | S-Sn63Pb37A | S63A | | | |
| | | B | S-Sn63Pb37B | S63B | | | |
| | S-Sn60Pb40 | E | S-Sn60Pb40E | S60E | 약 183 | 약 190 | 약 8.5 |
| | | A | S-Sn60Pb40A | S60A | | | |
| | | B | S-Sn60Pb40B | S60B | | | |
| | S-Sn55Pb45 | E | S-Sn55Pb45E | S55E | 약 183 | 약 203 | 약 8.7 |
| | | A | S-Sn55Pb45A | S55A | | | |
| | | B | S-Sn55Pb45B | S55B | | | |
| | S-Sn50Pb50 | E | S-Sn50Pb50E | S50E | 약 183 | 약 215 | 약 8.9 |
| | | A | S-Sn50Pb50A | S50A | | | |
| | | B | S-Sn50Pb50B | S50B | | | |
| Pb-Sn계 | S-Pb55Sn45 | E | S-Pb55Sn45E | S45E | 약 183 | 약 227 | 약 9.1 |
| | | A | S-Pb55Sn45A | S45A | | | |
| | | B | S-Pb55Sn45B | S45B | | | |
| | S-Pb60Sn40 | E | S-Pb60Sn40E | S40E | 약 183 | 약 238 | 약 9.3 |
| | | A | S-Pb60Sn40A | S40A | | | |
| | | B | S-Pb60Sn40B | S40B | | | |
| | S-Pb65Sn35 | A | S-Pb65Sn35A | S35A | 약 183 | 약 248 | 약 9.5 |
| | | B | S-Pb65Sn35B | S35B | | | |

<table>
<tr><th rowspan="2">합금계</th><th rowspan="2">종 류</th><th rowspan="2">등급</th><th colspan="2">기 호</th><th colspan="3">참 고</th></tr>
<tr><th>(1)</th><th>(2)</th><th>고상선 온도 ℃</th><th>액상선 온도 ℃</th><th>비 중</th></tr>
<tr><td rowspan="11">Pb-Sn계</td><td rowspan="2">S-Pb70Sn30</td><td>A</td><td>S-Pb70Sn30A</td><td>S30A</td><td rowspan="2">약 183</td><td rowspan="2">약 258</td><td rowspan="2">약 9.7</td></tr>
<tr><td>B</td><td>S-Pb70Sn30B</td><td>S30B</td></tr>
<tr><td rowspan="2">S-Pb80Sn20</td><td>A</td><td>S-Pb80Sn20A</td><td>S20A</td><td rowspan="2">약 183</td><td rowspan="2">약 279</td><td rowspan="2">약 10.2</td></tr>
<tr><td>B</td><td>S-Pb80Sn20B</td><td>S20B</td></tr>
<tr><td rowspan="2">S-Pb90Sn10</td><td>A</td><td>S-Pb90Sn10A</td><td>S10A</td><td rowspan="2">약 268</td><td rowspan="2">약 301</td><td rowspan="2">약 10.7</td></tr>
<tr><td>B</td><td>S-Pb90Sn10B</td><td>S10B</td></tr>
<tr><td>S-Pb92Sn8</td><td>A</td><td>S-Pb92Sn8A</td><td>S8A</td><td>약 280</td><td>약 305</td><td>약 10.9</td></tr>
<tr><td rowspan="2">S-Pb95Sn5</td><td>A</td><td>S-Pb95Sn5A</td><td>S5A</td><td rowspan="2">약 300</td><td rowspan="2">약 314</td><td rowspan="2">약 11.0</td></tr>
<tr><td>B</td><td>S-Pb95Sn5B</td><td>S5B</td></tr>
<tr><td>S-Pb98Sn2</td><td>A</td><td>S-Pb98Sn2A</td><td>S2A</td><td>약 316</td><td>약 322</td><td>약 11.2</td></tr>
</table>

식기류의 땜납은 독성의 점에서 Pb가 될 수 있는 한 적은 것을 사용한다. Sn-Pb계의 공정조성은 Sn 63%이고, 이 조성의 땜납이 가장 저온(183℃)에서 녹는다. 땜납용의 용제는 염화아연이 일반적이지만 염화암모늄($NH_4Cl$), $ZnCl_2$, 송진(레진) 등이 쓰인다.

알루미늄 합금용 땜납으로는 Sn을 주체로 한 것과 Zn을 주체로 한 것이 있다. 전자는 Zn, Al 등을 첨가하여 융점을 160~220℃ 정도로 Sn-Pb 땜납 정도의 특성을 요구되는 부분에 이용한다. 후자는 Sn, Al, Cd을 함유하여 융점 180~350℃ 정도로 순 Al 정도의 강도를 가지고 있다. 전자는 유기물 또는 염화물을 용제로 이용하지만 후자는 용제를 사용하지 않아도 접착할 수 있다.

### 3-3-2. 경납

경납은 연납에 비해 융점이 높을 뿐만 아니라 효율도 크며 충격에 잘 견딘다. 경납에는 황동납, 은납, 금납 등이 있다. 황동납은 놋쇠납이라고도 하며 34~67% Zn을 함유하는 Cu-Zn 합금으로서 융점이 높은 합금의 땜납에 쓰이는데 접합합금보다도 낮은 융점을 가져야 한다. 용제로는 염화암모늄, 붕사(崩砂) 등을 쓴다. 표 4-7에 경납의 종류를 보여준다.

[표 4-7] 경납의 종류

| 구 분 | 목표조성(%) | 비고처 | | |
|---|---|---|---|---|
| | | 고상온도선 ℃ | 액상온도선 ℃ | 납땜온도 ℃ |
| 은 땜납 | 45Ag, 15Cu, 16Zn, 24Cd | 약 605 | 약 620 | 620~760 |
| | 72Ag, 28Cu | 약 780 | 약 780 | 780~900 |
| 황동 땜납 | 34Cu, 66Zn | 약 800 | 약 820 | 820~870 |
| | 0.5Ag, 47.5Cu, 41Zn, 10.5 Ni | 약 920 | 약 930 | 930~980 |
| 알루미늄 땜납 | 7,5Si, 92.5Al | 577 | 615 | 600~620 |
| | 10Si, 90Al | 577 | 590 | 590~605 |
| 인동 땜납 | 7.2P, 92.8Cu | 약 705 | 약 805 | 735~840 |
| | 5.5Ag, 6.3P, 88.2Cu | 약 640 | 약 805 | 705~840 |
| 니켈 땜납 | 4Si, 14Cr, 3.4B, 78.6Ni | 975 | 1040 | 1065~1205 |
| | 10P, 13Cr, 77Ni | 890 | 890 | 925~1040 |
| 금 땜납 | 80Au, 20Cu | 약 890 | 약 890 | 890~1010 |
| | 12.5Ag, 75Au, 12.5Cu | 약 880 | 약 895 | 895~950 |

# 4. 티타늄(Ti)과 그 합금

## 4-1. 티타늄의 성질과 용도

공업용 순 Ti는 연하고 인성, 연성이 좋고 열간 및 냉간가공성이 좋아 용이하게 가공된다. 또 산소함량에 따라 강도, 연성이 크게 달라지고 산소함량과 더불어 강도는 현저히 증가하고 연성은 저하한다. 산소가 0.06%의 순 Ti는 인장강도가 340 MPa(35kg$_f$/mm$^2$)이나 산소가 0.3%되면 약 2배의 인장강도를 나타낸다. 마치 강철의 탄소와 흡사한 관계가 있다. 순 Ti는 조밀육방격자이고 단상이다. 액체 He(4.2 °K)의 극저온부터 약 300℃까지 양호한 성질을 나타낸다.

순 Ti를 Al, Sn, Zr을 합금시켜 강화한다. 열처리에 의하여 $\alpha$상, 또는 기타의 중간상을 석출시켜 1380MPa(140kg$_f$/mm$^2$) 이상의 고강도이며, 강에서 오스테나이트계 스테인리스강과 유사하다. 일반적으로 고온에서 $\alpha$상이 크리프 강도가 우수하고 열적으로 안정하나 합금 중에 $\beta$상 증가와 더불어 고온가공성이 우수해지고 열처리성이 좋아진다.

주조용 합금으로서는 $\alpha$기(基)합금이며, $\beta$ 안정화 원소의 함유량도 비교적 적고 특히 응고할 때 편석을 일으키는 공정형 합금원소 Cr, Fe, Mn은 최소로 억제하여야 한다. Cr이나 Fe는 강화능이 대단히 큰 합금원소이다. 다량 함유하면 금속간 화합물을 석출하여 취화하는 것과 편석하기 쉬운 성질을 갖고 있으므로 소량으로 제한되어야 한다.

Ti의 화학적 반응성이 강하나 내식성은 좋다. 산화성 수용액 중에는 안정한 $TiO_2$의 보호피막이 생겨서 내식성이 증가된다. 즉 양극산화나 질산, 중크롬상 이온과 같은 산화제의 작용을 받을 때는 내식성이 좋다. 전술한 바와 같이 Ti는 질산에는 잘 견디나 황산, 염산에는 내식성이 약하다. 또한 Ti는 응력, 부식균열을 일으키기 어렵다. 공기 중에서 Ti를 고온으로 가열하면 산화하여 $TiO_2$, $TiO_3$, TiO의 층상피막이 생기며 이때에 공기 중의 습기에서 수소를 발생하여 이것이 Ti에 흡수된다.

우주항공기로서 제트 엔진 부분에는 3Al-2Fe-10U-Ti의 합금이 많이 사용된다.

## 4-2. Ti합금

Ti의 성질을 개선하기 위하여 첨가되는 합금원소는 Al, Sn, Mn, Fe, Cr, Mo, V 등이며 이러한 원소의 효과는 금속조직학적으로 분류하면 Ti의 $\alpha$상을 안정화하고, $\alpha$상 구역을 확대하는 원소와 $\beta$상을 안정화하고 $\beta$상 구역을 확대하는 원소로 분류할 수 있다. Ti합금의 대표적인 형을 그림 4-2에 나타냈다.

중요한 실용합금은 $\alpha+\beta$조직의 것이며 $\alpha$상만의 것은 열효과가 없으며 $\beta$상은 열처리효과를 얻을 수 있다. 다만 열처리효과가 있는 대신 용접성은 나빠진다.

Ti합금은 Ti금속에 비하여 내식성이 일반적으로 약화되며 이것을 개량하기 위하여 Mo, Ta, Zr, V 등을 가한다. 특히 Mo은 15~20% 첨가함으로써 내산성이 현저하게 개선된다. $\alpha+\beta$형 Ti합금은 Ti합금의 대표적인 것으로 Ti합금의 전 사용량의 2/3를 차지한다. 이 합금은 가공성이 뛰어나고 용접성이 좋으므로 고강도경량화 재료로서 주로 항공기의 구조용재, 단조부품에 사용되고 있다.

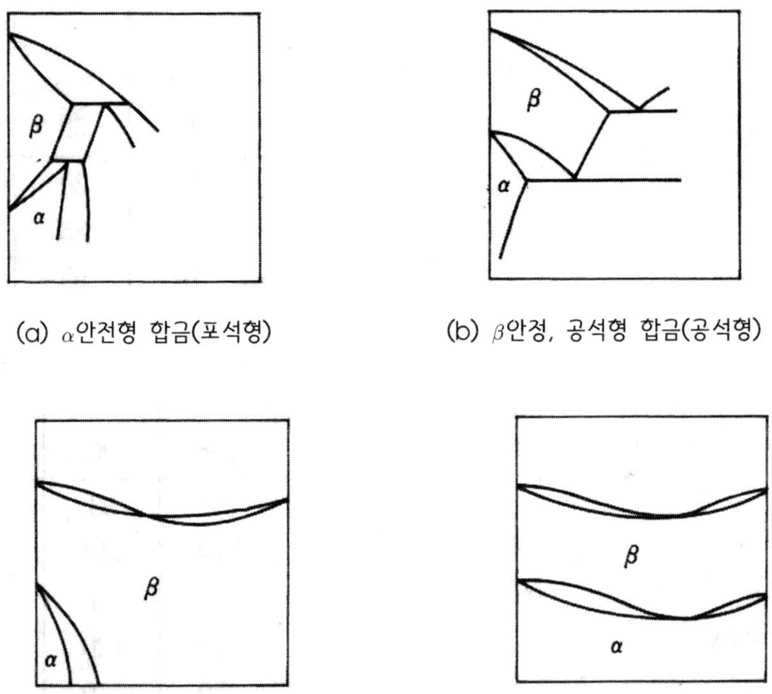


(a) α안전형 합금(포석형) (b) β안정, 공석형 합금(공석형)

(c) β안전 고용체형 합금(α−β동소변태형) (d) α, β전율 고용체형 합금(전율 고용체형)

[그림 4-2] 2원계 Ti합금의 평형상태도 형식

일반적으로 Ti합금은 순 Ti에 비하여 비강도가 높고 고온강도도 높다. 이 때문에 제트엔진의 축류압축기로서 사용된다. 그런데 Ti합금은 대단히 절삭가공하기 어려우므로 냉각작용과 윤활작용이 뛰어난 절삭액을 사용함이 바람직하다.

## 5. 니켈과 그 합금

### 5-1. 니켈의 성질과 용도

니켈은 면심입방격자의 원자배열을 하고 있으며, 353℃에서 자기변태를 가지며, 정련 니켈로는 전해니켈이 대부분이나 구상의 몬드(mond)니켈도 사용된다. 정련 니켈에 관한 화학성분을 표 4-8에 표시한다.

[표 4-8] 정련 니켈의 화학성분(KS D 2307)

2001년

| 종류 | 기호 | 화학 성분(%) | | | | | | | | |
|---|---|---|---|---|---|---|---|---|---|---|
| | | Fe | Cu | Pb | Mn | C | S | Si | Co | Ni |
| 특종 | NO | 0.005 이하 | 0.002 이하 | 0.001 이하 | 0.001 이하 | 0.01 이하 | 0.001 이하 | 0.001 이하 | 0.01 이하 | 99.98 이하 |
| 1종 | N1 | 0.02 이하 | 0.02 이하 | 0.004 이하 | 0.004 이하 | 0.03 이하 | 0.01 이하 | 0.004 이하 | 0.15 이하 | 99.80 이하 |
| 2종 | N2 | 0.04 이하 | 0.03 이하 | - | - | 0.03 이하 | 0.05 이하 | - | - | 98.00 이하 |

니켈의 열간가공 및 냉간가공이 용이하고 軟니켈판은 인장강도가 410~550(42~56$kg_f/mm^2$), 록크웰 경도는 50~75, 신율은 35~45이며, 경판의 인장강도는 670~735(70~75$kg_f/mm^2$), 록크웰 경도 95 이상, 신율은 23~25%이다. 니켈은 대기 중에서 부식되지 않으나 아황산($SO_2$)가스를 품은 공기에는 심하게 부식된다. 증류수, 해기(海氣)에 대해서도 강하고 중성 및 알칼리성 염류 수용액에도 내식성은 좋고 0.127mm/년 이하라 한다.

그러나 산화성 염류 수용액, 예를 들면 염화제 2철, 염화제 2동, 염화제 2수은 등에는 침식된다. 황산에는 침식되지 않으나 공기, 중크롬산염과 같은 산화제를 품으면 부식이 촉진된다. 염산에 대해서는 공기의 혼입정도, 농도에 따라 변한다. 질산, 아질산에는 빨리 침식된다. 유기산에 대한 부식작용은 약하나 고온에서는 초산, 개미산 등에 심하게 침식된다.

니켈은 가공성이 좋으므로 판, 봉, 선, 관을 만든다. 또 내식성이 좋으므로 화학공업의 재료에 사용되기도 하나 값이 비싸므로 일반용으로는 사용되지 않는다. 또 전자관 음극용 니켈판, 니켈봉 및 선으로도 이용된다.

니켈주물은 주조성을 좋게 하기 위하여 C(0.8~15%) 및 Si(1.5~6.0%)를 넣은 것이며 강도가 연강과 같고 내식성, 열전도성도 좋기 때문에 식품가공장치, 열교환기 등의 부품에 이용된다.

## 5-2. Ni-Cu 합금

Ni-Cu계 합금은 그림 4-3에 나타난 바와 같이 전율고용체를 형성하고 이 합금의 전기저항은 그림 4-4에 나타난 바와 같이 약 55% Ni에서 최대가 되며 그 온도계수도 50% Ni전후에서 최저값이 된다. 기계적 성질은 Cu에 Ni가 첨가됨에 따라 강도, 경도가 증가되어 60~70% Ni에서 최대가 된다. 냉간가공 후 저온도로 소둔하면 강도와 탄성한계가 증가한다. 실용합금은 다음과 같은 것이 있다.

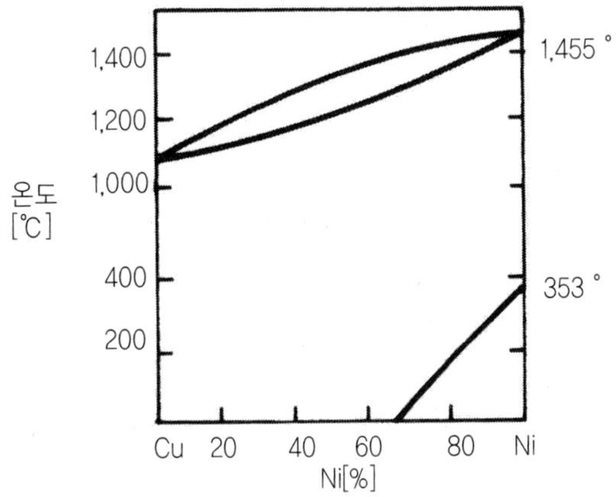


[그림 4-3] Cu-Ni계 평형 상태도

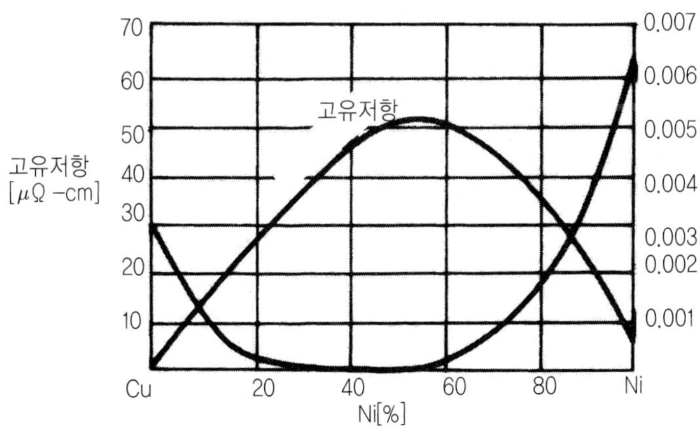


[그림 4-4] Cu-Ni합금의 전기저항성과 조성과의 관계

[1] 10~30 Ni합금(백동 : Cupro-nickel)

이 합금은 가공성이 좋아서 두께 25mm에서 1mm까지 중간풀림하지 않고 압연할 수 있다. 딥드로잉 가공에 적합하고 열간가공성도 좋다. 내식성도 좋아 화폐, 고성능 복사기, 열교환기 등에 이용된다.

[2] 40~50 Ni합금(콘스탄탄 : Constantan)

전기저항이 높고 그 온도계수가 낮으므로 정밀급 교류계측기, 통전기용, 배전반용 저항선, 자동차 히터용 전열선 등의 전기저항 재료로 쓰인다. 또 Cu, Fe, Pt 등에 대한 열기력값이 높으므로 열전대선으로도 쓰인다. 내산, 내열성이 좋고 가공성도 좋다.

[3] 60~70 Ni합금(모넬 메탈 : Monel metal)

이것은 캐나다에서 산출하는 Cu를 함유하는 Ni광석으로부터 직접 제련하여 만들어진 천연합금이다. 비교적 값이 싸면서 경도와 강도가 연강과 비슷하고 신율과 내마모성, 내식성 등이 우수하여 판, 봉, 선, 관, 주물 등으로서 터빈날개, 펌프 임펠러, 증기밸브, 항내기계, 화학공업용기 등 용도가 넓다.

# 실 • 력 • 평 • 가

**01.** 아연에 대한 설명 중 틀린 것은 ?[2012-2회 컴퓨터응용가공산업기사/기계설계산업기사]

㉮ 조밀육방격자형이며 회백색의 연한 금속이다.
㉯ 비중이 7:1, 용융점이 420℃ 이다.
㉰ 산, 알칼리, 해수 등에 부식되지 않는다.
㉱ 철판, 철선의 도금에 사용된다.

**02.** Ni에 Cr 13-21%와 Fe 6.5%를 함유한 우수한 내열, 내식성을 가진 합금은 ?
[2010-2회 컴퓨터응용가공산업기사/기계설계산업기사]

㉮ 게이지용강　　㉯ 스테인리스강
㉰ 인코넬　　㉱ 엘린바

**03.** 배빗메탈(babbit metal)의 주성분은 ?[2007-1회 컴퓨터응용가공산업기사/기계설계산업기사]

㉮ Sn-Sb-Cu　　㉯ Sn-Ni-Al
㉰ Pb-Cu-Fe　　㉱ Pb-Mo-Zn

**04.** 배빗메탈 이라고도 하는 베어링용 합금인 화이트 메탈의 주요성분으로 옳은 것은?[2011-2회 일반기계기사/기계설계기사]

㉮ Pb-W-Sn　　㉯ Fe-Sn-Cu
㉰ Sn-Sb-Cu　　㉱ Zn-Sn-Cr

**05.** 40~50% Ni을 함유한 합금이며, 전기저항이 크고 저항온도 계수가 작으므로 전기저항선이나 열전쌍의 재료로 많이 쓰이는 Ni-Cu합금은 ?[2010-2회 일반기계기사/기계설계기사]

가 엘린바　　나 라우탈
다 콘스탄탄　　라 인바

**06.** 다음 중 Ni-Fe 계 합금인 인바(invar)를 바르게 설명한 것은 ?[2007-2회 기계설계기사. 2011-1회 일반기계기사]

가 Ni 35~36%, C 0.1~0.3%, Mn 0.4% 와 Fe의 합금으로 내식성이 우수하고, 상온부근에서 열팽창계수가 매우 작아 길이측정용 표준자, 시계의 추, 바이메탈 등에 사용된다.
나 Ni 50%, Fe 50% 합금으로 초투자율, 포화 자기, 전기저항이 크므로 저출력 변성기, 저주파 변성기 등의 자심으로 널리 이용된다.
다 Ni에 Cr 13~21%, Fe 6.5%를 함유한 강으로 내식성, 내열성에 우수하여 다이얼게이지, 유량계 등에 사용된다.
라 Ni-Mo-Cr-Si 등을 함유한 합금으로 내식성이 우수하다.

**07.** 배빗메탈(babbit metal)에 관한 설명으로 옳은 것은 ?[2007-4회. 2010-4회 일반기계기사]

가 Sn-Sb-Cu계 합금으로써 베어링재료로 사용된다.
나 Al-Cu-Mg계 합금으로써 상온시효 경화시키면 기계적 성질이 개선된다.
다 Cu-Ni-Si계 합금으로써 도전율이 좋으므로 강력 도전재료로 이용된다.
라 Zn-Cu-Ti계 합금으로써 강도가 현저히 개선된 경화형 합금이다.

**08.** 다음 중 Ni, C, Mn 및 F의 합금으로 바이메탈시계 진자, 줄자, 계측기의 부품 등에 사용되는 불변강의 종류는 ?[2013-3회 기계설계산업기사]

가 인바　　나 엘린바
다 코엘린바　　라 플라티나이트

**09.** 니켈 60~70% 정도로 함유한 Ni-Cu계의 합금으로, 내식성이 좋으므로 화학공업용 재료로 많이 쓰이는 재료는 ?[2009-2회 기계설계산업기사]

가 톰백　　나 알코아
다 Y합금　　라 모넬메탈

**10.** 배빗메탈(babbit matal)의 주요성분으로 옳은 것은 ?[2009-1회 기계설계산업기사]

㉮ Sn-Sb-Cu ㉯ Sn-Sb-Zn
㉰ Sn-Pb-Si ㉱ Sn-Pb-Cu

**11.** 다음은 화이트메탈(white metal)에 대한 설명이다. 틀린 것은 ?[2005-1회 자동차 정비·검사산업기사]

㉮ Pb, Sn을 주성분으로 하고 여기에 적당한 양의 Sb, Cu 등을 첨가한 합금이다.
㉯ 강과 Sn을 주성분으로 한 베어링 합금이다.
㉰ 배빗메탈(Babbit metal) 이라고도 한다.
㉱ Cu에 Pb 25.40% 첨가한 합금으로서 항공기, 자동차의 메인베어링에 사용한다.

**12.** 주석계 화이트메탈 설명으로 틀린 것은 ?[2007-3회 자동차 검사산업기사]

㉮ 베어링용 합금이다.
㉯ 배빗메탈이라고도 한다.
㉰ Sn-Sb-Cu계 합금이다.
㉱ 고속, 고하중용 베어링으로 사용할 수 없다.

**13.** 비중이 7.1, 용융온도는 420℃로 주조성 및 기계적 성질이 우수하여 자동차용 및 건축용 부품에 많이 쓰이는 다이캐스팅용 합금으로 이용되는 금속은 ?[2013-3회 자동차 검사산업기사]

㉮ Zn ㉯ Sn
㉰ Pb ㉱ Ni

**14.** 티탄에 대한 내용으로 틀린 것은 ?[2008-3회 자동차 검사산업기사]

㉮ 로켓, 차량, 기계기구 등에서 구조용 재료로 이용된다.
㉯ 스테인리스강이나 모넬 메탈처럼 내식성이 강하다.
㉰ 비중이 강보다 가벼우나 알루미늄보다는 무겁다.
㉱ 용융점이 강보다 낮고 주조성이 우수하다.

**15.** 베어링 합금의 구비조건으로 적합한 성질은 ?[2009-1회 자동차 정비·검사산업기사]

㉮ 마찰 계수가 클 것 ㉯ 내마모성이 적을 것
㉰ 내부식성이 적을 것 ㉱ 열전도성이 클 것

*16.* 금반지를 18(k)금으로 만들었다. 순금(Au)은 몇 %가 함유된 것인가 ?[2009-1회 기계설계산업기사. 2012-4회 컴퓨터응용가공산업기사/기계설계산업기사]

㉮ 18 ㉯ 34
㉰ 75 ㉱ 100

*17.* 화이트메탈(white metal)에 대한 설명 중 틀린 것은 ?[2003-2회 자동차 정비·검사산업기사]

㉮ 주석계 화이트메탈과 납계 화이트메탈로 구분한다.
㉯ 주석계 화이트메탈을 배빗메탈(babbit metal)이라고도 한다.
㉰ 철도차량용 베어링 재료로 이용된다.
㉱ 다공질 재료에 윤활유를 흡수시켜 제조한다.

*18.* 다음의 비철금속 중 베어링 합금재료로 부적당한 것은 ?[2004-3회 자동차 검사산업기사]

㉮ 화이트 메탈 ㉯ 배빗메탈
㉰ 켈밋 합금 ㉱ 서멧

*19.* 다음의 금속재료 중에서 베어링 메탈과 가장 관계가 적은 것은 ?[2005-3회 자동차 검사산업기사]

㉮ 화이트 메탈 ㉯ 배빗메탈
㉰ 켈밋 ㉱ 모넬 메탈

*20.* 베어링용 합금이 축의 회전속도, 사용장소, 하중의 크기에 따라서 갖추어야 할 구비조건으로 올바른 설명은 ? [2007-2회 자동차 정비·검사산업기사]

㉮ 열변형이 적고 열전도율이 클 것
㉯ 강도와 강성은 작고 충격하중에 약할 것
㉰ 마찰계수가 크고 저항력이 클 것
㉱ 피로 강도는 작고 내식성이 클 것

정답

01. ㉰ 02. ㉰ 03. ㉮ 04. ㉰ 05. ㉰ 06. ㉮ 07. ㉮ 08. ㉮ 09. ㉱
10. ㉮ 11. ㉯ 12. ㉱ 13. ㉮ 14. ㉱ 15. ㉱ 16. ㉰ 17. ㉱ 18. ㉱
19. ㉱ 20. ㉮

CHAPTER 05

# 소결재료

소결재료는 금속분말 또는 합금분말 등을 형에 넣어서 가압 성형한 다음 융점이하의 고온도하에서 소결을 행하는 것에 의해 제조되어지는 것을 말한다. 소결재료는 소결법을 이용하기 때문에 다공질체, 금속과 비금속의 복합체, 고융점 금속제품을 종래에 이용되어 왔던 주조, 소성가공, 용접, 절삭이라는 방법에서는 얻는 것이 불가능하지만 소결법으로 만드는 것이 가능하고 있다.

## 1. 금속분말의 제조법

소결재료는 금속분말을 원료로 하는 것에서 양질의 원료분말을 얻는 것이 중요하다. 원료분말의 성질은 압축성형, 소결의 조작에 중대한 영향을 끼치고 최종적인 제품의 성질을 좌우한다.

원료분말은 금속분말과 합금분말뿐만 아니라 산화물, 탄화물, 기타의 화합물의 분말도 사용되어지고 있다. 원료분말의 제조법은 그 물질에 맞고 가격이 싸고 양질이면서 균질한 분말을 얻을 수 있는 방법이 취하여지는데 종류는 표 5-1에 표시한 것과 같이 원리적으로도 기술적으로도 많다.

기계적 분쇄법은 스탬프 밀(stamp mill), 볼 밀(ball mill) 등에 의한 분쇄방법으로 나누어진다. 이점은 다종의 금속분말을 가단하면서 싸게 제조하는 것이 가능하지만 초분말(超粉末)과 고순도의 분말을 얻는 것은 어렵다.

[표 5-1] 금속 및 금속 화합물분말의 제조법 일람표

| 제조법 | | 적용할 수 있는 금속 또는 화합물의 종류 | 분말의 형상 | 분말야금에 대한 적응성 |
|---|---|---|---|---|
| 기계적 분쇄 | 스탬프밀 | 전해금속, 용해잉고트, 금속화합물 | 부서지기 쉬운 것: 각상<br>유연한 것: 편상 | 일반적으로 부적합 |
| | 볼밀 | 전해금속, 금속산화물, 탄화물, 수소화합물 | 부서지기 쉬운 것: 각상<br>유연한 것: 편상 | 적합 |
| | 과류밀 | 강인한 금속 | 입상 | 적합, 기계 부품용 |
| | 카싱밀 | 경질점성 금속 | 편상 | 일반적으로 부적합 |
| 용탕 분화 | 입화밀 | Al, 기타 저융점 금속·합금 | 입상 | 부적합 |
| | 충격밀 | Fe, Cu, Al 및 그의 합금, 저융점 금속·합금 | 구, 액 | 일반적으로 부적합 |
| | 분무밀 | Fe, Cu, Al 및 그의 합금, 저융점 금속·합금 | 구, 액 | 적합 |
| 물리·화학적 분쇄 | 가스환원법 | W, Mo, Fe, Ni, Co, Cu | 해면상 | 적합 |
| | 고체환원법 | Ta, Nb, Cr, V, Ti, Zr, Be, U, Th | 구 또는 입상 | 적합 |
| | 염·산화물 열분해법 | Au, Ag, Pt | 해면 또는 입상 | 적합 |
| | 카보닐법 | Fe, Ni | 구상 | 적합 |
| | 수소화합물 분해법 | U, Th, Ta, Ti, Zr | 불규칙 | 적합 |
| | 습식전해법 | Cu, Ag, Fe, Ni, Mn, Pb, Zn, Sn | 수지상 | 적합, 자기 재료법 |
| | 건식전해법 | Ta, Nb, V, Ti, Zr, U, Th | 수지상 또는 입상 | 적합 |
| | 증발·응착법 | Zn, Cd, Mg | 구상 | 적합 |
| | 아밀감법 | Fe, Ni, Mn, Co, Cr | 미결정 | 일반적으로 부적합 |
| | 결정립계 부식법 | 스테인리스강 | 입상 | 적합 |

용탕 분화법(溶湯粉化法)은 대별하면 입상화법(粒狀化法)과 분무법(噴霧法)의 2종류로 된다. 용융금속에서 직접분말을 제조하는 방법이다. 일반적으로 능률이 좋고 합금분말의 제조에는 이점이 있지만 미분(微粉)을 제조하는 어렵다는 결점이 있다.

물리 화학적 분화법 내의 환원법에는 금속화합물의 고온 환원법, 염류용액의 환원법. 용융염의 환원법이 있지만 금속산화물, 산화물광석의 환원이 많이 이용되고 있다. 환원제에는 환원성이 강한 수소, 분해암모니아, 일산화탄소 등의 가스를 사용하는 것과 목탄, 코크스, 알칼리 및 알칼리토류금속과 같은 고체를 사용하는 것이 있다.

전해법에는 음극에 직접분말상 또는 해면상(海綿狀)으로 석출시키는 방법, 음극에 부서지기 쉬운 석출상태로 전착시켜 이것을 분리하여 분쇄하는 방법이 있지만 전자의 편이 분말야금에 적합하고 전해법에서는 대개 이 방법에 의한다.

## 2. 분말 야금법

### 2-1. 성형법

균일하게 혼합한 분말은 체적 또는 중량의 일정량을 정밀한 압형에 넣고 압축하여 계획했던 크기로 한다. 압형은 그림 5-1에 나타낸 것과 같이 형본체(型本體), 상부펀치, 하부펀치, 심봉(心棒)으로 된다.

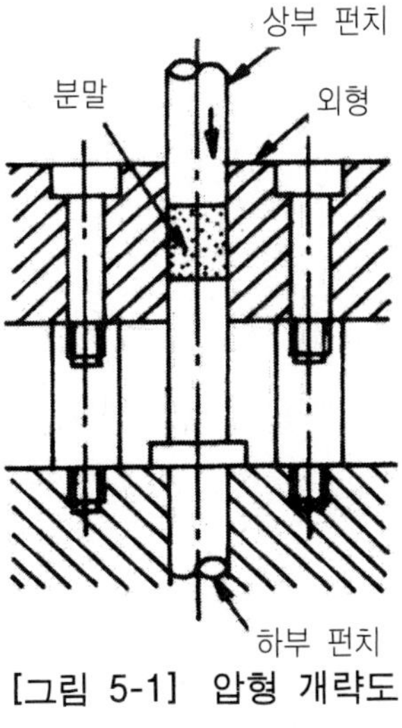


[그림 5-1] 압형 개략도

가압 성형법에는 그 밖에 원심력 가압법, 압출법, 정수 가압법, 고압 가압법, 분말 압연법, 슬립 캐스팅(slip casting)법, 고에너지가압법 등이 있지만 가장 오래전부터 이용되어지고 있는 것은 프레스법이다. 프레스법에는 편압방법(片押方法), 양압방법(兩押方法), 플루팅 다이(floating die: 부형)방법 등으로 분류되어진다.

## 2-2. 소결

가압성형한 압분체는 주성분의 용해온도의 약 2/3 정도의 온도로 유지한 관리보호분위기 중에서 소결을 행한다. 소결은 소결온도에서 액상이 아닌 경우와 액상이 따르는 경우가 있다. 또한 소결 후의 압분체는 소결전의 치수에서 압축하는 것이 일반적이다. 소결로는 가열온도, 소결온도, 소결시간, 냉각속도 등이 그 분위기와 함께 조절될 수 있는 구조가 바람직하다.

소결분위기는 소결체의 종류와 가스의 경제성 등에서 정해지지만 일반적으로 소결 중에 산화, 탈탄, 침탄 등의 반응이 일어나지 않고, 소결 중에 입(粒)표면의 산화물을 환원하고 흡착가스를 제거하는 등의 기능을 가진 것이 바람직하다. 따라서 분위기 중에는 산소, 유화수소, 아유산(亞硫酸) 등을 포함하지 않는 환원성을 가진 가스 등이 바람직하다. 일반적으로 진공, 수소, 분해 암모니아가스, 변형 탄화수소가스 등이 분위기로서 이용되어진다.

## 2-3. 후 처리

대부분의 소결품은 제품으로 되지만 제품의 요구에 의해 각종 처리가 행해진다.

### 2-3-1. 재가압

제품의 표면, 치수정도, 고밀도화를 목적으로 한 처리이다. 사이징(sizing)은 소결체의 압형 내에서 요구되는 치수를 얻기 위해 행하는 최종압축가공, 코이닝(coining)은 소결체의 압형 내에서 표면의 형상을 명확하게 하기 위한 최종압축가공이다.

### 2-3-2. 임프레그네이션(impregnation: 含浸)

베어링, 기계부품의 윤활과 내식의 목적으로 행하는 처리이다. 액상윤활제, 액상 비금속물질(내식성유 등)을 다공질의 소결품의 공(孔)에 침입시키는 처리이다.

### 2-3-3. 용침(溶浸)

소결품의 밀도, 경도, 강도 등을 증가시키는 목적으로 행해지는 처리이다. 저융점 금속, 합금을 다공질 소결제품의 공(孔)에 침입시키는 처리로서 금속체 중에 침적하기도 하고 소결과정에서 모세관 현상을 이용하여 행한다. 이것에 의해 기계적 성질의 양호한 치밀한 제품을 얻을 수가 있다.

분말 야금법에 의한 일반적인 방법을 그림 5-2에 표시한다.

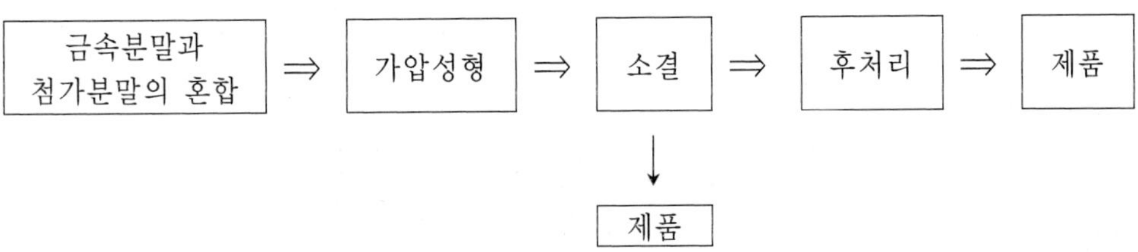


[그림 5-2] 소결재료의 제조공정

## 3. 소결재료

이 응용분야를 표 5-2에 표시하고 표 5-3에서는 소결금속의 자동차분야의 사용예를 표시한다.

[표 5-2] 분말야금의 응용분야

| 응용 분야 | | 합금 예 |
|---|---|---|
| 다공질제품 | 베어링 | Cu-Sn, Cu-Sn-C, Cu-Sn-Pb, Fe-C, Fe-Cu<br>Fe-Cu-C |
| | 필터, 열교환기 | Cu-Sn, Ni, 18-8스테인리스 |
| | 콘덴서 | Ta |
| 초경합금 | 절삭공구, 내마모공구 | WC-Co, WC-TiC-Co<br>WC-TiC-TaC(NbC)-Co |

| 응용 분야 | | 합금 예 |
|---|---|---|
| 복합합금 | 전기융점 | W-Ag, W-Cu, WC-Ag, WC-Cu, Ni-Ag, Ag-CdO, Ag-Mo |
| | 집전판 | Cu-Sn-Fe-C, Cu-Sn-P-Cr-C, Fe-Cu-Pb |
| | 클러치, 브레이크 등의 마찰재료 | Cu-Sn-Pb-C, Cu-Sn-Pb-$SiO_2$-C, Fe-C-SiC |
| 고융점금속 | 전구, 진공관재료 | W, Mo, Ta, Nb, Re, Zr, 이들의 합금 |
| 세멧트 | 초내열재료, 절삭공구 | TiC-Ni, TiC-Ni-Cr, TiC-Ni-Cr-Co, $Al_2O_3$- Cr, $Cr_3C_2$계 |
| 분산형복합합금 | 내크리프재료 | Al-$Al_2O_3$, Cu-$Al_2O_3$, Ni-$ThO_2$ |
| 원자로재료 | 연료, 구조용재료, 기타 | $UO_2$-Al(Zr), UC-Al(Zr), Zr, Be, Al, Th |
| 저가재료 | 소결금속, 자석 | Al-Ni-Co-Cu, Fe-Ni-Al, Fe-Ni-Ti |
| 페라이트 | 자석, 자기재료 | CoO·$Fe_2O_3$-FeO·$Fe_2O_3$, BaO-·$Fe_2O_3$ |
| 기계부품 | 캠, 기어, 기타 | Fe, Fe-C, Fe-Cu, Fe-Cu-C, Cu-Sn, Cu-Zn, 스테인리스강 |

[표 5-3] 소결금속의 사용 예

| 분 류 | 부 품 | 재질 예 |
|---|---|---|
| 엔진부품 | 타이밍 스프로킷(크랭크 샤프트, 캠샤프트) | Fe-Cu-C, 열처리 |
| | 드라이브 스프로킷(캠 샤프트, 오일펌프) | Fe-Cu-C |
| | 오일펌프(로터, 드리븐) | Fe-Cu-C |
| | 슬스트 플레이트(캠 샤프트, 펌프, 드라이브 샤프트) | Fe-C, Fe-Cu-C, 열처리 |
| | 연료분사펌프 콘트롤 슬리브 | Fe-Ni-Cu-C |
| | 연료분사펌프 콘트롤 피니언 | Fe-Ni-C |
| | 연료분사펌프 캠 | Fe-Cu-C |
| | 연료분사펌프 드라이버 기어 | Fe-Cu-C |
| | 연료분사펌프 드리븐 기어 | Fe-Ni-Cu-C |
| | 연료분사펌프 암 | Fe-Cu-C |
| | 밸브 시트 | 내열합금계 |
| | 밸브 콕터 | Fe-Ni-S 열처리 |
| | 커넥팅로드 | (소결단조) Fe-Cu-C |
| | 캠샤프트 | 고합금 |
| 동력전달부품 | 클러치 허브 | Fe-Cu-C, 열처리 |
| | 싱크로메시 시프팅 기어 | Fe-C, Fe-Cu-C, 열처리 |
| | 기어부시 | Fe-C, Fe-Cu-C |

| 분 류 | 부 품 | 재질 예 |
|---|---|---|
| 동력전달부품 | 스러스트 와셔 | Fe-Cu-C |
| | 솔레노이드 볼 | Fe-Ni-Cu-C |
| | 시프트 러버 부시 | Fe-C |
| | 시프트 인터록 플레이트 | Fe-Cu-C, 열처리 |
| | 기어 스페이서 | Fe-Cu-C |
| | 클러치 압력판 | Fe-Cu-C |
| | 오일펌프(로터, 드리븐) | Fe-Cu-C |
| | 클러치 허브 | Fe-Cu-C, 용침 |
| | 클러치 릴리즈베어링 | Fe-Cu-C, 열처리 |
| 현가장치부품 | 볼 조인트 | Fe-Cu-C, 열처리 |
| | 쇽업쇼버 피스톤 | Fe-C |
| | 쇽업쇼버 가이드 | Fe-C |
| | 쇽업쇼버 밸브케이스 | Fe-C,<br>Fe-Cu-C |
| | 쇽업쇼버 베어링 | Fe-Cu-C |
| 차체부품 | 도어록 스트라이커 | Fe-Cu-C,<br>Fe-NI-C 열처리 |
| | 리클라이닝 스톱라켓 | Fe-NI-C 열처리 |
| | 윈도우 레귤레이터 피니언 | Fe-C, 열처리 |
| 스티어링 부품 | 파워스티어링 베인펌프 롤러 | Fe-C |
| | 파워스티어링 펌프 압력판 | Fe-Cu-C |
| | 조인트 부품 | Fe-Cu-C |
| | 부시 | Fe-Cu-C |

### 3-1. 기계부품

소결재료에서 기계재료에 이용되어지고 있는 것에는 소결재료의 다공성을 이용하는 것과 다공성을 줄여서 구조재료로서 이용하는 것이 있다. 전자는 함유재료(含油材料)로 마찰부에 있어서 마찰을 완화하는 것으로 후자는 고밀도재료로 종래의 주조 단조품의 분야에 진출하는 것으로 발전이 기대되고 있다.

기계적 성질에는 일반적으로 인장강도 300~400MPa이지만 열처리, 용침, 단조 등의 후 처리를 행하면 600~1000MPa의 성질을 얻는 것이 가능하다.

## 3-2. 다공질부품

주된 것으로 소결함유 베어링이다. 이것은 소결체의 다공성을 이용하여 용적비에서 10~30%의 기름을 함침시켜 축회전에 의한 흡인력과 베어링의 온도상승에 의해 자기급유를 행하는 것이다. 다공질 소결체 중에서도 역사적으로 가장 오래된 것이다.

이 밖에 다공질을 이용한 것으로 소결금속 필터, 방기용(紡機用) 소결링크, 열교환기, 전극, 촉매, 열음극, 패킹 등이다. 소결금속 필터는 각종의 기름종류, 고저온의 유체에 견디고 성분을 흡수하는 것도 흡착하는 것도 작다. 또한 기계적, 열적충격에 강하고 여과성에 우수하고 수명이 길다는 장점이 있다.

## 3-3. 마찰부품

마찰부품은 토목건설기계, 자동차, 철도차량, 항공기 등의 클러치, 브레이크에 이용되어지고 있지만 종래 이용되고 있는 수지 등은 내열성에 약하고, 세라믹은 충격에 약한 결점이 있다. 이 점에서 소결금속 마찰재료는 내열성에 우수하고 마찰도 적고 마찰계수도 크는 등 마찰재료로서 우수하다.

마찰부품은 주로 청동계로서 예를 들면 표 5-6과 같은 것이 있지만 주조용의 연청동 베어링합금의 성분에 흑연을 넣은 형이 기본으로 되어 있다. 근년 $SiO_2$, $Al_2O_3$, $3SiO_2$ $Al_2O_3$ 등 각종의 세라믹을 다량으로 배합하여 내열성을 향상시킨 것이 나오고 있다.

[표 5-6] 클러치 및 브레이크용 소결마찰재료의 예

단위 %

| 종 류 | Cu | Pb | Sn | C | Fe | 기 타 |
|---|---|---|---|---|---|---|
| 건식 사용 | 73 | 14 | 7 | 6 | | |
| | 70.9 | 10.9 | 6.3 | 7.4 | | 규사 4.5 |
| | 62 | 12 | 7 | 7 | 8 | 규사 4 |
| 건식 클러치 및 브레이크 | 75 | 6 | 7 | 5 | | $MoS_2$, 4, 장석 3 |
| | | | | 18 | 56 | Zn 14, SiC 4, 크로마이트 |
| 건식 클러치 및 브레이크 | 74 | | 3.5 | 16 | | Sb 2, 방연현 4.5 |

### 3-4. 초경합금 및 서멧(cermet)

초경합금은 주기율표에서 ⅣA, ⅤA, ⅥA의 귀금속의 탄화물을 Fe, Co, Ni 등 철계금속을 이용하여 소결한 복합합금의 것이다. 초경합금의 목적이 절삭공구, 내마모공구 등이기 때문에 강도, 인성이 특히 우수한 WC-Co계 합금이 주류로 되고 있다. 기타 WC-TiC-Co계, WC-TiC-TaVC(NbC)-Co계, WC-TaC(NbC)-Co계가 있다.

소결법에서는 hot press가 초기부터 이용되어 근년 HIP(hot isostatic pressing)법이 주로 대형정밀제품의 제조에 많이 도입되고 있다.

서멧는 내화물(ceramics)과 금속(metal)의 합성어이다. 제트엔진, 로켓엔진의 내열부품으로서 개발되었다. 주원료의 내화물에는 탄화물(TiC, $Cr_3C_2$ 등), 산화물($Al_2O_3$, $ThO_2$ 등), 질화물(TiN), 금속은 Co, Cr, Ni, Ni-Mo 등이 사용되고 있다. 이 중에서도 TiC계, $Cr_3C_2$계, $Al_2O_3$계 서멧이 중요시되고 있다. TiC-Ni-$Mo_2C$계와 같이 서멧 공구로서 이용되어지고 있는 것도 있다.

# 실 • 력 • 평 • 가

***01.*** 고온에서 소결처리 하여 만든 비금속 무기질 고체재료 즉, 유리, 도자기, 시멘트, 내화물 등과 같은 고체재료의 통칭인 용어는 ?[2008-2회 자동차 정비·검사산업기사]

㉮ 알런덤(alundun) ㉯ 멜라닌(melanin)

㉰ 몰타르(mortar) ㉱ 세라믹(ceramics)

***02.*** 공작기계 및 자동차 등에 사용되는 소결 마찰부품의 구비조건으로 맞지 않는 것은 ?[2013-1회 컴퓨터응용가공산업기사]

㉮ 내마모성, 내열성이 낮을 것

㉯ 마찰계수가 크고 안정될 것

㉰ 가격이 저렴할 것

㉱ 열전도성, 내유성이 좋을 것

***03.*** 다음 중 소결합금으로 된 공구강은 ?[2012-2회 컴퓨터응용가공산업기사/기계설계산업기사]

㉮ 초경합금 ㉯ 스프링강

㉰ 기계구조용강 ㉱ 탄소공구강

***04.*** 오일리스 베어링(oilless bearing)의 특징을 설명한 것으로 틀린 것은 ?[2012-1회 컴퓨터응용가공산업기사/기계설계산업기사]

㉮ 다공질이므로 강인성이 높다.

㉯ 기름 보급이 곤란한 곳에 적당하다.

㉰ 너무 큰 하중이나 고속 회전부에는 부적당하다.

㉱ 대부분 분말 야금법으로 제조한다.

**05.** 다음 중 소결 경질합금이 아닌 것은 ?[2010-4회 기계설계산업기사]

㉮ 위디아(Widia)　　㉯ 탕가로이(Tangaloy)

㉰ 카보로이(Carboloy)　　㉱ 프레티나이트(Platinite)

**06.** 성형이 어려운 텅스텐 등과 같은 고온용 신소재의 소결법으로 가장 적절한 것은?[2007-2회 기계설계산업기사]

㉮ 분말 야금법　　㉯ 주조법

㉰ 용접법　　㉱ 압연법

**07.** 초경합금 공구강을 구성하는 탄화물이 아닌 것은 ?[2007-4회, 2012-4회 일반기계기사]

㉮ WC　　㉯ TiC

㉰ TaC　　㉱ $Fe_3C$

정답

01. ㉱ 02. ㉮ 03. ㉮ 04. ㉮ 05. ㉱ 06. ㉮ 07. ㉱

# 비금속재료 및 신소재 04

MACHINE MATERIALS

- 플라스틱 재료
- 신소재 재료

# 01 CHAPTER 플라스틱 재료

플라스틱의 성질을 가지고 있는 것 중에서 제일 낯익은 것으로서는 찰흙을 생각하면 된다. 물기가 있는 찰흙을 손가락으로 나누면 쉽게 변형해서 모양이 비뚤어지고 우묵해지는데 손가락을 떼어도 변형한 형상은 그대로 남는다. 이와 같이 힘을 가하면 변형하고 힘을 제거한 후에도 변형한 상태가 그대로 남아 있는 성질을 가소성(可塑性)이라 한다. 이와 같이 생각해 나아가면 열을 가했을 때 녹는 유리나 도구 또는 금속까지도 가소성을 가지고 있으며 열가소성물질임에 틀림없다.

그러나 유기고분자계 플라스틱재료가 생긴 이래 지금은 비교적 낮은 온도에서 연하게 되고 가소성을 지니게 되는 유기고분자로 만들어진 재료나 제품이 플라스틱의 대명사가 되고 말했다. 그 뒤로 플라스틱이라고 하면 유기고분자 수지재료를 일으켜 일컬으게 되고 말았다. 다시 말하면 그런 정도로 플라스틱은 일반화하여 많이 사용하게 되었다.

현재 실제로 사용되는 플라스틱 재료의 종류는 대단히 많지만 그 원료는 거무죽죽하고 끈적끈적한 구린내 나는 석유와 새까만 덩어리인 석탄, 그리고 천연가스, 석회석 등이다.

이와 같은 원료는 지구상에서 얼마든지 있고 값싸게 또한 쉽게 얻을 수 있는 것이다. 즉 이와 같은 원료에서 만들어진 플라스틱 제품은 값싸고 일상생활 및 공업용으로 사용되고 있다.

원료에서 플라스틱 제품을 만들기 위해서는 몇 가지 공정이 필요하다. 그림 1-1과 같이 원료에서 수지원료가 만들어지고 여기에서 다시 성형재료가 만들어진다. 이 성형재료를 가지고 성형공정에서 제품화하여 판매된다. 필요하면 성형품은 금속도금, 접착가공 등의 2차 가공을 거쳐 최종 제품화할 때도 있다.

플라스틱 제품은 성형품이 제일 먼저 만들어지지만 도료, 접착제와 같이 원료에서 바로 특수한 가공을 해서 제품으로 만들 때도 있다.

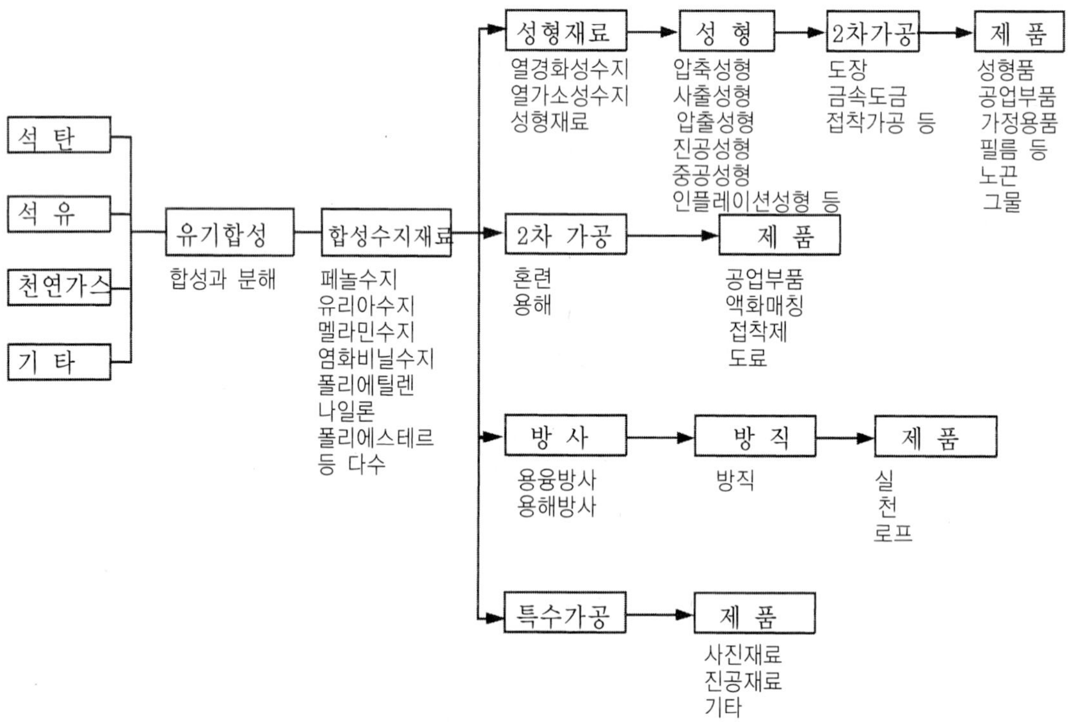


[그림 1-1] 합성수지 원료에서 플라스틱 제품까지

# 1. 플라스틱의 성질

## 1-1. 플라스틱의 성질

수지(樹脂)라고도 불리어지는 플라스틱은 그 종류에 따라 성질이 약간씩 다르지만 일반적으로 공통된 성질은 다음과 같다.

[1] 장점

① 가볍다(비중: 0.9~2.5).

② 좋은 전기 절연성을 가진다.

③ 성형가공성이 우수하다(시료의 자유도가 크고 치수정도가 높다).

④ 내수성, 내약품성이 좋은 것이 있다.

⑤ 가공법에 따라 여러 가지 성질의 것을 만들 수 있다.

⑥ 방음 방진성이 좋다.

⑦ 내충격성이 글라스보다 크다.

⑧ 도장, 금속도금, 금속증착, 인쇄 등 표면처리가공, 착색 등이 용이하다.

⑨ 가격이 저렴하다.

[2] 단점

① 저온에서는 취약하고 고온에서는 열변형하기 쉽다.

② 열, 자외선, 산소 등에 의해 외관변형, 균열이 발생하기 쉽다.

③ 내하중성이 낮다.

④ 약산, 약알칼리, 염류에는 강하지만 유기용제에는 용해하기도 하고 팽창하기도 한다.

⑤ 표면의 경도가 약하여 흠이 생기기 쉽고 또한 대전(帶電)하기 쉬워 더러워지기 쉽다.

## 2. 플라스틱의 종류

플라스틱에는 여러 종류가 있고 이것을 분류할 때에 가열시의 나타나는 반응에 의해 분류하면 열가소성 플라스틱(수지)과 열경화성 플라스틱(수지)으로 나눌 수 있고, 분자구조에 기초를 두고 공업재료로서 이용되고 있는 플라스틱의 물리적 기계적 성질의 우열에 따라 분류하면 범용 플라스틱과 범용엔지니어링 플라스틱 그리고 고성능(특수 엔지니어링) 플라스틱으로 분류된다.

## 2-1. 열가소성 플라스틱과 열경화성 플라스틱

열가소성 플라스틱에는 결정성과 비결정성의 2가지가 있다. 열가소성 플라스틱은 폴리머가 쇄상이기 때문에 가열되어지면 쇄상분자의 자유운동이 크게 되어 어떤 레벨을 초과하면 유동상태로 된다. 이와 같이 유연하고 유동성을 가지기 때문에 쉽게 성형할 수 있다.

성형 후에 냉각하면 쇄상분자의 자유운동이 적게 되고 유동성을 잃고 고화하여 성형체가 이루어진다. 이 때문에 열가소성 플라스틱의 성형가공은 플라스틱의 용융상태를 이용한 것으로 되어 있다. 이것에 비해 열경화성 플라스틱은 가열되면 쇄상분자사이에서 측쇄인 가지의 가교반응이 진행되어 3차원적인 가교구조가 가능하다(그림 1-2). 이 가교반응이 진행하면 열경화성 플라스틱은 경화하여 성형체로 된다. 열경화성 플라스틱의 가교반응은 비가역성의 반응이기 때문에 한번 경화한 열경화성 플라스틱은 원칙적으로는 원상태로 되돌아가는 리사이클이 불가능하다. 한편 열가소성 플라스틱은 열에너지에 의해 쇄상분자의 자유운동의 상태에 따라 용융하는 가역반응이기 때문에 원리적으로는 리사이클이 가능하다. 이러한 점에서 최근에는 높게 평가되어지고 있다.

또한 열가소성 플라스틱의 결정성과 비결정성에서는 폴리머의 분자구조가 비교적 규칙적인 것이 결정성의 플라스틱으로 된다.

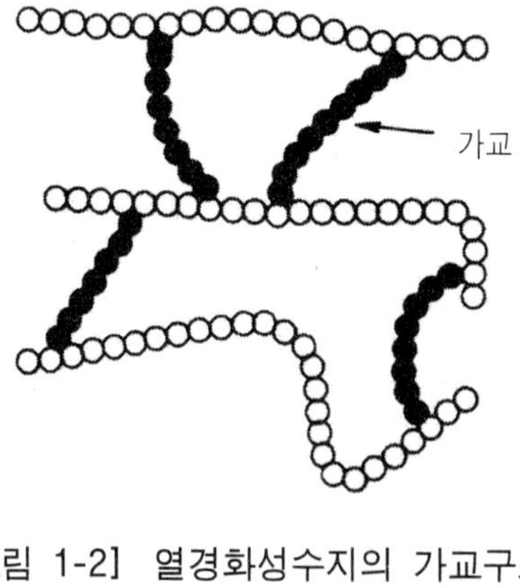


[그림 1-2] 열경화성수지의 가교구조

결정성이라고 하여도 금속과 세라믹의 결정구조와 같이 결정립자 전체가 결정구조를 취하고 있지는 않고 어떤 부분은 결정부분이고 그 외의 부분은 비결정상태의 비결정 부분으로 되어 있다. 결정부분은 융점을 가지고 비결정부분은 글라스 전이온도 $T_g$를 가진 부분으로 쇄상분자가 질서정연하지도 나란하지도 않다. 결정성의 열가소성플라스틱은 일반적으로 글라스 전이온도(轉移溫度)가 상대적으로 낮기 때문에 내열성이 낮다. 이것을 개량하기 위해 결정성의 열가소성 플라스틱에 글라스섬유 등을 첨가하여 강화하여 결정화하는 비율을 높여서 내열성을 향상시키는 수법이 이용되어지고 있다.

한편 열가소성 플라스틱의 비결정성은 결정부분과 비결정부분이 혼재하고 있지 않기 때문에 성형품의 치수정도가 높은 특징을 가지고 있다. 표 1-1에 열가소성 플라스틱과 열경화성 플라스틱의 종류는 표시한다.

[표 1-1] 열가소성 플라스틱과 열경화성 플라스틱의 종류

| | 수지의 종류 | | 수지의 종류 |
|---|---|---|---|
| 열경화성수지 | 페놀수지<br>유리아수지<br>멜라민수지 | 열가소성수지 | 염화비닐수지<br>염화비닐착산비닐수지<br>착산비닐수지 |
| | | | 폴리비닐아세탈<br>폴리비닐알콜<br>염화비닐리덴수지 |
| | 크실렌수지<br>디알릴프탈레이트수지<br>폴리에스테르수지 | | 폴리에틸렌<br>폴리프로필렌<br>폴리스티렌 |
| | | | ABS수지<br>SAN수지(AS수지)<br>메타그릴산메틸수지 |
| | 프탈수지<br>에폭시수지<br>푸란수지 | | 폴리우레탄수지<br>폴리아미드<br>섬유소계수지(착산섬유소, 질산섬유소) |
| | 아닐랄수지<br>폴리우레탄수지<br>부톤수지 | | 폴리아세탈<br>폴리카아보네이트<br>폴리사플루오르화에틸렌 |
| | | | 폴리플루오르화염화에틸렌<br>실리콘수지 |

| | 수지의 종류 | | 수지의 종류 |
|---|---|---|---|
| 열경화성수지 | 폴리디패닐에테르수지<br>알킬벤젠수지<br>벤조그아나민수지<br>폴리아미드이미드수지 | 열가소성수지 | 에틸렌착산비닐중합체<br>폴리페닐옥시드(PPO수지)<br>TRX |
| | | | FR.PET(상품명)<br>(섬유강화쇄상폴리에스테르) |

## 2-2. 범용(汎用) 플라스틱

분자구조에 기초로 둔 분류로 공업재료로서 실제로 이용되어지고 있다. 플라스틱의 물리적 기계적 성질의 우열에 따른 분류는 범용 플라스틱과 범용 엔지니어링 플라스틱 그리고 고성능(특수 엔지니어링) 플라스틱 등으로 나누어진다. 대표적인 범용 플라스틱에는 PP(폴리프로필렌)과 ABS(아크로니트릴 브타디엔 스틸렌), PS(폴리스티렌), PE(폴리에틸렌), PVC(염화비닐), PMMA(메타아크릴), PU(폴리우레탄), 페놀수지 등이 있다. 공업용 플라스틱 수요의 약 70% 이상을 점하고 있다.

### 2-2-1. PP(폴리프로필렌)

범용 플라스틱와 엔지니어링 플라스틱 중에서 밀도가 0.9g/cm$^3$으로 가장 가벼운 플라스틱이다. 결정성 플라스틱이기 때문에 글라스섬유 등으로 강화하면 기계적 성질과 내열성을 대폭 향상시킬 수 있다. PP 호모폴리머는 굽힘 탄성률 1.3만kg$_f$/cm$^2$으로 크지만 강성이 높은 만큼 내충격성이 나쁘다. 23℃에서 아이조드 충격치가 1.5kg$_f$·cm/cm로 작다. 이것을 해결하기 위해 경한 호모폴리머 중에 유연한 폴리머를 넣는 방법이 취해지고 있다. 즉 호모폴리머에서 강성을 가지게 하고 유연한 폴리머로 충격을 흡수시키는 코폴리머(copolymer)로 하면 좋다.

PP 코폴리머는 어느 정도 규칙적으로 중합한 블록 코폴리머와 뿔뿔이 흩어져 중합한 랜덤 코폴리머가 있다. 블록 코폴리머는 강성이 약간 낮지만 내충격성이 랜덤 코폴리머보다도 우수하다. 특히 -20℃의 저온에서의 내충격성이 우수하다. 그 때문에 자동차용에는 대부분이 PP(폴리프로필렌) 블록 코폴리머가 사용되어지고 있다. PP의 특성은 다음과 같다.

### [1] 장점

① 범용플라스틱 중에서 열변형온도가 높다.

② 내응력 균열성, 내약품성에 우수하다.

③ 무기, 유기 충진제와 에라스토머와의 혼합에 의해 다양한 물성이 나온다.

④ ABS에 비해 비중이 작고 가격이 싸기 때문에 ABS로부터의 대체검토가 활발하여 용도가 복잡한 것이 많다.

### [2] 단점

① 고결정성이기 때문에 성형흡수율이 커서 성형조건에 따라 변형이 발생하기 쉽다.

② 극성기(極性基)를 가지지 않았기 때문에 도장과 접착이 어려워 전처리가 필요

③ 내후성, 산화(酸化)안정성, 동접촉해(銅接觸害) 등에 대하여 주의가 필요

그리고 그림 1-3에 PP의 분자구조를 보여준다. 자동차용에는 컴파운드 기술을 구사한 고성능 등급의 PP가 적용되고 있다. 그 전형적인 예가 범퍼용의 고성능 등급이다. 그림 1-4에 자동차에 사용되는 부위와 재료를 나타내고 있다.

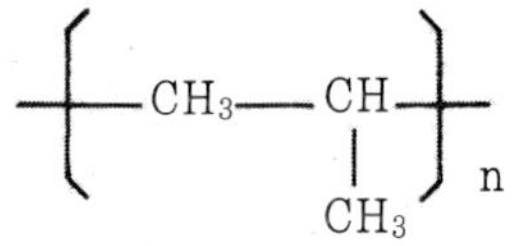

[그림 1-3] PP의 분자구조

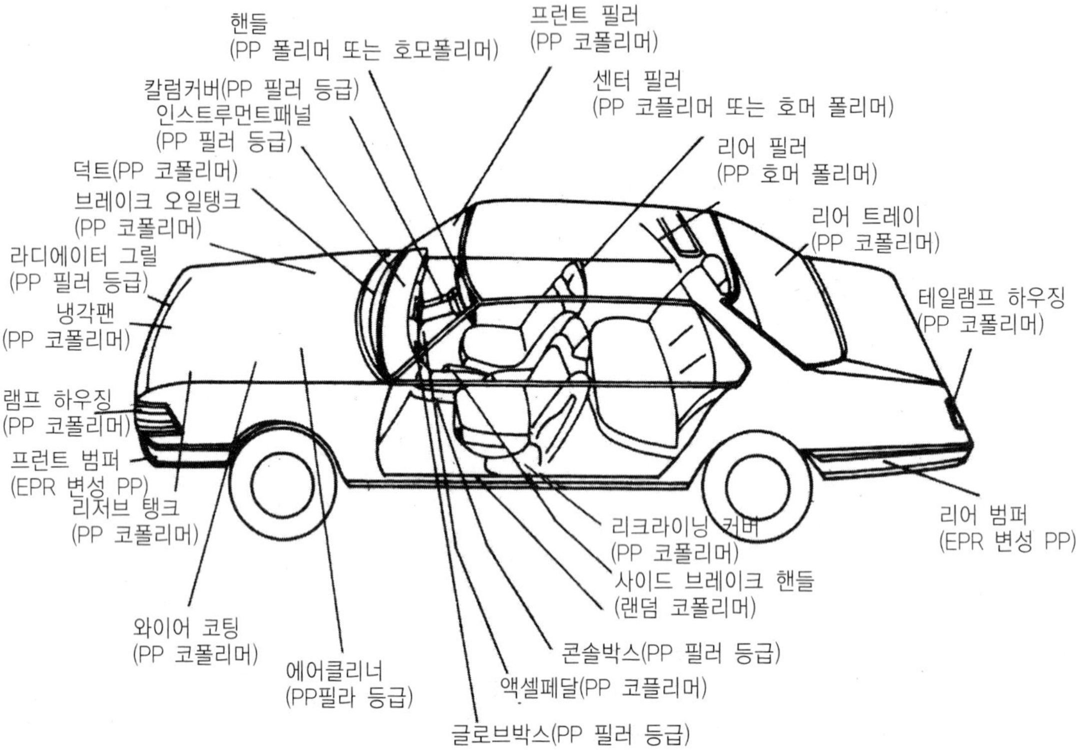


[그림 1-4] 자동차에 사용되고 있는 PP수지

## 2-2-2. ABS(아크로니트릴 브타디엔 스티렌)

부타디엔 고무에 아크로니트릴 스티렌(AS)를 3원공중합(元共重合)시킨 불투명한 비정성(非晶性)수지이다(그림 1-5).

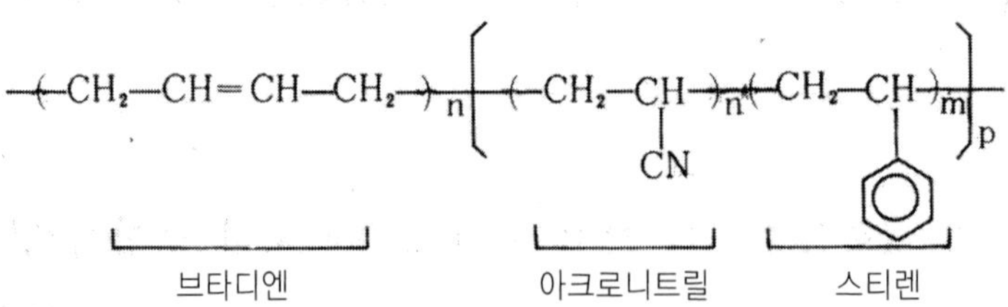


[그림 1-5] ABS의 분자구조

ABS의 특징은 폴리스티렌의 내충격성, 기계강도의 특성을 개선한 공중합수지로서 그 성분에 따라서 성질이 달라진다. 아크로니트릴이 증가하면 경도, 인장강도, 탄성율, 내충격성, 내용제성, 내열성이 증대되고 고주파 절연성이 저하하고, 부타디엔이 증가하면 인장강도, 탄성율, 경도가 감소되고 내충격성, 내마모성, 신율이 증대되며 연한 성질의 것으로 된다. 그리고 스티렌이 증가하면 용융유동성이 증대되고 단단하게 되며 취약한 성질이 된다. 일반적으로 ABS는 내충격성과 외관성, 성형성에 우수하다. 결점은 내약품성과 내후성이 약간 떨어지는 점이다.

자동차 분야의 용도는 내충격성과 성형성에 우수할 뿐만 아니라 색조와 표면광택 등의 외관마무리성이 좋고 도장도 용이하기 때문에 PP, PU(폴리우레탄),염화비닐과 함께 자동차의 플라스틱화에 불가결한 수지로 되어 있다. 외장부품에서는 라디에이터 그릴, 램프 하우징, 휠 캡 등에 사용되며 외장부품의 약 40%를 점하고, 내장부품으로서는 인스트루먼트패널, 콘솔 박스, 센터 필러 등에 사용되면서 내장부품의 약 60%를 점하고 있다.

최근에는 얼로이화 기술에 의해 내열성이 120~130℃의 것이 개발되고 있고 또한 이러한 얼로이화에 의해 자동차용에 적용이 확대되고 있다(표 1-2).

[표 1-2] ABS의 얼로이화에 따른 종류와 특징

| ABS 얼로이 | 특 징 | 용 도 |
|---|---|---|
| ABS/PC | 내열성, 내충격성, 100~130℃ 사용가능 | 휠캡, 핸들 혼 패드 |
| ABS/PVC | 내열성, 난연성 | OA가구, 전기제품 |
| ABS/Ntlon (6, 66) | 인성, 양호한 가공성 | 외장부품 |

## 2-2-3. PS(폴리스티렌)

스티렌 모노마를 부가중합한 투명한 비정성(非晶性)수지이다(그림 1-6). 비정성 고분자로서 용융 유동되기 쉽고, 강도 강성이 우수하고, 광택이 있으며 또한 열안정성, 성형성은 좋으나 취약하여 충격에 의해 파손되기 쉬워 내충격성이 낮고, 또한 내열성, 내약품성이 낮다.

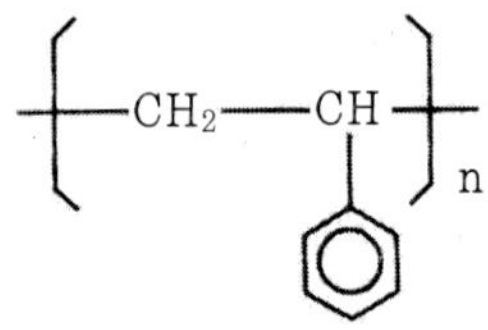

[그림 1-6] PS의 분자구조

이러한 결점을 보완하기 위해 고무를 혼합하여 내충격성을 높인 내충격 폴리스티렌과 아크로니트릴, 브타디엔, 스티렌을 공중합시킨 ABS수지가 있다.

### 2-2-4. PE(폴리에틸렌)

폴리에틸렌은 에틸렌가스의 중합에 의해 만들어진다(그림 1-7). 에틸렌가스는 석유의 크래킹에 의해 얻어진 석유가스, 천연가스 또는 아세틸렌의 수소첨가에 의해 얻어진다.

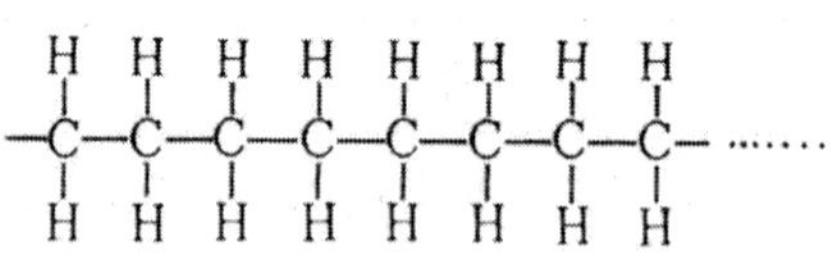

[그림 1-7] PE의 분자구조

폴리에틸렌은 중합법이 달라짐에 따라 얻어지는 폴리머의 성질이 달라져 중합시의 가압의 정도에 의해 고압법, 중압법, 저압법으로 분류되는 것이 많지만 폴리에틸렌의 성질은 밀도와 관계가 깊기 때문에 일반적으로 밀도에 의한 분류가 잘 이용되어진다.

저밀도 PE는 성형재료로서 가장 일반적으로 사용되고 있는 재료이며 부드럽고 대단히 용도가 넓은 폴리에틸렌이다. 기계특성도 좋으며 신장되기 쉽고 고주파 전기절연성이 우수하며 뛰어난 화학특성을 가지고 있고 성형성이 좋다. 그리고 저밀도의 PE는 분자가 주쇄(主鎖)에 휘어져 각소(各所)에 분기(分岐)가 있어 분자의 규칙적인 배열이 방해받기 때문에 결정화도(結晶化度)가 적다.

중밀도, 고밀도 PE는 저밀도 PE의 연하고 약하고 또 내열성도 나다는 등의 특성을 보완한 경질재료이다. 이 중에서 HDPE(고밀도 폴리에틸렌)는 대개 이상적인 직쇄상(直鎖狀)을 하고 있어 결정구조를 취하기 쉽게 되어 있다.

PE의 결정영역의 밀도는 약 1.0, 비정부는 약 0.8이고 결정화도의 정도에 의해 밀도 0.91~0.965 정도의 PE가 얻어질 수 있다. PE의 밀도와 성질의 관계를 보면 밀도가 높은 만큼 강도, 강성 및 연화온도가 높아지고 신율이 저하하여 충격강도가 낮게 된다. PE 중에서 자동차용 부품에 사용하는 PE는 대부분이 저압법 PE이다.

[표 1-3] PE의 자동차부품 용도 예

| 부 위 | 사용 부품 | 수 지 | 적용방법 |
|---|---|---|---|
| 엔진룸 및 기타 | 오일 리저브 탱크, 브레이크 리저브 탱크, 에어덕트 호스 | 저압법 PE | 중공 성형 |
| 외장 | 팬더 라이너, 도어 핸들 | 중·저압법 PE | 압출, 사출 |
| 내장 | 헤드라이닝과 도어 트림의 쿠션재, 벨트 카버, 트렁크룸 내장재 | 고압법 PE | 발포압출 |

현재 자동차부품으로 사용되고 있는 것(표 1-3)은 에어 덕트, 오일 리저브 탱크, 브레이크 리저브 탱크 등 엔진 룸을 중심으로 한 부분이며 주로 HDPE가 쓰이고 외장, 내장재의 일부에서 사용되고 있는 것은 LDPE(저밀도 폴리에틸렌)의 발포체 등으로 사용되고 있다. 중량적으로 보면 PVC와 PP에 비교하면 많이 적게 사용된다.

또한 경량화의 일환으로 연료탱크의 수지화가 추진되고 있고 유럽 및 일본에서는 4WD위주로 사용되는 것이 HDPE이다. HDPE제 가솔린탱크는 금속제 탱크에 비교해서 다음과 같은 특징이 있다.

① 재료성능이 장기적으로 양호

② 화재시의 성능이 양호

③ 설계의 자유도가 있고 공간의 유효이용이 가능

④ 대폭경량화가 가능

⑤ 부식의 문제가 없다

⑥ 부속품 일체화에 의해 코스트 저감

## 2-2-5. PVC(염화비닐)

PVC는 범용플라스틱 중에서 생산량이 많고 PE 다음으로 제 2위를 점한다. 표 1-4에 PVC의 주요 특징을 나타냈다. 배합조성에 따라 경질에서 연질까지 가능하고 난연성, 내약품성, 기계적 특성 등이 우수하나 가공성, 내열성, 내충격성 등이 좋지 않은 결점도 있다.

[표 1-4] PVC의 주요 특징

| 장 점 | 단 점 |
|---|---|
| 1. 기계적 특성 양호(강성, 항장력)<br>2. 배합에 따라 경질에서 연질분야에서 제품이 가능하다.<br>3. 내약품성, 내유성 양호<br>4. 투명성 양호 | 1. 가공성이 나쁘다(유동성, 열안정성)<br>2. 내열성이 낮다.(보통 60℃ 이하)<br>3. 충격강도가 낮다.<br>4. 연질용도 |

이러한 PVC의 특성은 대부분이 PVC 자신의 입자구조에 기인하고 있다. PVC는 염화비닐 모노마에 용해하지 않기 때문에 중합의 진전과 함께 입자상태로 석출하게 된다. 이 수지입자는 평균 1$\mu$로 되는 1차입자로 구성되어 있다. 또한 1차 입자는 평균 0.1$\mu$의 도메인입자로부터 0.01$\mu$의 미시도메인 입자로 형성되어 있다. 이들의 PVC입자 및 그 구성입자를 그림 1-8에 나타냈다.

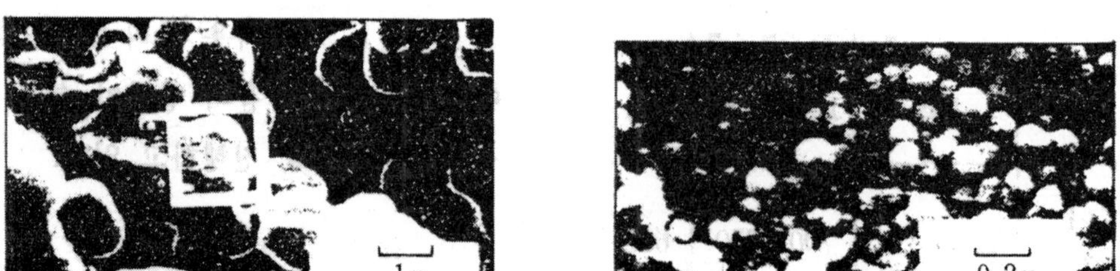


(a) (b)

[그림 1-8] 현탁중합(懸濁重合)에서 얻어진 PVC수지의 1차 입자와 그 부분의 확대도

자동차부품의 예를 보면 PVC는 싸고 착색자유도가 커서 가소제 첨가에 의해 경연 자재로 이용할 수 있는 점으로부터 레저, 시트 물론 성형품으로서도 콘솔 리드, 몰딩 등 광범위하게 사용되고 있다. 또한 레저, 시트에도 일반시트에서부터 인스트루먼트 패드, 헤드라이닝, 도어 트림, 표피재 등이 보급되고 있다.

그러나 한편으로는 내한성이 우수한 폴리 올레핀계 열가소성 에라스토머 시트의 진공성형품이 PVC에서 대체되기 시작하고 있다. TPE 시트는 내후성과 성형성의 면에서 더욱 더 검토가 필요하지만 비중이 낮은 것, 두께를 얇게 함에 의해 경량화와 재료코스트의 저감이 되는 것도 있어 금후 주목되어지는 재료이고 PVC의 강력한 경쟁상대 재료이다.

### 2-2-6. PMMA(메타아크릴수지)

메타아크릴수지는 플라스틱 중에서도 역사가 길다. 투명하고 내후성에 우수하며, 착색도 가능하고 가공이 용이하여 건축물의 창유리, 자동차부품, 가전제품, 옥외광고용 간판 등에 사용되고 있다.

제조방법은 메타 아크릴산메틸, 공중합 모노머, 물, 현탁제, 중합개시제 및 용제를 넣어서 중합하여 입상의 중합물을 얻는 현탁 중합법(懸濁重合法)이 주류로 되어 있다. 최근에는 괴상 중합법(塊狀重合法)도 개시되고 있다.

PMMA성형재료는 유동성, 기계적 강도, 내열성, 내용제성, 광학적 성질 등에 우수하여 광범위하게 사용되고 있다. 내열 등급은 열변형 온도가 높아 자동차의 내장, 외장부품에 사용되고 있다. 내충격 등급은 고무성분의 첨가량에 의해 물성의 폭을 가지게 할 수 있다.

자동차부품에서는 PMMA의 투명성을 이용하여 테일 램프, 파킹 램프, 백 램프 등의 램프 커버부분과 메터 커버부분 등에 사용되고 있다. 금후 가장 기대되어지는 용도로서는 자동차용 글라스에서 프런트 윈드실드만을 제외하고 나머지 글라스에 적용이다. 다만 PMMA는 흠의 발생이 쉽기 때문에 멜라민과 실리콘, 불소수지를 코팅하여 표면경화하는 등의 대응을 진행하고 있다.

## 2-2-7. PUR(폴리우레탄)

폴리우레탄은 분자 중에서 우레탄 결합(-NH·CO·O-)을 가진 폴리머로서 주로 디이소아네이트류와 폴리히드로키시 화합물과의 반응에 의해 얻어진다. 이소아네이트류는 분자 중에 이소아네이트기(-N=C=O)를 가지고 이것이 활성수소를 가진 화합물과 반응하여 각종 결합이 생성한다. 이들 결합 내에 우레탄결합이 모체로 되고 있는 것이 폴리우레탄이다. 따라서 원료의 종류와 그의 배합비율, 경화제의 종류, 양 등의 변화에 따라,

요소결합(尿素結合)과 브렛트 결합을 많이 함유한 가교밀도가 높은 것에서, 폴리올에서 경화시킨 우레탄 결합이 많은 유연한 것까지 광범위한 특성을 가진 우레탄이 얻어져 목적에 맞는 성질의 수지를 만드는 것이 가능하다.

폴리우레탄의 종류와 가공법을 표 1-5에 표시한다. 폴리우레탄은 강인하고 내마모성, 내유성, 내용제성이 우수하고 또한 고무탄성이 있기 때문에 발포체, 탄성체, 도료, 접착제, 탄성섬유, 합성피혁 등에 많이 이용되어지고 있다.

[표 1-5] 폴리우레탄의 종류와 가공법

| | (응용분야) | (가공법) |
|---|---|---|
| 폴리우레탄폼 | 연질폼 | 슬라브스톡, 몰드폼, 시트롤 |
| | 반경질폼 | 슬라브스톡, 몰드폼 |
| | 경질폼 | 슬라브스톡, 몰드폼, 라미네이션, 현장발포 |
| | RIM우레탄 | 반응사출성형 |
| 폴리우레탄 에라스토머 | 주형(注型) 에라스토머 | 콘펜셔널, 압출, 원심, 회전 |
| | 혼련(混練) 에라스토머 | 혼련(混練) |
| | 열가고성(TPU) 에라스토머 | 사출, 압출, 캘린더, 용액 분해 |
| 솔리드 우레탄 플라스틱 | | 주형 또는 코팅 |
| 합성피혁·인공피혁 | | 코팅, 카랜다, 기타(건식 또는 습식) |
| 탄성조직(스탠딕스) | | 건식, 습식 또는 반응 방계법(紡系法) 등 |

- 도료
  - 1액형
    - 유변성(油變性)
    - 습분(濕分)경화성
    - 열경화성
    - 기타
  - 2액형
    - 폴리올/플라이소시아네이트형
    - 고탄성체형
  - → 스프레이, 기타

- 접착제
  - 1액형
    - 폴리이소시아네이트형
    - 프레폴리머형
    - 에멀존
    - 기타
  - 2액형
    - 폴리올/폴리이소시아네이트형
    - 기타
  - → 롤, 스프레이, 기타

- 토목건축재
  - 도장방수재, 전천후 상재(床材)
  - 시일런트, 코킹재, 토양응결재, 기타
  - → 수가공 또는 기계가공

사용분야는 폼(foam)분야와 비폼분야로 나눌 수 있다. 폼분야에서는 연질(軟質)우레탄 폼의 주요 용도는 시트 쿠션, 선바이저, 도어 트림 패드 등 차량용으로 되어 있다. 특히 시트 쿠션에 대해서는 종래 비교적 원료코스트가 낮은 핫큐어타입이 주류였지만 요즈음 승차감을 중시하고 디자인, 형상 등 다양화하고 있기 때문에 고밀도로 고탄성이 얻어질 수 있어 원료사용량이 큰 콜드 큐어타입으로 바뀌고 있어 자동차 1대당 우레탄수지의 사용량이 증가하고 있다.

경질(硬質)우레탄폼은 주로 단열재로서 냉장고 등 기기(機器)분야, 공장, 플랜트, 건재분야, 선박, 차량분야에 사용되고 있다. 선박 차량분야는 약 8%로 연질(軟質)폼에 비해 적다. 난연성(難燃性)을 살려서 건축분야에 사용이 늘어날 것으로 생각된다.

비폼 분야에서는 최근 현저히 발전하고 있는 것은 RIM성형 우레탄 에라스토머에 의한 자동차의 우레탄 범퍼이다. 현재 폴리프로필렌수지, PC수지 등과 같이 범퍼용 재료로 사용되고 있다. 자동차분야의 우레탄 사용부위를 표 1-6에 나타낸다.

[표 1-6] 우레탄 제품의 자동차에 있어서 사용부위

| 우레탄 종류 | 우레탄 사용 자동차 부품 |
|---|---|
| 연질 우레탄 슬라브폼 | 선바이저, 헤드라이너, 쿼터트림, 도어트림, 센터필러 가니쉬, 방음시트, 에어 필터, 가스킷 |
| 연질 몰드 폼 | 시트 쿠션 |
| 반경질 폼 | 클러쉬 패드, 필러, 콘솔박스, 혼 패드, 암레스트, 헤드레스트, 선바이저, 에너지 흡수 폼 |
| 경질 폼 | 헤드라이너, 내장 도어패널, 시트백커버 |
| 인테그랄 스킨 폼 | 크라시패드, 필러, 콘솔박스, 혼 패드, 스티어링 휠, 에어 스포일러 |
| 탄성 RPIM폼 | 범퍼, 펜더, 후드, 사이드/리어 코너 필러, 도어, 도어핸들, 트렁크리드 |
| 탄성 RIM폼 | 범퍼, 매트 가드, 사이드몰드, 페이샤, 스포일러, 그릴, 트림부품, 인스트루먼트패널, 스티어링 휠, 램프 하우징, 테일 램프, 시트 |
| 강성 RIM폼 | 라디에이터그릴, 에어덕트코너, 프론트 스포일러, 후드, 트렁크 데크, 펜더, 도어페널 |
| 주형(注型) 에라스토머 | 쇽업쇼버의 쿠션카버, 스티어링샤프트, 스프링코일카버, 슬라이딩부싱, 베어링 조인트 부싱, 리프 스프링 슈즈, 크로스헤드, 도어 스탭, 케이블 부싱 |
| 열가소성 에라스토머 | 리바운드러버, 리프 스프링 스페이서, 스프링 코일 카버, 랙피니언부츠, 범퍼 그릴-익스펜션, 루프, 윈도우 부품, 바디부품 |
| 복합구조재료 | 시트쿠션커버(파블링/염화비닐시트+연질 우레탄 폼)<br>방음·방진 시트(함침 연질우레탄폼)<br>커버링 부품, 인너 도어(PVC필름+우레탄폼, 열가소성 레진+우레탄 인테그랄 폼) |
| 코팅 | 범퍼, 기타 외장품 |

## 2-2-8. 페놀수지

이 수지는 제일 오랜 역사를 가지고 있는 플라스틱이며 페놀수지는 페놀류와 알디히드류와의 부가축합반응에 의해 얻어진다. 공업적으로는 산 또는 염기성 촉매의 존재하에서 페놀과 호룸알디히드와를 어느쪽이 과잉(過剩)의 상태에서 반응되는가에 따라 2종의 타입(레졸타입 또는 노볼릭타입)의 페놀수지가 얻어지고 노볼릭타입은 경화제에 의해 레졸타입은 가열 가압 또는 산(酸)촉매에 의해 경화수지(硬化樹脂)로 된다. 각종 페놀수지의 일반특성을 표 1-7에 표시한다.

[표 1-7] 페놀수지의 장단점

| 장 점 | 단 점 |
|---|---|
| ① 원료가 싸고, 제조·가공을 소자본으로 가능하다.<br>② 성형이 용이<br>③ 치수안정성이 양호, 성형 수축이 적다.<br>④ 전기 절연성<br>⑤ 내열성<br>⑥ 내약품성, 특히 내산성 | ① 알칼리에 약하다.<br>② 갈색이기에 착색에 한계가 있다. |

페놀수지 성형재료는 내열성, 치수안정성, 내약품성, 기계적 특성 등에 우수한 플라스틱이고 경제성의 점에서도 좋아 특히 최근 자동차와 일렉트로닉스 분야에서 주목받고 있다.

자동차분야는 금속대체에 의한 경량화에 주안(主眼)을 두어 기계부품에 페놀수지가 적합하다는 평가를 받아왔다. 글라스섬유 등의 필라 충진한 것은 고강도, 고내열등급으로서 엔진계 및 전장계, 구동계 등의 각종 부품에 많이 채용되고 있다. 기타 용도로서는 브레이크 라이닝과 디스크 패드, 클러치 페이싱 등의 마찰재, 고무배합용 등에도 많이 이용되고 있다(표 1-8).

공업용 페놀수지는 일반적으로 레진이라고 불리어지며 용도는 셀몰드용과 목재가공용 접착제용이다.

[표 1-8] 열경화성수지 성형재료가 사용되고 있는 자동차부품의 예

| 수지의 종류 | 엔진부속 부품 | 전장 부품 | 구동·제동 부품 |
|---|---|---|---|
| 페놀수지 | 카브레터 볼<br>배기팬<br>워터펌프 임펠러<br>타이밍기어 | 스타터 마그네트 스위치 카버<br>브러시 홀더 | 스러스트와셔<br>디스크 브레이크 피스톤<br>브레이크 부스터 |

## 2-3. 범용 엔지니어링 플라스틱

엔지니어링 플라스틱은 일반적으로 인장강도 49MPa($5kg_f/mm^2$) 이상, 굽힘 탄성율 2GPa 이상, UL장기 내열온도가 100℃ 이상을 만족하는 물리적 기계적 성질에 우수한 수지로 정의되고 있다. 대표적인 엔지니어링 플라스틱은 5대 범용엔지니어링 플라스틱이라고 부른다. 그 5종류는 PA(폴리아미드), POM(폴리아세탈), PC(폴리카보네이트), 변성 PPE(폴리페닐렌에테르), PBT(폴리브틸렌테레프탈레이트)이다.

### 2-3-1. PA(폴리아미드)

PA는 분자내에 아미드기를 가지고 있는 수지로서 PA6과 PA66이 대표되는 수지로 되고 있다. PA6의 특징은 내식성, 내약품성이 양호하고 내충격성에 우수하다. 결점은 아미드기가 친수성을 가지고 있기 때문에 흡습에 의해 기계적 성질이 떨어지는 것이다. PA의 내열성은 아미드기가 서로 수소결합하는 것에 기인하고 있다. 이 때문에 PA66이 PA6에 비해 융점이 40℃ 높은 만큼 내열성이 우수하다.

[표 1-9] 폴리아미드의 특징과 주요용도

| 종 류 | 특 징 | 주요용도 |
|---|---|---|
| Nylon | ① 강인하고 내충격성이 우수<br>② 마찰·마모특성이 우수<br>③ 전기특성·저온특성에 우수<br>④ 내약품성에 우수<br>⑤ 흡수성이 커서 치수변화가 크다<br>⑥ GF 강화그레이드는 흡수의 영향이 적다<br>⑦ 결정성 폴리머<br>⑧ 자기 소화성이 있다 | ① 자동차·차량 : 라디에이터 탱크, 팬기어, 패스너 등<br>② 전기·전자 : 커넥터, 스위치 부품 등<br>③ 기타 사출 : 새시부품, 스포츠 용품, 각종 기계부품<br>④ 압출 분야 : 필름, 모노필러 등 |

표 1-9에 PA의 특징과 용도를 표시하고, 그리고 표 1-10에 PA6과 PA66의 자동차부품에 사용 예를 나타낸다.

[표 1-10] PA6, PA66의 부위별 자동차부품용도

| 자동차 부위 | 용 도 |
|---|---|
| 바디 외판 | 범퍼(PA6-G), 아우터 도어 핸들(PA6, 66)<br>백도어용 부시(PA6-G), 선바이저 브라킷(PA6)<br>휠 캡(PA6, 66), 스포일러 그릴(PA6, 66) |
| 전장 부품관계 | 커넥터(PA6, 66), 와이퍼 부품(PA6-G, 66-G)<br>램프 하우징(PA6-G), 패스너(PA6) |
| 엔진 주변부품 | 인테그 사이렌서(PA66/무기필라), 캐니스터(PA66)<br>라디에이터 그릴(PA66-G), 라디에이터 워터 펌프 임펠러(PA66-G)<br>실린더 헤드카버(PA6-G)<br>라디에이터 냉각팬(PA6-G), 오일팬(PA6, PA66), 가솔린탱크(PA6, PA66 |
| 기타 | 각종 기어(PA6-G, PA66), 시트벨트 부품(PA6, PA66) |

## 2-3-2. POM(폴리아세탈)

POM은 호모폴리머와 코폴리머의 2종류가 있고 물리적, 기계적 성질은 약간 상이하다. 호모폴리머는 호룸알디히드의 중합체이고 결정화도가 높은 고분자량의 열가소성수지이다. 코폴리머는 호룸알디히드의 환상(環狀) 3량체(量體)인 트리오키신에 소량의 에틸렌오키사이드를 공중합시킨 것이다.

호모폴리머가 제조중에서 혼합물이 적고 각종 특성은 코폴리머보다 높다. 코폴리머는 열안정성, 성형가공성에서 호모폴리머에 비해 우수하고, 호모폴리머는 고강도, 고강성, 피로특성, 마찰 마모성이 우수하여 물성의 균형이 잡힌 범용 엔지니어링 플라스틱이다. 일반적 특성은 표 1-11에 표시한다.

[표 1-11] 호모폴리머의 일반적 특성

| 장 점 | 단 점 |
|---|---|
| ① 기계적 성질이 우수<br>② 내피로성, 내크리프성이 우수<br>③ 마찰·마모 특성 우수<br>④ 내약품성이 우수<br>⑤ 내열성에 우수, -110℃까지 사용 가능 | ① 적착성이 나쁘다<br>② 타기 쉽다<br>③ 내후성이 나쁘다<br>④ 성형 수축률이 비교적 크다 |

POM은 균형있는 기계적 특성을 가지고 내피로성, 내마찰 마모성, 내약품성, 내크리프성, 치수안정성, 내흡수성 등에 우수하다. 그 때문에 자동차, 전기전자부품(타이머, 세탁기, 전화기, VTR 등), 일반기계(나사, 기어, 스프링, 베어링 등), 기타(급수기기부품 등) 등 많은 분야에 사용되고 있다.

특히 자동차관계에서는 고강도, 고강성에 더해 피로특성, 마찰 마모특성이 우수하기 때문에 전장에 관련하여 와이퍼, 스위치류 등, 내장 관련하여 도어핸들, 도어로크 등, 외장 관련하여 도어 아우터 핸들, 펜더 미러 스테이 등에 많이 사용되고 있다(표 1-12).

[표 1-12] POM의 자동차 용도예

| 자동차 부위 | 용 도 |
|---|---|
| 외장 부품 | 퓨얼 하우징, 가스킷, 아우터 핸들, 펜더 미러 스테이 |
| 내장 부품 | 이너 핸들, 윈도우 레귤레이터 핸들, 도어 로크, 스티어링 부품, 미러 베이스, 선바이저 브라킷, 암 홀더, 룸 미러 스테이, 시트 벨트 부품 |
| 전장 부품 | 컴비네이션 스위치, 스피드 미터, 레버 스위치, 도엄 램프 스위치 |
| 기계 부품 | 윈도우 브라킷, 가솔린펌프, 와이퍼 부품, 오일 체크밸브, 라디에이터, 드레인 콕, 악셀·로드 베어링 |

## 2-3-3. PC(폴리카보네이트)

PC는 비결정성의 열가소성수지이기 때문에 투명성을 가지고 있다. 폴리머의 분자구조는 페닐프로펜과 카보네이트로 구성되어 있다.

페닐프로펜은 사용온도가 높고 우수한 기계적 성질을 가지고 있으며 카보네이트는 양호한 성형성을 가지고 있다. 폴리카보네이트의 대표적인 특성은 다음과 같다.

### [1] 기계적 특성

PC의 최대특징은 우수한 충격강도 및 인장강도이다. 상온에서 금속과 같은 항복점을 가지고 있는 점과 플라스틱 중에서 최고의 충격강도를 나타낸다.

### [2] 넓은 사용온도

-100℃에서 +130℃에 이르는 범위에서 물성이 거의 변하지 않는다. 그래서 엄한 조건에서 사용되어야 하는 부품에 적합하다. 열변형 온도는 다음과 같다.

① 기본 그레이드 : 130~135℃

② GF강화 그레이드 : 140~150℃

③ 얼로이 그레이드(PC/ABS) : 100~120℃

### [3] 광택 및 투명성

광성투과율, 굴절율이 함께 높아 글라스에 유사한 수재감으로 조사기구, 계기류, 각종용기에 사용된다.

### [4] 치수정도와 치수안정성

비정성 폴리머이므로 PA, POM, PP 등의 결정성 플라스틱에 비해 성형시의 수축과 수분에 의한 치수변화가 작다. 그 때문에 정밀부품에 적합하고 자동차 관련하여 중소형 정밀부품에 사용예가 많다.

### [5] 전기특성

체적고유저항, 절연파괴전압이 높고 넓은 온도범위에서 안정하기 때문에 절연재로서 사용된다.

### [6] 난연성, 자기소화성

본래 자기소화성을 가지고 있기 때문에 쉽게 UL규격 V-0의 난연성을 부여하는 것이 가능하여 전기 전자부품, OA부품, 건재용도에 사용되고 있다. 이러한 특성으로 자동차부품에서는 범퍼, 도어아우터 핸들, 내장(인스트루먼트패널 등), 램프류 등에 사용된다.

## 2-3-4. 변성 PPE(폴리페닐렌에테르)

변성 PPE는 PPE와 PS의 폴리머 얼로이이고 PPE단체의 성형성이 나쁜 것을 개량한 것이다. 변성 PPO라고 쓰기도 한다. PPE자신은 에테르 결합을 가지고 있기에 내가수분해성이 높다.

변성 PPE의 특징은 기계적 성질의 균형이 좋고 성형시의 수축률도 작다. 최근은 브로우 성형법과 가스어시시트법에 적합한 그레이드가 등장하여 화제를 모으고 있다. 자동차분야에 사용되는 변성 PPE는 내장분야에서는 메타후드, 스피커 그릴, 가니쉬(프런트 글라스 하단), 리어 윈도우 등에 사용되고 외장 외판관계부품은 라디에이터 그릴, 휠 커버, 허브 캡, 프런트 펜더, 리어 펜더 등에 사용되고 있다.

## 2-3-5. PBT(폴리브틸렌테레프탈레이트)

PBT는 폴리에스텔계 열가소성수지의 엔지니어링 플라스틱이고 PET(폴리에틸렌테레프탈레이트)와 같이 섬유원료를 출발점으로 한 것이다. 글라스 섬유강화하여 이용되어지는 경우가 대부분으로 전기적 성질이 우수하다. 표 1-13에 PBT의 특징과 용도를 나타낸다.

PBT의 자동차용도에 있어서도 내열성, 내약품성, 내후성 등의 장점에 의해 엔진룸내의 전장부품과 기능부품, 리어 엔드패널, 프론트 펜더 등의 외장부품에 사용된다(표 1-14).

[표 1-13] PBT의 특징과 용도

| 종류 | 특 징 | 주요용도 |
|---|---|---|
| PBT | ① 성형성에 우수<br>② 내열성·내열노화성에 우수<br>③ 내피로성에 우수<br>④ 마찰·내마모 등에 우수<br>⑤ 전기특성에 우수하고 내후성도 좋다<br>⑥ 우수한 난연 그레이드가 공급 가능<br>⑦ 내열수성·내알칼리성이 양호하지 않다 | ① 전기·전자 : 커넥터, 단자대, 스위치, TV부품, 헤어드라이어 노즐 등<br>② 자동차·차량 : 아우터 핸들, 배전기 부품, 범퍼 등<br>③ 기타 공업 부품 : OA기구의 냉각팬, OA기구의 키보드<br>④ 기타 : 섬유용도 등 |

[표 1-14] PBT의 자동차부품의 사용예

| 자동차 부위 | 용 도 |
|---|---|
| 차체 부품 | 리어 엔드 패널, 프런트 펜더, 익스텐션 베젤, 램프 소킷 등 |
| 전장 부품 | 배전기 캡, 로터, 하우징, 이그니션 코일 퓨즈 케이스, 스위치, 커넥터, 에어 조절밸브 등 |
| 기능 부품 | 카스킷, 퓨얼 램프, 탱크, 캬브레터 부품, 안전벨트, 캠 밸브, 트랜스미션 밸브, 플레이트 등 |

## 2-4. 특수 엔지니어링 플라스틱

특수 엔지니어링 플라스틱에는 폴리이미드, PPS(폴리페닐렌설파이드), 폴리설폰, 폴리알리레이트수지, PES(폴리에테르설펜), PEEK, PEK 등이 있다.

# 실 • 력 • 평 • 가

**01.** 다음 내용은 어떤 합성수지의 설명인가 ?[2008-3회 자동차 검사산업기사]

『무색의 가벼운 침상결정체이며, 요소수지보다 강도, 내수성, 내열성이 우수하고, 포르말린, 석탄산, 요소 등과 합성하여 각종 성형품, 접착제, 페인트, 섬유제조 등에 사용되며 150℃에도 잘 견딘다.』

㉮ 페놀 수지 ㉯ 에폭시 수지
㉰ 멜라민 수지 ㉱ 실리콘 수지

**02.** 일반적으로 합성수지의 공통된 성질 중 틀린 것은 ?[2008-4회 자동차 정비산업기사]

㉮ 열에 약하다.
㉯ 내식성, 전기절연성이 나쁘다.
㉰ 성형, 가공이 용이하다.
㉱ 표면경도가 낮기 때문에 내마모성이나 내구성이 떨어진다.

**03.** 일반적인 합성수지의 공통적인 성질을 설명한 것으로 잘못된 것은 ?[2013-4회 일반기계기사/기계설계기사]

㉮ 가공성이 크고, 성형이 간단하다.
㉯ 열에 강하고 산, 알칼리, 기름, 약품 등에 강하다.
㉰ 투명한 것이 많고 착색이 용이하다.
㉱ 전지 절연성이 좋다.

**04.** 열경화성 수지(성형하여 굳어지면 다시 가열하여도 연화되거나 용융되지 않고 연소하는 성질을 가진 수지)가 아닌 것은 ?[2004-4회 자동차 정비산업기사]

㉮ 페놀수지 ㉯ 아크릴수지
㉰ 요소수지 ㉱ 멜라민 수지

**05.** 플라스틱으로 경화된 수지로서 수축이 적고, 양호한 화학적 저항, 우수한 전기적 특성, 강한 물리적 성질을 가지고 있으며, 판재제작, 용기성형, 페인트, 접착제 등으로 사용되는 열경화성 수지는 ?[2004-4회 자동차 정비산업기사]

㉮ 에폭시 수지
㉯ 페놀 수지
㉰ 비닐 수지
㉱ 아크릴 수지

**06.** 금속재료와 대체할 수 있는 기계재료 중에서 합성수지의 공통된 성질이 아닌 것은 무엇인가 ?[2006-3회 자동차 검사산업기사]

㉮ 가볍고 튼튼하다.
㉯ 비중과 강도의 비인 비강도는 비교적 낮다.
㉰ 전기 절연성이 좋다.
㉱ 가공성이 크고 성형이 간단하다.

**07.** 플라스틱 수지로 수축이 적고, 우수한 전기적 특성, 강한 물리적 성질을 가지고 있으며, 판재제작, 용기성형, 페인트, 접착제 등으로 사용되는 열경화성 수지는 ?[2007-1회 자동차 정비·검사산업기사]

㉮ 에폭시 수지
㉯ 스틸렌 수지
㉰ 염화비닐 수지
㉱ 아크릴 수지

**08.** 합성수지의 일반적인 특성 설명으로 틀린 것은 ?[2007-2회 자동차 정비·검사산업기사]

㉮ 가공성이 좋고 성형이 간단하다.
㉯ 전기 절연성이 우수하다.
㉰ 산, 알칼리, 유류, 약품 등에 강하다.
㉱ 단단하고 열에 강하다.

**정답**

01. ㉰ 02. ㉯ 03. ㉯ 04. ㉯ 05. ㉮ 06. ㉯ 07. ㉮ 08. ㉱

# 02 CHAPTER 신소재 재료

신소재는 그들이 가지고 있는 기능적 특성 중에 기계적 특성, 열적 · 화학적 특성, 전기 · 전자적 특성 등으로 나누어 설명하면 다음과 같다.

## 1. 기능적 특성

### 1-1. 기계적 특성

신소재는 기존 소재에 비교하여 기계적 성질, 즉 강도, 경도, 내식, 내마모성, 충격치 등이 향상되어 있다. 예로서 고장력강은 일단 탄소강보다 철, 탄소 화합물에 닉켈, 크롬, 망간 등의 특수원소의 첨가로 강도, 경도, 내식성, 내마모성, 내충격성, 경량 등의 이점이 있기 때문에 자동차의 차체, 건축물, 압력탱크, 선박, 교량, 고속전철, 석유채굴의 유정봉 등에 많이 사용된다.

또한 공구재료로 사용되는 HSS 강, 다이아몬드 칩이나 세라믹 등은 강도, 내마모성이 우수하여 각종 산업재료, 기계의 공구재료로 상용되고 있다. 이외의 공구재료와 성질이 비슷한 각종 화합물로 구성된 TIN, WC, BN 등도 공구재료로 사용된다.

### 1-2. 열적·화학적 특성

신소재는 기존 소재에 비하여 내열성, 내식성이 우수하도록 만들어졌다. 이것은 주로 고온에서 강도나 내열성, 내식성을 그대로 유지할 수 있도록 하는 기능을 말한다.

예컨대 닉켈 합금은 1,000℃ 이상 온도에서 그대로 강도를 유지하며, 크롬, 텅스텐, 니타니늄 등도 내열성이 우수하다. 한편 세라믹스 재료는 충격에도 다소 약하지만 융점이 높고 내열성이 우수하므로 세라믹스 엔진 등의 실용화가 서둘러지고 있다.

특히 금속의 유연성과 내열성이 우수한 복합재료인 서멧(cermet)은 대표적인 신소재로 손꼽히고 있다. 또한 재료가 갖는 화학적 특징으로 내식성을 들 수 있다. 이들 재료로는 파인세라믹스 원료인 단순산화물인 알루미나($Al_2O_3$ : 내열성), 이산화규소($SiO_2$ : 내식성), 지르코니아($ZrO_2$ : 내열성) 등이 있으며 철합금으로는 철에 탄소, 닉켈과 크롬을 소량 배합한 스테인리스강도 우수한 내식성 신소재라 할 수 있다.

## 1-3. 전기·자기적 특성

재료가 갖는 특성 중에는 전류를 잘 통과시키느냐 아니냐에 따라 전도체, 초전도체, 반도체, 부도체 등으로 분류된다. 이러한 재료의 특성을 이용하는 것들에는 예컨대 전선에 사용하며 우수한 전도체인 구리와 전류를 흘릴 때 전기저항이 거의 없는 상태를 초전도체라 하고 수은(Hg)은 4°K에서 초전도체가 되며 나이오붐(Nb), 게르마늄(Ge)의 화합물인 Nb · Ge는 23°K에서 초전도체가 된다.

이러한 초전도체를 이용하여 죠셉슨소자, 자기공명영상장치, 고성능컴퓨터, 자기부상 열차소재의 이용이 가능해졌다. 그리고 전류가 흐르지 않는 부도체와 도체와의 중간 상태를 반도체라 하며, 유리, 플라스틱 등은 부도체에 속하고 세라믹, 규소, 게르마늄 등은 반도체에 속한다.

또한 재료들이 자기적 특성을 갖기 위해서 기존 철금속에 Ni, Cr, Mn, Co 등의 원소에 특수원소를 첨가하여 자성물체를 만들어 이용하고 있으며 영구자석(Alnico자석)합금, 전동기, 자기녹화 부품, TV브라운관, 테이프 레코드의 헤드, 자기공명장치(MRI) 기타 생활주변의 여러 기기 소재 등 많은 자성 재료가 있다.

## 2. 기존 원소에 따른 신소재

신소재를 기존 원소의 종류에 따라 신소재 금속재료, 신소재 세라믹스, 신소재 복합재료 등으로 분류한다. 이러한 분류에는 중복되는 분류도 있으나 이것은 신소재에 따른 특성의 중복 때문이라고 볼 수 있다.

### 2-1. 신소재 금속재료

신소재 금속재료에는 구조용 재료, 기능성 재료, 자성 재료, 초전도 재료, 초경질 합금 등으로 분류하여 각 소재의 특성과 용도 등을 알아보면 다음과 같다.

#### 2-1-1. 구조용 재료

초내열 합금, 고강도 합금, 내식 재료

##### [1] 초 내열 합금

극히 높은 온도에서 변형되지 않는 합금으로서 약 1,000℃ 이상의 고온에서도 강도가 높고 산화, 부식이 잘되지 않는 특수합금을 말하며 Ni에 W, Cr, Co 등의 합금을 첨가하여 만든다. 주로 항공기의 제트엔진 등에 사용된다.

##### [2] 고강도 합금

강도가 높은 합금으로 고 비강도가 높다. 고 비강도 합금에는 초강력 강, 티타늄 합금, 알루미늄 합금이 있으나 이중 알루미늄 합금은 비강도가 앞의 2종 보다 작다.

##### (1) 초강력 강

초강력 강은 인장강도가 최대 2750 MPa이며 50개 이상의 초강력 강이 개발되고 있다. 이중 마레이징 강은 초강력 강 중에서 고 합금강의 하나이며 18Ni-8Co-5Mo, 20Ni-1.5 Ti-0.45Nb, 25Ni-1, 5Ti-0.45Nb 세 종류가 있다. 이중 닉켈 18%의 마레이징 강이 널리 사용된다. 그림 2-1은 닉켈 18%의 마레이징 강의 인장강도에 따른 파괴인성과 관계를 나타낸 것이다.

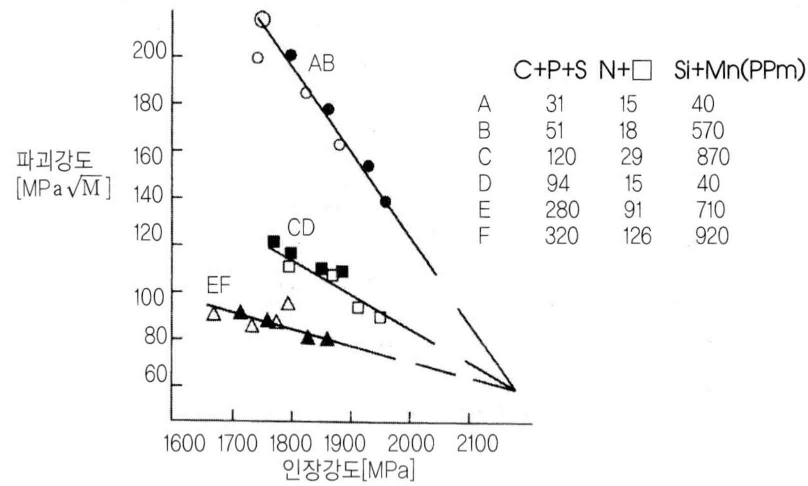


[그림 2-1] 마레이징 강의 인자강도와 파괴인성과의 관계

마레이징강은 마르텐사이트 조직에서 금속간 화합물을 석출시켜 강하게 한 강으로 인장강도와 인성이 뛰어나고 가공성이 풍부하여 로켓 몸체, 항공기와 제트 부품, 초고압 화합공업용 부품, 다이케스트 합금, 플라스틱 성형용 다이스 등에 사용된다.

마레이징강이란 마르텐사이트 조직을 시효처리한 것을 뜻한다.

(2) 티타늄 합금

가볍고 내식성이 우수하고 비강도가 높다. Ti-9Al-4V 등 여러 합금이 있으며 우주 항공기, 터빈 브레이드, 자동차 커넥팅로드, 밸브, 스프링, 자기부상 열차, 라켓, 안경테 등에 사용된다.

[3] 내식 재료(내식합금)

스테인리스강은 약 12%이상의 크롬(Cr)을 주성분으로 하고 여기에 Ti, Ni, Mo 등의 원소가 첨가된 합금강으로 이루어져 있으며, 오스테나이트계, 마르텐사이트계, 페라이트계스테인리스 강이 있고 이중에 18Cr-8Ni계의 강으로서 철에 크롬 18%, 니켈 8% 첨가된 오스테나이트계 스테인리스강이 주로 실용화되어 있다.

스테인리스강은 고내식성, 고산화성이 우수하여 가정용품, 건축 외장재 등으로 실용화되어 있다. 그림 2-2는 오스테나이트계 스테인리스강의 현미경조직을 나타내고 있다.

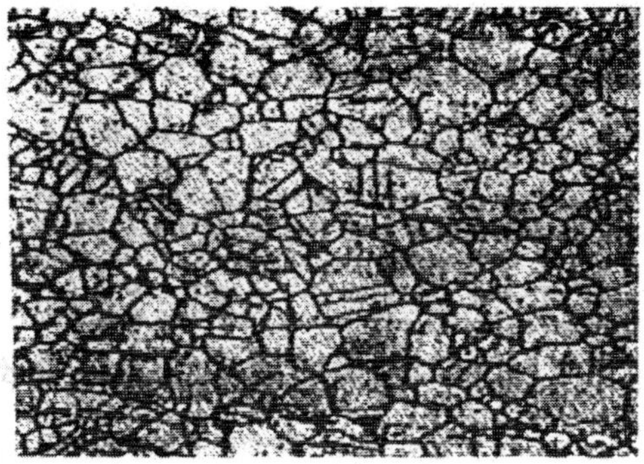

[그림 2-2] 오스테나이트계 스테인리스강의 조직(1065℃, 2분간 어닐링 후 공냉)

## 2-1-2. 기능성 재료

형상기억 합금, 수소저장 합금, 초전도 합금 등이 있다.

### [1] 형상기억 합금

온도변화에 따라 모양이 변하는 금속. 즉 상온에서 힘을 받아 모양이 변했을 때 일정한 온도로 가열해주면 원래의 모양으로 변한다.

그림 2-3은 실용화되는 형상기억합금의 동작원리에 관한 설명이다. 형상기억 합금에는 구리-아연-알루미늄합금, 니켈-티타늄 합금 등이 있으며 구리-아연-알루미늄합금은 성분조성이 알루미늄 3~10%, 아연 10~30%의 범위이다. 비강도가 높고 고온에서의 기계적 특성이 우수하며 경량이기 때문에 항공기 재료, 온도센서, 방화개폐장치 인공 관절, 심장 펌프 등에 실용화 되어있다.

특히 생활용품에 실용화된 형상기억합금인 니켈-티타늄 합금은 여성용 브레지 등이 있고, 티타늄 안경테는 잘 알려진 티타늄 합금 소재이다. 또한 Ti-6Al-4V의 티타늄 합금은 치아교정용 와이어 등에 사용된다.

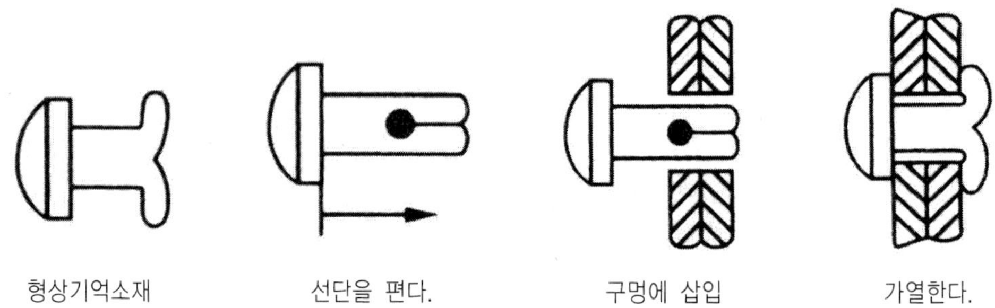


(a) 형상기억 고정핀

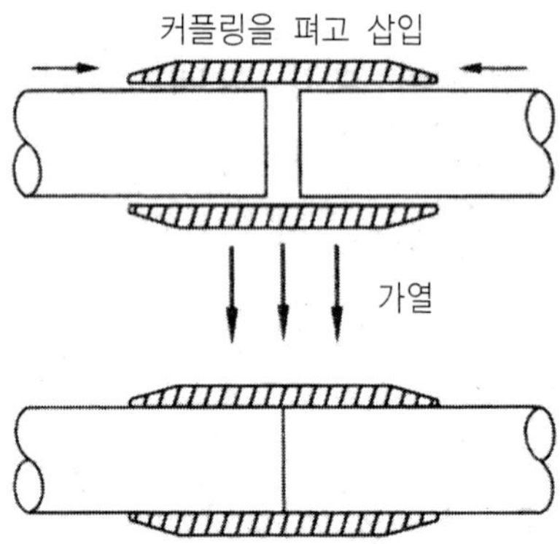


(b) 형상기억 파이퍼 커플링

[그림 2-3] 형상기억합금의 동작 예

### [2] 수소저장 합금

수소저장 합금은 300℃ 이하에서 가역적으로 다량의 수소를 흡수 방출하는 능력을 가진 합금이다. 즉 수소저장 합금은 냉각 또는 가열하면 수소를 흡수하여 금속수소 화합물로 저장되고 동시에 발열한다. 가열 또는 감압하면 다시 금속과 수소로 분해되고 동시에 열을 흡수하게 된다.

일종의 고압 수소 속에 금속(FeNi, MgNi, $LaNI_5$)을 넣어 저장할 수 있도록 한 합금이다. 주로 수소 자동차의 원료, 냉난방 재료 등에 응용할 수 있다. 수소저장 합금은 마그네슘계, 칼슘계, 희토류계, 티타늄계 수소저장 합금이 있다.

### [3] 초전도 합금

전기저항이 거의 없는 합금 즉 어떤 재료를 냉각시켜 임계온도에 이르렀을 때 전기 저항이 제로(0)가 되는 상태로서 재료에 전류를 흘릴 때 전력소비가 거의 일어나지 않는 상태를 초전도 상태라고 한다. 이러한 재료의 초전도 현상은 절대온도 0K(-273℃)보다 약간 높은 온도에서만 발생하는 등의 온도 자장 및 전류 밀도에 의존되어 이들이 임계치 이하의 값을 가질 때 일어난다.

초전도 현상은 금속이 극저온에서 원자가 흐를 때 금속 이온의 결합 부위에 전자쌍이 형성되어 서로 에너지를 주고받아 결합부위를 메꿈으로서 전체적으로 저항 없는 전류의 흐름 상태가 된다. Nb-Ti, Nb-Zr 초전도 선재, 큰 전력을 효율적으로 송전할 수 있는 초전도 무손실 송전선, 초전도 발전기, 전자유체 발전과 핵융합용 전자석과 같은 신에너지 분야, 자기공명 단층 촬영기, 초전도체의 특성인 조셉슨 효과를 이용한 초전도 슈퍼컴퓨터 등에 응용된다.

## 2-1-3. 자성재료

자기적 성질을 갖는 재료로서 반도체가 그 대표적인 재료이다. 자성재료에는 경질 자성재료와 연질 자성 재료 두 가지가 있으며, 전자는 영구자석 재료라고 불리어지며 알니코(Fe-Ni-Al-Co 합금) 자석, 페라이트 자석, 희토류 자석 제 종류가 있고 VTR, 프린트, 자동차용 모터 등에 사용되며, 후자는 퍼멀로이(Fe-Ni 합금), 센다스트(Fe-Al-Si 합금) 및 Mn-Zn계 페라이트, Fe-Ni 합금, 전자강판(규소강판) 등이 있고 보자력(保磁力)이 작고 고투자율 재료이며 음향기기, 회전기기 중의 자석의 합금 자성재료, 산화물 자성 재료, 전기 철판, 모터, 변압기의 자심, 자기 헤드, 자기 실드, 마이크로파 재료 등에 사용된다.

이중 희토류 자석용 재료인 희토류 합금은 R-T로 나타내며 초기에는 Gd, Co 합금이 개발되고 이어 Gd, Tb, Fe합금이 연구되고 있으며 R는 Gd, Tb, Dy, He 등이고 T는 Fe, Co 등이다. 주로 각종 기판의 표면에 아모퍼스 막을 만들어 사용된다. 근래에는 초자왜(超磁歪)현상을 초음파 재료로 이용하여 모터 등의 영구자석용 재료로 사용된다.

## 2-1-4. 초경질 합금

초경질 재료는 다이아몬드, 질화붕소, 세라믹초경 합금, 서켓 등이 있으며 WC-CO계 초경합금이 있다. 초경질 합금은 경도가 매우 높고 내식성, 내열성이 우수하므로 주로 절삭 공구, 내식성 공구, 내마모성 공구 등에 사용이 용이하다.

### [1] 초소성 합금(초소성 재료 : Superplasticity)

고온에서 이상 연신을 나타내는 합금으로 고압을 걸지 않는 단순인장 시험에서 국부적으로 잘록하게 변형되지 않고 정상적인 연신을 하는 경우이며 일종의 고온 크립(creep) 현상이다.

그림 2-4는 초소성 변형 예를 보여주며, 그림 2-5는 미세결정 입자의 초소성 변형을 나타내고 있다. 그림 2-5에서 보는 바와 같이 보통의 소성 변형은 미세결정 입자의 크기(직경)가 변하지만 초소성 변형에서는 입자의 크기는 변하지 않고 입계 회전, 미끄럼으로 전체가 신연되기 때문에 정상 연신을 하는 것으로 보인다. Dieless 인발은 초소성 가공의 일례이다.

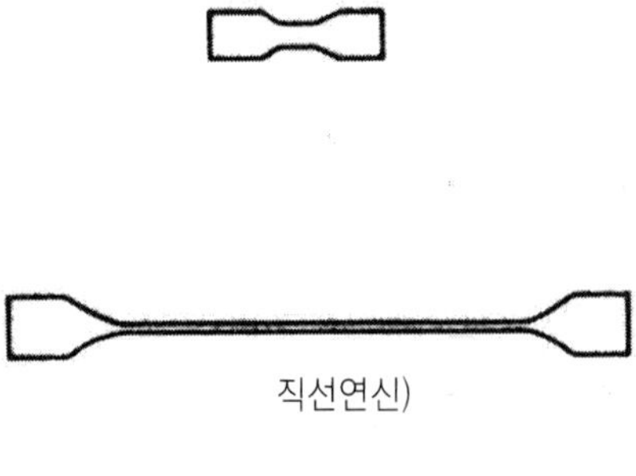


[그림 2-4] 초소성 변형 예

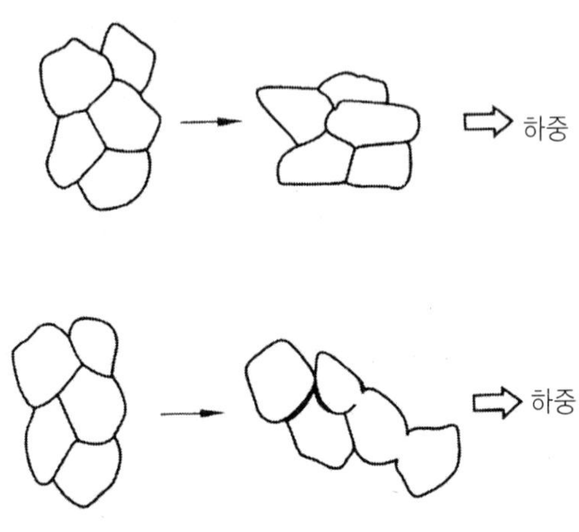


(a) 변형 전 (b) 변형 후

[그림 2-5] 초소성 변형 입자기구의 변형 모형

초소성 합금은 Fe 합금계, Al 합금계, Cu 합금계, Ni 합금계, Ti 합금계 등 많은 합금계가 있으며 이중 Al-Zn 합금은 플라스틱 성형용 금형 제작에 사용되고 있다.

## 2-2. 신소재 세라믹스

비금속 재료에는 유리, 플라스틱, 고무, 석재 등 여러 가지가 있으며 신소재 비금속 재료는 주로 세라믹스와 플라스틱 등이 실용화되어 있다. 이중 파인 세라믹스가 신소재로서 크게 각광을 받고 있다.

### 2-2-1. 파인 세라믹스(Fine Cermics)

신소재 세라믹스 재료의 파인 세라믹스(뉴 세라믹스)는 인공적으로 제조된 세라믹스이다. 세라믹스의 주성분인 산화규소($Si_2O_3$), 산화마그네슘(MgO), 질화규소($Si_3N_4$), 탄화규소(SiC) 등은 이온결합이나 공유결합을 통하여 높은 강도를 유지한다. 세라믹스의 결정구조는 8면체 간극과 4면체 간극구조를 기본으로 하고 유리의 $SiO_2$와 같이 비정질 불규칙 망상 구조를 가지고 있다. 그림 2-6은 공유결합의 원자구조와 $SiO_2$의 불규칙 망상 구조를 나타내고 있다.

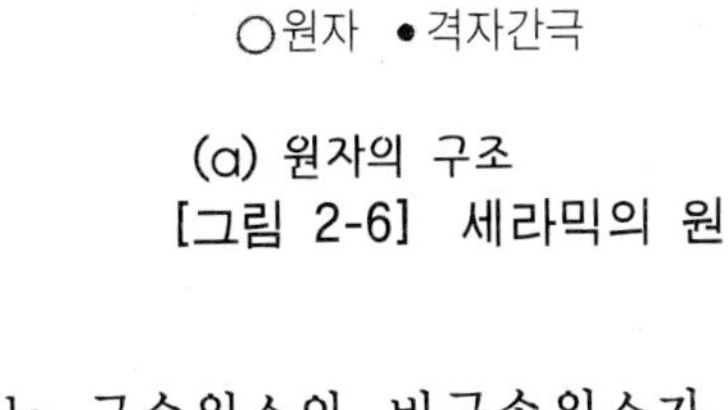


(a) 원자의 구조

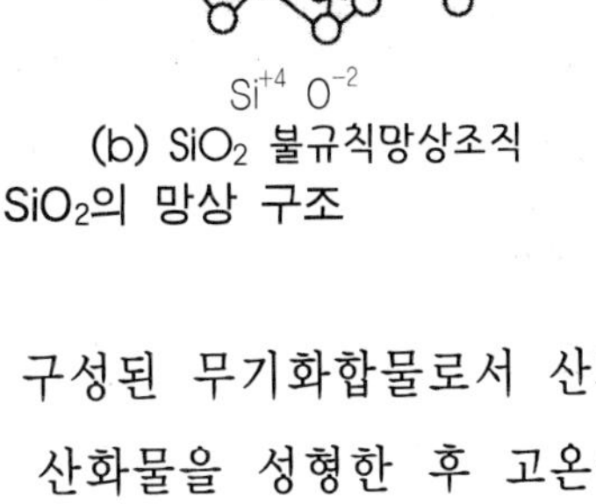


(b) $SiO_2$ 불규칙망상조직

[그림 2-6] 세라믹의 원자 구조와 $SiO_2$의 망상 구조

세라믹스는 금속원소와 비금속원소가 화합하여 구성된 무기화합물로서 산화알루미늄($Al_2O_3$), 산화규소($SiO_2$), 산화붕소($B_2O$) 등의 산화물을 성형한 후 고온에서의 소결, 용융하여 얻어지는 요업제품이다.

파인 세라믹스는 정교한 세라믹스란 뜻으로 알루미나($Al_2O_3$) 지르코니아($ZrO_2$) 등의 0.2$\mu$m의 미세한 분말을 만든 산화물뿐만 아니라 질화규소($Si_3N_4$), 탄화규소(SiC) 등의 무기화합물의 원료를 성형한 후 고온, 고압에서 소결한다. 파인 세라믹스는 가볍고 단단하고 열에 잘 견디며 열, 소리, 빛을 잘 전달하고 전기, 가스, 신호처리 등 뛰어난 특성 때문에 전기, 전자, 정보통신, 우주, 항공, 에너지, 의료기구, 환경재료 등 전 분야에 걸쳐 21세기의 미래산업을 주도할 핵심적인 신소재로 각광을 받고 있다. 초음속 비행기의 몸체재료, 로봇분사구, 인공위성 등이 고열에 견딜 수 있도록 하기 위해서 세라믹스 복합 재료 등의 신소재 등이 사용되고 있다.

파인 세라믹스는 특성과 용도에 따라 기능성 세라믹스(엘렉트로 세라믹스)와 구조용 세라믹스(엔지니어링 세라믹스), 바이오세라믹스 등으로 나눌 수 있다. 기능성 세라믹스는 파인 세라믹스의 다양한 성질 중 전기적 기능, 자기적 기능, 광학적 기능을 이용한 것으로 전열기판, 자석, 콘덴서, 트랜스, 각종센서 및 광학렌즈 등에 이용된다. 구조성 세라믹스(엔지니어링 세라믹스)는 세라믹스가 가지고 있는 열적 · 기계적, 전기 · 전자적 기능을 이용한 것이다.

구조용 재료의 특징인 고강도, 고경도, 내열성, 내식성, 내마모성, 경량성 등이 뛰어나므로 세라믹스 엔진, 세라믹스 가스터빈 등의 엔진 재료, 고속절삭용 재료, 가혹한 온도, 응력, 마모 조건하에서 사용되는 기계부재, 행낭자기(마조리카), 타이어, 밧줄, 방탄조끼, 방화복 등 일반 생활재료, 우주왕복선 재료 등 모든 분야에 널리 이용되고 있다. 이 중 특히 내열 재료로 사용되는 서멧(Cermet)은 금속과 세라믹스를 합성한 것으로 고용융금속인 코발트 분말과 세라믹스, 탄화티탄, 탄화텅스텐 등의 탄화물과 산화물을 혼합하여 프레스 성형하고 이것을 수소 진공 속에서 소결한 초경합금으로서 강도, 경도, 강인성, 가소성, 내열성, 내식성, 내산화성, 내마모성, 내약품성이 우수한 신소재 제품이다.

또한 바이오세라믹스는 생체 적합 기능이 뛰어난 신소재이며 현재는 원 적외선을 방출하는 신소재로 각광받고 있다. 바이오세라믹스는 생물 · 화학적 특성을 이용한 신소재로 산업용 로봇 제어 기술, 자동제어, 정밀 계측기 분야, 인공 치아, 인공 심장의 밸브 등에 이용되고 있다.

### 2-2-2. 엔지니어링 세라믹스(Engineering Ceramics)

엔지니어링 세라믹스는 종래의 세라믹스보다 고온, 고강도, 취성, 인성, 내열성, 내마모성, 내식성, 내충격성 등의 기계적 성질이 우수하여 피스톤 헤드 등의 엔진 주변기기의 소재로서의 연구가 활발하다.

## 2-3. 신소재 복합재료

복합재료란 2가지 이상의 재료가 조합되어 물리적 · 화학적으로 서로 다른 상을 형성하면서 보다 유용한 기능을 발휘하는 신 재료이다.

복합재료는 강화재의 기지 재료에 따라서 섬유강화금속, 고분자 복합재료, 세라믹스 복합재료로 나누고 이들은 금속, 세라믹스, 플라스틱 등을 혼합하여 만든 재료 특유의 고 강도, 고 인성, 경량이 뛰어난 신소재이다. 또한 이들은 강화재의 기능성에 따라 비정질 합금, 초소성 합금, 초전도 재료, 초내열 합금, 초경질 합금, 자성재료, 경화용 섬유, 고분자 액정 등으로 나눌 수 있다. 또한 강화재의 구조에 따라서 섬유강화 복합재료와 입자강화 복합재료로 구분하기도 한다.

### 2-3-1. 섬유강화금속(Fiber Reinforced Metals : FRM)

금속기(基) 복합재료로서 모재를 Al 합금계, Ti 합금계, Mg 합금계 등과 같은 기지금속에 분산강화재로서 세라믹스 입자 철합금, 위스커를 이용하거나 탄소섬유, SiC섬유, 알루미늄 섬유, 보론섬유 등을 용융접촉시켜 확산 정착하는 방법으로 제조하며 재질의 비강도, 비탄성률, 내열성 등이 우수하여 항공기부품, 엔진, 우주용품 등에 사용할 수 있다. 강화용 섬유에는 유리섬유, 붕소섬유, 탄소섬유, SiC섬유, 금속섬유, 알루미나 섬유 등이 있다.

#### [1] 유리섬유

강화용 섬유인 유리를 용융시켜 가는 실 모양으로 만든다. E-유리섬유는 인장강도가 280~350$kg_f/mm^2$, 탄성률 7400~7700$kg_f/mm^2$ 정도이다. 유리섬유는 유리솜, 전기절연재, 보온 · 보냉재, 흡음 · 방음재 등에 사용된다.

### [2] 붕소섬유

염화보론($BCl_3$)와 같은 할로겐 화학물을 이용하여 텅스텐 심선의 표면에 붕소를 화학증착시킨다. 유리섬유보다 인장강도와 탄성률이 좋다. 붕소섬유가 내열성이 강하므로 구조용 재료, 우주 항공재료에 사용된다.

### [3] 탄소섬유

탄소를 주성분으로 하는 탄소섬유를 고온에서 용융 방사하여 만든다. 탄소섬유는 강도와 탄성, 내충격성 등이 우수하여 우주항공기의 내열재, 자동차의 경량재, 건축 내장재, 안테나, 테니스 라켓 등의 스포츠 용품 등에 이용된다.

그림 2-7은 PAN계 탄소섬유의 온도변화에 따른 기계적 성질을 나타낸 것이다.

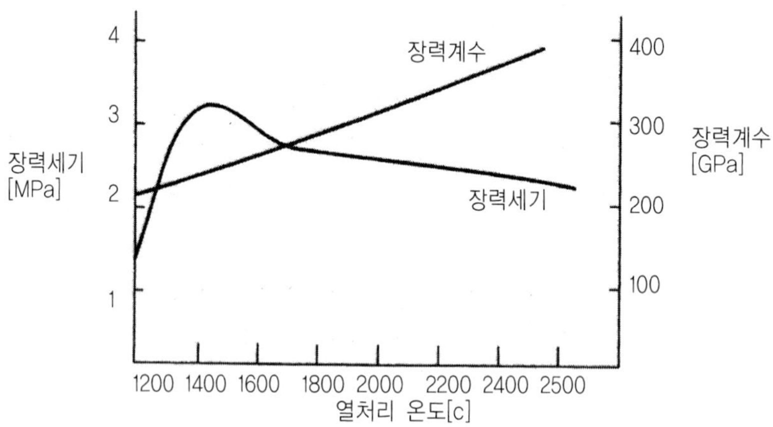


[그림 2-7] PAN계 탄소섬유의 온도변화와 기계적 성질과의 관계

### [4] SiC 섬유

텅스텐 심선의 표면에 화학증착법(CVD)에 의해서 만든 섬유는 소성법에 의해 만든 섬유에 비하여 강도 및 탄성률이 우수하다. 그러나 밀도 지름이 크므로 가공성, 취급성이 떨어지며 가격이 비싸다. 장거리 광통신용 광섬유 등으로 이용된다.

### [5] 금속섬유

금속 와이어 형태로 만들어 복합재료의 보강재로 사용된다. 강철 섬유, 텅스텐 섬유, 몰리브덴 섬유, 납 섬유, 알루미나 섬유 등

### [6] 알루미나 섬유

알루미늄 섬유는 구조재용, 단열재용이 있다. 구조재용의 제조방법중 하나인 슬러리(Slurry)법은 알루미나 분말과 방사를 위한 몇 가지 첨가제를 슬러리 혼합물을 만들어 건식방사한다.

## 2-3-2. 고분자 복합재료

고분자 복합재료의 대표적인 것은 플라스틱 재료이다. 플라스틱의 원료는 석유, 석탄, 천연가스이다. 고분자 재료는 플라스틱과 고무의 합성물질이며 대부분의 고분자 재료의 합성구조는 탄소가 포함 된 사슬이나 그물모양의 유기체로 구성되어 있으며 열에 약하다. 고분자재료는 비결정질이지만 그 중 일부는 결정질과 비 결정질 영역이 혼합되어 있으며 이를 다시 열적 성질에 따라 열가소성 수지와 열경화성 수지로 나누고 열가소성 수지는 가열성형가능하며 냉각하여 그대로 형태를 유지하지만 열경화성 수지는 한 번 가열하여 만든 후에는 재 가열하면 분해되어 버린다.

열가소성 수지에는 폴리에틸렌(PE), 폴리프로필렌(PP), 폴리염화비닐(PVC), 폴리메틸메타아크릴(PMMA) 등이 있고 열경화성 수지에는 에폭시수지(EP), 불포화 폴리에스테르 수지(UP), 페놀수지(PF), 폴리우레탄수지(PUR) 등이 있다.

또한 분자구조에 기초를 두고 소재의 특성에 따라 범용 플라스틱과 엔지니어링 플라스틱으로 분류할 수 있다. 자동차에 사용되는 재료의 PP수지가 chapter 01 플라스틱 재료의 그림 1-3에 나타나 있다.

그리고 이러한 고분자 복합재료의 일반적인 특징은 내열성이 극히 적고 강도와 연성이 다양하며 전기 전도도 및 성형성이 좋다. 합성섬유, 각종 공업제품의 부품, 필름 등에 널리 사용된다. 고분자 복합재료는 섬유강화 플라스틱과 엔지니어링 플라스틱 등에 실용화되어 있는 신소재 복합재료이다.

### [1] 섬유강화 플라스틱(Fiber Reinforced Plastics : FRP)

기지재료인 폴리에스테르, 에폭시수지 등의 열경화성 플라스틱에 탄소섬유, 유리섬유(광섬유) 등의 방향족 나일론섬유를 혼합하여 특수 가공한 신소재로서 탄소섬유강화 고분자 복합재료(CFRP)와 유리섬유강화 고분자 복합재료(GFRP)로 나눌 수 있다.

섬유강화 플라스틱은 매우 단단하며 열, 충격에 강하여 안전헬멧 골프채, 테니스 라켓 등의 스포츠 용품 등과 선박, 고속전철, 항공기 등의 구조재료로 사용된다. 예컨대 열, 충격에 강하고 기계적 성질, 전기적 성질을 강화한 섬유강화 폴리카보네이트(FRPC)복합체는 카메라바디가 대표적인 실용품이다.

### [2] 엔지니어링 플라스틱(Engineering Plastics : EP)

고분자 복합재료의 일종인 열가소성 플라스틱으로서 가볍고 기계적 강도, 내마모성, 내구성, 내열성이 우수하고 혹독한 환경에서 물성이 변하지 않는 소재이다. 기계적 성질이 우수하므로 기계부품, 전기기기, 가전제품 및 자동차, 항공기 재료 등에서 금속 대체 재료로 각광을 받고 있다. 특히 자동차 엔진의 재료로서 연구 개발되고 있다. 그림 2-8은 엔지니어링 플라스틱 사용 예를 나타내고 있다.

[그림 2-8] 엔지니어링 플라스틱 제품 예

### 2-3-3. 유기섬유

고강도 폴리에틸렌 섬유와 아라미드 섬유가 있다. 폴리에틸엔과 같은 고분자 유기물질로 구성된 고강도 폴리에틸렌 섬유이다.

비탄성률, 비강도율이 높고 충격 흡수력, 전열성이 뛰어나다. 따라서 고강도 구조재나 레이더 돔, 전자기 차폐막 등에 이용된다. 아라미드 섬유는 유기섬유 중에서 강도와 탄성률이 모두 우수하며 가볍고 고 강도, 저 신도, 전기 절연성이 우수하다. 미국에서 1971년에 케블라(Kevlar)라는 이름으로 생산된 섬유이다.

### 2-3-4. 비정질 합금

결정구조가 흐트러져 있으며 극히 혼란된 원자 배열 구조를 갖는 비정질 금속이다. 금속과 금속계(Cu-Zr, Cu-Ti, Ni-Zr), 금속-비금속계(B, C, Si, Ge, P) 2종류를 포함한 합금이며 기계적 특성, 내식성, 전기 저항성, 고 투자율성, 초전도성 등이 우수하다. 고분자 재료 콘크리트 등의 보강재, 면도날 재료, 도난방지용 재료, 자기 헤드 등에 이용된다.

### 2-3-5. 고분자 액정(Liquid Crystal)

액상 결정을 말한다. 액체도 아니고 고체도 아닌 이방성을 가진 부분적으로 규칙적인 배열을 하고 있는 고리 모양의 방향성을 가진 방향구조인 파라결정(Para Crystalline State)의 물질이다. 액정은 그것을 구성하고 있는 분자의 배열에 따라서 콜레스테릭, 네마틱, 스메틱 등으로 분류하고 이 중 네마틱 액정이 많이 사용되고 있다.

네마틱 액정을 두 장의 투명한 전극 사이에 끼우고 전압을 가하면 액정의 분자배열이 흐트러지면서 투명한 액정이 빛을 산란시켜 유백색으로 변하여 글자나 그림을 나타내게 한다. 소형 TV, 노트북 등의 LCD(Liquid Crystal Display) 등이 있다.

# 실 • 력 • 평 • 가

**01.** 다음중 기능성 신소재의 종류가 아닌 것은 ?[2013-4회 컴퓨터응용가공산업기사]

가 형상 기억합금　　나 수소 저장합금

다 주조용 합금　　라 비정질 합금

**02.** 형상 기억합금의 내용과 관계가 먼 것은 ?[2010-2회 컴퓨터응용가공산업기사/기계설계산업기사, 2013-1회 컴퓨터응용가공산업기사]

가 형상기억 효과를 나타내는 합금은 오스테나이트 변태를 한다.

나 어떠한 모양을 기억할 수 있는 합금이다.

다 소성변형된 것이 특정 온도 이상으로 가열하면 변형되기 이전의 원래 상태로 돌아가는 합금이다.

라 형상 기억합금의 대표적인 합금은 Ni-Ti합금이다.

**03.** 일반적으로 금속재료에 비하여 세라믹의 특징으로 옳은 것은 ?[2012-4회 컴퓨터응용가공산업기사/기계설계산업기사]

가 인성이 풍부하다.　　나 내산화성이 양호하다.

다 성형성 및 기계가공성이 좋다.　　라 내충격성이 높다.

**04.** 다음 중 신소재의 기능성 재료에 해당하지 않는 것은 ?[2009-4회 컴퓨터응용가공산업기사/기계설계산업기사]

가 형상 기억 합금　　나 초소성 합금

나 제진 합금　　라 포정 합금

**05.** 다음 중 복합재료에서 섬유강화 금속은 ?[2011-1회 컴퓨터응용가공산업기사/기계설계산업기사]

| | |
|---|---|
| ㉮ GFRP | ㉯ CFRP |
| ㉰ FRS | ㉱ FRM |

**06.** 복합재료 중 FRP는 무엇을 말하는가 ?[2007-1회, 2009-4회, 2012-2회 컴퓨터응용가공산업기사/기계설계산업기사]

㉮ 섬유강화 목재
㉯ 섬유강화 플라스틱
㉰ 섬유강화 금속
㉱ 섬유강화 세라믹

**07.** 섬유강화 복합재료의 일반적인 성질이 아닌 것은 ?[2012-1회 컴퓨터응용가공산업기사/기계설계산업기사]

㉮ 높은 강도와 강성
㉯ 높은 강쇄 특성
㉰ 높은 열팽창계수
㉱ 이방성

**08.** 다음 구조용 복합재료 중 섬유강화 금속은 ?[2010-1회 컴퓨터응용가공산업기사/기계설계산업기사]

| | |
|---|---|
| ㉮ FRTP | ㉯ SPF |
| ㉰ FRM | ㉱ FRP |

**09.** 자동차 스프링 등에 응용되는 섬유강화 플라스틱의 특징이 아닌 것은 ?[2005-1회 자동차 정비·검사산업기사]

㉮ 비중은 강의 약 1/3～1/4 정도이다.
㉯ 비탄성 에너지가 크다.
㉰ 내식성이 우수하다.
㉱ 층간 전단강도가 높다.

**10.** 복잡재료(composite materials)에 대한 설명으로 틀린 것은 ?[2007-3회 자동차 검사 산업기사]

가 복합재료는 2개 이상의 단일재를 결합시켜 보다 성능이 우수하고 경제성이 좋은 재료이다.

나 강화 재료의 형태에 따라 분산강화, 입자강화, 섬유강화 복합재료로 분류된다.

다 유리섬유 강화 플라스틱은 GFRP라고 하며, 폴리에스테르, 에폭시, 페놀수지 등에 지름 5~8$\mu$m 유리섬유를 첨가하여 성형한 것이다.

라 섬유 강화 플라스틱은 피로강도가 높고, 내열성이 우수하며 내마모성의 성질을 가지고 있어 금속 대체 재료로 사용되는 첨단재료이다.

**11.** 플라스틱계 복합재료로 섬유강화 플라스틱의 약어인 것은 ?[2007-4회 자동차 정비산업기사]

가 FRM　　나 FRP

다 FRC　　라 SAP

**정답**

01. 다 02. 가 03. 나 04. 라 05. 라 06. 나 07. 다 08. 라 09. 라
10. 라 11. 나